건축 개념의
네 가지 기둥

건축 개념을
살리기 위한
4범주 36개의 생각들

건축 개념의 네 가지 기둥

건축 개념을 살리기 위한 4범주 36개의 생각들

James Tait 저 / 김훈 · 우소영 공역

579 illustrations

Spacetime

건축개념의 네 가지 기둥

건축 개념을 살리기 위한 4범주 36개의 생각들

증보 1쇄 2024년 8월 20일

저자 : 제임스 테이트
역자 : 김훈 · 우소영
발행인 : 김기현
발행처 : 시공문화사(Spacetime)
출판등록: 1993년 3월 12일
주소: 서울시 서대문구 독립문공원길 13 (03733) 극동프라자 5층
전화: 02) 3147-1212
팩스: 02) 3147-2626

http://www.spacetime.co.kr
mail: spacetime@korea.com

편집: Design Battery

ISBN: 978-89-5592-479-4

정가: 28,000원

차례

서문 Preface

건축과 인간의 조건

'나는 오늘날 건축물과 건축계획이 허시파피 신발이 사회에 기여하는 바에 미치지 못한다고 생각한다. 신발 대신 트랜지스터나 루프를 적용해도 마찬가지이다.[a] 건축물과 건축계획이 기여하는 범위는 스스로 부여하거나 외부로부터 내려진 매우 특정한 전문지식 안에 머물러 있다.' [1]

세드릭 프라이스Cedric Price, 1966.

a) 허시파피는 상표명. 부드러운 재료로 만든 가벼운 신발로 유명하다. 루프는 자궁 내 피임장치를 말한다. 1960년대 페미니즘 운동과 연관되어 설명된다.

건축의 의의

건축가이자 뛰어난 선동가인 세드릭 프라이스는 약 60년 전 단순한 질문을 던졌다. '건축은 의의가 있는가?' 이 주제는 지금도 그때만큼 여전히 중요하다. 2018년 〈건축 개념의 네 가지 기둥*The Architecture Concept Book*〉 초판이 출간된 이후, 우리가 불확실성의 시대에 살고 있다는 말은 클리셰가 되어 버렸다. 기후 변화, 자연 파괴, 불평등, 팬데믹, 그리고 여기저기서 터지는 전쟁들, 이와 같은 불안정의 동인들은 건축이 현재와 미래에 두루 대응할 수 있는 방법이 있기는 한가에 대한 성찰적 사유를 자극한다. 그것이 이 책의 핵심적인 관심사였고 아직도 그러하다. 보편적이고 특정한 요구 모두에 대응하여 건축의 질이 어떻게 인간의 환경을 개선할 수 있을까? 이 핵심적인 메시지는 5년여 전에 이 책의 초판이 출간되었을 때보다 지금 더 중요해 보인다.

내구성, 유용성과 아름다움 재검토하기

건축은 구체적인 개념과 보편적인 개념들을 결합하는 작업으로, 불변의 원칙들과 당대에 유효한 대응 방식들의 혼합체로 존재한다. 구체적인 개념들은 특정 프로젝트 특유의 조건에 대응한다. 환경, 사회 구조, 금융, 법률 에 관련된 이슈들이 여기에 속한다. 보편적인 개념들은 프로젝트의 조건을 초월한다. 여기-지금을 넘어서 더 깊은 차원에서 구축적이며 공간적이고 심미적인 원리를 탐색한다. 건물의 효율성에 얽매여 단지 '노골적일 뿐인 편법'[2] 에 의존하지 않고, 풍요로우며, 삶의 격을 높여주는 건축물을 만들기 위해 구체적이고 보편적인 대응 방식들을 모두 고려한다. 그것이 우리가 건축물을 지을 이유, 궁극적으로 인간의 조건을 개선하는 이유이다.

고쳐쓰기 젠네 모스크 사원(Great Mosque of Djenné). **말리**Mali. 1907

건축이 지녀야 할 자질, 즉 '건축물을 지어야 할 이유'에 대한 고전적인 정의는 비트루비우스Vitruvius와 그가 제시한 건축의 3대 요소인 퍼르미타스Firmitas, 유틸리타스Utilitas, 베누스타스Venustas, 즉 내구성, 효용성, 아름다움에서 비롯된다.[3] 내구성은 나머지 2개 본질을 낳는 기원이다. 이 요소는 '사람보다 더 영구적이고 더 안정적인 거주 공간을 제공하는 인류 기술의 가장 중요한 임무'를 수행한다.[4] 내구성은 비트루비우스가 정의하고 이 책의 마지막 부분인 '공들여 만들다(Craft)'에서 살펴본 바와 같이 사용된 재료의 수명이나 공법의 견실함에만 국한될 필요는 없다. 넓게 보면, 내구성은 각 세대의 필요와 요구가 변화함에 따라 공간, 구조 및 시스템이 충분히 유연하게 적응하고 재개될 수 있는 역량에 관련된 요소이다. 내구성에 대한 확장적 사고는 이 책의 '짓기Assemble' 부분에서 핵심을 이루며, 장난기넘치는 바닥판floorplates의 적층작업, 벽과 지붕 디자인에 따른 거주적합성과 설비 시스템 사이의 조율과 같은 내용들을 통해 드러난다. 이는 다시 건축 구성요소의 유연성과 적응력에 대한 분석, 공간의 가치를 높이고 수명을 늘리는 전략들에 대한 소개로 이어진다. 내구성을 건축물의 전용이나 고쳐 쓰는 것과 연결하는 이러한 생각은 많은 선례가 있다. 젠네 모스크 사원Great Mosque of Djenné은 수 세기에 걸쳐 연례 작업으로 벽체에 손상된 부분을 보완하면서 쓰고 있다. 팀포Team 4와 페럴 그림쇼 파트너십Farrell Grimshaw Partnership는 공장 건물들을 설계하면서 분리가 용이하고 개조하기 쉬운 시스템을 적용하였다. 오늘날의 생태 위기[5]와 지속적으로 변화하는 사회 구조와 재정적 요구 속에서, 건물의 적응력을 높이는 역량은 더욱 중요해지고 있다. 적응력은 얼마나 안전하게 구성되어 있는지에 대한 것만이 아닌 건물이 얼마나 안전하게 지어졌는지 또는 얼마나 튼튼하게 구성되었는지에 관한 내구성의 새로운 개념을 위한 필요 조건이 된다.

비례의 과장 시즈오카 프레스 앤 브로드캐스팅 센터Shizuoka Press and Broadcasting Center. 도쿄, 일본. 1967, 단게 겐조

유용성 그 이상의 가치 홈우드 하우스(Holmwood House). **글래스고, 1858. 알렉산더 톰슨**Alexander Thomson

'건축은 사용됨으로 의미와 가치를 얻는다' [6]는 비트루비우스의 유용성 개념은 일관되고 의미 있는 사용을 통해 가치를 쌓아 올릴 수 있음을 뜻한다. 이는 건축물을 짓고 난 다음에도 새로운 가치가 생길 수 있고, 누적적인 행위에 의해 구축되는 것임을 시사한다. 건축의 유용성을 강조하다 보면 '유용성과 중요함을 구별하는 것이 본질적으로 불가능함'을 알게 된다.[7] 기능적인 건물이라 해서 자동으로 유용한 것은 아니다. 유용성은 가치를 높이기 위한 수단이다. (화폐가 아닌) 사회적 교환의 장이 될 수 있는 건축의 능력에 초점을 맞추면 건축물의 가치는 아이디어와 정보의 교환, 즉, 감정과 믿음의 교환을 그리고 습관, 기억과 욕구의 교환을 제공하는 능력으로 정의될 수 있다. 유용성-방의 정확한 배치와 순서, 채광과 환기, 특정 기능에 부합하는 공간의 정확한 비율과 면적, 기후와 환경 조건 등에 적합한 공간 배치와 구조 등과 같은-에 의해서 이러한 교환이 일어나고 번성하도록 할 수 있다. 하지만, 유용성만으로는 건물 가치를 온전히 얻을 수 없다. 유용성만으로는 특정한 환경이나 장소에서 인간의 삶을 정착시키고 갱신하게 하는 교환을 일으킬 수 없다. 이를 위해서는 단순한 유용성에 머물러서는 안 되며, 유용성을 넘어선 단계를 욕망해야 한다. 불평등[8]이 급격하게 증가하는 시대 속에서 더 이상 고전적 개념의 유용성을 넘어 의미 있는 사회적 교류를 지향하는 넓은 의미의 유용성에 초점을 둘 수 있다. 이 개념은 2장 '분석하기Analyse' 부분의 중심이다. 여기서는 건축 사상의 오래된 규범과 관습에 의문을 표하고 현재 구조에서 작동하는 방식을 표명하고 설명하고 있다. 예를 들어 이타적인 설계를 위한 변화와 겸손한 접근을 거론하는데, 이를 통해서 우리는 건축물 속에서 인간의 조건을 개선시키고, 이를 우선하는 가치들을 구현할 수 있는 방법들을 발견할 수 있게 될 것이다.

영혼을 닿는 건축 뤼네 데 상 파빌리온(LUNE DE SANG PAVILION)**, 노던 리버스**(NORTHERN RIVERS)**, 호주**(AUSTRALIA)**, 2011–2018**

하지만 아름다움은 어떤가? 비트루비우스는 건축적 용어로 아름다움을 오더, 비례 및 대칭으로 정의했다.9) 이 정의는 부적절해 보인다. 우리의 도시들을 그렇게 신나게 만드는 것은 질서의 결여가 아닐까? 고대 메소포타미아 사람들, 불레Boullée, 또는 일본의 메타볼리즘 작품을 경외하게 만드는 것은 비례의 과장과 조작이 아닐까? 시드니 오페라 하우스나 노트르담 뒤 오 성당의 세심한 비대칭이 이 건물들을 그렇게 홍미롭고 영속적으로 만드는 것은 아닐까? 이들 중 어떤 것도 비트루비우스를 있는 그대로 수용하지 않았다. 만약 우리가 비트루비우스가 언급한 이상적 아름다움을 좋게 봐줬을 때 구식이라는 선에서 받아들이고, 데이비드 흄David Hume이 언급했던 것처럼, '아름다움은 오직 마음에만 존재하고, 사람들 각각은 다르게 인식한다'라고 생각한다면,10) 건축을 접할 때 우리 안에서 일어나는 연결의 감각은 대체 무엇일까? 나는 이를 건축 디자인에 의해 견인되는 경험적인 효과라고 힘주어 주장한다. '경이Wonder'에서 자세히 설명한 바와 같이, 형태의 불가능과 이상함을 통해, 공동의 요구와 개인적 요구 모두를 위한 규모와 비율의 세심한 조작을 통해, 물성과 세부적인 부분의 풍부함과 깊이를 통해, 그리고 빛과 어둠, 비움과 채움으로 고려된 조화를 통해, 건물은 구성 요소들의 생기없는 조합에 그치지 않고 넘어설 수 있다. 그러면 건축가는 더 이상 유용성이나 아름다움을 위해 독립적인 중재자라는 불가능한 일을 수행하는 것이 아니라 인간이 숭고함을 경험할 수 있도록 하는 환경을 대신 제공하는 자로서 소임을 부여받게 된다. 건축이 점점 더 부동산 시장의 확장으로 간주되고 실제로는 흔히 빌딩 정보 모델링Building Information Modeling과 같은 기술을 통해 수천 개의 다양한 표준화된 제품의 조립으로 만들어지는 시대에 비율, 규모, 기술, 색상 및 형태의 표현을 통해 강력한 감정적 연결을 유발하는 공간과 구조를 만들려는 필요성은 그 어느 때보다 중요하다.

인간조건의 개선 앙동 병원 프로젝트. 후난성, 중국. 2011

이렇게 보면 이 책의 초점은 두 단계로 구성된다. 건축의 적용성을 높이고 가치를 제고하며, 사회와의 연계성을 개선하기 위한 전략을 제시하고 설명하는 것이 첫 단계이다. 더 나아가 학생들과 전문가들에게 항상 그랬고 앞으로도 그럴 것인 건축의 독특한 경험적 특성을 활용할 수 있는 능력을 개발하는 것이 두 번째 단계이다.[11] 이를 통해 우리는 자신의 전문성을 재평가함으로써, 인간의 환경에 맞게 고치고 개선할 뿐만 아니라 영혼에도 닿을 수 있는 작업을 할 수 있게 될 것이다.[12]

이 두 번째 판은 원본을 다시 쓰거나 재구성하려고 시도하지 않았다. 대신, 추가로 작성한 내용은 기둥에 해당하는 네 범주, 즉 가늠하기, 분석하기, 짓기, 그리고 더 좋게 만들기에서 설명한 전략을 맥락화하며 이어지는 타당성과 중요성을 드러내기 위해 배치하였다. 각 섹션의 시작 부분에서 간단한 소개를 통해 각 섹션 뒤에 있는 일반적인 개념을 제시하고 그 안에 포함된 메시지의 중요성에 대해 접근한다. 이를 통해 초판에서 미비했던 맥락간의 연계를 시도하였다.

다음으로, '더 읽을거리(Further Reading)' 부분을 유의미하게 확대하였다. 5년여 동안 학계에서 받은 혜택을 반영하고, 건축계의 목소리를 경청하며, 출처의 다양화가 필요함을 깨달았기 때문이다. 이에 부합하는 범위와 주제(영화, 스포츠, 철학, 소설)는 다양해졌지만, 제안된 출처는 여전히 서구권을 중심으로 제한되어 있으며 필요한 만큼 다양하지는 못하다. 이것은 다시 타당성에 관한 것이다. 즉, 건축은 다중심적인 세계관 위에서 그려질 때에만 유의미할 수 있으며, 유럽 중심적이어서는 한계가 뚜렷하다. 2판의 핵심적인 메시지와 개정, 변경된 사항은 인간의 조건들이 멋지고 활기차게 직조된 태피스트리tapestry와 건축이 그 태피스트리에 제공하고 자양분을 공급할 수 있는 모든 방식에 전념한다.

제임스 테이트(James Tait), 로리에스톤(Laurieston), 글래스고

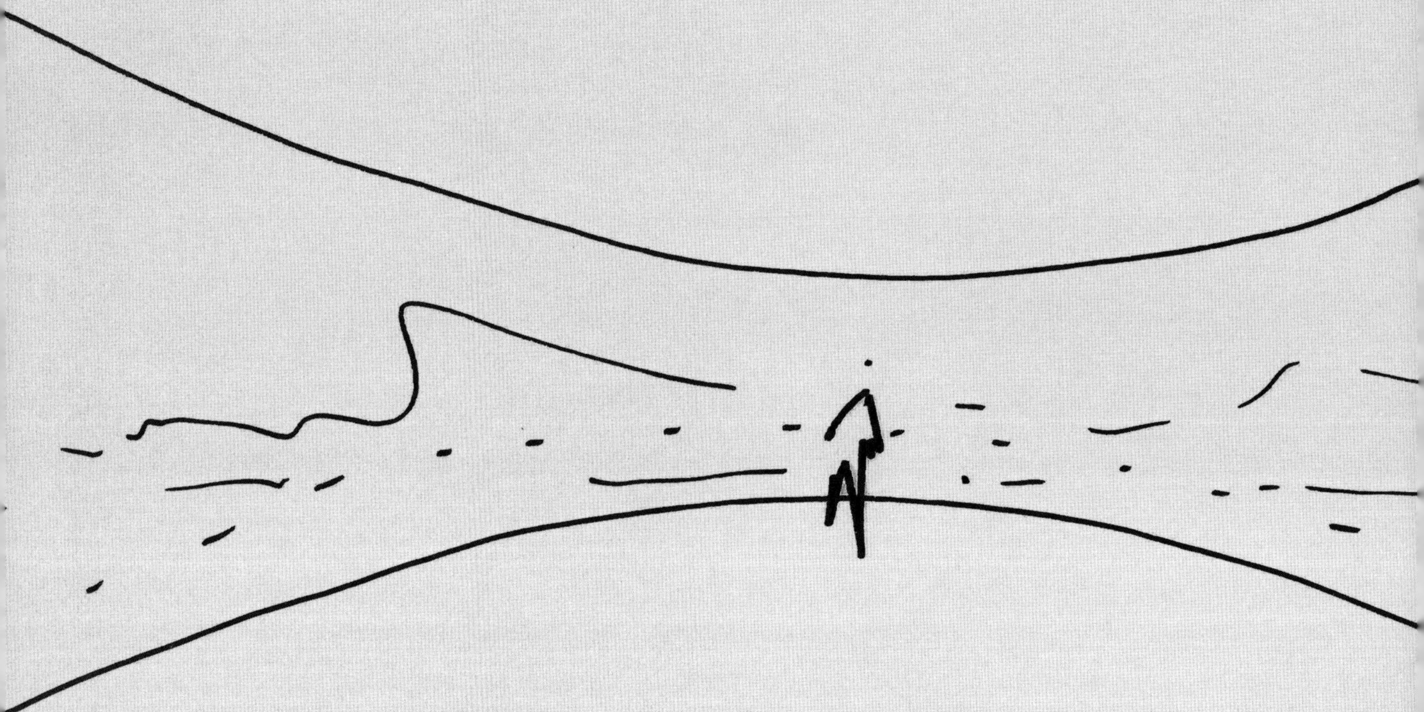

들어가면서INTRODUCTION

개념concept

우리는 종종 개념을 추상적인 아이디어라고 생각한다. 이 관점에서 보면, 개념은, 좀 더 복잡하고 해설적인 세부사항들을 상징적으로 재현represenation하는 것이다. 이 단어는 라틴어 *콘셉툼*conceptum에서 유래한 것으로, '품고 있는 무언가something conceived'를 의미한다, 하지만 개념은, 추상적인 표제어headline로만 보기에는 좀 더 보편적인universal 관점을 담고 있다. 인간의 노력과 사고로 창조된 모든 객체object와 개체entity, 산물product들이 존재하는 이유가 바로 개념이기 때문이다. 모든 예술작품oeuvre은—그것이 미술인지, 음악, 문학인지에 상관없이, 그것을 창작하는 과정에서 어느 정도는 인간의 마음을 상상하는conceived 부분이 필요하다. 개념은 예술작품의 존재에 대한 이유가 된다. 예술작품이란 독창적인 아이디어original idea를 개념을 통해서 실재함이 분명한 징후 혹은 표명tangible manifestation으로 전환하는 작업이기 때문이다.

건축에서의 개념 Concept in architecture

건축에서는 '개념'이라는 용어를 걸핏하면 틀리게 사용한다. '개념 건축가concept architects'라는 단어는 거창하기만 하거나 발전이 안 되어서, 특정 시점에서는 실현되지 못하고, 종이 위에서만 남는 작업을 진행하는 건축가들을 말한다. 꽤 자주 쓰는 축에 드는 '개념적인 건축conceptual architecture'이라는 표현은, 짓는 것이 목표가 아니라 작업 속에 드러나는 (정치적, 사회적, 형식적) 야심만만함ambitiousness과 도발provocativeness을 통해 일어나는 반응 그 자체가 목적인 프로젝트들을 언급할 때 사용한다. 하나만 더하자. '개념 단계concept stage'라는 말은, (대부분의 학생 프로젝트들이 여기서 멈춰 선다) 유명무실한nominal 벽두께와 관념적인notional 구조, 가정에 근거한 사이트 제약 조건으로 디자인된 스케치 한 장을 의미한다.

이 말들은 개념을 호도하고 있다. 현재, 건축 개념이란 용어는 아이디어와 실체적 건축 사이의 연결이 끊어졌음을 넌지시 드러내기 위해 사용된다. 그러나 실상은 그렇지 않다. 이 둘은 분리된 독립체들이 되어서는 안 된다. 건물은 창의적인 개념을 물리적으로 표명한 결과물이 되어야 한다. 이렇게 되었을 때 건축가에게 개념이란, 지어야 하는 이유가 된다. 그리고 우리에겐, 언제나 지어야 할 이유가 있어야 한다.

구체적specific 개념과 보편적universal 개념

지어야 할 이유들은 구체적이거나 보편적인 범주에 속한다. 구체적 개념들은 특정 프로젝트에 주어진 독특한 상황들과 환경에서 시작한다. 이는 작업지침brief와 연계될 수 있다. 건물의 용도, 사용자의 요구, 대지의 기회요소들, 건물이 지형이나 인근의 건물들에 대응하는 방법, 기존의 물리적 조건 중 좀 더 강조해야 하는 것들과 같은 사항을 포함하고 있다. 구체적 개념은 정치적 혹은 사회적 맥락에 연계될 수 있다. 현재 지배적인 태도들을 반영할지 아니면 성을 내며 반기를 들지, 그리고 어떻게 지역적이고 사회적인 조건들을 개선시킬지에 대한 생각이 여기에 해당된다. 건축가는 구체적 개념을 작업지침과 대지, 환경에 내재하고 있는 도전들에 부합하는 해법으로 활용하면서 보편적인 개념에 반영할 수 있다.

보편적 개념들은 프로젝트의 일시적인transient 조건들을 초월한다. 보편적 개념은 시간을 초월하고, 언제나 그래왔고 앞으로도 지속될, 건축의 몇몇 양상들을 체현embody한다. 예를 들자면 이런 것이다. 어떻게 우리 서로가 상호작용하는 방식을 형상화하고, 공간에서 삶과 생활을 형성시키는가; 비례proportion, 스케일scale, 형태form를 어떻게 조작manipulation하기에 지속적으로 형태적 아름다움을 추구하는가; 건축의 정직성은 무엇이고, 우리는 그것을 어떻게 진실truth하고, 온전integrity하게 구현할 수 있는가; 그리고 생명과 삶을 제공하는 빛을 어떤 방식으로 제대로 활용harness하고 강조하는가.

구체적 개념과 보편적 개념은 디자인 매 단계마다 반드시 있어야 한다. 개념이 없다면, 우리가 디자인하는 것은 '건축architecture이 되지 못하는' 건물building이다. 우리의 작업이 그런 건물이 되어가다 보면, 매 단계에서 우리는 따분한 느낌과 함께, 프로젝트로 인해 성장을 방해받고 있다는 생각이 들게 될 것이다. 개념은 건축의 핵심core이다. 건축이 되지 못하는 건물에는 개념이 없다. 그럼에도 건축가가 거기에 그치는 작업을 하는 경우는 자주 있다. 건물은 개념에 의해 더욱 더 많은 정보를 반영하고 풍부해진다. 이 가능성을 받아들여야 한다. 건물이 건축이 되기 위해서 말이다.[a)]

개념에서 완료completion까지

'건축가'[b)]라는 단어는 고대 그리스어의 *archi*-'수위(首位)의 chief', *tekton* -'만들어내는 사람 builder'에서 유래했다. 이 용어는 그것이 유래한 문화적 사회적 조건을 반영한다. 고대 그리스는 건축가의 야심과 지식이 그들의 실무 능력practical abilities과 경험치에 준하여 성장했다. 하지만 오늘날의 기준으로 보면, 이는 건축가의 역할과 건축실무에 대한 정의로서는 편협하고 잘못된 것이 아닐까 싶다. 오늘날 대부분의 건축가는 수위라고 할 만한 자리에 있지 않다. 심지어 실질적으로 만들어내는 사람도 아니다. 건축가는 시장의 힘market forces과 순식간에 변하는 유행들fleeting fashions이 지배하는 격동의, 복잡한 세상 속에서 우리의 목소리를 내기 위해 고투하고 있다. 현재 우리는 고립적이고 추상적인 방법으로 건물을 지으면서 실현가능성들practicalities로부터 멀어지게 되었다. 개념 혹은 믿고 있던 것들을 무시하지 않았는데도 이렇게 되었다는 점에서 상황이 더 안 좋다. 우리의 작업은 꿈을 좇아가기 위해 힘겹게 나아간다. 그리고 그 꿈은, 심지어 거기에 존재하지 않을 때도 있다.

건축은 핵심에서부터 만들어질 이유를 가지고 창조되어야 한다. 위대한 아이디어인데 아직 발전하지 못하거나 실행이 잘 되지 못한 상태가 잘 구현된 나쁜 아이디어(실제로는 중심적인 아이디어가 없는 것) 보다 중요하다.[1)]

아무리 좋은 아이디어와 지어야 할 이유를 담고 있는 스케치가 있더라도 인내를 가지고 기다려야 한다. 이는 단지 반쪽짜리 해법에 불과하기 때문이다. 우리는 어떻게 개념을 건물에 물리적으로 실제physical reality하게 할 수 있을지에 대해 배워야 한다. 이렇게 되었을 때 건물은 건축을 형성하게 하는 힘들과 건축사이의 단절의 극복을 꾀하고 건축가는 그의 생업을 통해 이상주의utopianism와 실용주의pragmatism 사이의 연결을 모색할 수 있게 된다. 그리고 건물은 독창적인 생각의 성공적인 구현을 통해, 건축이 된다. 디자인하기 전에 생각하라. 디자인 프로세스의 모든 단계에서 생각해야 한다–그것이 도시 전역을 다루는 마스터플랜에 대한 첫 스케치이건, 파사드 세부표현에 대한 실시설계도면이 되었건 간에. 생각하라, 어떻게 하면 당신이 생각한 독창적인 개념에 진실해 질수 있을지.

a) 저자의 건물과 건축의 구분은 다소 모호하며 본문에서는 거의 구분없이 사용한다. 건축개념의 중요성을 강조하기 위한 표현정도로 이해해도 무방하다.

b) architecture의 어원은 그리스어인 처음(初), 기원(起原), 원리(原理), 수위(首位), 머리(頭), 주(主), 제일(第一) 등의 의미를 가진 「αρχώς(arkhos)」 와, 직인(職人:기술자), 공장(工匠:장인), 목수, 명의(名醫) 등을 의미하는 「τέκτων(tekton)」을 합하여 만들어진 「αρχιτέκτων(arkhitekton)」이다. 텍톤은 단순 기술자가 아닌 이론과 감성, 지식을 가지고 만드는 사람을 의미한다. 통합적으로 아키텍톤은, 어떤 원리 원칙 및 기술을 숙지한 다음, 기획 및 개발이 가능하게 되어서, 장인이나 기술자(技術者)를 지도하고 통솔할 수 있는 사람을 의미한다. (서현, 「고대 그리스어, 라틴어의 Architecture/Architect의 의미에 관한 연구」, 대한건축학회논문집, vol.25 No.05, 2009. 5 참고)

건축 개념의 네 가지 기둥

이 책은 네 개의 장으로 구성되었고, 각각의 장은 건축 디자인 프로세스 상의 구상conception에서 완료completion에 이르는 단계들을 대표하고 있다.

1 — **가늠하기**assessing
1장에서 우리는 주변 환경surrounding environments을 관찰하고 가늠하여 관찰하고 가늠하여 건축 작업 진행을 위해 가장 두드러진 부분들을 추정하는 작업을 진행한다.

2 — **분석하기**analysing
여기서 우리는 작업 절차modus operandi를 검토해보고, 어떻게 건축가가 더 나아질 수 있는지를 고려한다.

3 — **짓기**assembling
3장에서는 바닥에서 지붕까지, 지어진 건축물에서의 핵심적인 사항들을 재해석한다.

4 — **더 좋게 만들기**augmenting
마지막 장에서는 (색상, 스케일, 그리고 대조와 같은) 기법을 통해 우리의 건물이 좋은 것에 그치지 않고 위대해 질 수 있는 기법trick들에 대해 연구한다.

이 책은 전략들을 만들어 내고 발전시키는 방법들을 제안한다. 그 전략들을 통해 우리는 건물을 더 좋게 만들고, 우리의 공간을 형성하고, 건축물을 창조하는 데 있어 건축가의 영향력을 더 깊게 할 것이다. 이는 더 넓은 세계로부터 배우고, 기존의 실습과정들에 도전하고, 무엇보다도 개념을 끌어올리는 것에 의해 가능하다. 우리는 반드시, 언제든지 디자인하기 전에 생각해야 한다. 우리는 반드시, 언제든지 지을 이유가 있어야 한다.

공공광장 계획안
베르베스 광장, 스페인, 비고

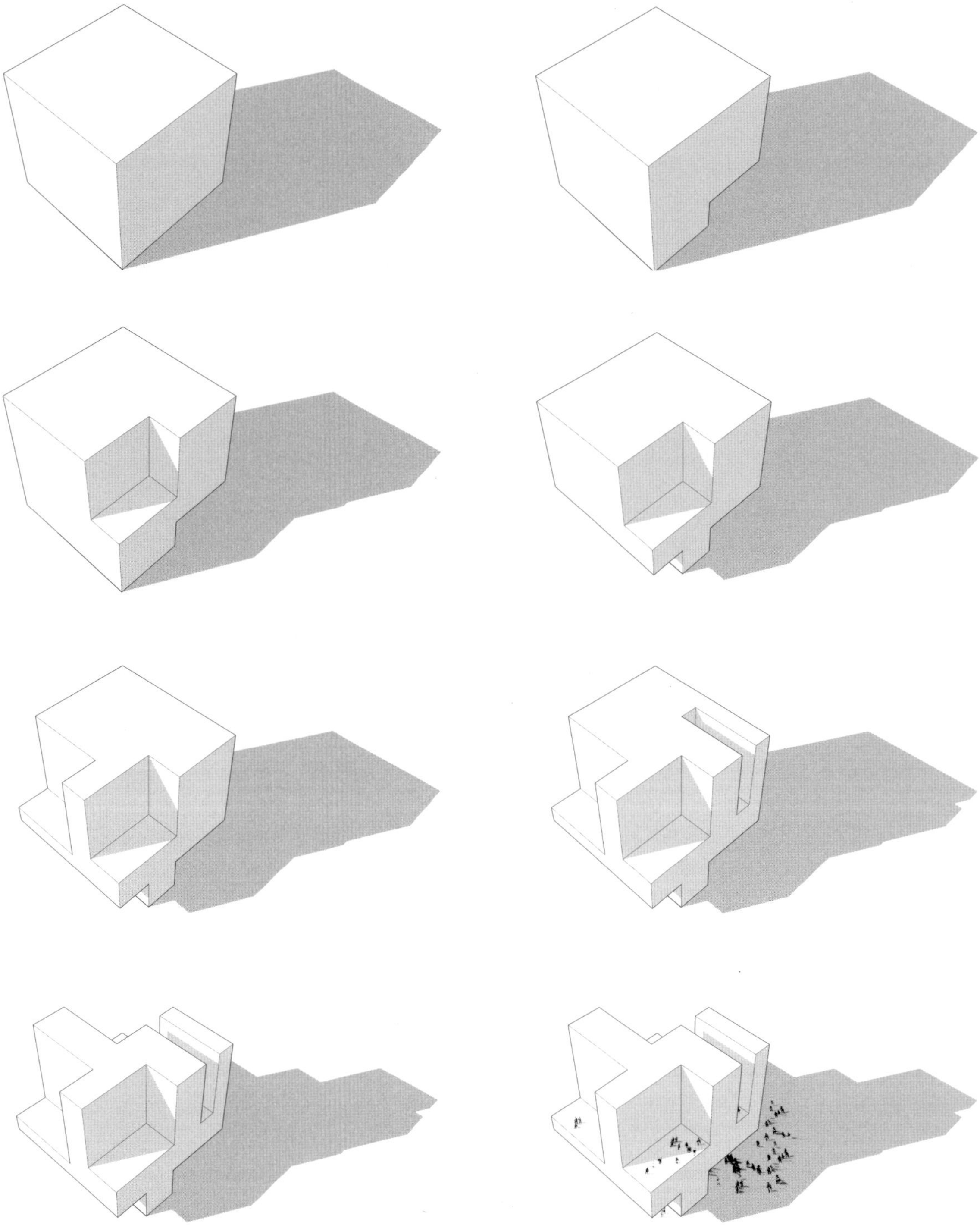

무에서 유로
큐브에서 개념모형으로 : 공제를 이용한 연구

1

가늠하기

상호간 의사소통: 난초(Orchid)와 벌에게서 배우기

공생은 다른 종들 사이에서 서로 유익한 관계로 둘 모두를 유지하고 영양을 공급한다. 고대 그리스어의 '살아있다'는 뜻의 'sym'과 '함께'라는 뜻의 'biosis'에서 비롯된 공생은 서로 다른 종과 유기체가 서로를 돕고 서로의 건강과 생존을 보장하는 결정적인 수단이다. 아름답고 복잡한 상호 이타주의의 체계이다.

최근에 발견된 공생의 예 중 가장 흥미로운 것 하나는 난초와 벌이다. 난초의 형태와 색깔은 놀랍도록 다양하지만 한 가지 유사점이 있는데, 의도적으로 벌처럼 보이도록 되어 있다는 것이다. 난초의 형태는 순전히 벌을 유인하기 위해 진화해 왔으며, 더 복잡한 점은 난초가 대부분의 다른 꽃들처럼 벌의 먹이인 꿀nectar을 제공하지 않는다는 것이다. 과학자들은 현재 난초가 특별한 향기를 분비한다는 것을 발견했는데, 이 향기는 수컷 벌이 모였을 때 암컷 벌을 끌어당기므로 수컷 벌의 짝짓기 능력이 향상되고 자신의 번식을 보장한다. 따라서 벌과 난초는 서로의 생명을 유지한다. 벌은 난초의 번식을 보장하는 필수적인 동인이며, 결국 난초는 벌의 번식을 보장한다. 아름다운 순환이지만 간단한 이야기이다. 공생은 완벽한 상호간 의사소통이다.

이 판의 서문에 언급된 세드릭 프라이스의 전제를 받아들이면, '외부로부터 영향'을 받아 재평가가 이루어지기 전까지는[1] 건축은 의미 있는 관련성을 담보할 수 없다. 이는 건축가들에게 교훈이자 주의를 전하는 우화이다. 우리의 의사소통은 공생해야 한다. 현재 건축가들은 스스로 원할 때만 공생적으로 의사소통하고자 하는 위험에 처해있다. 벌과 달리 우리는 외부 영향에 의해 유혹되고 그 영향권 안에 머무는 것을 웬만하면 허용하지 않는다. 우리는 어려운 전문용어로 말하고 다른 건축가들과 차이가 나지 않는 나이먹은 건축가들로부터 전수받은 하찮은 수사학을 동원한다. 난초와 달리, 우리는 스스로를 유지하는 데 도움이 되는 더 큰 집단을 유혹하지 않는다. 우리는 폐쇄적이고 이기적인 방식으로 소통한다. 유토피아적인 이미지와 유행에 대한 집착적으로 매달리며 대화하고 단지 스스로를 미혹할 수 있음에 기뻐한다. 이 '가늠하기' 부분은 건축 내에서 대신하여 공생을 촉진한다.

상호간 의사소통 난초와 벌

이 부분에서는 어떻게 신학에 대한 이해가 건축의 경험적 효과에 대해 더 많이 이해하는 데 도움이 될 수 있는지, 어떻게 와인 제조 기술과 '떼루아terroir'의 개념이 토지를 대상으로 하는 건축물을 만드는 데 도울 수 있는지, 어떻게 소설이 우리가 만들어 낸 것의 창작과 유지에서 기억의 힘에 대한 우리의 이해를 심화시킬 수 있는지, 어떻게 그리스 신화가 형태와 기능을 이해하는 데 강력한 시사점을 줄 수 있는지와 어떻게 폭 넓은 사회 정치적 의제에 대해 더 적극적인 참여가 건축 기관을 종종 억압하는 구조를 이해하는 데 도움이 될 수 있는지를 살펴본다.

발터 그로피우스Walter Gropius가 한때 주장한 것처럼 훌륭한 건축이 삶 그 자체[2)]의 표현이라면, 우리는 먹을 것과 마실 것, 스토리텔링, 철학, 정치 등 삶 그 자체를 건축 담론에 더 많이 두어야 한다. 건축은 공간과 그 공간 안에서 펼쳐지는 삶의 형태를 제공한다. 삶 자체를 더 이해해야만 인간의 환경에 걸맞은 건축을 만들 수 있다.

경이WONDER

신령numen스러운 공간

신령(스러움)numen, 명사
게르만어-최초의 기원은 불명
1-이상하고, 눈에 띄고, 친근하지 않은 것을
접할 때 촉발되는 놀라움amazement,
충격astonishment 혹은 감탄admiration의
느낌 혹은 감정
2-이러한 놀라움과 충격의 감정과 관련된
대상 혹은 감정을 일으키는 사람이나 물건

건축의 경이—형태와 규모, 그리고 디테일을 통해 감정적인 반응을 일으키는 공간과 건물—는 종교적인 건물들과 연관되는 경우가 많다. 예를 들어 사원temples, 성지shrines, 대성당cathedrals a), 모스크mosques, 유대교 회당synagogues 같은 건물들은 '신의 창조행위divine creative act'를 체현한다. 신학자 루돌프 오토Rudolf Otto는 경이로움에 대해 이렇게 표현한다. '신령스러운 경외심mystical awe... 직접적인 경험이 가능한—대상을 통해 감정을 고취시키는 경외심 앞에 서서 무(無)nothingness와 침잠submergence을 느낄 때 생기는—피조물로서의 감각creature-feeling.'1)오토는 경이로움을—신의 존재를 느끼게 하는numinous는—신의 무소부재성omnipresence에b) 결부시킨다.

신령스러움과 숭고함sublime

신의 존재를 지각한다, 즉 신령스럽다는 개념은 철학에서 다루는 숭고함의 개념과 결부되어 있다. 숭고함의 개념은 에드먼드 버크Edmund Burke에서 시작되어 이마누엘 칸트Immanuel Kant가 발전시켰다. 숭고함을 잘 설명하기 위해서는 숭고함과 미(美) 사이의 관계로부터 시작하는 것이 좋다. 칸트는 '숭고함은 우리에게 감동을 주고, 아름다움은 우리를 매료charm한다.'라고 했다.2) 숭고함이 경험해야 하는 것이라면 아름다움은 시선에 노출되는 것만으로도 가능하다. 칸트는 산봉우리mountain peaks, 격렬한 폭풍raging storm, 크고 그늘진 나무tall shadowy tree, 밤하늘night sky, 그리고 지옥hell의 묘사를 들어 숭고함의 특성을 규정한다. 역으로, 아름다움은 계곡과 초원valleys and meadows, 풀을 뜯는 양떼gazing flocks, 낮 시간의 하늘daytime skies과 엘리시움(극락)Elysium c)에 대한 묘사를 통해 정의된다. 숭고함에는 마음을 사로잡는 현묘함mysteriousness과 어둠darkness이 있기 마련이다.

숭고함은, 신이 존재한다는 느낌the numinous과는 다르다. 이 개념은 종교적 경험 보다는 무한성, 그리고 자연 앞에 인간이 느끼는 무력함powerlessness과 관련을 맺고 있다—그럼에도 결과는 신과 직면face하는 것에 대한 경외감으로 이어진다는 점에서 동일하다. 오토는 이러한 유사성을 건축과 연관시켜 부연한다. '거의 대부분의 예술 영역에서 숭고함은 가장 효과적으로 신이 실재함을 재현하는 수단이다. 건축에서 유독 그러한데, 숭고함이 처음으로 구현되어 온 것이 아마도 건축이라서 그런 것이 아닐까 싶다.' 3)

신령스러움과 건축

오토는 거석문화 시대megalithic age를 각성의 시기로 언급한다. 이 시기는 기독교Christianity와 유일신교monotheism가 일반화되기 이전으로, 스톤헨지Stonehenge와 같은 기념비의 건설이 많았던 때이다. 스톤헨지는 '신령스러움이 마법과도 같은 방식으로 견고히 자리를 잡고localized, 보존되고preserve, 저장되는stored 장소'였다. 이런 거석문화의 특징은 고대 이집트 사람들이 피라미드를 대할 때에도 두드러진다. 피라미드를 지은 사람들은 '신령스러움을 영혼 속에서 고동치게 하는 일이 기계적으로 가능한' d)이들이었다. 이러한 고대의 구조물들은 어떤 의미에서는 영적spiritual이지

a) 흔히 대성당으로 분류하는 건물에는 다음과 같은 차이가 있다.
-Cathedral: 영국 국교회나 가톨릭교회 등에서 주교가 관장하는 교구 내 중심성당. 단어 자체는 주교(bishop)의 법좌(cathedra)가 있다는 뜻. 이를 의미하는 주교좌성당으로 번역하는 경우도 있다.
-Minster: 대성당 중에서도 수도원에 부속되어 있는 경우를 뜻한다.
-Doumo: 이탈리아에 있는 대성당을 의미. 영어의 돔(Dome)과 동일어로 집을 의미하는 라틴어 Domus에서 유래.
-Basilica: 로마 시기 재판과 집회, 상업 거래를 위해 사용된 건물로 기독교 예배 건물의 규준이 된 건물. 왕궁을 뜻하는 그리스어 바실리케에서 유래된 말로 내부에 열주가 있는 장방형의 평면을 가지고 있으며 전면에는 회랑을 두른 정방형 전정(Atrium)이 있다.

b) 무소부재성 혹은 편재성은 어디에서나 있지만 균질하게 배치되지는 않은 성질을 의미한다. (균질한 속성이 있을 때에는 보편성(universality)을 쓴다). 신의 무소부재성은 어디에서나 신이 있다는 측면을 강조하고 있다. 즉 모든 곳에 동시에 존재하여 모든 이의 기도를 동시에 듣고 있는 신의 특성을 표현하는 어휘이다.

아름다움
계곡

아름다움
평화로운 초원

아름다움
꽃, 울타리

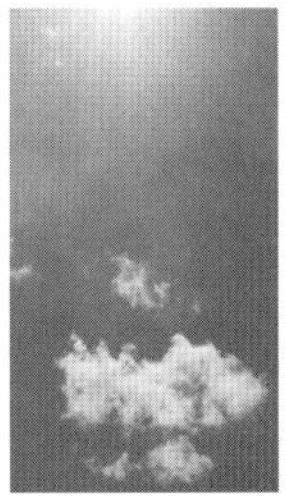

아름다움
새벽, 태양

아름다움
엘리시움의 들판, 아서 데이비스

숭고함
산

숭고함
격렬한 폭풍

숭고함
그늘진 나무

숭고함
황혼, 달

숭고함
판데모니움(복마전), 존 마틴

만, 종교적인 건물은 아니다. 그럼에도 이 건물들이 경의의 감각을 불러일으키는 것에는 논란의 여지가 없다–자연 속에 있는 많은 수의 신령스러움(혹은 숭고함)의 예들과 마찬가지로 말이다.

종교 건축물 상당수가 신이 실재하는 감각이나 숭고함을 불러일으키지 못하는 사이에 오히려 종교건축물이 아닌 상당수의 건물에서 구현되고 있다. 물론 건물의 목적이 경외심을 일으키는 것은 아니다. 건물의 목적은 디자인을 활용하여 경험적 결과들experiential effects이 생기도록 하는 것에 가깝다.e) 그런데, 도대체 어떤 건축 구성요소가 그러한 감정을 불러일으키는 걸까? 어떻게 우리는 경이의 공간을 창조할 수 있을까?

이성적Rational인 것과 비이성적irrational인 것

오토는 신령스러움의 특징을 간접적인 것과 직접적인 것으로 나눈다. 칸트는 숭고함을 이성적인 측면과 비이성적인 측면으로 나누어 묘사한 바 있다. 이성적–간접적인 측면은 이성reason에 의해 연역된 선험적 지식priori knowledge인데, 선험적 지식은 인간의 경험에 의존하지 않으며, 절대성absoluteness, 필연성necessity, 실체substance 개념의 표명manifest과도 거리를 둔다. 반면, 신령스러움의 비이성적–직접적인 측면은 인간의 반응과 '관능적인 감각sensuous feeling'4)과 관련이 있다. 인간의 반응과 관능적 감각 모두 현존present하고, 지속기간이 제한ephemera되어 있다. 신의 존재를 느끼게 하는, 숭고함이 깃든 건물과 공간을 창조하는데 이러한 개념들을 적용할 수 있다. 이성적–간접적 요소들은 고정되어 침묵하는 속성들attributes이다. 형태form, 스케일scale, 디테일detail이 여기에 해당된다. 비이성적–직접적 요소들은 건물의 일시적transient상태를 체험하는 것과 관련을 맺는다. 빛, 침묵, 비어있음void이 그러하듯.

c) 엘리시움은 그리스 로마 신화에서 신들의 총애를 받던 영웅이 현세를 떠난 후 갈 수 있는 극락이다. 흔히 들판이 있는 풍경으로 묘사된다. 프랑스의 유명한 샹젤리제는 엘리시움의 들판이라는 뜻. 북유럽 신화에서 아스가르드에 있는 궁전인 발할라(Valhalla) 개념과 어느 정도 맞닿아 있다. 베토벤 교향곡 9번 『합창』에서 인용된 프리드리히 실러의 「환희의 송가(An die Freude)」는 인류의 화합과 우애를 엘리시움 거주자들에 빗대어 벅찬 환희로 표현하고 있다.

d) 능수능란함을 강조하기 위한 표현이다.

e) 경험칙에 근거하여 계획한 대로 공간이 잘 활용되는 것을 의미한다.

불가능한 규모
피라미드, 이집트, 기자, 2580–2560BC

불가능한 공학
두오모, 피렌체, 필리포 브루넬레스키, 1436

불가능한 고리
CCTV, 베이징, OMA, 2008

기묘한 조각
암반, 유타 주/앙코르와트 사원, 캄보디아

기묘한 가지
용혈수, 소코트라/웰즈 대성당, 1306

기묘한 날개
그레타 오토 나비/필립관, 르 꼬르뷔제와 래니스 제나키스Lannis Xenakis, 1958

형태Form

신의 존재를 느끼게 하는 건물은 반드시 '역학이나 수학을 통해 습득한 이해의 경계bounds'에 도전해야 한다.[5]

– 불가능성Impossibility

건물이 신령스러운 느낌을 주기위해서는, 범인의 역량으로는 이해하기 쉽지 않은, 천재적 재능이 깃든 기술technical genius을 내보여줘야 한다. 불가능성이라는 속성은 건물을 짓기 위한 인간의 노력과, 머리를 짜내 얻은 재간의 수준과 규모를 반영하는 가치이다. 기자의 피라미드가 그랬고, 브루넬레스키Brunelleschi가 지은 피렌체의 두오모Duomo in Florence 역시 그러하며, '3차원적으로 크랭크를 연결한 듯한, 뒤틀린 고리형태three dimensional cranked loop'[6]로 만들어진 OMA의 베이징CCTV 사옥 또한 불가능성이라는 속성을 잘 보여준다. 이들 건물들은 가능성의 한계를 밀어내면서, 인간의 한계a mere mortal로써는 절대 도달할 수 없는 수준에 이른, 다른 세상에나 있을 법한 작업의 위상을 획득했다.

–기묘함Strangeness

기묘한 형태에는 보는 이를 '주눅 들게daunting 하지만, 그럼에도 몹시 마음이 끌리는attracting',[7] '기이하고 이중적인 성격'[8]이 있다. 기묘한 대상은 좀 더 선명하게 사람들 마음속에 각인되는 경향이 있다. 유타Utah 주에 있는 굴뚝처럼 생긴 암반rock foundation이나 뒤틀린 팔처럼 가지가 뻗어 올라가는 서아프리카의 용혈수dragon tree, 미주 전역에 분포하는 그레타 오토Greta Oto 나비[f]의 투

무한한 공간 밤하늘

무한한 공간 사막, 내몽고지역

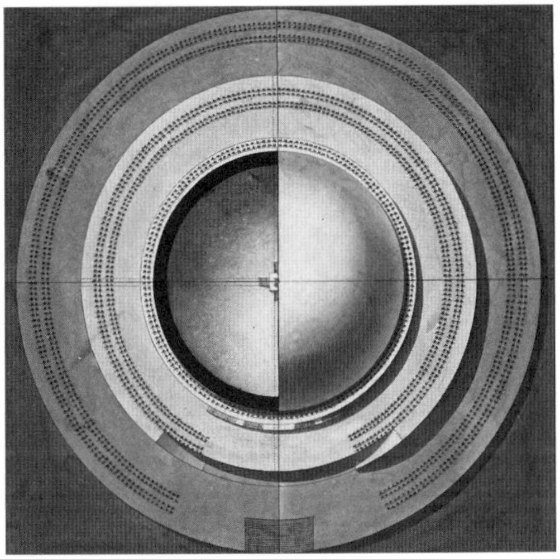

집단적 척도

집단적 척도

집단적 척도
(위)뉴턴기념비, 에티엔 루이 불레, 1784
(중간)초가 잔빌 지구라트Chogha Zanbil Ziggurat, 이란, 1250 BC
(오른쪽)후지산케이그룹 본사, 도쿄, 겐조 단게, 1996

개인적 척도
(위, 왼쪽) 벽에서 후퇴된 벽감, 중세 성채
(위, 가운데) 일본 전통주택, 툐야마 기념 전시관, 일본
(위, 오른쪽) 사색공간, 스코틀랜드 의회건물, EMBT, 2004

명한 날개가 좋은 사례이다. 건축에서도 자연에서와 마찬가지로 기묘함을 드러내는 경우를 많이 볼 수 있다. 크메르Khmer 족이 지은 캄보디아의 계단식 사원에서부터, 웰스 대성당Wells Cathedral 내부에서 볼 수 있는 고딕양식의 우산볼트fan vaults까지, 다시 1958년 만국박람회'58 EXPO를 위해 지어진 건물 중 (르 꼬르뷔제Le Corbusier가 참여한) 필립관Philips Pavilion의 자유롭게 휘어지는g) 콘크리트 표현에 이르기까지, 인간이 만들어낸 이러한 구조물들은 아름답고, 숭고하며, 기묘하다.

규모Scale

신령스러움이 표명되는 이성적-간접적 방식의 두 번째 양상은, 규모이다. 오토는 신의 존재를 느낀다는 것을 '공간적 범위spatial extent의 크기와 중요성magnitude를 강력하게 표명하는 것'9) 라고 묘사한다. 여기서 매그니튜드라는 단어는 물리적 크기만을 의미하는 것이 아니다. 이 단어는 공간이 사람의 심신에 미치는 영향력potency와 강력함intensity을 시사한다. 광활함the vast과 집중the concentrated, 이렇게 서로 대립하는 척도scales들에 의해h)-집단적collective, 그리고 개인적individual-두 가지 신령스러움이 만들어진다.

-집단적 척도Collective Scale

큰 크기와 영향력, 강력함을 가지고 있는 공간은 공동체적 감각communal sense에서의 신령스러움을 불러일으킨다. 이때의 공동체적 감각이란 개인을 넘어 집단이 공유할 수 있는 목적 등을 의미한다. 거대한 규모massive scale는 무한한 공간에 한 상상을 불러일으키는데, 동시에 인류와 인류가 만들어 낸 것들의 유한성을 생각나게 한다. 끝없이 펼쳐진 까만 밤하늘이나 몽고의 사막을 생각해보면

f) 보통은 투명한 날개를 강조한 유리날개 나비Glasswinged Butterfly라고 불리운다.

g) 필립관의 외관은 쌍곡포물면(hyperbolic paraboloid)의 조합으로 구성되어 있다. 쌍곡포물면은 직선으로 된 단면을 조금씩 회전시켜나가면서 구성할 수 있다.

h) 여기서 광활함은 영향력에, 집중은 강력함에 대응하는 개념이다. 스케일이라는 단어는 규모를 뜻하지만 특히 비교를 통해서 정립되는 크기나 범위의 관점을 강조하는 단어이다. 그런 이유로 대립과 비교가 강조될 때에는 이 단어를 '척도'로 번역하였고, 동사로 사용하는 경우에는 크기를 조정한다는 맥락에서 번역하였다.

세부표현 복잡함

세부표현 반복

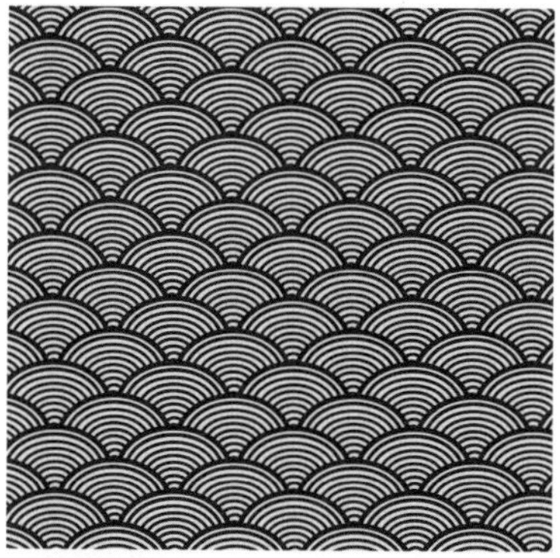

세부표현 패턴

무한성 자연

무한성 자연

무한성 자연

이해가 될 것이다. 이들 모두는 인간이 거기 있던 없건 상관없이 언제나 거기 존재하고, 존재할 것들이다. 동일한 특성이 건축물들을 통해서도 발견된다. 고대시기 바빌론Babylon의 지구라트들ziggurats, 에티엔 루이 불레Etienne Boullée가 제시한 거대한giant 뉴턴 기념비cenotaph to Newton, 일본의 메타볼리즘 건축가들metabolists이 그려낸 엄청난gargantuan 규모의 제안들은 집단적 척도의 신령스러움을 의도하고 있다. 이 구조체들은 주변으로부터 우뚝 솟아올라 인간적 척도human scale에서 가능한 모든 지각perception을 초월하여 종국에는 다른 무언가, 개인보다 더 거대한 무언가가 되고 만다.

—개인적 척도Individual Scale

크기가 작은 공간에서도, 그 안에 있는 사람을 위로하고 보살피는 공간을 조성함으로써 신령스러움과 숭고함을 체험할 수 있다. 오토는 이 상태를 사람의 정신을 고양하는, 스스로에게 몰두하면서 생기는, 겸허한 침잠humble submergence라고 묘사한다.[10] 공간의 크기를 줄이더라도 그 영향력을 감소시킬 필요는 없다. 개인적 척도의 신령스러움을 경험하기 위한 이상적 공간은 다음의 것들을 포함한다.

- 햇빛—생명을 주는 태양을 상기시킨다.
- 자연 · 도시풍경을 향한 조망—자신이 있는 위치를 자연과 인류가 만들어낸 더 넓은 맥락 안에서 인지하게 한다.
- 위로—각각 다른 사색이나 명상을 위한 다양한 자리배치가 가능해야 한다.
- 좋은 재료—단순하고 도금되지 않은 재료. 중요한 공간임을 반영하는 좋은 품질의 재료들
- 적절한 비례—너무 넓으면 환영하지 않는 느낌을 주고, 너무 좁으면 불편하다.

세부표현
(최상위, 왼쪽)권두삽화, 금강경, 중국
(최상위, 중간)병마용, 중국 시안
(최상위, 오른쪽) 일본의 전통적 물결무늬

무한성
(위, 왼쪽)로마네스크 브로콜리의 프렉탈적 성격
(위, 중간)벌집
(위, 오른쪽) 얼룩말 무늬

세부표현 지어진

세부표현 지어진

재료와 세부표현

무한성
(왼쪽 위)상형문자, 고대 이집트 사원
(왼쪽 아래)멀리언, 클루친스키 연방빌딩, 시카고, 미스 반 데어 로에, 1974

재료 및 세부표현무한성
(오른쪽) 스테인드글라스, 코번트리 대성당, 영국, 바질 스펜스, 1962

일본의 전통 다실tea house은 개인의 용도와 필요에 따라 공간을 확장expand하거나 줄여서contract 사용하는데, 이렇게 규모조절이 가능한scalable 공간에서 위와 같은 특징들이 잘 드러난다. 또한 중세시대 성채 건축에서 보이는 벽감은 거대한 홀과 식사공간에서 부터 후퇴하여 일종의 도피refuge 공간이 되어준다는 측면에서 같은 속성을 가지고 있다. 사색 공간think-pod을 제공하는 엔릭 미라예스Enric Miralles의 스코틀랜드 의회 건물Scottish Parliament도 마찬가지다.

개인의 사색을 위한 공간과 여럿이 모이는 공간 사이의 차이는 크기에서 나타난다. 경이감을 목표로 규모를 다루기 위해서는, 디자인과정 상에서 공간마다 거기에 맞는 적절한 규모를 부여했다는 것을 스스로 확신할 수 있어야 한다. 충분히 광활하지 않으면 집단적 차원의 신령스러움은 생기지 않는다. 충분히 작지 않으면 개인적 차원의 신령스러움 역시 형성될 수 없다.

세부표현Detail

오토는 신의 존재를 느끼게 하는 예술과 건축 작품들은, 세부표현을 통해 '범상치 않은 풍요로움과 깊이를 가지고', '마법과 같은 인상들'을 창조한다고 말한다.[11] 고대 중국과 일본의 예술작품에서 보이는 세부표현은 복잡한 이미지, 반복, 색채의 사용을 통해 이러한 마법 같은 순간을 만들어 낸다. 비슷하게 건물 세부표현의 신령스러움과 숭고함도 무한성infinity과 지각perception, 두 가지 방법으로 드러낼 수 있다.

–무한성의 암시

신 앞에 다가갔을 때의 무한성과 허무한 감각은 패턴과 반복을 통해 이끌어 낼 수 있다. 자연에도, 미묘하게 변화하는 부분이 늘어나면서 진행되는 끝없는 패턴의 반복은 많이 있다. 로마네스코 브로콜리의 복잡한 프랙탈fractal 형태, 벌집의 무한 반복되는 규칙성, 차이가 극명한stark 얼룩말의 무늬처럼 말이다. 건축에서는 추상적인 요소의 반복을 통해 건물이 인간에 의해 만들어진 것이 아

빛 빛웅덩이

빛 빛줄기

빛 물결 위로 아롱거림

빛 영묘한 불빛

빛 빛웅덩이

빛 빛줄기

빛 건물 위로 아롱거림

빛 영묘한

(첫째 줄 그림들, 왼쪽부터) 숲속의 빈터/협곡/바다위에 달빛/안개
(둘째 줄 그림들, 왼쪽부터) 올림픽 스태디움, 베르너 마치와 알베르트 슈페어, 1936/방글라데시 국회의사당, 루이스 칸, 1982/아랍 세계연구소, 장 누벨, 1987/넬슨 앳킨스 미술관, 캔사스시티, 스티븐 홀, 2007

니라는 느낌을 줄 수 있다. 고대 이집트 건축의 파사드에서 보이는 셀 수 없이 많은 상형문자의 표현에서부터 미스 반 데어 로에가 디자인한 업무시설의 끝없이 이어질 듯 보이는 멀리언은 많은 수를 반복하는 방식으로 무한성을 느끼게 한다.

—세부표현이 지각에 미치는 영향

건축가가 세부표현에 주의를 기울이게 되면, 건물에 대한 추가적인 경험을 이끌어 낼 수 있다. 또한 건물 안에 머무는 이들에게 전달하는 메시지도 제어할 수 있게 된다. 이를 위해서는 건축물에 적용되는 재료의 특징을 잘 이해한 다음 어떤 재료들을 조합할지, 세부표현을 통해 어떻게 개념을 체현시킬 것인지, 어떤 방식으로 세부표현들을 건물의 전반적 형태와 규모에 연계시킬 것인지에 집중해야 한다. 특히 종교 건축에서는 이 부분이 매우 중요하다. 스테인드글라스 창문과 대리석으로 된 세례반font, 벨벳으로 만들어진 커튼, 복잡한 조각들은 공간의 규모와 영향력, 강력함에 대한 감각을 확장하면서 하나로 통합된다. 마찬가지로 대규모 공공건물에서는 같은 효과를 내기위해 색채의 특징, 재료의 고급스러움 그리고 서로 다른 재료의 결합과 같은 사항들을 통합적으로 처리한다.

그럼에도 형태, 규모, 그리고 세부표현은 그 자체만으로는 신령스러움과 숭고한 느낌을 불러일으키지 못한다. 이 때문에 형태, 규모, 세부표현은 건축의 일시적이고, 경험적인 요소—오토는 이것들이야 말로 신령스러움의 직접적인 측면이라고 묘사했다—들과 함께 복합적으로 엮여야 한다. 그리하여 우리가 다음으로 다뤄야 할 주제는 빛light, 침묵silence, 보이드void이다.

빛Light

빛은 직접적으로 신령스러움을 느끼게 하는 가장 우선되고 가장 중요한 측면이다. 빛은 우리를 고무시키는데 반해, 어둠은 우리를 겸손하게 한다. 신령스러움은 이러한 두 대립항 사이의 충돌

기념비적 침묵 솔크 연구소, 캘리포니아, 루이스 칸, 1965

에 의해 일어나게 된다. 오토는 '어둠은 반드시 그 반대의 것을 통해 고양되어야 한다. 신비the mystical는 어둑어둑함semi-darkness으로부터 시작된다.'라고 말한다.[12] 자연 속에 이런 예는 무척 많다. 숲속 빈터에 떨어지는 웅덩이처럼 고여 있는 빛, 동굴 깊이 떨어지는 빛줄기, 물결위로 어룽거리는 빛, 안개 속 영묘한 우유 빛깔의 산란광opalescence을 떠올려 보라.

신령한 느낌을 주는 건물 역시 위로부터 떨어지는 빛을 받아내는 빛 웅덩이, 창으로부터 쏟아지는 빛줄기, 스크린screen과 그레이팅grating을 이용하여 작게 부수어진 어룽거리는 빛, 그리고 스크린을 통과하면서 부드럽게 조절된 산란광을 위한 공간을 마련해둔다—이 모든 것들이 어둠과의 대조를 통해 좀 더 명확해진다. 자연에서와 마찬가지로 건축에서도, 마법과 같은 느낌을 주는, 경탄할만한 효과는 빛과 어둠 사이의 대조를 통해 창조된다.

그럼에도 실내 공간의 조도light level는 점점 더 법률에 의해 정해진 기준에 좌우되고 있다. 이 기준들은 특정한 기능에 요구되는 정확한 조도를 지정해놓고 있는데, 빛과 공간의 질적인 특성, 필요한 어둠의 조건 같은 것들보다는 건강과 안전에 관심이 많은 듯하다. 하지만 우리는 공간을 창조하는 사람들로써 다르게 접근해야 한다. 빛을 경험하고 빛의 진정한 가치를 아는데 필요한 어둠의 역할을 적극적으로 수용해야 한다. 빛에 의해 건물은 활기를 더하고quickened 각성stirred한다. 집중된 빛은 에너지와 신묘함을 느끼게 한다. 또한 건물의 형태와 크고 작은 공간에 숭고함을 부여하고, 세부표현을 좀 더 명료하게 해준다.

침묵silence

오토가 신령스러움을 일으키는 직접적인 측면의 두 번째 요소로 언급한 것은 침묵이다. 이는 도서관이나 교회church에 있는 침묵이 아니다. 그보다는 '실제로 신령스러움을 느끼면서 자연스럽게

MONTE CITORIO
Piaz.Colonna
PANTHEON
S. Ignazio
PALAZZO 250 PONTIFICIO
Piazza di Monte Cavallo
Piazza della Pilotta
MINERVA
COLLEGIO ROMANO
Palazzo 853 Panfilj
SS. Apostoli
PALAZZO 281 COLONNA
Palazzo 173 Rospigliosi
GESÙ
Pal. di Venezia
S. Marco
PIAZZA DI VENEZIA
COLON. TRAIANA
SPIRITO SANTO
SS. Domen. e Sisto
CAMPIDOGLIO
TOR DE CONTI
CAMPO

i) 유하니 팔라스마 저, 김훈 역, 건축과 감각, spacetime, 2013 참조

일어나는 반응'에 가깝다.13) 건축에서 침묵의 존재를 위해서는 두 단계의 과정을 밟아야 한다. 처음은 침묵을 제공하는 단계로서, 우리의 디자인이 온전한 환경을 제공하고 있는지 확인하고 보장하는 과정이다. 그래야 두 번째 단계, 즉 침묵해야 함을 몸으로 인지하게 되는, *반응reaction* 단계에 이를 수 있다.

–침묵의 제공

침묵–그리고 그에 반대되는 소리–은 건축에서 가장 간과하고 있는 측면 중 하나이다. 건축가들은 건물과 그를 구성하는 부분들constituent parts이 어떻게 보이는지를 생각한다.–건축가들은 형태와 비례와 재료 특성, 색채를 고민한다. 또한 사람들이 이것들을 어떻게 느낄지를 생각한다.–건축가들은 금속제 문고리의 차가운 광택, 매끈하게 다듬은 콘크리트의 부드러운 느낌, 표면에 조그만 움dimples이 패여 거친 느낌을 주는 벽돌을 떠올리면서 이것이 주는 느낌이 적절한 것인지 생각한다. 우리는 건물을 경험하면서 특정한 냄새를 떠올리기도 한다. 어린 시절 화학약품이 가득한 수영장 냄새, 카페 안 가죽으로 마감한 칸막이 자리 안에 퍼지는 커피내음, 그리고 인접한 정원으로부터 흘러오는 야생화의 향기처럼 어떤 공간은 냄새와 강력하게 연결되어 있다. 그럼에도 우리는, 실용적인 차원을 제외하고는, 소리가 공간과 어떤 관계를 맺어야 하는지에 대한 고려를 거의 하지 않는다.

실제로 침묵은 디자인의 대상이 된다. 외부 소음을 줄이기 위해서 삼중유리를 쓴다든가, 서로 접한 복도나 방에서 전달되는 소음을 줄이기 위해 방음문과 칸막이를 설치한다든가, 혹은 흡음재를 벽이나 천정에 부착한다든가 하는 일들이 여기에 해당된다. 그럼에도 소리에 관련된 요소들은 기술적이거나 기능적 이유에 의해서 지침서에 들어가야지 그제야 고려대상이 된다. 침묵을 제공하는 것이 실용적인 이유가 아니라 경험적 차원을 우선하여 진행되는 경우는 매우 드물다.

소리는 보이지 않는다. 하지만 소리는 벽돌, 나무, 유리와 마찬가지로 건물을 구성하는 주요한 재료이다. 현대 생활과 그것이 만들어내는 배경음의 속도와 요구가 증가하면서, 건축가들은 건물 안에서 피난공간을 제공한다고 생각하지만 실제로는 침묵 자체를 위한 침묵과 같은, 더 나쁜 공간을 만들고 있지는 않은지 경계해야 한다.

–침묵의 힘

유하니 팔라스마Juhani Pallasmaa는 건축을 '석화된 침묵petrified silence의 예술'14)이라고 규정했다i). 이는 강력한 비유이다. 예를 들어 나무의 몸통tree trunk를 생각해보자. 나무는 격렬하게 으르렁거리는 기계톱 소리로 방해받지 않는 한 침묵한다. 기계톱 다음에는 쿵하는 둔탁한 소리와 함께 대형트럭으로 옮겨진다. 그 다음에는 제재소, 그러고 나서는 다시 쿵하는 둔탁한 소리. 그러고 나서 못이 박히고 망치질을 당하고 나면 어떤 장소에 부착된다. 최종적으로는 건축물 안에서 다시금 침묵에 잠긴다. 건축은 재료들을 그들이 자연 상태에 있었을 때의 음향적 상황으로 회귀시킨다. 침묵은 공간을 규정하고 둘러싸기 위해 사용하는 재료에 이미 내재하고 있는 것이다.

팔라스마는 다음과 같이 상술한다. '강력한 건축적 경험들은 외부의 모든 소음을 소거한다. 침묵은 우리로 하여금 우리 존재 자체...우리의 근본적인 고독에 집중시킨다.'15) 건축에서의 침묵은, 종종 신령스러움의 직접적인 원천인 빛과 상호작용하면서, 신령스러운 감각을 불러 불러일으킨다.

루이스 칸은 침묵을 '빛이 없는, 동시에 암흑도 아닌'...우리 안 깊숙한 곳에서 현존하고 있는 '잔잔한 영혼ambient soul'으로 묘사해왔다.16) 그는 프로그램이나 기술적 관심 이전에 건축의 체험에 가치를 둔다. 침묵이 빛에 이끌릴 때, 빛과 침묵사이의 상호작용은 주변적 경계(문턱)ambient threshold를 만든다. 이 경계는 영감과 신령스러움에 이르는 경험을 위한 입구가 된다.

보이드(비어 있음)void

도시의 보이드
신 로마 계획Nuova Pianta di Roma
조반니 바티스타 놀리, 1748

오토는 신령스러움을 직접적으로 일으키는 마지막 수단을 보이드라고 명기한다. 중국 고대건축의 '건물 배치와 군집방식'을 예로 들면서, 그는 둘러싸인 공간, 중정courtyards과 현관vestibules의 '조용한 넓음silent amplitude'을 묘사하고 있다. 17)

건물의 보이드
빛 우물, 글래스고
예술학교, 영국,
스티븐홀, 2014

개별 실의 보이드
바이센호프 단지, 독일,
르 꼬르뷔제 1927

j) 로지아는 한쪽 이상의 면이 외부공간으로 트여 있는 방이나 복도를 말한다. 거실 등의 한쪽 벽면이 정원으로 트여 있는 경우를 일컫기도 하다. 앱스는 본 건물이나 방에 부속하여 반원 혹은 이에 가까운 다각형으로 덧붙인 내부공간이다. 보통은 성당의 제단이 있는 쪽에 조성된다.

k) 일탈공간은 업무공간(workplace)으로부터 벗어나 비공식적 모임이나 개인적 휴식을 할 수 있는 공간을 의미한다.

건축에서의 보이드는 도시, 건물, 개별 실 이렇게 세 가지 다른 척도에서 확인할 수 있다. 도시적 레벨은 지암바티스타 놀리Giambattista Nolli의 로마지도가 가장 좋은 사례가 될 것이다. 놀리의 지도는 건물 영역을 균질하게 해칭하여 골목paths, 도로roads, 공공 광장public squares과 공원parks를 강조해서 보여 준다. 건물 수준의 보이드는 중정, 빛 우물, 그리고 아트리움을 보여주고, 개별실individual room레벨에서는 천창roof light과 로지아loggia j), 앱스apse를 확인할 수 있다. 보이드는 침묵과 빛의 공간을 창조한다. 빛은 보이드를 드러내고, 침묵은 보이드 공간을 포용한다. 보이드는 프로그램적 기능이 전혀 없는 순수한 공간이다. 물론 보이드 공간도 기능적일 수 있다. 일탈공간breakout space k), 승강기 수직갱도lift shaft, 코어에서의 설비용 보이드service voids와 기타 공간이 그러하듯 말이다. 하지만 신령스러움을 느낀다는 차원에서 보면 보이드 공간의 주요한 목적은 단단한 덩어리와의 강력한 대비를 만들어 내는 것이다. 마치 건축에서의 빛이 어둠과 대조를 이루는 것과 유사하다고 볼 수 있다. 보이드는 매스와 매스의 견고함을 강조한다. 매스도 보이드가 단순한 여백이 되지 않도록 하면서 보이드를 규정한다. 보이드는 공제subtraction를 통해 빛과 침묵, 신령스러움을 안으로 끌어들인다.

하지만 이윤에 굶주린 건축주에게는 기능이 없는 보이드가, 다른 신령스러움과 숭고함을 일으키는 형태와 마찬가지로, 없어도 되는 공간으로 간주된다. 혼란에 빠진 도급업자contractors에게는 사치일 수 있다. 보이드는 경이와 경외감을 일으키기 보다는 비어있고, 임대 불가능한 공간으로 보일 수 있기 때문이다.

— *건축에서의 경이와 경외감*

> *여러분들은 어떤 가치를 보여줍니다. 그것은 건축적이고 어떤 목적도 없죠. 당신이 규정할 수는 없지만, 반드시 지어져야 하는 어떤 것에 대한 인식recognition입니다....그건 안내서handbook를 보면서 만들어지는 것이 아니에요. 실리적인 문제practical issue로부터 시작되는 것도 아닙니다. 이 인식은 일종의 느낌으로부터 시작해요. 그건 하나의 세계 안에 자리하고 있는 어떤 세계가 있어야 한다는 느낌입니다. 머리가 예리하게 되는 세계가, 왜 그런지는 모르겠지만, 일반적 세계 안에 있어야 한다는 느낌입니다.* 18)
>
> — 루이스 칸Louis I. Kahn, ETH 특강, 1969

건축에서 가장 중요한 측면 중 하나는 경이와 경외심을 생기도록 하는 것이다. 사회 그리고 사회가 필요로 하는 것requirement은 변하기 마련이다. 기술적인 요구need나 가능성 또한 변한다. 하지만 경외감을 일으키는 능력capacity for awe은 영원하다. 신령스러움이 있는 건축은 기능성, 프로그램 그리고 양식에 관한 모든 문제를 초월한다. 신령스러운 건축은 이성과 비이성이라는 날실과 씨실로부터 창조된다. (이성적–간접적 요소인) 숭고한 형태, 다양한 규모, 그리고 세부표현에 대한 주의집중과 같은 것들을, (비이성적–직접적 요소인) 동력원으로서 교묘하게 처리manipulation된 빛, 침묵의 제공, 진정한 의미를 이해하고 구사한 솔리드와 보이드 사이의 대조와 서로 얽히고 설키게 하는 것이다.

신령스러운 건축의 구성요소들components은 예산상의 문제, 프로그램과 기술적인 우려와 같은 사항들로 인해 위협을 받고 있다. 앞으로도 영원히 그럴 것이다–그리고 건축가들은 이를 지켜내야 한다. 오직 건축가들만이 할 수 있는 일이다. 우리는 기능과 기술적 측면에서 잘 작동할 뿐만 아니라 우리에게 경이와 경외를 체험할 온전한 플랫폼이 되어 줄 수 있는 건축을 창조할 수 있다. 우리 주변의 세계, 그리고 그 안에 있는 우리의 장소에 대한 심오한 생각들에 대한 영감을 제공하고, 칸의 언술을 달리 표현하자면, 머리를 예리하게 하는 것, 그것이 바로 건축이기 때문이다.

환경ENVIRONMENT

건축이 자라나는 곳 Architecture d'origine contrôlée a)

환경environment, 명사
프랑스어-*environs*(주변, 주위)에서 기원.
1-(자연) 공기, 물, 땅land과 같이 그 안에서 동식물과 사람이 살아가는 자연 전체의 세계
2-(주변, 주위) 사람과 영향을 주고받는, 시간적 공간적으로 아주 가까이에 있는 외부 조건이나 주변. 행위activity와 행태behavior에 영향을 미치는 (사건과 일상이 펼쳐지는) 설정setting나 조건.

a) d'origine contrôlée 자체로는 '세심히 관리된 원산지(of controlled origin)'라는 의미로 보통은 앞에 appellation을 붙어 '원산지 지정'으로 통칭한다. 부제에서는 의미를 풀어 번역했으며, 본문 마지막 부분에서는 '원산지 지정 건축'으로 번역하였다.

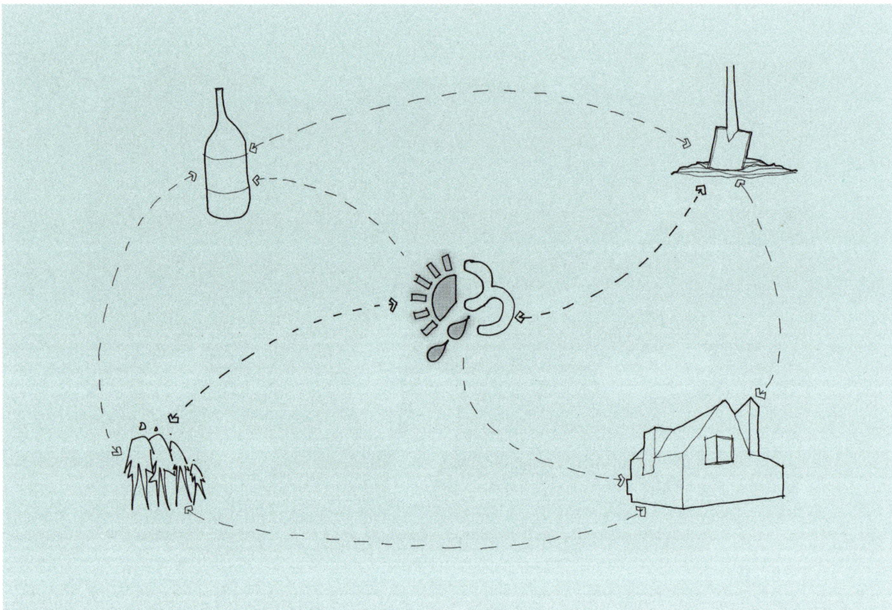

테루아의 맛
건축-와인
(기후, 지질, 생산방식)

와인제조과정에는 떼루아*terroir*라는 개념이 있다. 이는 특정한 장소로부터 유발되는 특유한 성질이 와인과 합쳐지는 것을 의미한다. 와인은 산지의 특징과 본질적 차원에서 연계된다. 동일한 지역의 (혹은 더 멀리 떨어져 있는 지역의) 와인들을 서로 구분할 수 있게 해주는 것은 바로 이 상호작용, 포도나무vine와 그 환경 사이의 상호작용 때문이다. 떼루아에는 세 가지 측면이 있다.

- 기후-강수precipitation(비), 태양광sunlight, 대지의 경사slope (향orientation/해발고도elevation), 바람(해안/해안 이외지역)
- 지질학적 요인-포도나무마다 좋아하는 토양이 다르다. 토양 속의 수위 역시 성공적인 수확을 위해 매우 중요하다.
- 생산 방식-기후와 지질학적 요인에 기반을 두고 진행하는 미세 조정fine-tuning 과정. 와인제조의 경험과 시간에 비례한다. 떼루아의 마지막 측면.

이런 측면을 모두 잘 고려해야 떼루아의 맛a goût de terroir 즉, 그 지역의 특성이 반영된 독특한 맛을 가진 좋은 품질의 와인이 만들어질 수 있다. 프랑스에서는 이러한 와인에 한정하여 appellation d'origine contrôlée,(controlled designation of origin : 원산지 지정) 라벨을 붙여 판매한다. 이 라벨은 와인이 생산된 특정 지역의, 특유의 맛을, 양질로 즐길 수 있음을 보장하는 표시이다.

우리는 이 개념을 건축에 연계할 수 있다. 건축 역시 떼루아의 맛을 가지고 있어야 한다. 부지site와 거기에 거주하고 있는 사람들의 특질들을 바탕에 두고, 양질의 와인과 같이 떼루아의 요인에 지배되는 성격을 내재하고 있어야 한다.

기후

와인제조과정처럼, 건물에 미치는 떼루아의 영향중 가장 강력한 것은 기후이다. 다음의 사항은 건축에서 기후를 다루는 방법을 위한 몇 가지 제안들이다.

– *강수* : 습한 기후에서는 비를 밀어내려고 하기 보다는 잘 받아들이는 게 중요.
  – 캐노피 혹은 비를 피할 수 있는 건축 요소들을 포함시킬 것.
  – 우수 집수정/집수장rainwater collecting pool을 설치할 것.
  – 끝이 뾰족하거나 경사진 지붕을 적용할 것. 빗물을 흘려보내기 위한 최적의 지붕형식이다.

– *햇빛* : 햇빛에 건물이 최대한 노출될 수 있도록 위치를 정할 것.
  – 최고의 채광 조건을 충족시키기 위해서는 중요한 방부터 햇빛을 고려할 것.
  – 남쪽을 향한 공간에는 눈부심을 막기 위해 차양이나 가림막screen을 설치할 것.
  – 주광이 깊이 들어올 수 있도록 지붕형태를 솜씨 좋게 처리manipulation할 것.

– *경사지* : 건물이 땅과 잘 어우러지도록 할 것.
  – 급한 경사지에서는 건물을 대지에 끼워 넣거나 혹은 지주 위에 세우는 방식에서 선택해야 한다.
  – 어느 경우에나 지면에 가하는 충격에 대해 생각할 것.
  – 조망을 극대화 하는 내부 공간 배치가 되도록 할 것.

– *바람* : 우세풍prevailing wind에 건물을 노출시키지 말 것.
  – 바람이 잘 흘러갈 수 있도록 끝이 뾰족하거나 날렵하고 매끈한 형태의 지붕형식을 취할 것.
  – 따뜻하고 바람이 많은 기후에서는 윈드캐처wind-catcher b)를 설치할 것. 자연환기를 위해서이다.
  – 연안지역에서는 가혹한 바다환경에 적합한 재료를 선택할 것.

지질학적 요인

건물을 와인에, 건축 원자재를 토양에 비유하자면, 토양은 와인만큼이나 건물로서도 중요한 것이다. 와인 양조자들과 마찬가지로 건축가는 다양한 종류의 토양들이 어떤 성질이 있는지 이해하고 있어야 한다. 자연 상태의 토양은 모래sand와 점토clay의 혼합물이고 그들의 성질은 재료의 구성비에 따라 달라진다.[1] 모래가 많은 토양은 빗물에 흙속의 영양분이 씻겨 내려가서 포도나무가 제때 영양분을 흡수하지 못한다. 반면 진흙이 너무 많은 경우에는 흙 속에서 물의 이동속도가 너무 떨어져서 식물이 자라는데 필요한 미네랄을 전달할 수가 없다. 시공과정도 비슷한 부분이 있다. 팽창성 토양expansive soil c)에서 함수량water content d)를 인위적으로 변화시키면, 수축shrikage이나 팽창swelling 현상이 생겨서, 건물의 하부 혹은 상부구조에 영향을 미칠 수 있다.[2]

포도도 그렇지만, 건물 역시 토양에 따라 다른 해법이 요구된다. 그리고 이는 기본적으로는 함수량과 관련되는 문제이다. 물을 거의 흡수하지 않는 암석 토양의 경사지에서는 지속성이 있으며, 안정적인 풍경 속으로 건물을 뿌리 내리게 할 수 있다. 단단한 지면위에 있는 사질토sandy soil에서는 기초를 안정화시키기 위해 파일pile이 필요할 것이다. 실트silt질의e) 토양이나 연안에 위치

b) 윈드타워(windtower) 라고도 한다. 고대 메소포타미아 문명에서부터 사용되었으며 현대에서는 중동 지역에서 사용할 수 있다. 외기를 포집하는 탑형태로 되어 있으며, 카나트라고 하는 지하 관개시설을 이용하여 좀 더 적극적으로 냉각을 시키는 방법도 있다.

c) 점토광물의 비율이 높아 건습정도에 따라 체적변화가 크게 생기는 토양

d) 일정한 양의 흙 속에 함유되는 수분의 양. 일반적으로는 물의 무게와 흙의 건조 무게 사이의 비율을 나타내는 함수비로 표기하지만, 함수양은 물의 무게와 흙 전체의 무게와의 비를 백분율로 나타낸다. 둘 다 영어표기는 동일하다. 두 개념 사이의 가장 특징적인 차이는 공기를 포함한 물과 흙 이외의 요소를 포함하는지 이다.

e) 모래보다는 미세하고 점토보다는 거친 퇴적토. 미사(微砂)라고도 한다.

기후-떼루아의 맛과 관련된 사례들

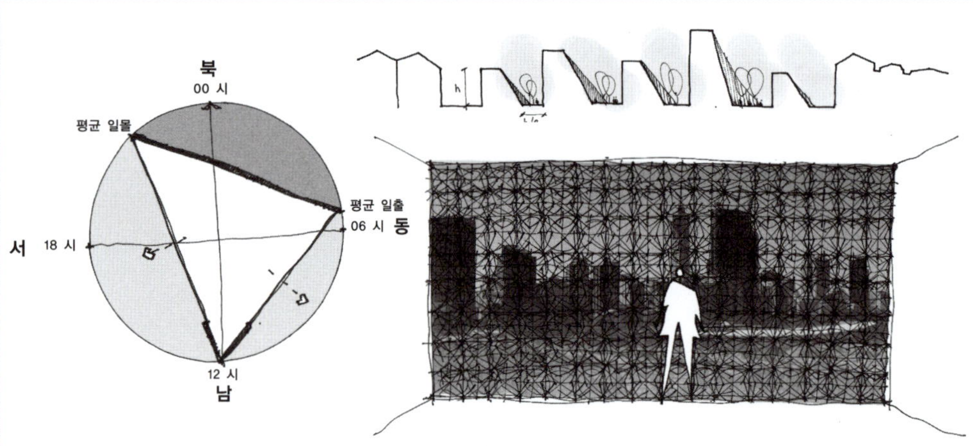

햇빛
(왼쪽)외부공간에 대한, 건물의 높이 대 폭 비율height-to-width ratio을 통해 채광과 음영 상황을 한 번에 확인할 수 있다.
(오른쪽)채광시간을 극대화하기 위한 배향 방식.
(오른쪽 아래)가람막과 차양을 통해 최대한 햇빛을 걸러내는 방식. 눈부심과 온도조절을 목적으로 설치된다.

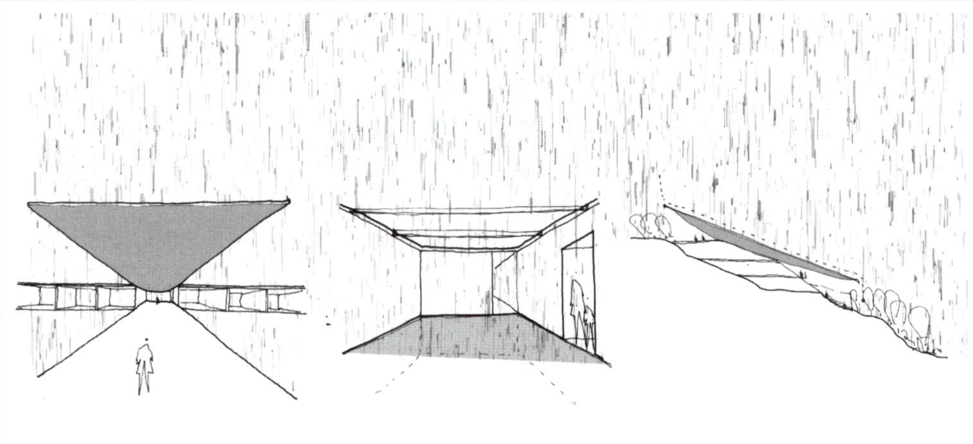

비
(왼쪽)길게 돌출된 캐노피는 피난하거나 대피를 위한 공간을 형성한다.
(가운데)우수를 모으기 위한 공간을 특색 있게 조성할 수 있다. 집수된 빗물은 건물 전반에 걸쳐 사용된다.
(오른쪽)우수의 흐름이 최대한 원활하도록 기울어진 지붕형식을 적용했다.

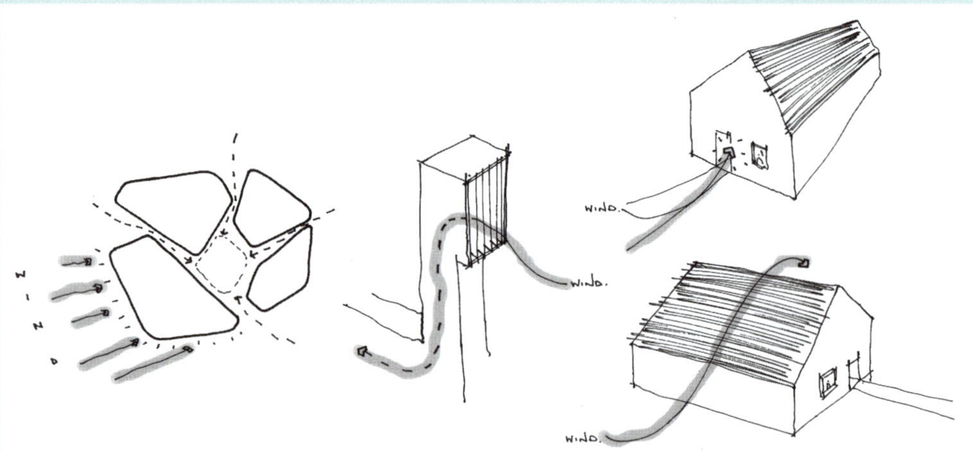

바람
(왼쪽)여러 채의 건물을 무리지어 지을 때에는 안쪽에 우세풍으로부터 피할 수 있는 공간을 조성한다.
(가운데)윈드캐처는 바람을 끌어들여 건물 전체를 냉각하고 에너지를 생산하는 것과 비슷한 효과를 일으키는 장치이다.
(오른쪽)지붕의 형태는 바람에 대응하도록 만들어져야 한다. 즉, 우세풍에 맞서는 형식으로 계획해서는 안 된다.

지질학적 요인-떼루아의 맛과 관련된 사례들

경사

(위)뜨겁고 건조한 지역의 경사지에서는 땅을 파고carving 들어가는 식으로 경사에 대응한다. 냉각에 유리하고, 음영을 통해 피난처를 제공하기 쉽기 때문이다.
(중간)바람에 노출된 경사지에서는 건물의 보호를 위해 바람에 맞서지 않는 접근법을 취한다.
(아래)고산환경에서는 바닥으로부터 올라오는 서리를 막기 위해 지주위에 건물을 세우기도 한다.

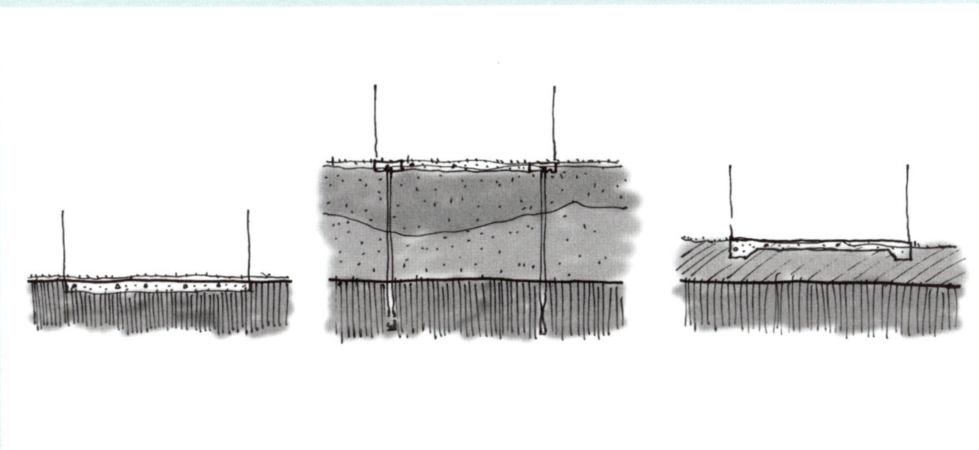

기초foundation

(왼쪽)암반이 표토에 노출된 경우 건물을 암반 바로 위에 세운다.
(가운데)백악(백색 연토질 석회암)질chalky 토양이나 점토질clayey 토양에서는 지반까지의 거리가 상당할 경우 파일기초를 적용한다.
(오른쪽)지반이 토탄peat이나 사암과 같이 안정하지 못한 경우에는 건물의 하중을 분산시킬 수 있는 온통기초raft foundation로 짓는다.

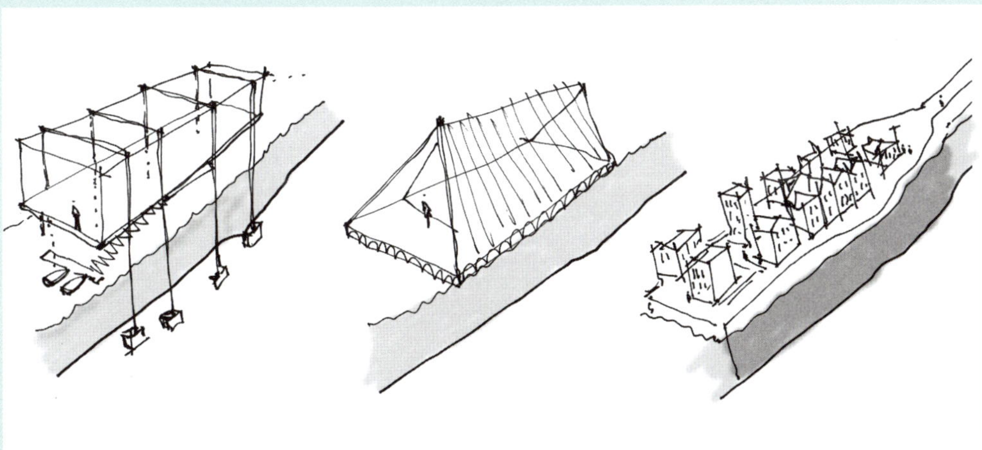

물

(왼쪽)물위에 건물을 세울 때 지반 조건이 허용한다면 지주와 하중분산용 기초판을 사용한다.
(가운데)지반에 모래가 많고, 이동성이 필요할 경우에는 뗏목과 같은 방식으로 건물을 띄운다.
(오른쪽)속을 채운 '섬' 형식은 해저sea bed가 불안정한 대규모 개발에 적용된다.

생산방법-떼루아의 맛과 관련된 사례들

땅
풍경과 그 안으로 들어온 건물은 하나로 합쳐진다.
(왼쪽)산허리에 있는 마을이나 건물이 들어선 지역에서 나는 같은 종류의 돌을 재단하여 만들어진 도시가 그러하듯.
(가운데)점토나 진흙이 많은 땅에서는 깎아 내거나sculpted, 빚는shaped 방식으로 흙을 이용하여 살림집dwelling을 만든다.
(오른쪽)얇고 높게 만들어진 통나무 오두막은 그 자체가 주변의 숲과 오두막에 쓰인 나무에 대한 반향이다.

기술technique
(왼쪽)전통적인 목조 접합기술
(가운데)석조 벽체 시공
(오른쪽)벽돌쌓기

재해석하여 동시대 작업에 적용할 수 있는 기법은 모두, 지역의 재료와 인력을 활용한, 역사가 긴 기술들이다.

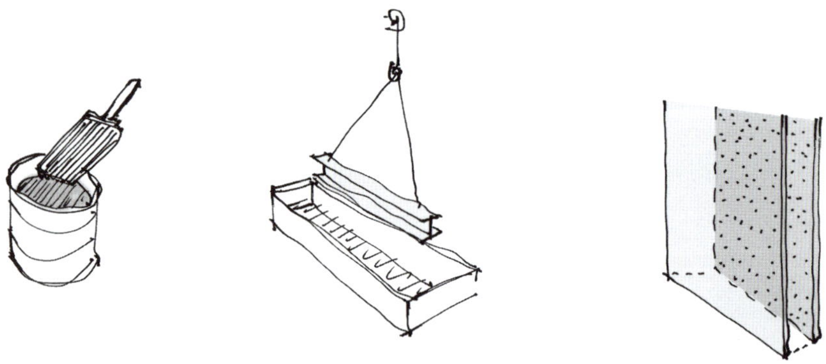

마감finishing
비바람에 잘 견디도록weatherproof 하는 다양한 표면처리 방법이 있다.
(왼쪽)해양성 기후에서는 노출된 목재를 보호하기 위해 검은색 역청을 바른다.
(가운데)공기중에 염분이 많은 기후에서는 아연 도금된galvanized 철판을 쓴다.
(오른쪽)햇빛이 강하고 뜨거운 지역에서는 뒤 쪽에 페인트로 칠한 유리나 불투명 유리로 만든 이중창을 쓴다.

한 땅에서는 지주stilt가 있어야 건물을 세울 수 있다. 건물을 지지하는 방법 중에 하나가 결정되면, 이로 인해 건물의 외관과 기능에 영향을 미치게 된다. 이러한 점도 와인의 맛과 향기가 테루아에 영향을 받는 것과 비슷하다.

생산방식

떼루아의 맛과 관련이 있는 생산방식에서 처음으로 언급되어야 하는 것이 '지역에서 나는 재료 local material'이다. 지역에서 나는 재료는 다음과 같은 장점이 있다.

— 해당지역에서 풍부하게 생산되어 해외로부터 공수할 필요가 없다.
— 해당지역에서의 기능공들이 그 재료를 다뤄봤던 경험이 있다.
— 장소성sense of place이 있다. 그래서 빌딩이 주변 풍경에 기반을 두고, '자라나는growing' 것이 가능해진다.

스코틀랜드 애버딘Aberdeen은 그래니트 시티Granite City, 즉 화강암의 도시로 알려져 있다. 도시 중심부는 다른 도시에서는 보기 힘든 유행의 건물들로 채워져 있다. 많은 건물들이 조직이 치밀하고 은색 빛이 도는 화강암을 이용해서 만들어졌는데, 화강암은 애버딘 주변지역에 매우 풍부한 재료이다. 또 다른 예로는 스칸디나비아의 전형적인 마을, 즉 목골 구조timber-framed structure 위에 낙엽송larch나 소나무pine를 덧대어 마감한 건물들로 구성된 마을이다. 아프리카의 전통마을은 흙에서 왔다는 것이 분명해 보이는 테라코타와 붉은 흙으로 지은 오두막 여럿이 모여 만들어진다.

포도수확 이후에도 떼루아로부터 도출된 맛의 특정 부분을 강조하거나 감소시키는 부분은 많다.3) 오크의 사용과 마세라시옹maceration f)의 기간, 리즈lees g)와 와인이 접촉하는 시간, 발효온도 등과 같은 것들에 의해서 와인의 품질이 달라진다.

f) 와인이 만드는 도중에 포도 껍질과 포도즙을 함께 담가 포도 껍질에 들어 있는 타닌, 색소, 향을 추출해 내는 과정이다. 기간과 온도에 따라 각각 다른 특색을 가진 와인이 만들어진다.

g) 발효탱크 바닥에 가라앉은 침전물. 우리말로는 지게미라고 한다. 리즈가 남아 있으면 와인이 탁하게 되고 쓰고 떫은맛이 많아져 일반적으로는 발효의 마지막 단계에서 제거하여 맑게 한다. 바토나쥐(Batonage)처럼, 리즈를 남겨두고 주기적으로 교반하여 나쁜 향은 줄이고, 리즈 안의 다당체를 와인에 살려 두는 방식도 있다.

마찬가지로, 건축가는 떼루아의 자연스러운 특질을 끌어내기 위한 적절한 시공 방식을 결정해야 한다. 여기서 인간의 경험과 기술이 기후와 지질학적 요인들에 대한 연구와 보조를 맞추게 된다. 돌출된 처마가 태양을 막아주고 지붕공간에 환기가 가능하게 해줄까? 들이치는 비바람으로부터 피시드를 보호하기 위해 방수작업을 추가로 해야 될까? 건물의 평면 형태는 문화적 행태와 거주자의 관습을 고려하였을 때 적합한 것인가?

원산지 지정 건축 Architecture d'origine contrôlée

요약해서, 건축물이 떼루아의 맛을 가지려면 다음의 것들이 필수적이다.

— 주된 기후에 맞추어 작업할 것. 싸우려하지 말고.
— 해당 지역의 토양의 특질과 지형을 존중하고 그에 맞춰 디자인 할 것.
— 실용적인 차원에서, 동시에 상징적 차원에서 건물의 지역성을 강조할 수 있는 재료, 디자인적 특징, 건설 기술을 적용할 것.

이 세 가지 요소들을 잘 결합시키면 건축물에 독특한 장소성이 가득하게 된다. 첨언하자면, 건축에서 떼루아의 맛은 건물이 기능적 · 공간적 · 미학적으로 그들의 주된 환경과 더불어 작동하는 것의 가치를 의미한다.

특정지역의 각각의 포도밭이 고유의 성격을 가지고 있는 것처럼, 같은 건물을 두 군데 세울 수는 없다. 아무리 두 곳의 특징이 비슷하더라도 말이다. 건축물은 부지의 특정한 기후적, 지질학적 조건들을 명백하게 드러나야 한다. 부지의 작은 세부사항들을 강조하고 보완해야 한다. 그래야 다른 건물들과 대번에 차이가 있다는 것을 알 수 있는 부지에 맞춤 제작된bespoke 건물이 될 수 있다.

건축에서 떼루아의 맛을 성취하도록 해주는 것은 전통이 아니다. 토착적vernacular 양식을 맹목적으로 사용하는 식의 역사적 관념의 재활용 역시 테루아의 맛과는 거리가 멀다. 대신, 테루아의 맛은 지역의 기후와 지질학적 특징, 그곳의 사람들을 통해 구축된 집단 지식collective knowledge에 줄을 대고 활용하는 접근방식이다. 이를 통해 그것이 소재하는 지역에 기여하고 진정으로 그 지역에 속하는 건물을 생산할 수 있다. 오직 그렇게 되고 나서야 우리는 진정으로 우리의 건물에 "원산지 지정 건축"이라는 라벨을 붙일 수 있게 될 것이다.

무질서DISORDER

형태는 기능이다 *Form equals function*

무질서disorder**, 명사**
라틴어-*ordinare*(명령하다/지시하다, 연관어 *disordain*
-서품을 박탈하다. 흐트러뜨리다)에서 기원
1-질서가 부족함. 혼돈의 상태.
2-변칙. 불규칙성. 보통의 질서체계로부터의 일탈

건축은 질서에 대한 강박이 있다. 정연한ordered 계획은 정연한 공간으로, 정연한 동선으로, 정연한 기능, 정연한 사용자, 정연한 사회생활로, 즉 정연한 세계로 이어진다. 초기 대응initial response에서부터 시공에 이르기까지의 디자인 프로세스 과정 전체는 무질서로부터 벗어난 질서를 창조하는 하나의 긴 과정으로 볼 수 있다.

고대건축에서 사용된 5개의 고전적 오더[a]에서부터 모더니즘 건축의 이성적이고 정연한 형태에 이르기까지, 질서는 지난 세기들로부터 내려오는 모든 건축적 양식의 핵심이다. 처음 보면 무질서해 보이는 바로크Baroque, 고딕Gothic, 부르털리즘Brutalism조차도, 합리성에 기반을 두고 계획을 진행하고 상징성을 표현한다. 르 꼬르뷔제는, '건축에서 필수불가결한 요소인 질서의 필요성. 규준선regulating line는 일종의 보장이다. 규준선에 의해 제멋대로 뻗어나가는willfulness 계획을 막을 수 있다'고[b] 말했다.[1]

건조 환경built environment에서 '필수불가결한' 질서의 부여는 자연 상태의 혼돈에 찬 무질서와 조화를 이루지 못한다. 건축가이면서 화가인 피터 S. 스티븐스Peter S. Stevens는, '자연은 미리 계획하지 않는다. 자연은 수학을 쓰지 않는다. 자연은 다른 의도를 실어 패턴을 만들지 않는다. 자연의 패턴은 그 자체를 목적으로 만들어진다. 자연은 스스로가 요구하는 바를 하며, 비난과 감성 너머에 있다.'[2]라고 말했다. 강물은 그것이 통해 지나가는 지형에 따라 구불거린다. 새와 물고기들은 마음대로 모이고 흩어진다. 가끔씩 보다보면 마구잡이로 그러는 듯 보인다. 파도는 물결의 속도와 힘에 대응한다. 기반암은 수백 년 동안 지진과 화학적 변화과정을 반영한 결과이다. 자연의 형태는 환경과 우연, 사람들의 의지에 예속된다.

사람들도 마찬가지다...그들은 좀 더 직접적인 경로route가 생기면, 난해하게 진행될 게 분명해 보이는 좁은 길path을 피하려 한다. 로비를 전시공간으로 쓰려고 하고 전시공간을 로비로 쓰려한다. 창턱을 벤치로 쓴다. 흰 벽 위에 핀으로 그림을 고정한다. 공간들을 배경 환경으로 이용한다. 우연과 사람의 의지가 상황을 좌우하고 종국에는 무질서가 강하게 대두된다.

건축에서의 혼돈은 질서와 관련된 다수의 개체 요인들multiple individual elements이 무질서한 태도로 결합함으로써 형성된다. 이는 기능적으로 필요해서 창조되는 것이지 미학적인 디자인 감수성이나 유행, 혹은 취향의 대상은 아니다. 파이프와 덕트, 그리고 각종 배선들은 건물 전반에 걸쳐 매우 효율적인 방식으로 엮여 있다–건축가는 이를 달천장suspended ceiling으로 완전히 덮는다. 예배당의 목재피복은 기후에 의한 변화를 겪는다.[c] 그 방식은 자연스럽지만 예측할 수 있는 것은 아니다–건축가는 채색stains과 광택제varnishes로 이 과정을 지연시키려 노력한다. 판잣집으로 구성된shanty 마을은 습득된found 재료를 가지고, 다양한 색깔과 활기의 향연 속에서 유기적으로 발전한다–계획 담당 부서는 이들을 제거하려고 하지만 말이다. 뉴욕의 유명한 스카이라인은 다양한 지역지구제도zoning laws에 의해 가능했지, 하나의 정연한 건축적 비전에 의한 것이 아니었다. 위에 언급한 모든 사례는 환경과 우연, 사람들 각각의 의지에 의해 형성되었다.

실상 건축가가 부여하는 질서는 주입indoctrination, 클리셰, 유행, 그리고 선입견에 의해 학습되는 것이다. 우리는 다른 건축가들에게 배운 것에 기반을 두고 디자인을 한다. 우리가 학습한 심미적 감수성이 우리에게 말하는 것, 우리가–사심 없이 객관적으로 바라보고 있지 못하면서도–특정한 시간과 지점에서 해야 된다고 믿는 것, 그런 것들에 바탕을 두고 디자인을 진행한다. 짧게 말

a) 기둥의 양식을 의미한다. Tuscan, Doric, Ionic, Corinthian, Composite오더가 있다.
b) 르 꼬르뷔제 저, 이관석 역, 건축을 향하여, 동녘, 2007
c) 이를 웨더링weathering이라고도 한다.

무질서 설비공간

무질서 웨더링. 성 베네딕트 예배당Saint Benedict Chapel, 스위스, 페터 춤토르Peter Zumthor, 1988

무질서 자발적인 도시성의 발현, 리우데자네이루의 파벨라 도 프라체레스 Favéla do Prazères 지역 (파벨라는 빈민가라는 뜻에서 유래)

무질서 혼돈스러운 스카이라인, 뉴욕, 맨해튼(부룩클린 브리지에서 촬영)

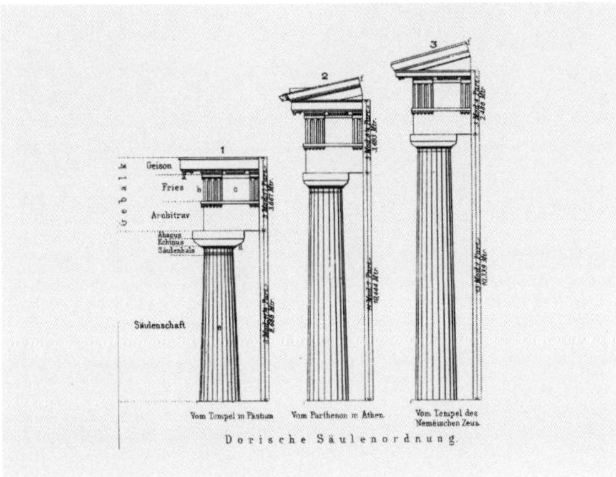

질서 이상적인 이오닉 오더의 비례

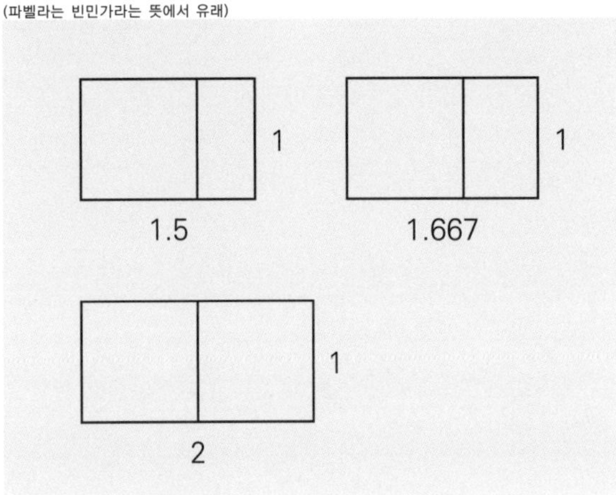

질서 이상적인 비율들

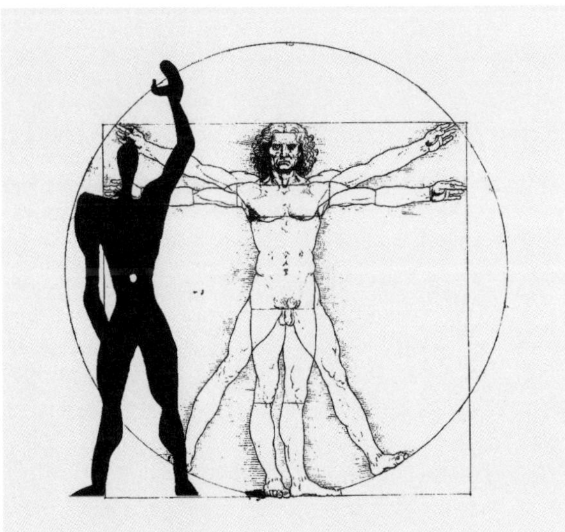

질서 르 꼬르뷔제의 모듈러 맨Modulor Man(왼쪽) 레오나르도 다 빈치의 비트루비우스적 인간Vitruvian Man(오른쪽)

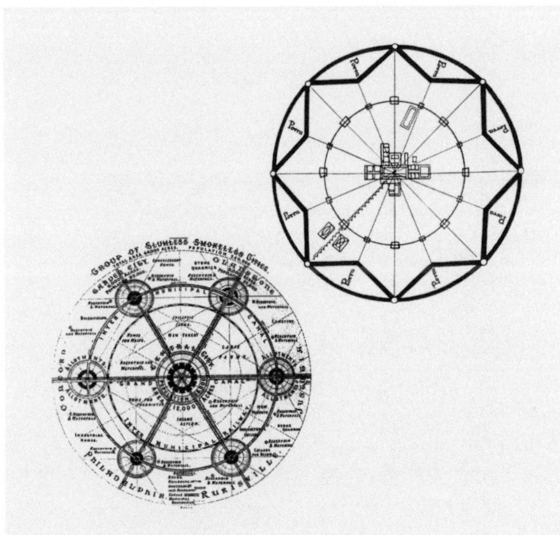

질서 15세기와 20세기의 이상적인 도시계획안–전원도시Garden city (왼쪽) 스포진다Sforjinda마을 계획안(오른쪽)

복잡성 정유공장, 미국 텍사스

순수성 뉴질랜드, 정유소, 풍력 발전 지역Wind farm

하자면, 우리가 부여하는 질서가 우리를 속박할 수 있다. 그 와중에 당면한 진짜 문제들은 보지 못하게 된다.

위대한 건축 이론가와 현역건축가들은 질서에 대하여 제각각 다른 진단을 내려왔다. 지아코모 바로치 다 비뇰라Giacomo Barozzi da Vignola은d) 페디먼트pediment와 기둥, 엔태블러처entablature의 비례가 4:12:3 이어야 한다고 가르쳤다. 클로드 페레Claude Perrault는e) 이 비례가 4.5:14:3이라고 했다.[3] 그는 나중에 그 폭에 1/4을 더한 수치에 해당되는 비례의 기둥 길이까지 가능하다고 말했다. 비트루비우스Vitruvius는 그의 건물을 4큐빗(1.83m)의 신장을 가진 이상적인 인간을 염두에 두고 지었다. 르 꼬르뷔제의 보편 비례척도universal proportional scale 역시 1.75m의 모듈러 맨(나중에는 1.829m로 수정)을 기본으로 하고 있다. 안토니오 디 피에트로 아벨리노Antonio di Pietro Averlino는 그의 이상도시인 스포르친다Sforzinda를 디자인하면서 점성술에서 쓰는 기하학을 바탕으로 했다. 에버니저 하워드Ebenezer Howard는 전원도시garden city 개념을 전개하면서 방사상의 기하학적 형태를 기본으로 했다. 이 외에도 시대마다 다양한 사람들이 나름의 질서를 부여하려는 다양한 시도를 해왔다.

d) 16세기 이탈리아의 매너리즘 건축가. 파르네세 궁전(Villa Farnese)과 예수회교회(Church of the Gesù)와 같은 걸작을 남겼으며, 세바스티아노 세리오(Sebastiano Serilo), 안드레아 팔라디오(Andrea palladio)와 함께 이탈리아의 르네상스 건축을 유럽으로 확산시키는데 기여했다.

e) 이탈리이아의 조각가, 건축가, 이론가. 필라레테(Filarete)로 더 잘 알려져 있다. 스포르친다는 당시 밀라노 통치자였던 프란체스코 스포르차(Francesco Sforza)를 따른 이름이다. 그의 아이디어는 후일 요새화된 도시화와 이상적 도상의 결합을 시도했던 수많은 이상도시 제안들에 대한 초석이 되었다.

반복 태양광 발전 지역, 미국, 캘리포니아

하지만, 가끔은 질서가 없는 것이 낫다. 길쭉하거나 빵빵한, 혹은 비례를 무시한 건물 구성요소들이 흥미를 불러일으키거나 그 자체의 구성안에서 시선을 사로잡을 때가 있다. 마찬가지로 균형이 맞지 않는 실내공간을 경험할 때 흥분이 되기도 한다. '휴먼 스케일을 벗어난' 공간(동굴, 대성당cathedral, 마천루)이 즐거움을 주는 이유는 그들이 휴먼 스케일을 벗어났기 때문이다. 때로는 다양한 용도의 충돌이 우리의 도시를 활기차고 매혹적이게 한다.

이리 보면 건축가는 난제에 봉착한 셈이다. 질서를 부여하는 자로서의 건축가의 역할은 무질서라는 피할 수 없는 특징으로 인해 약화되고 있다. 건축가가 기존의 방식 안에서 무질서를 참조하거나 계획한다는 것은 거의 불가능하다. 건물 전반에 걸쳐 건축가에 의해 부여된 질서를 요구하지 않는 (군사적 목적의 건물을 제외하고) 유일한 건물 유형은 아마 산업용 건물들일 것이다. 산업용 시설들은 특정한 생산프로세스를 위해 만들어지고, 건물을 구성하는 형태는 순수하게 기능적 요구에 기반을 두고 있기 때문이다. 결과적으로 이런 시설들은 시각적으로 보면 무질서해 보이는, 그게 아니면 혼돈해 보이는 경향이 있다.

경제성 전화용 통신탑, 일본, 도쿄

규모 원자력 발전소, 영국, 토니스Torness

산업용 건물들은 미학적이나 건축적인 이론에서 이전부터 집착fetish의 대상이 되어 왔다. 베른트와 힐라 베허 부부Bernd and Hilla Becher f)가 찍은 황량한 다큐멘터리 사진들을 보면 산업용 건물이 보여주는 날것의 힘과 조각적인 아름다움을 확인할 수 있다. 르 꼬르뷔제 역시 '이러한 건물들'의 '주요한 요소들primary elements'이 '새로운 시대의 웅장한magnificent 결실'로서의 '규칙'에 부합하고 있음을 찬양한 바 있다.[4] 하지만, 르 꼬르뷔제가 언급했던 1920년대의 산업용 건물과, 베허 부부가 1960~1970년대에 촬영한, 향수를 일으키는 산업용 건물들은 이제 유적relics이 되었다. 같이 시공된 사일로와 결합한 채로 높게 솟은 대형 곡물창고grain elevators, 활송관chute과 구조체가 한데 얽혀 있는 용광로blast furnaces, 막대기 같은 다리를 매달고 위쪽에 물을 끌어올리는 급수탑water towers, 건축적 질서 따윈 안중에도 없다는 듯—실제로 건축가가 디자인한 것이 아니다—웅장함을 드러내는, 복잡한 구조체인 채굴탑colliery towers은더 이상 작동하지 않는다. 하지만 여기서 무질서의 효과를 확인할 수 있다. 어떤 추상적이고 '이상적인' 비례도 적용되지 않았고, 완벽한 '휴먼'스케일에 부합하는 척 허세를 부리지 않으며, 그들이 자리한 암울하고 활력 없는 주변 환경과 어우러지려는 가식도 없다. 이러한 구조물들이 지금은 기능적으로 적절하지 않게 되었지만, 그와 유사한 척도, 근본을 알 수 없는 익명성, 그리고 기능적인 무질서를 내재하고 있다는 점들은 오늘날의 산업용 건물에서도 남아 있는 특성들이다.

f) 개념예술과 사진작업을 공유한 독일의 부부 예술가. 1959년 독일에서부터 산업건축물들을 사진으로 찍고 문서화하는 작업을 시작했다. 이들은 작업을 통해 산업건축물의 용도에 따라 많은 형태적 특성이 겹치고 있음을 알게 되었다. 이들은 이후 영국, 프랑스, 벨기에, 미국의 다양한 지역의 산업건축물들을 촬영했다.

g) 용도나 요구사항에 유연하게 대응하는 것을 의미할 때에는 융통성, 만들어진 것을 고치는 것을 의미할 때에는 개변 가능성으로 번역하였다.

미래로부터 뚝 떨어져 잃어버린 도시처럼 솟아있는 정유공장의 복잡함, 지역적 환경에 정확히 대응하는 풍력발전용 터빈의 순수성, 태양광 패널이—행성 사이를 연결하기 위해 섬세하게 방향을 잡은 수천 개의 통신장치로 보일만큼—끝없이 반복되면서 생기는 힘, 철저히 주변 환경은 무시하는 원자력 발전시설의 엄청난 규모, 아래쪽의—천상과는 거리가 있는—풍경을 조망하는 통신용 구조물telecommunications structures의 골조에서 드러나는 경제성. 이 모든 것들이 풍경 위에 군림하고, 우리가 고유하게 만들어낸 '새로운 시대의 웅장한 결실'이 되었다.

기능성을 다른 어떤 것보다도 우선하면서, 이 시설들은 별 노력을 들이지 않았음에도 전통적인 의미로 건축차원의 시각적 무질서를 성취하고 있다. 또한 이 건물들에는 무한한 개변가능성adaptability이g) 있다. 만약 새로운 냉각탑이나 냉각 파이프가 필요하다면, 그리고 이전 것이 더 이상 쓸 수 없게 된다면, 새로운 것으로 교체하면 된다. 그렇다 하더라도 전체적인 시각적 질서에는 큰 손상이 가지 않을 것이다. 이러한 시스템에는 어떤 것부터 시작되었다는 개념이 의미가 없다. 이러한 구조물들은 시각적인 무질서와 개변가능성의 조합을 통해 경외심을 일으키게awe-inspiring 한다. 이런 건물에서 생기는 기묘함은 학습된 감수성learned sensibility과는 대립하는 성질의 것이다.

무질서와 함께 디자인하기

무질서를 우리의 디자인 속으로 끌어들이기 위해, 산업용 건물들로부터 우리가 얻을 수 있는 교훈은 다음과 같다.

- 비례와 기하학적 형태—추상적이고 계속 다른 얘기가 나오는 규칙들과 비례들에 속박당할 필요가 없음. 프로젝트를 매개하는 변수들parameters이 형태와 공간을 창조하기 위한 지침이 되도록 할 것.
- 프로세스—요구되는 프로세스가, 건축적 질서에 휘둘리지 않고, 건물의 형태를 형성하도록 할 것. 학습된 감수성이 건축적 대응과 해법을 가리지 않도록 할 것.
- 척도—반드시 '휴먼스케일'에 맞춰 디자인할 필요는 없음. 우리에게 상대적인 무relative nothingness를 환기시키는 것이 가장 흥미로운 형태와 공간이 될 수 있다.
- 맥락—맥락을 항상 존중해야 하는 것은 아님. 병치juxtaposition에 있는 힘을 평가 절하하지 말 것. 건물이 항상 환경을 모사하거나 환경에 맞춰서 만들어져야 하는 것은 아니다. 시각적 긴장은 두려움과는 다르다.

학습된 가정들과 개인적 선호사항들에 기반을 두고 기능을 이끌어 낼 수는 없다. 그 대신 우리는 가능한 가장 필수적이고 경제적인 방법에서 기능을 '디자인'해야 한다—그리고 만약 디자인의 결과가 무질서에 이르게 된다면? 내버려 두어라. 액면 그대로 받아들였을 때, 위에 언급된 접근 방식들은 '형태는 기능을 따른다.'라는 오래된 모더니즘의 경구를 변형 시킨 것에 불과한 것처럼 보일 것이다.(여기서 따른다follow라는 단어는 형태가 기능 뒤에after 나온다는 것을 시사한다. 이 생각에서 형태와 기능은 동시에 진전되지 않는다) 하지만 산업용 건물이 준 교훈에 진실이 있다. 이러한 접근방식은 '따른다'라는 생각을 제거한다. 따른다는 것은 건축적 질서에 대해 추가된, 또 다른 선입견일 뿐이다. 반대로 새로운 접근방식에서 보자면, 형태가 곧, 기능이다.

기억MEMORY

건축은 기억 속에 깊이 박히고embeded,
기억은 건축에 깊이 박힌다

기억memory, 명사
라틴어-*memor*(기억하다)에서 기원.
1-과거의 사실과 사건, 감각적 느낌sensation, 사고, 지식, 경험 등을 유지retain하거나 상기recall할 수 있는 역량capacity
2-이러한 과거의 사실과 사건, 감각적 느낌을 상기하거나 유지하는 행동
3-개인들이 가지고 있는 이러한 기능faculty
4-기억력을 유지하고 회상recollection이 일어나는 기간
5-어떤 사건, 사고, 경험 혹은 사람에 대한 특정한 회상
6-기억 속에 두거나 기념해야 하는 행위 (특히 사후에)
7-과거의 영향과 조치들에 의존적인 효과들을 드러내는 재료와 체계상의 능력ability
8-변형 뒤 원상태로 복구하는 재료와 체계상의 능력

*'마음속에서 사그러든 불과 같이, 유년기는 우리 안에서 언제든 다시 타오를 수 있다.'*1)
—가스통 바슐라르Gaston Bachelard a)

우리가 숨긴 찻장, 자전거를 타고 지나간 골목들, 앉아 있던 계단—우리가 어렸을 때 경험한 건축 공간은 심대한 영향을 미친다. 우리는 태어나면서부터 사건과 사람들, 물건들이 건조 환경 속에서 얽히는 것을 보고 있다. 이 과정은 성인이 되어서 삶에 대해 가지는 태도에 영향을 미친다. 우리가 창조하는 건물과 공간들은 유년기 때부터 쭉, 의식적으로든 무의식적으로든 축적된 이미지, 감각적 느낌 그리고 관심사항들interests로 채워져 있다. 기억은 우리의 건축을 살찌우고, 건축은 다시 우리의 기억에 자양분을 제공한다.

개인적 기억Individual memory

크리스 마르케Chris marker가 1962년에 감독한 영화 활주로La Jetée는 '그의 유년기의 이미지에 의해 얼룩진 삶을 살게 되는'2) 한 사내의 이야기를 다룬다. 삼차 세계 대전이 끝난 후 파리에 억류되어 있었던 한 남자가 파국으로부터 인류를 구하기 위해 시간을 거슬러 간다. 강력한 정신적 이미지를 유지할 수 있는 이들이 임무를 위해 선택된다.—그들이 다른 시간대를 구체적인 방식으로 마음 속에서 상상할 수만 있다면, 그들은 그 시간대에서 살아갈 수 있고, 그러면 모든 인류가 구원받을 수 있기 때문이다. 주인공은 '그의 과거에 관련된 이미지에 고착된glued' 사람이다. 실험에 참

활주로(1962)
오를리 공항의 피어가 보이는 풍경. 여기서 영화상의 주인공이 돌아온다. 이 비-장소(non-place)는 그 안에서 풀리는 사건들로 말미암아 기억에 각인되는 장소가 된다.

여하는 시간이 지나갈수록 '이미지가 스며 나온다. 마치 고백처럼.' 그의 정신적 이미지의 강도는 그가 물리적 환경을 경험하는 것에 의해 충족되고 있다-건축물에 대한 부분은 그의 기억에 박혀 있다. 대단원은 주인공의 과거로부터 온 특정한 이미지에 초점을 맞춘다. 그것은 오를리 공항의 피어pier가 보이는 활주로의 풍경으로, 그는 아이였을 때 이 곳에서 시간여행을 하는 자신(어른)이 죽는 것을 목격하게 된다.[b)]

인류학자인 마르크 오제Marc Augé는 공항을 비-장소('관계, 혹은 ,역사, 혹은 정체성 차원에서 규정되지 않는 어딘가')로 범주를 나눴다.[3)] 하지만 영화 활주로에서의 공항은 펼쳐지는 사건들에 대한 기억들 때문에 '비-장소'에서 벗어나 차별성 있고distinctive, 강렬한vivid 공간이 된다. 그의 발밑에 펼쳐진, 회색빛 체스판 같은 느낌의, 흐릿한 콘크리트 격자. 아래쪽에서 일어나는 일들을 감시할 수 있도록 디자인 된 것임에 분명한 캔틸레버 형식의 콘크리트 소피트soffit.[c)] 무시무시하게 모든 것을 조망하는 골조형식의 마스트mast. 평판유리 위로 반사되는 검정색 금속제 난간balustrade. 사건에 대한 그의 회상은 항구적으로 공간, 형태, 그리고 건물의 세부표현에 연결link되어 있다. 반대로 건물과 공간은 항구적으로 이어지는 사건에 대한 기억을 형성한다. 영화 활주로에서는 이러한 연결connection이 특히 중요하다. 오직 유년기의 기억에 있었던 물리적 공간을 어른이 되어 경험하는 것만으로, 그는 실마리들을 엮어내서 사건을 풀어나간다.

a) 가스통 바슐라르 저, 김웅권 역, 몽상의 시학, 동문선, 2007 참조
b) 20분이 조금 넘는 실험영화였지만 후대의 SF영화에 많은 영향을 남겼다. 테리 길리엄이 핵전쟁 대신 인류를 절멸로 이끄는 바이러스와 관련된 질병으로 상황을 바꾸어 1995년 〈12몽키즈〉라는 제목으로 리메이크했다.
c) 인중망, 아치, 살내 벽면의 장식적인 돌출부, 발코니 등의 건물 부분과 부재의 아래에서 보이는 면. 반자, 격자무늬의 천장.

자이라 시 공간의 치수와 공간이 과거에 겪었던 사건들 사이의 관계로 묘사되는 도시

집단적 기억 Collective memory

공간과 기억 사이의 상호관계는 개인적 수준을 넘어 보다 시민과 집단차원으로 나아간다. 이탈로 칼비노Italo Calvino의 소설 보이지 않는 도시들*Invisible Cities*에서는 마르코 폴로Marco Polo가 쿠빌라이 칸에게 원(元)제국의 거대한 도시들에 관한 이야기를 해주는 대목이 있다. 소설에서 자이라 Zaira 시를 다루는 단락은 다음과 같다. '... 저는 얼마나 많은 단step들이 길거리에 계단stairway처럼 솟아 있는지, 그리고 회랑arcade의 곡선, d)지붕을 덮는 아연강판zinc의 다양한 크기와 종류에 대해서 말씀드릴 수도 있습니다. 하지만 그러지 않겠습니다. 그렇게 하는 것이 아무것도 말씀드리지 않는 것과 다르지 않으리라는 것을 이미 알고 있기 때문입니다.'[4] 칼비노는 지붕을 덮는 기와의 유형이나 회랑 아치의 각도에 초점을 두고 있지 않다. 대신 도시 공간의 치수measurements와 그것이 과거에 겪었던 사건들 간의 관계에 집중하고 있다.[5] 이러한 관계는 선명한 세부사항을 포함하고 있으면서 서로 연결되어 있는, 일련의 대상들과 사건들, 경험들로 묘사된다. 가로등 기둥lamppost의 높이, 그리고 그 옆에 있는 난간, 배수로gutter의 각도, 열린 창문의 비례—이 러한 모든 것들이 도시를 형성해온 사건들과 이야기들의 주요한 구성요소가 된다. 그러는 과정에서 도시는 '길거리 모퉁이에서, 창문의 창살, 계단 난간에서, 피뢰침 안테나와 깃대 위에서, 긁히고 움푹 패고, 소용돌이무늬가 있는 모퉁이turn 돌조각segment 하나하나에서 적은... 시의 구절처럼',[6] 과거를 저장한다.[e]

칼비노는 하나의 전체entity로서의 사건들과 건축, 그리고 도시 사이의 대화를 강조한다. 그리고는 정반대로 도시를 기억들을 '흡수'해서 팽창하는 스펀지처럼 도시를 간주하는—기억이 도시에 자양분을 제공한다는 생각도 강조하고 있다. 그에 따르면, 도시의 구조fabric는 도시의 과거와 불가분의 관계로 연결되어 있다. 모든 문과 창문, 포석paving stone, 바닥과 창문의 쇠창살grating들은 도시의 사건들과 사람들의 행동들을 지탱하게 해준다. 반대로 이런 사건과 행동들에 의해 도

d) 아케이드는 아치로 이루어진 회랑이다. 회랑의 곡선은 아치가 만들어낸 곡선을 의미한다.

e) 이탈로 칼비노 저, 이현경 역, 이탈로 칼비노 전집, 보이지 않는 도시들, 2016, 민음사 참조.

시의 구성요소가 유지되기도 하다.

만약 칼비노가 생생하게 묘사했던 도시구조와, '움푹 패인자국과 수용돌이무늬'를 생각해본다면, 이러한 것들이 도시의 건강함을 보여주는 것임을 깨달아야 한다. 건축가들은 건물과 도시의 작은 부분 하나하나를 존중하면서, 무엇이 고유의 가치를 가지고 있고, 기억을 위해 어떤 역량을 강조해야 하는지에 대한 평가를 수행해야 한다. 디자인에 접근하는 방식은 공간과, 그 공간이 과거에 겪었던 사건들 사이의 특별한 관계를 유지하는데 목적을 두지 않으면 안 된다.

베를린 신 박물관Neues Museum in Berlin에서, 건축가 데이비드 치퍼필드David Chipperfield는 숯덩이가 된, 반은 폐허인 오래된 박물관을 시작점으로 삼는다. 그 부분부터 탐구explore해야 건물에 기억을 부여할 수 있다고 판단했기 때문이다. 기존 건물의 모든 활용가능한 자투리remnant(부분적으로는 2차 대전 때 파괴되었던)들을 남겨두고 필요한 부분을 우아하게 복원하였다. 여기에 새로 지어진 요소를 더하여 미술관을 과거와 현재, 미래의 기억이 함께하는 공간으로 만들었다. 심지어 탄흔까지도 고스란히 보존했다. 이런 것이 바로 칼비노가 지지하던, 기억 속에 '뿌리 내리는' 건축을 창조하는 접근 방식이다.

건축가들이 알아야 할 두 번째 교훈은 기억의 자양분으로부터 도시가 성장한다는 점이다. 우리는 도시가 유지되는데 있어 기억과 사건의 지속적인 흐름이 얼마나 중요한 것인지 인정해야 한다. 건축가의 중요한 역할은 이러한 흐름을 수용하고 운영manage하는 그릇container과 공간을 계획하는 것이다. 만약 우리가 깊이 생각하지 않고, 기존의 자연스러운 요소들의 결과 대립하는 방향으로 구조물과 공간을 디자인한다면, 기존의 것들과 도시의 집단기억 사이의 연결을 끊어내는 위험을 감수하는 것음을 알고 있어야 한다.

새로운 중앙 출입구의 플린스(plinth) f) 베를린 신 박물관, 데이비드 치퍼필드

격자 도로망street grid, 도시 블록urban blocks, 지역의 건물 유형, 지붕들이 만들어내는 풍경들. 새로운 건물을 디자인할 때에는 이 모든 것들을 신중히 분석하고 평가해야 한다. 여기에는 도시의 과거에 대한 기억이 있다. 우리는 도시의 과거와 그에 관련된 기억들을 피하면서, 낯설고 단절된 미래를 창조하려는 것은 아닌지 경계해야 한다. (세계 도처의 많은 도시들이 이렇다. 이들은 도시구조를 희생해가면서 자동차라는 미래를 포용했다.) 각각의 세대는 그들 자신이 구축한 기억의 결을 도시에 더해야 한다. 제멋대로 과거의 세대가 쌓아올린 기억들을 지워내지는 않는지 살피면서.

집–개인적 기억

바슐라르가 언급하듯g), '우리의 집은 세상에서 우리가 차지하는 구석이다...그것은 우리의 첫 번째 우주이다.'[7] 하지만 이 '첫 번째 우주'가 반드시 우리의 건축에 재료나 상징적 차원에서 영향을 미치게 되는 것은 아니다. 만약 우리가 기와지붕 집에서 살았거나, 혹은 벽에 목재판을 붙인 집에서 살았다 할지라도, 우리가 꼭 건축에서 이러한 모티프를 활용하게 된다는 것을 뜻하지는 않는다. 이들은 기억을 형성하는 건축과 사건들의 결합을 통해–경험적 차원에서 영향을 미친다.

f) 플린스는 기둥이나 동상을 올려놓는 주추(흔히 주춧돌이라는 표현을 사용한다)나 걸레받이 부분을 의미한다. 여기서는 걸레받이와 유사한 구성으로 마루나 지면 높이에서 창이나 문틀 아래쪽을 제거하고 굽도리형식의 벽체로 대신한 것을 의미한다.

g) 가스통 바슐라르 저, 곽광수 역, 공간의 시학, 동문선, 2003 참조

h) 본문의 몽상주택과 같은 표기이나, 저자가 의도적으로 철자를 바꿔 표현한 점을 고려하여 발음하는 대로 표기하였음을 밝힌다.

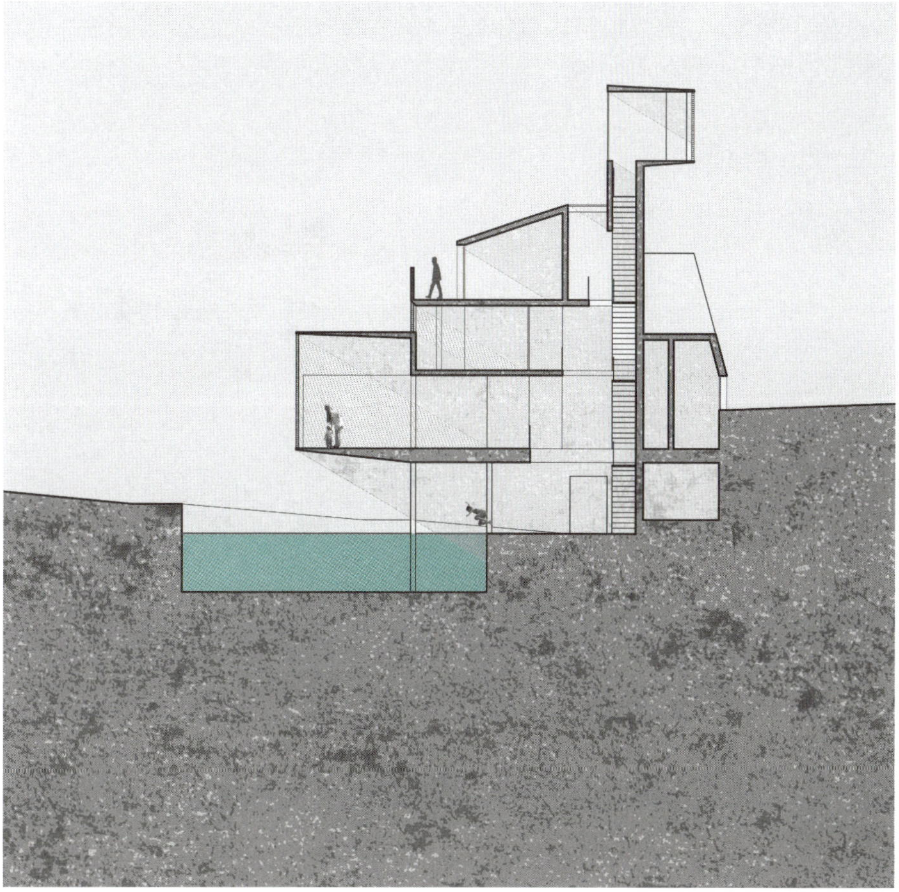

수직성과 위계 오네릭 하우스Oneric House의 단면h)—이 집은 지하의 '뿌리'로부터 솟아올라 하늘heaven을 향해 손을 뻗는 타워가 된다.

바슐라르는 '기억은 움직임이 없다motionless, 그리고 기억은 단단하게 공간에 고정될수록 온전함을 유지한다...만약 집이 좀 더 공을 들여 만들어진다면, 만약 집에 셀라cellar(지하저장고)와 다락garret, 구석진 곳nook과 복도corridor가 있다면 우리의 기억들은 이 대피공간에서 훨씬 더 명료하게 상술될 수 있다.'8) 이는 본질적으로, 집안이 더 다양한 공간으로 규정되고, 복잡하며, 기억에 남을 만한 부분이 있을수록, 그 집은 우리의 기억 속에 뿌리내리고, 우리의 기억 역시 그 집에 단단하게 고정된다는 것을 의미한다. 바슐라르는 '몽상 주택oneiric house' 혹은 '꿈의 집(유물론적 차원의 주택도 아니고, 포부나 희망을 의미하는 꿈도 아니다)'을 어린 시절 살았던 집과 연결한다. 그는 이를 통해 '거주하기inhabiting와 관련된 기능들의 위계를 마음에 아로새겨 넣게 된다.'라고 언급한다.9)

하지만 어떻게 이렇게 추상적이고 철학적인 개념을 실제 건축과 (우리가 어른이 되어도 공간에 대한 생각들을 알려주는) 감지 가능한 경험으로 전환시킬 수 있을까? 어떻게 우리가 디자인하는 집들은 긍정적이고 풍부한 건축적 경험을 어렸을 때부터 고양하고, 강화할 수 있을까? 아마도 유년기에게 이상적인 몽상적 주택에는 다음의 속성들attributes이 있을 것이다.

차별성과 복잡성 단순하지만 특수한 형태를 통해 기억에 남을 만한 아상블라주assemblage i)를 만들어 낸다.

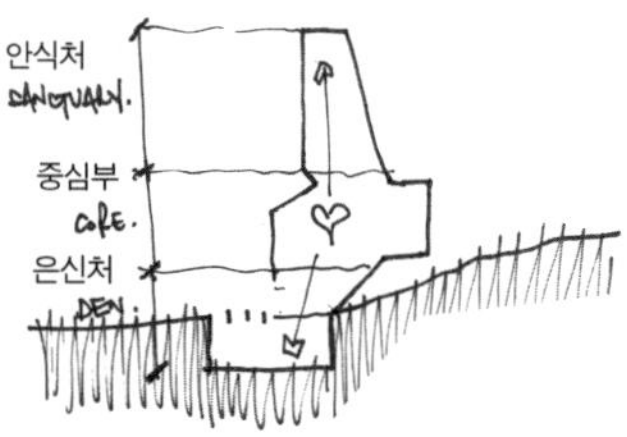

— 수직성Verticality과 위계Hierarchy

몽상 주택은 하늘에 닿으려 분투하는 동시에 뿌리가 있어야 한다. 공간에 수직적 위계가 있으면, 우리의 존재 깊숙이 집이라고 생각할 때 떠오르는 기능과 실들이 순응하여 자리 잡게 된다. 내려가면 마주하는 지하층과 올라가면 보이는 다락. 위로 올라가면서 중간에는 뒤를 돌아보게 되는 계단. 사색contemplation과 권태boredom, 장난mischief과 심사숙고reflection를 위해 구획한 공간들. 이러한 것들이 집의 기능을 구성한다. 집에서 중요한 공간의 중심center에는 주방이 있다. 사람이 생활하는 영역living area과 침실은 심장과도 같다. 이 공간들은 편안함과 친근함의 중추core이다.

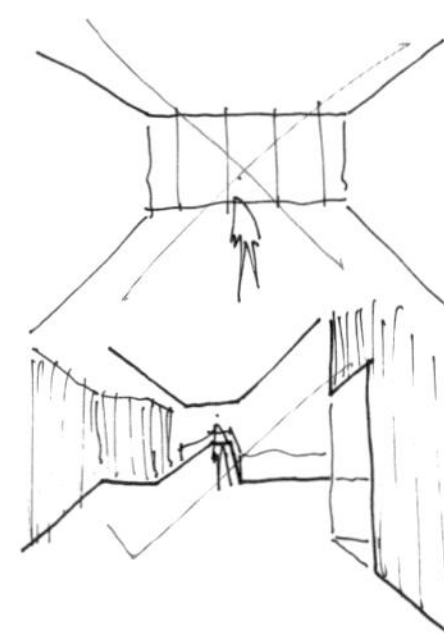

— 차별성 Distinctiveness과 복잡성Complexity

특수하고 복잡한 공간들은 좀 더 용이하게 기억과 연결된다. 아이들을 보면 이 말이 정말 다양하게 나타나고 있다는 것을 알 수 있다. 아이가 뾰로통할 때 들어갈 수 있는 완벽한 형상의 구석공간이 침실에 있다면, 또는 비가 흘러내려가는 것을 지켜볼 수 있는 깊숙한 문틀이 응접실이 있다면, 계단의 판들이 특정한 위치에서 넓어져서 위 아래로 이동하는 공간과 별도로 앉을 수 있는 부분이 있다면, 혹은 다락에 성큼성큼 걷기 좋게 간격을 잡은 장선을 노출시킨 바닥이 있다면, 이걸 기억하지 못할 수가 있을까. 집은 상상력과 결합하여 사람이 거주하고 있는 공간에 대한 기억을 형성한다. 집은 결코 완벽하게 중성화되지는 않지만, 주택의 복잡성을 감소시키게 되면, 주택이 기억을 창조하는 역량 역시 감소한다.

— 보호Protection

주택이 태곳적부터 해온—피난처를 제공하는—기능을 가장 잘 수행하는 시기는 외부로 공격받고 있을 때이다. 지금 시대의 주택에서 직관적으로 공격으로 느낄만한 상황은 바람이 심하게 불거나, 큰 비나 폭설이 내리는 경우이다. 그리고 이 순간들이 주택을 통해 모성에 가까운 보호능력을 확인할 수 있는 시간이다. 우리는 이렇게 집과 연결되면서, 벽과 지붕에 둘러싸인 채 안락함을 취한다. 이 과정은 우리가 어떤 사건을 공유하고 만들어낸다는 것을 의미한다. 우리는 허리케인 속에서 주택이 어떻게 고통스럽게 휘파람 소리를 내는지, 쏟아지는 폭우에 배수관이 어떤 소리를 내며 울리는지 기억하고 있다. 우리가 거주를 디자인하면서 견고함과 불변함을 고려하고 있다면, 건축가로서 더욱 키워내야 하는 것들은 이러한 보호와 연관된 감각적 기억들이다.

보호, 구석, 곡선 견고한 재료의 시공과 조망에 대한 프레임을 통해 위요감enclosure을 강화한다. 공간이 깊어지면 여럿의 구석진 '둥지'가 생겨난다.

— 구석 Corners

아이들이 이상적으로 그리는 집, 혹은 꿈의 집에서 구석들은 반드시 필요하다. 구석 하나만 있어도 별 노력 없이 공간을 규정할 수 있다—구석은 공간의 한계limit, 확장extension, 그림자와 놀라움을 정의한다. 건물에 구석을 솜씨 좋게 만들어manipulation 놓으면 개장을 했을 때는 사람들이 발길이 이어지고, 폐장을 했을 때는 특정 시점에 휴식을 취하도록 할 수 있다. 또한 두 방향으로 바깥을 볼 수 있는 조망 점을 제공할 수도 있다. 구석을 활용하면 서로 다른 시간에 햇빛을 받는 생활 영역을 제공하는 것이 가능하다. 심적으로 구석은 둥지 같은 속성으로 위요감을 줄 수 있다. 특히 곡선으로 만들어진 구석은, 바슐라르가 '사람이 살 수 있는 기하학적 형태inhabited geometry'라고 언급한 것으로, 사람을 환대하고 좀 더 머무르라고 권유하는 느낌을 준다. 반면, 거칠게 마감되거나, 예각으로 만든 구석은 사람을 거부한다.10) 공간을 규정하고 에워싸면서 동시에 구석은 그 안에서 형성된 기억 또한 규정하고 에워싼다.

바로 이러한 핵심적인 측면들—공간의 위계, 특수성, 보호하는 능력, 공간을 규정하고 에워싸는 역량—에 의해 기억들 속으로 끼어 들어간 집을 만드는 것, 보다 중요하게는 집의 특성들 속에 기억을 끼워 넣는 작업이 가능해진다. 우리는 타인을 위한 디자인을 진행하면서 핵심적 측면들과 공간적/체험적 기억 사이의 연결을 지속적으로 이어 가야한다.

놀이—형성기의 기억formative memory

'이 세상에서 유일하게 예술가와 아이들의 놀이만이 생성becoming j)와 소멸passing away k), 구축building과 파괴destroying를 드러낸다. 어떤 윤리도 가해지지 않고, 순수함은 영원히 유지된다. 예술가와 아이들이 노는 방식으로, 영원히 꺼지지 않는 불도 그렇다. 순수하게, 커지고 작아진다. 오만이 아니라 놀이하고자 지속적으로—새롭게—각성되는—충동이 새로운 세계를 우리의 존재 안에 이끌어 낸다.' 11)

—프리드리히 니체Friedrich Nietzsche l)

놀이는 물리적 공간에 대한 첫 탐구를 대신한다. 매트와 분필로 그은 선은 우리가 나갈 수 없는 결계를 구성한다. 계단과 오두막, 미끄럼틀은 길 찾기가 가능한 대피공간 내지는 유리한 위치vantage points가 된다. 장난감은 우리가 만드는 연극의 1막first act이 되어 공간 혹은 공간 속 의 대

i) 아상블라주는 프랑스어로 집합, 집적을 의미한다. 콜라주가 2차원이라면 아상블라주는 3차원적으로 구성요소를 조합하여 표현하는 것을 말한다.

j) 니체는 변증법에서의 대립항들의 차이를 가공의 것으로 부정하고, 정해진 결론을 위한 목적론적 질서도 부정한다. 되기는 생성과 변화를 중요시하는 니체의 생성존재론을 위한 핵심적인 개념이다.

k) 니체가 보기에는 세계가 무슨 목적이나 도덕적 신념을 가졌기 때문에 생성과 소멸을 반복하는 것이 아니다. 그것은 하나의 놀이일 뿐이다. 세계는 생성과 소멸의 반복적 놀이를 통해 다양성을 만들어 내고 있다.(고병권, 『니체 천개의 눈, 천개의 길』, 소명출판, 2001 참조)

l) 니체전집 3, 유고(1870년-1873년), 이진우 역, 책세상, 2001, pp.349-440 참조

적층된 블록으로 구성된 건물 서펜틴 파빌리온Serpentine Pavilion, 런던, 비야케 잉겔스 그룹Bjarke Ingels Group, 2016

부분의 기계적 조립 메카노 모형

부분의 기계적 조립 퐁피두센터Pompidou Center, 파리, 리처드 로저스와 렌조 피아노Renzo Piano, 1977

상을 창조한다. 이 과정에서 아이들은 장난감을 통해 촉각적 특성들을 경험한다. 헤라클레이토스Heraclitus를 주해한 니체의 글은 아이들의 놀이에 내재하고 있는 창의적인 자유분방함creative abandon을 보여주는데 대단히 중요하다. 예술가들처럼 아이들은 그들이 만들어낸 작은 왕국과 우주의 지배자가 되어, 창조 그 자체를 위해 창조한다.

우리의 환경을 창조하는 과정에서 창의적인 자유분방함은 선호했던 것들을 발전시키기 위해 대단히 중요한 역할을 한다. 놀이는 공간적인 발견을 위한 과정의 가장 첫 단계이다. 많은 건축가들이 그들이 만든 건물과 공간에, 의식적이든 아니든, 자신들이 어렸을 적에 가지고 놀았던 장난감의 특징을 담아내고 있다. 이는 우연의 일치가 아니다. 리처드 로저스Richard Rogers의 작품은 골조를 노출시키고 원색을 사용한다는 점에서 메카노Meccano 모형 풍의 미학과 연결된다. 노먼 포스터Norman Foster 작품의 매끈함은 우주시대를 그린 SF 코믹스인 댄 데어Dan Dare 속 이미지들과 연관이 있다.m) 비야케 잉겔스가 지은 알고리듬에 기반을 두고 대형사이즈 블록을 이용하여 쌓아올린 이용한 레고 타워와, 수많은 일본인 건축가들이 일본의 전통적인 종이접기origami—일본에서는 모든 아이에게 종이접기를 가르친다—로 부터 영감을 받아 만든 건축 작품들. 이 모든 건축가의 창작물들이 그들이 창조했던 첫 번째 구조체와 공간에 의해 영향을 받고 있다.

수 세기동안 존 로크John Locke와n) 같은 철학자와 프리드리히 프뢰벨Friedrich Froebel과 같은o) 교육자들은 블록 장난감construction blocks들이 아이들의 초기 발달에 핵심적인 요소라고 판단해 왔다.12) 심지어 프뢰벨은 그가 직접 색깔, 형태, 움직임에 대한 감각 발달을 목적으로, 아이들을 위한 장난감 세트를 디자인하기까지 했다. 또한 그들이 자유롭게 구조체와 환경을 만들도록 허용하면서 종국에는 그들 스스로의 질서와 아름다움의 감각을 창조할 수 있도록 했다. 프랭크 로이드 라이트Frank Lloyd Wright는 이러한 장난감 블록을 영감의 원천이라고 언급하기도 했다. '몇 년 동안, 나는 유치원의 테이블 위에 앉아 있었다... 그리고 놀았다. 정육면체, 구, 삼각형 블록을 가지고. 그것들은 단풍나무로 만들어진, 부드럽게 표면을 마감한 블록들이었다... 그 모든 것들이 지금까지도 내 손가락 안에 있다...' 13)

조립식 완구construction toys를 가지고 노는 것에 대한 연구가 진척되면서, 끝이 보이지 않을 정도로 많은 장점들이 열거되고 있다. 조립식 완구를 통해, 집중력concentration, 소근육 사용능력fine motor skill(뇌와 움직임 사이의 연결), 공간 인식awareness of space, 중력gravity과 균형balance 감각, 형상shape, 무게weight, 질감texture과 크기size에 대한 탐구의지, 사물의 속성에 대한 이해능력, 협력과 나눔의 가치에 대한 실행 역량 등이 발달된다. 그리고 이 모든 능력들이 좋은 건축가가 되기 위해 꼭 필요한 자질들이다.

어린 시절의 놀이와 연결되어 형성되는 기억, 그리고 놀이를 통해 발달되는 능력들은 다른 어떤 전문직보다 건축가의 직능에 잘 부합한다. 세 살짜리 아이가 복잡한 외과수술을 탐구하는 것은 불가능한 일이다. 하지만 그 아이가 기하학적 형태를 배치하고 공간을 만드는 것은 가능하다. 세 살 아이가 서로 다른 화학물질을 섞어 화학적 화합물을 만드는 방법을 어떻게 알겠나. 하지만 그 아이가 유치원에서 색깔과 질감에 반응하여 뭔가를 만들거나 다른 아이와 협력하여 구조체를 만드는 건 가능한 일이다.

그렇다고 날마다 아이에게 건축가가 되기 위한 연습을 시키기에는 제한사항이 많다. 가장 큰 걸림돌은 아이가 놀이를 하면서 그 연습이 가지는 의미를 이해하지 못한다는 점이다. 하지만 기본적으로 공간, 형태, 색깔, 기하학적 형태에 대한 탐구로 부터 시작하여 궁극적으로는 아름다움을 창조하려 한다는 점에서, 아이가 놀이를 통해서 만들어내는 것과 건축가의 결과물은 그 성격이 같다. 아이들이 러그 위에 앉아 배치나 적층을 통해 형상을 만드는 것, 그리고 건축가들이 발사나무와 작은 칼scalpel을 가지고 1:50 축척의 모형을 만드는 것. 그 둘은 본질적으로 동일하다.

주어진 재료와 한도에 대한 최초의 대응, 그리고 구조와 공간과 상징성을 형성하는 것 사이에는 근본적으로 차이가 없다. 우리가 어린 시절 공간과 형상, 색깔에 대응하여 만들어 낸 것들은 우리가 커서 하는 건축 작업과 연계되어 있다. 아이였을 때 얻게 된 기억과 능력은 우리가 하는 건축에 깔려 있다. 개인적으로 경험은 다르겠지만, 집단으로 공유하는 사건collective events, 거주와 인지 놀이에 대한 방식도 각각이겠지만, 우리 개개인의 기억은 건축물과 상호 영향을 주고받는 역량이 있다. 이는 상호 호혜적인, 지워지지 않는 펜으로 하는 표시와 추적의 과정이다. 그 안에서 기억과 건축물은 서로가 서로를 가득 채우고 정보를 제공한다.

m) 댄 데어는 일러스트레이터 프랭크 햄슨이 작화를 담당한 영국의 SF 코믹스 시리즈의 제목이자 주인공 이름이다. 21세기까지 이어지는 꾸준한 인기로 라디오, 티브이, 영화, 게임, 음악으로 재해석되었다.

n) 영국 근현대 경험주의 철학자. 근대 자유주의에 대한 시작점을 제공했다. 토마스 홉스가 주장했던 사회계약론을 바탕으로 주권재민 사상을 확립하여 민주주의의 이론적 기반을 마련했다. 인간이 백지상태(tabula rasa)에서 태어나 경험을 통해 자신을 완성시킨다는 경험주의적인 배경을 바탕으로 교육론을 집필하였다.

o) 페스탈로치(J. H. Pestalozzi)의 사상을 발전시켜 포괄적이고 독창적인 교육철학과 유아교육 이론을 제시했다. 프뢰벨에게 교육이란 태어나면서 지니고 있는 본성을 외부로 표현할 수 있는 여건을 조성하고 사명을 이룩하려고 애쓰고 그것을 목표로 나타내는 것을 뜻한다. 어린이들이 자신의 내면을 밖으로 표현하려는 힘을 가지고 있기에 자연스러운 환경을 제공하여 자연스러운 자기 활동적 인간이 되도록 하여야 한다고 주장했다. 그에게 있어 놀이는 유아교육의 핵심적 수단이다.

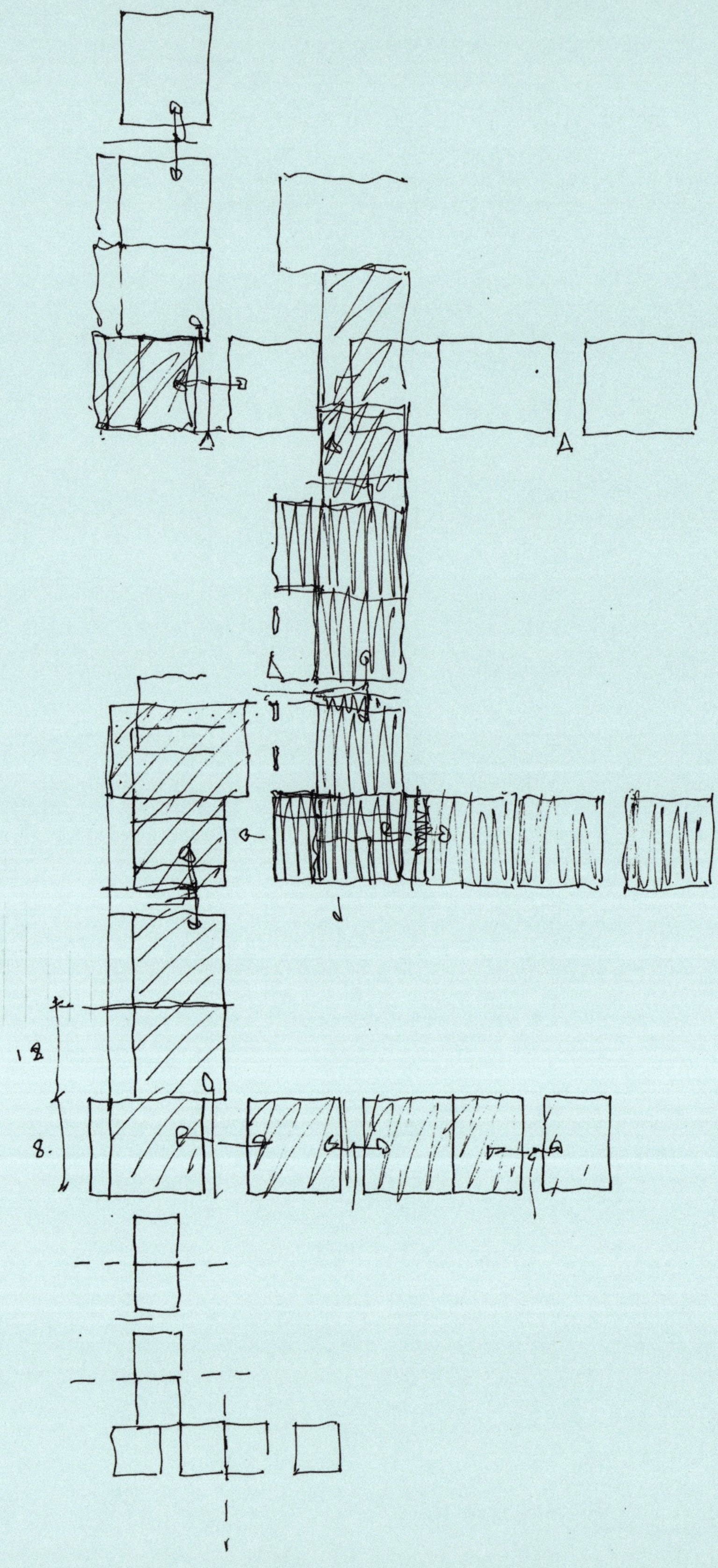

소셜 하우징SOCIAL HOUSING**, 디벨롭먼트 스케치**(DEVELOPMENT SKETCH) 글래스고, 영국. 2022

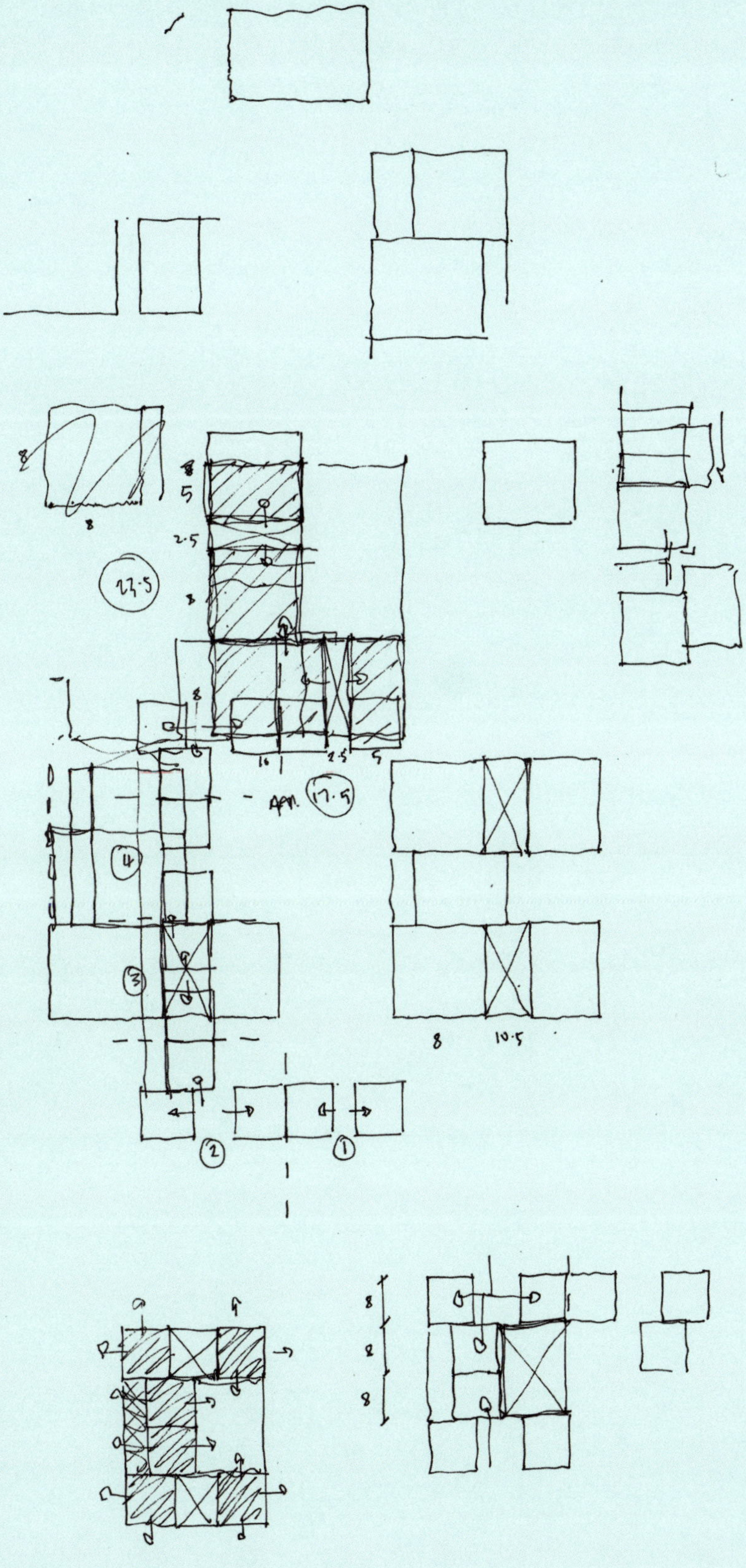
22.5
17.5
8
10.5
6 4. 6

기능FUNCTION

같은 형태, 다른 기능

기능function, 명사
라틴어-*fungi*(작동하다 to perform)에서 기원
1-어떤 사람이나 물건 혹은 단체institution에 특정하여 부합하는 행동이나 목적. 어떤 것이 디자인되는 목적이나 역할.
2-다른 요인들에 연계되어 있거나 의존적인 요인

동형이의어Homographs는 같은 철자를 가지고 있지만 다양한 의미를 가진 단어들[a]을 뜻한다. 예를 들면, *bow*—굽다bend(=휘다, 고개를 숙이다, 절하다), 굴종하다(=준수하다comply), 활(무기, ~을 쏘다), 활(현악기용 도구, ~을 켜다), 곡선curve / *lead* —앞장서서 안내하다show the way, 개시하다to initiate, 선두로 나서다to be first, 지휘하다, 이어지다, 납(금속), 이런 단어들이 동형이의어이다. 건축 역시 '건축적 동형이의어'라고 부를 수 있는 것들로 가득하다. 이는 형태는 비슷하면서도 다른 기능을 수행하는 건물들을 의미한다.

지난 수 세기 동안 건물은 형태를 통해 목적을 전달했다. 형태와 의미는 명확하게 일치했다.[1] 교회church는 십자형cruciform의 평면과 첨탑spire, 돔dome이나 앱스apse를 통해 교회로 인식되었다. 전형적인 전시관이나 도서관은 공공시설의 장엄함civic grandeur을 투사하기 위해 고대 그리스나 로마 건축의 건축요소(기둥, 주랑현관portico, 페디먼트)를 사용했다. 그러한 상징들을 통해 건물 전면에 걸쳐 미학적인 경험이 가능해졌다.[2] 또한 그런 요소들은 의미전달을 위해 다른 건물의 상징적 요소와 교환될 수 있는 성질은 아니었다. 상징요소의 교환불가능성이라는 측면은 여전히 우리 머릿속에 뿌리내리고 있는 부분이다. 지도에서 쓰이는 상징을 보자. 십자가로 표현되는 교회의 위치는 일반적으로 교회가 십자형 평면을 가지고 있다는 것을 암시한다. 야영장campsite는 티피teepee처럼[b] 표현된다. 전시관은 양단에 두 기둥으로 받치고 있는 페디먼트로 묘사되고, 성은 해자moat와 성곽rampart을 포함하여 기호화 된다. 건물들은 형태적이고, 문자그대로의 상징으로 간략하게 표기된다.

하지만 20세기 초까지만 해도, 상징으로서의 건물에 대한 인식은 아돌프 로스Adolf Loos, 발터 베냐민Walter Benjamin, 에른스트 블로흐Ernst Bloch와 같은[c] 건축가와 철학자들에 의해 도전받았다. 이들은 문자 그대로 해석하거나literalism, 보이는 형태 속성을 남기려는symbolism 방식 대신, 추상화abstraction와 알레고리allegory를 선호했다.[d] 건축 이론 분야의 교수인 힐데 하이넨Hilde Heynen은 '알레고리적인 방법에서는... 기표signifier와 기의signified 사이에 어떤 본질적인 관계도 없다. 알레고리에서 다른 기원을 가진 분화된 요소들은 서로 연관되어 있고, 그 구성 요소에 대해 외부에 있는 알레고리 작가allegorist에 의해서 의미 있는 관계가 된다.'라고 언급한다.[3]

그럼에도 철학은 현실을 앞서지 못하고 있었다. 1900년대 초반, 뉴욕의 북쪽이 팽창하면서 지역에서 처음으로, 단일 건물 내에 다수의 기능을 담아낸 마천루들이 등장했다. 이 건물들은 의미상으로 더 이상 단일한 상징이 될 수가 없었다. 그들이 다수의, 서로 경쟁하는 의미를 내포하고 있었기 때문이다. 대신 그들은 유럽의 양식에 대한 비유와 맨해튼의 지역지구제 법규, 그리고 반복을 통해 올라가는 높은 입면 디자인들을 자극적으로 조합하면서 일종의 알레고리가 되었다. 실용주의를 지향하는 뉴욕의 상황과 모더니즘 철학에도 불구하고 건물 형태를 향한 무한한 가능성이 시도되었다. 렘 콜하스Rem Koolhaas가 관측했듯,[e] '그릇container과 내용물contained 사이의 의도적인 불일치 속에서 뉴욕의 제조업자들은 이전에는 유래가 없었을 자유로운 영역을 발견한다.[4]

이러한 이론과 실행의 발전들은 전례가 없었던 모더니즘 건축 작품의 형태에 대한 일종의 면

a) 발음은 같을 수도, 다를 수도 있다.
b) 북미 원주민의 원뿔형 천막. 나무로 골조를 원뿔형으로 세우고 들소 가죽을 덮어 세운다. 공간활용에 있어서는 불리하지만 보온성이 좋고 강한 바람에 잘 버티는 장점이 있어 대평원에서 생활하던 원주민들에 한정하여 사용하였다.
c) 로스, 베냐민, 블로흐의 관점은 근대 건축을 자본주의에 대한 대응으로 파악하고 있다. 로스는 단절의 경험으로 존재의 위협을 막아내기 위해 차단해야 되는 외부상황으로 보고 이를 주택에 반영하였으며, 베냐민은 불안과 기대가 공존하는 도시가로의 풍경 속에서 현대성과 거주의 병존가능성을 모색했다. 블로흐는 가장 비판적인 자세로 목가적인 태도의 기존 건축과 도시를 부정하고, 유토피아로서의 고향을 상정했다. (힐데 하이넨 저, 이경창·김동현 공역, 건축과 모더니티, spacetime, 2008, pp.97-153 참조)
d) 추상화는 주관적으로 중요한 것을 어떤 생각이나 모양으로 추출하는 것을 의미. 이 때문에 abstract는 초록이라는 의미를 가질 수 있게 된다. 알레고리(Allegory)는 그리스어 '다른(allos)'과 '말하기(agoreuo)'라는 단어가 합성되어 만들어진 '알레고리아(allegoria)'의 영어 식 표현이다. 이는 고대로부터 내려온 수사법의 하나로, 말하고자 하는 바를 그대로 드러내지 않고 다른 것에 빗대어 설명하는 방식을 일컫는다. 은유의 한 방법으로, 우의나 풍유로 불리기도 한다. 은유는 단어나 문장 단위와 같은 작은 단위에서 구사되는 기교라면, 알레고리는 이야기 전체가 하나의 총체적인 은유법으로 관철되어 있다. 유추는 논리적 사고를 기반으로 한다는 점에서 상상력을 바탕으로 진행되는 알레고리와 차이가 있다.
e) 렘 콜하스 저, 김원갑 역, 정신착란증의 뉴욕, 태림문화사, 1992 참조

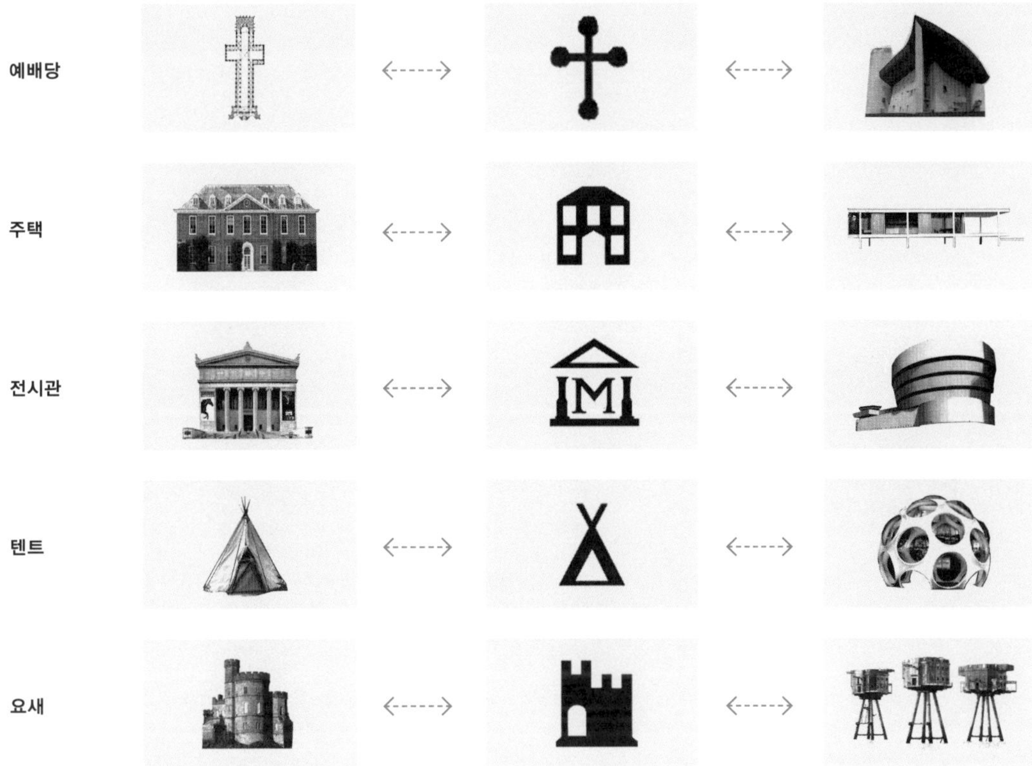

상징에서 알레고리로
모더니즘 이전시기까지 건물의 실제 형태, 육지 측량부 지도Ordnance Survey map의 상징f), 근대의 알레고리적인 형태와 병치됨.

히가 되었다. 건물의 형태가 더 이상 문자 그대로의 소통 수단으로 간주할 수 없게 되면서, 내부 공간의 배치와 맥락과의 관계, 건축가의 미적 비전과 같은 부분들에 의해 건물의 형태를—상징적 코드에 기대지 않고—결정하기 시작했다. 이로 인해 과격한 형태들이 나타났다. 어떤 예배당(르 꼬르뷔제의 노트르담 뒤 오Notre Dame du Haut 성당)g)은 주변 풍경의 '시각적 음향visual acoustics'에 대응하는 갑각류 같은 형태로h) 만들어졌다.5) 어떤 집(미스 반 데어 로에의 판스워스 주택Fansworth House)은 건물의 형태와 자연 사이를 중재하는 흰 색 파빌리온으로 디자인 된다. 또 어떤 전시관(프랭크 로이드 라이트가 뉴욕에 지은 구겐하임 미술관Solomon R. Guggenheim Museum)은 '포말이 생기지 않은 물결unbroken wave'을 소용돌이spiral 모양으로 말아놓은 것 같은 3차원 나선 형태로 계획되었다.6)

다양한 건물 유형들이, 개별적 기표들을 내려놓고 홀가분한 태도로, 유사하거나 심지어 동일한 형태를 공유하기 시작했다. 모더니즘은 건축가들에게 어떤 목적에도 부합할 수 있는 온갖 형태를 창조할 수 있는 자유를 부여했다. 하지만 건물유형을 고려하지 않고 디자인과 미학적 원칙들을 반복하는 방식은 불모지sterility같은, 비슷비슷한homogeneity 건물형태로 이어졌다(지금은 주춤해지는 상황이다). 동형이의어가 늘어나면서 도시를 읽어 내는 것이 더 이상 가능하지 않게 되었다. 도시라는 텍스트를 구성했던 여러 층의 함축적인 기호들connotative signs은 점차 사라지고 있다.

동시대 건축의 동형이의어

건축적인 동형이의어는 급진주의radicalism와 진보로부터 태어나, 초기부터 급격히 확산해 왔다. 모더니즘 건축가들의 기술과 형태, 공간의 가능성에 대한 믿음의 부산물로 등장했고, 오늘날 많은 건축가들은 그 사실을 알고도 동형이의어를 거리낌 없이 구사한다. 크게 세 가지 방법이 있다.

f) 영국 정부가 후원하는 지도 제작 기관. 찰스 에드워드 스튜어트가 왕위를 재탈환하고자 일으킨 재커바이트 봉기(Jacobite rising of 1745; 재커바이트는 스코틀랜드 사투리로 찰스의 해(the year of Charls)라는 뜻)에 대응하여 스코틀랜드의 정확한 지도를 제작하기 위한 군사적 목적에서 시작되었다. 국가 전체적으로 보아도 나폴레옹의 프랑스를 대비하기 위해 전반적인 지도 제작의 필요성이 대두되던 참이었다. 도시지역은 시리즈와 용도에 따라 다양한 축척의 지도를 제작한다. 도시지역은 1:2,500 축척, 레저용 교통지도는 1:250,000까지의 축척을 적용하여 지도를 제작한다. 대단히 정밀하고 자세하게 표현된 지도로 명성이 높다.

g) 흔히 성당이 있는 지명을 따서 롱샹Ronchamp성당이라고 통칭한다.

h) 케네스 프램튼 저, 송미숙 역, 현대건축: 비판적 역사, 마티, 2017 참조

모더니즘

건물	유사성	건물
	하부의 포디엄 상부의 탑상형 블록	
업무시설 레버하우스Lever House, 뉴욕, 1952		**호텔** SAS, 코펜하겐, 1960
	유리를 붙인 부분의 나비 같은 좌우대칭 형태 붉은 벽돌	
오디토리움 헬싱키 공과대학(TKK) 오디토리움, 헬싱키, 1964		**도서관** 캠브리지 역사학부 도서관, 캠브리지, 1968
	탑상형 유리건물 어두운 색의 금속 스팬드럴 가늘고 긴 상부 콘크리트 하부	
업무시설 CIS 타워, 맨체스터, 1962–1964		**대학시설** 셰필드 대학 아트 타워Arts Tower, 셰필드, 1965

반복		
건물	**유사성**	**건물**
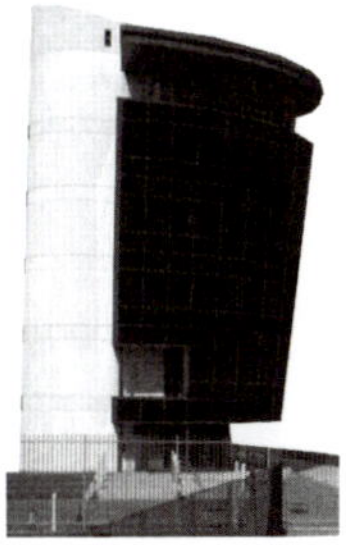	Kawneer사와 AA사의 유닛타입 커튼월 제작시스템	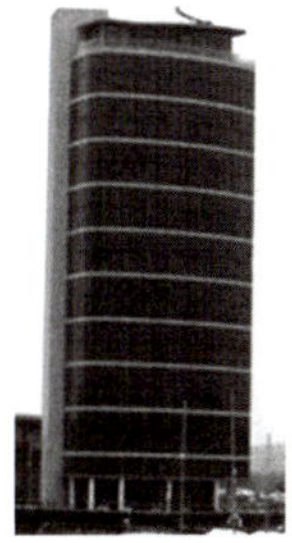
등대 선적통제 센터Maritime Operations Center, 애버딘, 2006		**주거시설** 더 키스The Quays, 켄트 시, 2009
	Trespa사와 Meteon사의 고밀도목재패널 (HPL 패널 High Pressured Laminated Panel)	
쇼핑센터 메가파크MegaPark, 스페인, 바라칼도, 2004		**대학시설** 퀸즈대학Queen's University 건축학과 건물, 벨파스트, 2009
	Techrete사의 산 부식 PC 패널 (Acid-Etched Precast Concrete)	
대학시설 경찰학교Crime Campus, 스코틀랜드, 가트코시Gartcosh 2014		**업무시설** 스코티시 파워 사옥Scottish Power Station, 글래스고, 2016

복제		
건물	유사성	건물
	물결/구름 같은 형태 디지털 패브리케이션 모듈, 자작나무 합판	
시장+광장 메트로폴 파라솔, 세비야, 2004(개념)		**파빌리온** AA 여름 파빌리온 프로젝트, 런던, 2008
	둥글납작한 형태 금속성 원형판 피복cladding, 붉은 벽돌	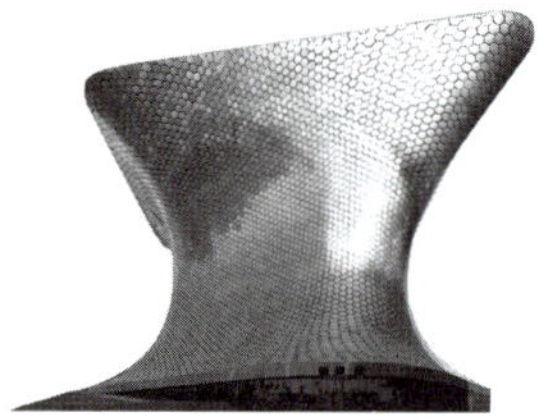
백화점 셀프리지스, 버밍햄, 2003		**전시관** 소우마야 미술관Museo Soumaya, 멕시코시티, 2011
	무작위적 창호 구성 모따기를 한 개구부 프리캐스트 콘크리트	
콘서트홀 레온 시립 오디토리움Auditorio Ciudad de León, 스페인, 레온, 2002		**학교** 번트우드 스쿨, 런던, 2014

자기 탐닉SELF-INDULGENCE		
건물	유사성	건물
 **전시관** 구겐하임 미술관, 스페인, 빌바오, 1997	프리폼 형상 겹쳐진 켜layer 티타늄 피복	 **콘서트홀** 월트디즈니 홀, 로스앤젤레스, 2003
 **전시관** 유대인 박물관, 베를린, 2001	파편적 형상, 각진 사선이 있는 파사드, 금속 피복	 **대학시설** 런던 메트로폴리탄 대학 대학원 본부Graduate Center, 런던, 2004
 **전망대** 독일 의회Reichstag, 베를린, 1999	단순 돔형태 경량 골조 다수의 유리	 **행정시설** 시청, 런던, 2002

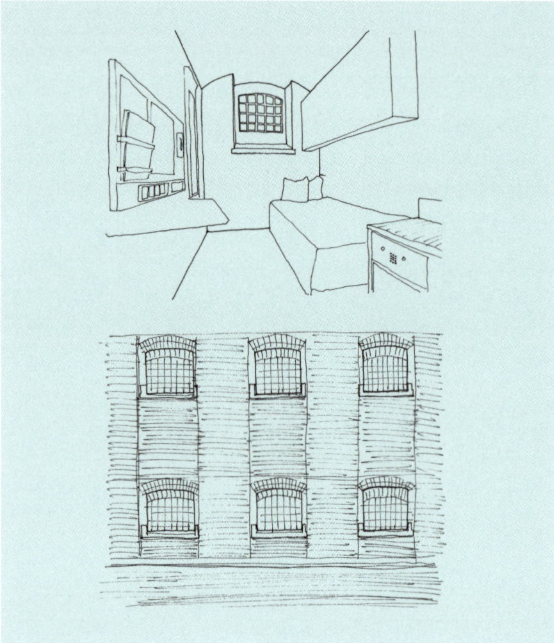

새로 장식하기redecorate

재창조하기reinvent

— 반복

건설프로세스의 표준화는 경제성을 건물에서 가장 중요paramount하게 보는 것으로 이어졌다. 이제 많은 건축가들이 디자인의 구성요소를 사용하면서, 건물 유형에 맞는지 추궁하는 과정을 거치지 않는다. 특정한 트렌드가 뜨고, 자사의 제품을 사용하라고 설득하는 영업사원들sales reps에 의해 부추김을 당하는 상황에서, 웹사이트들은 건축적 동형이의어의 증거들을 끝도 없이 보여주고 있다. 그 와중에 건축가는, (아마도 같은 부분이 많지 않을 법한) 타 프로젝트에서 매우 훌륭하게 사용된 특정 제품에 대한 지식을 확보하고 나서는, 자신이 아는 정보 안에서 적당히 디자인을 진행하고, 완전히 다른 디자인 문제에 대해 같은 디자인 요소로 대응하려 한다. 눈 뜬 장님이 따로 없다.

— 복제 Reproduction

선례를 참조하는 것이 건축 버전의 복붙(복사 후 붙여넣기)작업으로 결론이 날 때가 있다. 건축적 동형이의어는, 건축가가 특정 유형의 건물로부터 영감을 받아서 또 다른 건물에 이를 적용할 때 만들어진다. 예를 들어보자. 영국 건축협회 건축학교Architectural Association School of Architecture(AA School)의 2008년 여름 파빌리온 프로그램에서 나온 결과물 중 하나는 유르겐 마이어Jurgen Mayer가 2005년에 스페인 세비야아에서 진행한, 시장과 전시관 진입광장 역할을 하는 메트로폴 파라솔Metropol Parasol을 작게 축소한 작업이었다. 2011년 완공된, 페르난도 로메로Fernando Romero가 디자인한 멕시코시티의 소우마야 미술관은, 퓨처시스템즈Future Systems이 디자인한 셀프리지스 백화점Selfridges Store(영국 버밍엄, 2003년 완공)의, 둥글고 납작한bulbous 형태와 금속 원형판으로 구성된 파사드로부터 직접적인 힌트를 얻었다. 올포드 홀 모나한 모리스Allford Hall Monaghan Morris(AHMM)에서 2015년에 디자인한 번트우드 스쿨Burntwood School은, 만시야Mansilla와 투뇬Tuñón이 설계한 레온 시립 콘서트홀(2002년 완공)에 대한 오마주hommage로 볼 수 있다.

물론, 우연의 일치일지도 모른다. 또는 동일한 디자인 대응방식 상에서 부지불식간에 표명된 같은 건물에 대한—한때 가지고 있었지만 지금은 잊고 있던—기억이 튀어나온 상황으로 볼 수도 있다. 하지만, 건축 작품 이미지를 바로바로 디자엔에 활용하는 것이 가능하게 되면서, 하나의 형

i) 푸에르타 그라나다는 '그라나다의 문'이라는 뜻이다.

j) 이렇게 벌집형상이나 종유석 형상을 이용해 장식적으로 마감된 볼트를 무카르나스(Muqarnas)라고 한다. 무카르나스는 든모 홍예(squinch) 내지는 큐폴라(cupola)등을 작게 반복한 형식으로 이해할 수 있다. 든모 홍예를 반복하는 경우에는 벌집볼트가 형성되고 일부요소가 아래쪽으로 튀어나와서 반복되면 종유석처럼 보이므로 종유석 볼트라고 칭한다.

k) 포르투갈 트로파 시의 쇼핑센터. 리테일 파크는 소매점이 집결된 상태의 상업시설로서 주로 도시 외곽에 위치한다.

푸에르타 그라나다PUERTA GRANADA i)

'**은유**에 관련된 생각을 따라가면서, 우리는 그라나다의 정수를 보여주는 기념비인 **알함브라 궁**의 공간 시퀀스를 살펴보았다. 그러고 나서는 **사람들이 쉽게 스스로를 공간과 연결**시킬 수 있도록 **이슬람 건축으로부터 영향을 받은 공간 유형을 통합**하였다. **다양한 변화를 보이는 기하학적 패턴의 장식은 동일한 수학적 모듈을 기반**으로 만들었다. 이 모듈은 **광장**에서 빛을 통과시키며 자연광을 다양한 기하학적 모양으로 조각낸다. 프리즘을 형성한다. 몇몇 경우에는 벌집 볼트honeycomb vaulting를 이용하고, 다른 경우에는 종유석 볼트stalactite vaulting로 효과를 낸다.j)[또 어떨 때는], 피라미드나 만화경 속 풍경을 떠올리게 하는 칸막이벽들diaphragm로 [효과를 보고 있다.] 이 모든 것들은 몰의 보행 공간을 따라 조성되어 있으며, 하얀 스터코로 처리된 벽체 표면은 복잡한 세부표현들이 조각되어 있다.'

트로파 쇼핑센터TROFA RETAIL PARK k)

'**지역사회가 직물공장에 대해 기억하는 내용**이 풍요롭고 활력이 넘쳤다. 이 때문에 **건물과 지역의 정체성을 고려해서 공장건물을 바람직한 방향으로 활용해야 된다**는 쪽으로 생각이 강해졌다. 우리의 제안은 건물을 온전히 남기는 것이었다. 대신 **그래픽 요소를 통해 그 장소의 역사적 유산 속에 있는 산업적 미학을 강조**하고자 했다. 압연강으로 만들어진 파사드에는 글자를 새기고 색깔을 칠했다. 이전에 물탱크였던 것은 이제 도시의 아이콘으로 새로 태어났다.'

크리스털 쇼핑센터CRYSTALS

'크리스털 쇼핑센터는 **그 자체가 도시 같은 성격을 지니고 있다**...그 안에서 당일치기 **여행**을 할 수 있는...고급 소매점들은 별도로 하더라도, 이 곳을 방문하고 나면 세련된 풍경 앞에서 남에게 보여주기 위해 포즈를 잡고 찍은 사진이 넘쳐날 것이다...크리스털 쇼핑센터는 특징적인 것이 많다. **진짜 알로에 나무**, 생화로 만들어진 컬러풀한 "꽃 카펫", 심지어 자리에 앉아 식사를 즐길 수 있는 **트리하우스**까지. 바깥으로 나와 잠시 둘러본 후, 아리아 호텔과 크리스털 쇼핑센터 사이에 있는 "**소공원**pocket park"도 놓치지 말고 들러보시라. **나무들**과 헨리 무어의 **조각** "연결되어 있는 와상Reclining Connected Forms" 사이에서 조용한 순간을 즐기길 바란다. 우리는 아직 쇼핑에 대한 이야기는 건드리지도 않았다.'

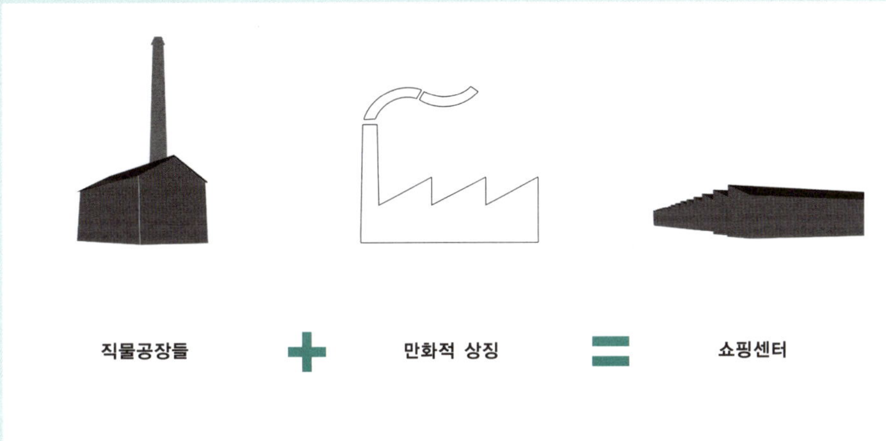

다니엘 리베스킨트의 덴버 미술관(2006)과 크리스털 쇼핑센터(2009)를 병치하였음

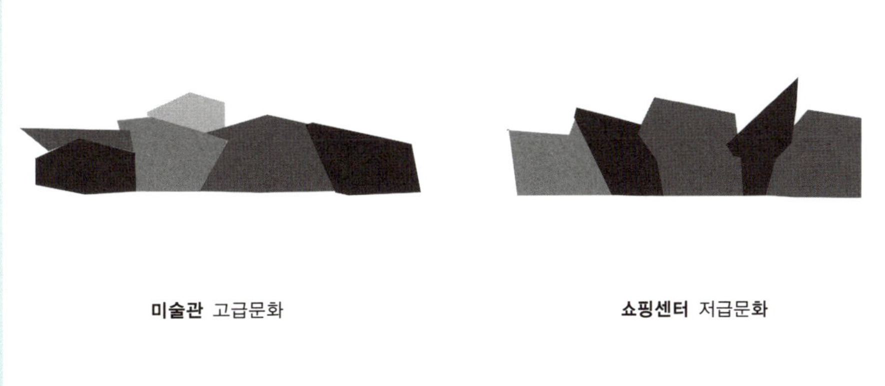

라파예트 백화점GALERIES LAFAYETTE, 파리
쇼핑 기능은 오스만 시기에 구획된 블록Haussmannian block안에 깔끔하게 수용되어 있다. 지면 위에 놓인 건물은 기능에 대해 양가적ambivalent 태도를 보이고 있다.

짐벨 백화점GIMBELS, 필라델피아
이 건물은 교차로에 붙어있는 복잡한 모퉁이 하나를 차지하고 있다. 바깥 벽체 부분을 따라 가로를 향해 개구부를 배치하고 모서리는 곡선으로 두어 대지를 최대한 사용하고 있다. 이 시기에는 모서리 부분은 보통 직각으로 처리했다.

태가 여러 건축 작업에서 동시에 쓰이고, 주도적인 특정 사조대신 다양한 양식이 유행하고 있는 최근의 상황을 상기해보면, 단지 이런 사례들을 우연의 일치로만 볼 수 있을까.

— *자기-탐닉 Self-indulgence* 1)

건축가가 어떤 수준에 도달하게 되면, 특유의 건축 유형이나 양식, 즉 그들의 형태적 특징formal signature을 통해 이름을 알리게 된다. 프랭크 게리Frank Gehry의 작품은 프리폼 형상의 금속성 켜가 특징적이다. 다니엘 리베스킨트Daniel Libeskind는 각진 금속성 파편들이 특징이다. 노먼 포스터Norman Foster의 작업은 단순한 형태로부터 구축되는 구조 골조가 두드러진다. 홀로코스트 박물관에 적용된, 둥근 끌로 밀어내거나 사선으로 길게 낸 개구부들은 무슨 의미를 가지고 있기에, 그다지도 쉽게 대학 건물에서 바로 쓰일 수 있나? 싸우려는 것이 아님을 이쯤에서 밝혀둔다. 그건 일종의 틱 장애다. 같은 양식적 특징이 다수의 프로젝트에 의미도 없이 반복해서 적용되고 있으니 말이다. 스스로 만든 과대 선전hype에 속게 되는 상황에 이르면, 건축가는 건물의 용도, 맥락 혹은 목적 대신에, 대중이나 건축주가 기대할 법한 것에 맞춰서 형태를 결정할 수도 있다.

반대로 대단히 높은 수준에 이르렀음에도 자기의 대표작에서 적용된 생각을 반복하지 않는 건축가들도 많다. 몇몇을 언급하자면 SAANA, 헤어초크 앤 드 뫼롱Herzog & de Meuron, OMA가 이에 해당한다. 이들의 건물은 프로젝트에 내재된 선천적 감수성을 투사한다. 또한 전반적 건축의 실행과 개별 디자인 작업 개개의 특정specific 해법, 두 가지 모두에 부합하는 접근방식을 취한다.

1) 보통은 방종으로 해석되는 용어이나 건축가가 이전에 사용했던 기법이나 태도를 자기도취적으로 다른 시설에 다시 반복하여 사용하는 것을 의미하여 indulge에 있는 탐닉이라는 의미를 폭넓게 해석하여 반영하였다.

건축적 동형이의어의 부당한 이용exploiting

동형이의어는 건축가들만 쓰는 것이 아니다. 건축 작업을 의뢰한 이들도 마찬가지다.

— *기회주의 Opportunism*

건축 의뢰인들(정부, 개발업자, 기타 개별 건축주)는 공공연히 상징성을 드러내는 건물이 더 이상 필요하지 않다는 것을 인지하고 있으며, 이제는 경제성과 합리성에서 도출된 통합적인 형식의 포괄적인 디자인으로 진행되는 업무시설이나 주거시설을 짓고 있다. 그러므로 건축적 동형이의어

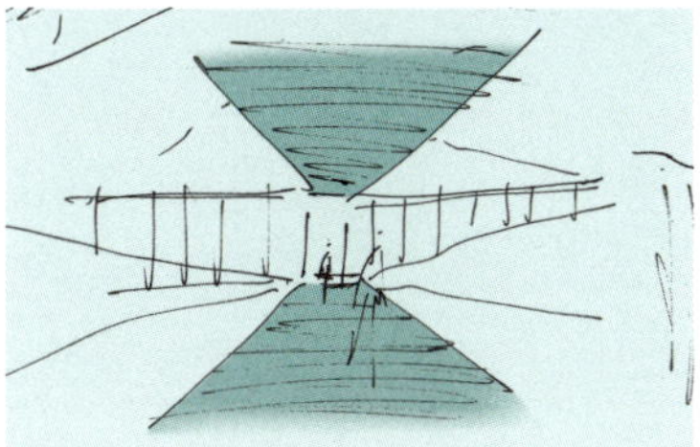

1. **입구** 높이 차가 있는 지형과 연계하여 위치를 결정하였다. 상부에는 돌출된 캐노피를 두어 명백히 입구임을 보여주는 피난처를 제공한다.

2. **아케이드** 판유리가 끼워진 큰 개구부, 상품이 놓인 진열대. 선큰형식의 보행로가 위요감을 준다. 이로 인해 건물이 지형에 대응할 수 있게 되었다.

3. **지붕/기표** 지면 레벨에서 가해지는 구속에서 벗어나, 지붕은 상징적이면서도 기능적인 도구가 된다. 지붕은 쇼핑센터의 존재를 드러내는 표지이자, 빛을 안쪽의 아트리움으로 끌어들이는 역할을 한다. 지붕은 위쪽으로 갈수록 좁아지는 데, 이는 주변 환경에 맞추기 위해서 이다.

를 활용하는 것이, 포괄적이지 못한 시공과정을 고려해보면,m) 경비와 위협요소(그것이 실제의 것이건 그렇게 여기는 것이건)로부터 보호해줄 안전망이 되어 준다고 생각한다. 이 의뢰인들은 어떤 건물의 형태와 재료, 시공법이 가장 시간과 경비를 아껴줄지 알고 있다. 그리고 그것들을 여러 프로젝트에 걸쳐 동일하게 적용한다.

건축적 동형이의어는 하나의 건물 유형을 획득하는 가장 기회주의적인 방식일 것이다. 이 방법을 취하면 건물은 오로지 자본을 얻을 목적으로 좀 더 수익성 있는 건물 유형으로 전환된다. 교도소prison는 페인트를 한번 발라주고 가구 몇 점 집어넣으면 기숙사dormitory가 된다. 한때 번성했던 공장은 트렌디한 미쉐린Michelin 별점n)을 받는 레스토랑이 된다. 업무시설이 눈 깜짝할 사이 건물 형태를 전혀 바꾸지 않은 채로 가게가 된다. 이는 오래된 건물을 융통성 있게 사용하는 것adaptability에 대한 증거가 될 수 없다. 그보다는 건축을 압도해버린 시장의 힘market forces을 보여주는 사례라고 볼 수 있다. 판매 공간이 업무공간보다 좀 더 수익을 낼 거 같으면, 건물은 그렇게 바뀐다. 건축은 냉혹한 상거래business transaction의 영역으로 축소되고 있다.

오래된 건물을 새로운 기능으로 재사용reuse하는 것o)은 옳은 일이다. 제대로만 하면 이는 과거와 연결되어 있는, 여러 켜를 가진 다채로운 도시공간을 창조할 수 있다. 그럼에도 우리는 건축적 동형이의어로 건물을 전환시킬 때, 건축가의 역할이 무엇인지 잘 이해해야 한다. 우리는 건축을 직설적인 상거래로 축소시키는 개발업자를 무심코 돕고 있는 것은 아닌지, 그 대신 우리가 디자인을 통해서, 그리고 우리 역할을 잘 인식하면서 어떻게 자본적 동기에 도전해야 하는 것인지 심사숙고할 필요가 있다.

m) 시공현장의 특성에 따라 표준화, 일반화되기 어려운 속성을 의미한다.

n) 프랑스의 타이어 제조회사인 미쉐린이 매년 봄 발간하는 식당 및 여행 가이드. 1900년 타이어 구매고객에게 나눠주던 자동차 여행안내 책자에서 시작했다. 기존에는 미쉐린의 프랑스어 발음을 따라 '미슐랭 가이드'라 통칭했으나 미쉐린 한국지사에서 공식명칭을 '미쉐린 가이드'로 결정했다.

o) 건물의 용도를 바꿔서 재활용하는 경우는 건축 및 도시 분야에서는 '전용(adaptive reuse)'이라고 한다.

도전을 선택했다면 두 가지 방법—재창조하기reinvention와 겹쳐 놓기layering—이 있다. 둘 다 재사용에 해당한다. 새로운 기능을 창조하려고 하면서 무비판적으로 이전 형태를 따라서는 안 된다. 우선 건물이 새로운 기능에 맞추어지는지를 확실히 해야 한다. 재창조는 공간을 용도에 맞추는 작업이다. 영국 도처에서 제시되었던, 감옥을 학생 주거로 바꾸는 경우7)에는, 다음의 사항을 고려했어야 했다.

- 강압적인 느낌을 주는 크기의 창문을 키워 천장까지 닿는 개구부full-height opening를 조성할 것.
- 천장까지 닿는 개구부에서 접근할 수 있는 경량 발코니를 설치하여 주거가능 영역을 넓힐 것.
- 빌트인 접이식 침대를 설치하여 주간 시간에 좀 더 많은 행위들이 내부공간에서 일어나도록 할 것.

이 세 가지 간단한 재창조 전략을 통해 더 많은 빛을 끌어들이고, 더 많은 공간을 제공할 수 있다. 받아들일 수 없는 건축적 동형이의어를 '수용 가능한' 동형이의어로 바꾸면서 말이다. 겹쳐 놓기를 성취하는 방법은 이전 건물의 중요한 특징들을 존중하고 유지하되, 달라진 용도에 맞는 새로운 요소를 형태에 부여하는 것이다.

창문의 높이를 키우고 발코니를 덧대는 것은 기능적이기도 하지만 상징적인 것이기도 하다. 이런 것들은 건물이 더 이상 감옥이 아니라는 신호를 전달하는 수단이 된다. 천장까지 닿는 높이의 유리 개구부나 발코니를 가지고 수인들을 감당할 수는 없기 때문이다. 사적으로 사용되는 발코니는 주거용 건축물—파리지앵의 아파트 블록에서부터 두바이의 고층 주거에 이르기까지—의 한 유형이라는 것을 보이는 공공연한 상징이다.

동시에 이러한 작업들은 건물의 내력에 또 하나의 결을 더하는 일이다. 건물에서 기존에 있었던 핵심적인 특징(가령, 벽돌 아치나 인방돌stone lintel과 같은)들은 확실히 유지하면서, 새로운 요소를 덧대는 작업에 의해, 건물에 대한 새로운 그림이 만들어진다. 이 그림에서는 건물 쓰임새가 어떻게 바뀌는지 보여주면서 역사의 다양한 켜를 확인할 수 있다. 새로운 기능을 숨 막히게 하지 않으면서도 말이다.

— *기만Deception*

마지막으로 언급하게 될 건축적 동형이의어의 측면은 기만이다. 특정한 기능을 보이게 하고 마치 다른 건물 유형인 듯 느껴지게 하는 건물을 의도적으로 만드는 것은 사용자로 하여금 더 많은 시간과 돈을 쓰도록 유도한다. 건축을 기만의 도구로 다루는 것은—트롱프뢰유trompe l'oeil 기법p)이 적용된 파르테논Parthenon 신전의 배가 부른 기둥q)에서부터 창문을 없애 시간의 흐름을 교묘하게 조작manipulation하는 라스베이거스의 카지노에 이르기까지—새로운 것은 아니다. 그러나 건축적 동형이의어로 기만을 시도하는 것은 상대적으로 최근의 일이다.

렘 콜하스Rem Koolhaas는 2002년, 어떻게 쇼핑이 모든 유형의 건물 속에 침입했는지에 대한 언급을 했다. 전시관, 공항, 철도역사, 대학시설, 심지어 병원에까지 중요한 층에 중요하게 디자인된 부분은 상업공간이 차지한다.8) 지금은 정 반대현상 역시 발생한다. 즉 모든 건물유형이 쇼핑센터를 침략했다. 이를 통해 쇼핑센터는 쇼핑센터와 다른 어떤 유형의 건물인 양 보이게 되었다. 이러한 '새로운 유형new type'의 쇼핑센터는 고객(결코 일반 사람들이나 시민이 아니다), 즉 '구매를 통해 개인의 진정성authenticity을r) 찾고 그들의 커뮤니티와 문화, 기후, 그리고 일상적 삶과 긴밀하게 연결되었다는 감각sense of connection을 느끼고 싶어 하는'9) 그러한 고객들을 위해 만들어진다. 자본주의가 돈의 흐름을 유지하기 위해 다양한 수단들을 이용하여 진화하고 있음을 알 수 있다.

스페인 그라나다에 있는 푸에르타 그라나다Puerta Granada는 알함브라 궁과 같은 기하학적 패턴들을 사용하는 파사드를 설치한 덕분에,10) 그 궁전의 쇼핑센터 버전이 되었다. 포르투갈의 트로파 쇼핑센터Trofa Retail Park는 트로파 지역의 직물 생산의 역사를 참조하여, 톱날지붕sawtooth roof와 금속피복을 쓰는 방식으로 산업용 건물과 유사하게 보이도록 디자인 되었다. 하지만 이 건물이 선택한 형태나 재료는 해당 지역의 것이 아니었다. 그런가 하면 라스베이거스에서는 리베스킨트

p) 트롱프뢰유는 착시를 이용하여 실재와 비-실재를 한데 얽히게 하는 기법을 말한다. 역사가 매우 길다. 고대 그리스의 손님 접대를 잘하는 부자로 보이기 위해 벽에 음식이나 귀한 물건을 그려 넣었는데, 이 과정에서 트롱프 뢰유를 적용했다. 제욱시스(Zeuxis)가 그린 포도에 새가 날아들었다는 이야기는 유명하다. 르네상스 이후의 화가들은 정물화나 초상화에서 대상이 프레임 밖으로 튀어나올 것처럼 그리거나, 벽이나 천장에 창문과 바깥의 풍경을 그려 실제로 외부를 내다보는 듯 한 느낌을 이끌어 내려 하였다. 트롱프뢰유는 가상과 실제를 혼합함으로써 종교적 효과를 강화하기 위해서도 사용된다. 트롱프뢰유를 이용하여 그려진 벽화는 종교나 신화의 세계를 투시도와 원근법에 지배받는 내부공간으로 끌어온다. 풍경을 그릴 경우에는 좁은 공간을 넓게 보이는 효과를 볼 수도 있었다. 안드레아 포초(Andrea Pozzo)의 예수회 교회(Jessuit Church)는 내부의 낮은 볼트공간을 높게 보이려 광창과 큐폴라가 있는 이미지를 그려 넣었다. 이러한 특징 때문에 17세기에서 19세기 중반, 사진이 발명되기 전까지는 무대 배경과 관련된 기법에 기본적으로 적용되었다. 하지만 19세기 사진이 등장하면서 트롱프뢰유는 어설픈 사기 취급을 받으며 조롱을 받았다. 페렐 보렐 델 카소(Pere Borrell del Caso)가 그린 '비평으로부터의 자유(Escaping Criticism)'은 이런 분위기에 대한 분노와 저항을 보여주며 트롱프뢰유의 상징적 작품으로 자리하게 되었다. 오늘날 트롱프 뢰유는 건축뿐만 아니라 패션 쪽으로 확장하여 엘사 스키아파렐리(Elsa Schiaparelli)의 작품처럼 시각이 가지는 한계와 그 한계가 주는 즐거움을 주는 방법의 하나로 정착했다.

스튜디오가 작업한 쇼핑센터가 있다. 크리스털 쇼핑센터는 진짜 나무와 공원, 사적인 광장과 조각상을 통해 도시 자체가 되려 한다. 그 외부 형태는 리베스킨트가 이전에 디자인 했던 극장과 갤러리, 전시관을 강하게 연상시킨다. 마치 이 쇼핑센터가 '실제로는 전혀 쇼핑센터가 아니라는 느낌을 주려는 듯이' 말이다.[11)]

이런 쇼핑센터들은 지역성을 드러내고 친근하게 느껴진다. 하지만 그건 기만에 의한 결과—오래되고 정직했던 건물의 유형이나 공간에 대한 복제에 의한 결과—이다. 힐데 하이넨이 언급했듯, '자본주의는 희망에 의해 생산된 에너지를 공허한 가치의 의미 없는 추구로 왜곡하면서 삶을 도려낸다. 이것은 건축에서도 보이는데, 건축은 불모의 이미지가 되었다.'[12)] 모더니즘이 상징성과 절연하고자 했던 것과 반대로, 이러한 건물들은 고객을 유도하고 사로잡으려고 하는 그릇된 상징성을 재생산하고 있다.

진정성의 확보Ensuring

이런 잘못된 상징성에 대응하기 위해, 우리는 '어떻게 건축가들이 쇼핑센터와 같은 건물을, 진정성이 결여된 동형이의어가 되지 않도록 디자인할 수 있는가'라는 문제를 다뤄야 한다.

— 용도/목적을 찬양celebrate할 것

뉴욕, 런던, 파리의 위대했던 백화점들 역시 다른 건물 유형의 요소들을 사용했다. 하지만 이는 기만하기 위한 것이 아니다. 다른 건물 유형의 요소는 온전히 그들의 기능인 쇼핑을 찬양하기 위해 쓰였다. 물 흐르는 듯 한 움직임을 위한 에스컬레이터, 상업의 바다에서 길찾기를 위한 아트리움, 인식과 지각을 고양시키기 위한 지붕창. 거리와 맞닿은 층에서는 핵심적인 건축적 도구들을 가지고 건물의 기능을 전달한다. 널찍한 유리창과 개구부는 공들인 창가의 진열을 보기에 충분하다. 돌출된 캐노피와 차양awning은 고객들이 잠시 피할 수 있는 공간을 제공하고 입구를 강조한다. 광고들은 이음매 없이seamlessly 연결되어 전반적 효과를 증가시킨다. 이것들은 다른 무언가가 되려는 것이 아니라 백화점의 기능을 전달한다. 이들 요소 중 많은 것들이 오늘날의 쇼핑센터에도 남아있기는 하지만, 가짜 상징들에 의해 가리어지고 있다는 것이 아쉬울 따름이다.

— 형태를 만들어 내기 위해서는 맥락에 대응할 것

대중을 끌어들여야 하는 의무로부터 벗어난, 위대한 백화점의 높은 부분들은 모범적인 동형이의어였다. 이 건물들의 2층 이상의 공간들은 해당지역의 지붕 윤곽들profile, 도로망, 파사드의 리듬을 존중하면서 도시 구조와 융합했다. 이런 식으로, 기만하기 위한 동형이의어가 아니라 맥락에 대응하기 위한 동형이의어가 만들어졌다.

기만적인 은유로 건물형태를 만들어내는 대신에, 실재하는 맥락의 물리적, 사회적 지표indicator들을 이용해서 디자인에 임해야 한다. 지형topography, 지반조건ground condition, 주변 건물들, 일조, 기상, 접근access과 이동방법transport, 그리고 기능을 고려해야 한다. 우리가 가지고 있던 디자인 방법과 건축주의 동기에 저항해야 지금의 건축적 동형이의어를 좀 더 나은 것으로, 기능에 적합하고 기능을 반영하는 것으로 바꿀 수 있다. 기회주의와 불모지를 만드는 건축, 기만을 거부하라. 목적에 충실하고, 차별성을 지니고, 정직한 건축을 만들려면, 그래야 한다.

q) 엄밀히 말하자면 파르테논에 적용된 것은 트롱프뢰유보다는 시각보정(optical refinement)에 가깝다. 둘 다 착시를 이용하지만 시각보정쪽이 착시를 억제하는 측면이 훨씬 강하다. 시각보정 기법중 기둥의 중간 부분을 양단보다 좀 더 두껍게 만들어 휘어져 보이지 않도록 하는 방식을 따로 엔타시스(entasis), 혹은 배흘림기둥이라고 말한다. 엔타시스 이외에도 파르테논은 기둥의 간격을 회랑이 노출되는 바깥쪽을 좁게 하고, 기둥의 상부도 안쪽으로 쏠리도록 하며, 스타일로베이트(stylobate)와 아키트레이브(Architrave)의 중심부를 약간 위로 올려 직선이 휘어 보이는 것들을 억제하고 있다. 실제로는 시각보정만을 위해서라기보다는 빗물을 처리하고, 지진에 좀 더 잘 견디게 하려는 측면이 더 크게 영향을 미쳤다는 의견도 있다.

r) 진정성은 2017년 현재 국어사전에 등재되지 않은 단어지만 문학용이인 authenticity의 번역어로 쓰이고 있다. 이는 소크라테스에 따르면 '사회적인 규율이나 외부로부터의 통제가 아니라 자기 내면의 목소리를 따르는' 것을 의미한다. 헤르만 헤세의 소설, 데미안의 첫 구절이 이를 잘 보여준다. "내 속에서 솟아오르는 것, 바로 그것을 나는 살아보려 했다. 왜 그것이 그토록 어려웠을까." 현대에는 개인의 고유한 욕망과 의식을 세우고 이에 준하여 살아가는 태도라는 의미로 진정성을 규정하고 있다.

형태FORM

같은 형태, 다른 장소

형태form, 명사
라틴어-*forma*(주조하다 to mould)에서 기원
1-색깔, 재질, 배열configuration 등으로 인해 다른 것과 구분되는 형상 혹은 외관
2-사람이나 물건이 스스로를 표명하는 특정한 방법
3-특별한 종류의 유형
4-양식. (문학, 음악, 미술 등의) 작업이 구성되고 편집되는 방법. 그것의 조직화coordination와 구조

그리스 신화에서 프로크루스테스Procrustes는 아테네에서 엘레우시스Eleusis a)로 여행하는 이방인들을 유인하던 악당이자 도둑이다. 자신이 희생자가 될지도 모른 채, 이방인이 하룻밤 자고가라는 초대를 받아들이면, 프로크루스테스는 손님을 철로 만든 매우 특별한 치수를 가진 침대에 눕혀놓고, 표준화와 관련된 가학적인 일을 벌이곤 했다. 만약 희생자가 침대보다 작으면 그들을 잡아 늘였다. 그들이 더 크면, 신체를 절단해서 침대에 맞췄다. 프로크루스테스는 사람들 사이의 차이와 다양한 형태를 좋아하거나 인정하지 않았다. 대신 엄격하고—종국에는 양립할 수 없는—기준에 사람들을 순응conform시키려 하였다.

이런 배경 때문에, '프로크루스테스적인Procrustean' 이라는 용어는 '폭력적이고 제멋대로인 수단을 통해서 순응시키려는 경향이 있는' 것을 의미하게 되었다. 많은 수의 도시가 이러한 개발의 대상이 되었다. 모든 분야에 통용되는one-size-fits-all 단 하나의 도시계획이 가능한 양, 건축가들이 사주하고 부동산 개발업자들property developers이 거드는 프로크루스테스적인 개발이 수십 년간 지속해서 일어났고, 그 추세는 누그러질 기색이 없다. 이렇게 순응을 강요하는 방식은 주변 배경과 건물을 둘러싸고 있는 문화적, 지질학적 혹은 기후적 조건들과 상극인, 표준화된 건물 유형에서 잘 드러난다. 미국과 말레이시아의 대형 슈퍼마켓hypermarket은 서로 구분되지 않는다. 해변가 아파트 동apartment blocks 역시 스페인에 있건 브라질에 있건 동일하다. 런던과 베를린에 있는 여러 층의 업무시설 또한 본질적 차원에서는 정확히 일치한다.

1920년대 기술적 진보와 함께 국제주의 양식International Style이 도래하면서, 보편적으로 표준화된 건축의 가능성이 대두되었다. 국제주의 양식은 통합과 포괄에 대한 원칙1), 공유된 문제들과 가치들에 대한 원칙들을 정립하고, 국경을 넘을 수 있는 건축적 해법들을 제안했다. 국제주의의 영향력은 유럽을 넘어 미국으로, 다시 남아프리카로, 아프리카로 지역을 바꿔가며 퍼져 나갔다. 지역은 다양했지만 제작과 설치를 쉽게 하기 위해 '가벼운 기술lightweight technique, 근대적인 합성재료synthetic modern materials, 표준화된 모듈러 시공법standard modular construction—을 사용'하면서, 국제주의 양식이 보편적으로 공유하는 건축적 차별성을 유지할 수 있었다.2)

a) 고대 그리스 남동부 지방을 다스리던 아티카(Attica)의 도시. 헤르메스(Hermes)신의 아들 이름을 도시 이름으로 하였다.

표준화된 모듈러 시공법 스페인, 베니도름Benidorm

표준화된 모듈러 시공법 브라질, 리우데자네이루

근대적 합성재료 미국, 오하이오

근대적 합성재료 말레이시아, 사바Sabah

가벼운 기술 영국, 런던 / 독일, 베를린

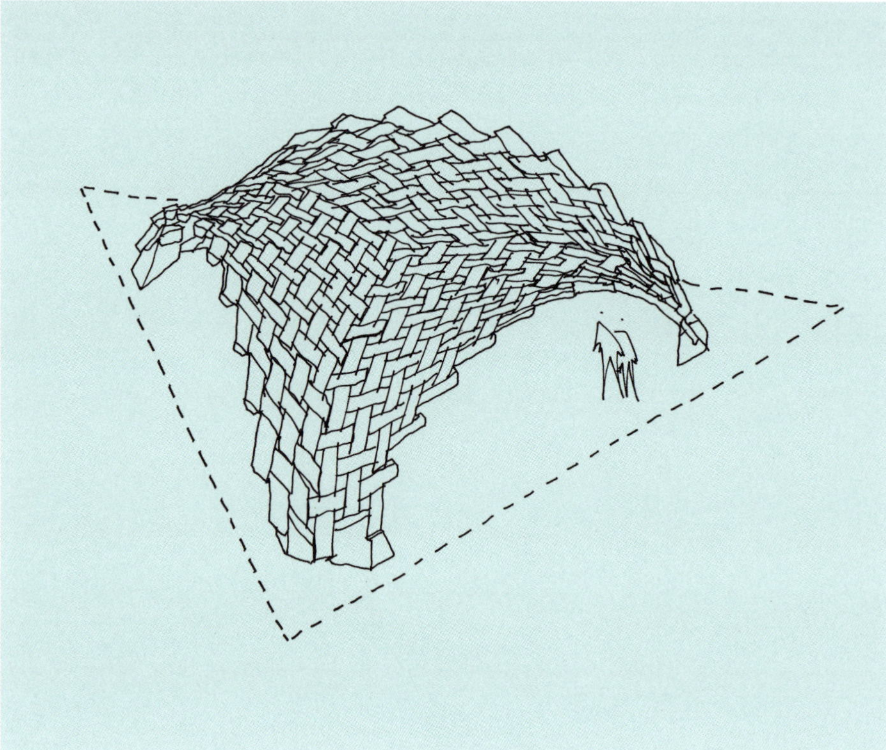

가벼운 기술 / 모듈러 건축

AAU Anastas, 스톤 매터스Stone Matters, 팔레스타인, 예리코Jericho, 2017

건축가는 지역에서 나는 돌을 새롭게 해석했다. 보통 얇게 외장에 피복으로 적용되던 것을, 새로운 기술과 '가벼운 기술'을 통해 구조와 형태를 만드는 수단으로 부활시켰다. 삼백 개의 견고한 석조 부재가 디지털 도구를 이용하여 재단되어 최적화된 지오데식geodesic의 표면을 구축하였다. 이를 통해 재료는 대지의 역사와 연결되고, 미래로 이어질 새로운 기술과 연결된다. 또한 이 작품의 언어는 전 지구적인 동시에 지역적이다.

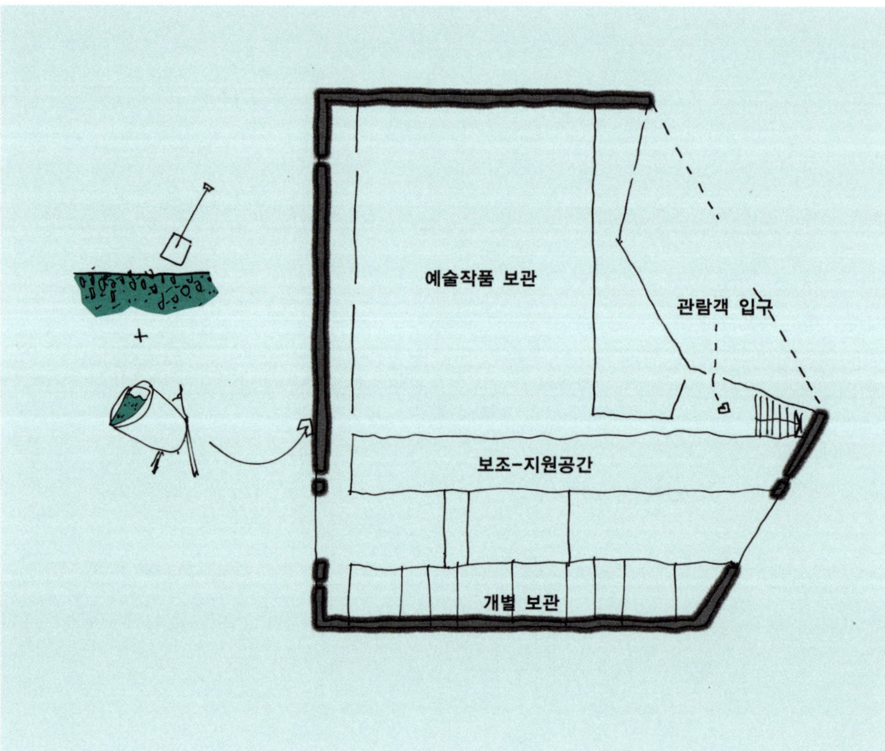

합성재료 / 모듈러 건축

헤어초크 앤 드뫼롱, 샤울라거 미술관, 스위스, 바젤, 2003

이 건물은 일종의 예술작품에 대한 수장고로서 기능하는데, 일반인들도 들어갈 수 있는 수장고라는 개념이 포함되었다. 설계 지침에는 엄격한 기후조건을 고려할 것을 요구하였다. 이로 인해 건축가는 어도비 방식의 건축이 최선이라는 생각을 하게 되었다. (사실 이 지역에서는 상당히 중요한 역사적 배경을 가지고 있는 건축술이기도 했다) 근대적 기술과 역사적 기술이 결합하여 콘크리트로 건물 경계 부분에 벽을 세웠다. 콘크리트에는 주변 대지로 부터 온 자갈을 넣었다. 어도비 건물이 얻을 수 있는 기후적인 요구조건은 모두 충족시켰음에도 보통 어도비로 지을 때보다 절반의 시간만이 소요되었다. 특정성과 실용주의의 결합.

국제주의 양식은 평등과 진보에 닿아 있는 공통의 건축 언어를 창조하고자 했었지만, 이제는 시설을 짓고 이익을 극대화하는 것에 관심이 많은, 부동산 개발업자들에 의해 조악한 복제품을 만들기 위한 수단으로 전락했다. 차별성을 드러냈던 기법들은 이제 사회적 도덕적 의무들을 박탈당하고 있다.

'가벼운 기술'은 애초에는 순수하고 정직한 형태를 의도하고 적용되었지만, 이제는 조잡한 재료로 더 좋아질 수 있는 표면적surface area을 최소화하는 것을 의미하게 되었다. 이전에는 혁명에 가까운 새로운 형태를 창조하기 위해 사용되었던 '합성재료'는, 이제 값싼 노동력으로 신속히 제작될 수 있는 재료나 원생산지에 대한 고려 없이 쉽게 선적되어 세계 각지로 이동할 수 있는 재료를 뜻한다. 모더니즘 건축가들이 '제작과 설치를 쉽게 하는... 표준화된 모듈러 시공법'을 적용한 이유는 경제성 있는 공공 프로젝트를 창조하고 부지 바깥의 전문 제작 시스템으로 건물의 구성요소를 생산했을 때의 우월한 품질을 확보하려했기 때문이었다. 하지만 지금은 공기construction time(지출기간expenditure period)을 줄이고, 대여료나 임대계약이 가능한 시간(수익기간profit period)을 연장하기 위해, 건물을 최대한 빨리 짓기 위한 수단에 불과하다.

개발업자들이 지역의 조건들은 고려하지 않고 계획을 복제하여 세계 도처에 건물을 세우는 상황에 이르자, 이러한 전술들은 몹시 '프로크루스테스적인' 태도로 적용되었다. 개발업자들은 건축가들이 선의와 신념에 차서 창조해낸 그 도구들을 가지고 원래의 건축적 이상들을 더럽히고 있다. 국제주의는 세계화globalization로, 진보는 수익성으로 축소되었다.

프로크루스테스의 괴악한 짓거리는 결국, 희생자들과 같은 길을 가던 테세우스Theseus에게b) 죽임을 당하면서 끝이 났다.c) 같은 차원에서 건축가들도 개발업자들이 벌린 게임 판에서 그들을 이길 수 있는 방법을 희망해볼 수 있다. 개발업자들이 건축가들과 대립하며 왜곡했던 그 수단들을 가지고 말이다. 건축가들은 국제주의 양식 원래의 가치를 되찾아야 한다. 그리하여 그 수단들이 싸고 빠르게 짓기 위한 수단에 그치는 것이 아니라 건축적, 사회적 진보를 위한 수단이 될 수 있도록 해야 한다. 중요한 것이 또 있다. 건축가는 프로크루스테스적인 태도로 개발된 건물이라 할지라도 건축가가 여전히 경제적이고 실용적으로 계획할 수 있다는 것을 증명해야 한다. 시억성에 내응하는 건축물이 더 비싼 건물이 아니라는 것을, 더 깊게 공명하고 의미를 전달하는 건축물은 비용이 많이 든다는 말이 허구임을 증명해야 한다. 만약 그렇게 할 수 없다면 프로크루스테스적인 개발은 계속 될 것이다. 다른 종류의 도시 개발방식은 돈이 너무 든다며 스스로를 정당화하면서.

b) 그리스 로마 신화의 영웅이면서 동시에 아테네의 군주. 아이게우스 혹은 포세이돈의 아들로 묘사된다. 헤라클레스, 아킬레우스와 함께 세계관 내에서 최고의 영웅이다. 헤라클레스에 비해 지혜를 써서 난관을 헤쳐 나가는 일화가 많다. 아리아드네와 함께 실타래로 미노스 궁의 미노타우로스를 격퇴한 일이 가장 잘 알려져 있다.

c) 자신이 했던 대로 똑같은 방법으로 죽는다.

가벼운 기술의 성취

다시 한 번, 우리는 순수함이나 정직함을 경제적인 형태와 결합시킬 수 있는 방법을 개발해야 한다.('최적화하기' 부분을 참조할 것) 최적화는 서로 다른 위치에 순응하며 적용될 수 있는, 건축적 사고와 형태를 만들어내는 발전기가 되어야 한다. 최적화가 포괄적 해법으로 흐르게 되는 뒷궁리afterthought나 가치공학value-engineering 의 실행이 되도록 해서는 안 된다. 문제없다. 네덜란드가 되었던지 두바이가 되었던지 경량 철골 골조를 써라—그러나 다른 방법으로, 부지에 대응하면서 형성된 형태에 특정할 수 있는 방식으로—사용하라.

— 낭비를 최소화하기 위해 디지털 도구를 이용할 것

새로운 디지털 기술들은 실현가능성과 경제성을 동시에 가지고 있는 새롭고 급진적인 형태를 가능하게 한다. 또한 이를 통해 부지 내 노동 작업을 최소화하는 것도 가능하다. 디지털 기술들은 디자인 프로세스의 모든 단계마다 완벽히 정량화가 가능하다.

— 전통적인 상징symbolism을 이용할 것

전통적인 상징과 근대적이고 경량의 구조적 접근을 결합하라. 전통과 경제성, 특정성specificity과 표준화를 결합하여 새로운 해석을 내놓을 것.

모듈러 건축 / 가벼운 기술
오피스 건축사사무소(OFIS Architects),
생활유닛(Living Unit), 장소 불특정, 2017

경량목조 골조에 합판을 덧댄, 유연하고 융통성 있는 모듈러 건축으로 다양한 배치와 결합하여 다른 기능을 수행할 수 있다. 휴가용 별장holiday home, 트리하우스, 조사를 위한 오두막research cabin, 아님 그냥 피난처shelter. 이 모든 것이 가능하다. 이 모듈들은 수직으로든 수평으로든 결합하여 다양한 환경과 기상 조건에 대응할 수 있다. 외장 재료만 적절하다면, 이 유닛들은 더 다양한 목적과, 더 다양한 부지에 사용할 수 있다.

합성재료의 활용

합성재료는 앞으로도 거의 언제나, 조적재masonry나 목재timber, 짚thatch, 진흙 같은 전통적이고 자연에서 얻은 재료들에 비해서 경제적일 것이다. 그러므로 우리는 합성재료—라민보드laminboard d), 분체도장e) 금속power-coated metal, 알루미늄 레인스크린rainscreen f)등—를 쓰도록 시장의 힘으로부터 강요를 받게 된다. (이런 재료를 써야만 한다면) 무비판적으로 수용할게 아니라, 예산의 제한 내에서 창의적이고 부지에 특정하게 맞춘site-specific 방식으로 사용하는 방법을 익혀야 한다.

어떤 합성재료를 써야 부지 특유의 가치를 향상시킬 수 있을까, 부지는 그에 대해 어떤 실마리를 전해주는가? 부지 내 빛 환경의 속성들은, 반사시키는 표면과 빛을 흡수하는 표면 중 어떤 건물 표면을 요구하는가? 부지의 미학적 특징들은 건물의 피복이 눈에 띄는 것과, 주변 환경에 섞여 들어가는 것 중 어떤 것을 명령하는가? 우리가 듣기만 하면, 부지는 이러한 질문에 답을 준다.

인공 환경manmade environment으로부터도 실마리를 건질 수 있다. 어떤 상황을 상상해보자. 당신이 계획하고 있는 부지 주변엔 17세기에 지어진 석조 건물들이 있는데, 지역 도시계획 당국은 근대적이며 복제품 티가 나는 비경제적인 재료를 쓰라고 강요를 하고 있다. 어떻게 할 텐가? 부지 안에서 참조 가능한 재료를 얻기 위해서는 상황의 다른 면들을 생각해야 한다. 적절한 재료를 사용한 사례 연구를 구축하는 것이 필요하다. 이 연구는 근처nearby에서 발견되는 재료들을 빠짐없이 조사한 내용에 기반을 두고 진행된다. 절대(!) 바로 닿아 있는neighboring 건물만 조사해서는 안된다. 고가철도의 케이블이 오래된 대리석 파사드에 적절할 것으로 보인다. 파형금속 펜스corrugated metal fence는 지붕 위 점판암 석판slate와g) 동일하다. 인근의 산업용 건물에 쓰인 실용적인 벽돌은 주거시설에 사용되고 있는 넓고 뭉툭한 사암sandstone만큼 중요하다. 이러한 접근방식에 의해 더 넓은 범위의 '부지에 특정하게 맞춘' 재료를 선택할 수 있다.

표준화된 모듈러 시공법의 활용

표준화된 시공법은 프로크루스테스적인 개발을 반박하는데 가장 얕잡아 볼 수 없는 장애가 될 것이다. 표준화된 시공법은 개발업자에게 이익을 가져다준다. 공기를 줄여주고, 품질이나 계약상의 지불 보증이나 판매보장warranties and guarantees 차원에서 더 많은 조절가능성이 생기기 때문이다. 이런 이유들로 인해 모듈러 시공법은 우리 생활의 일부이다. 건축가에게는 과제가 남겨졌다. 표준화된 모듈러 시공법을 적용하면서 어떻게 대지에 특정화된 해법을 발견할 것인가.

한 가지 방법은 근대적이고 표준화된 시공법을 반영하여 전통적인 건축 기술들을 써 보는 것이다. 예를 들어, 만약 어떤 대지에서 어도비adobe 유형의 시공법이 연상된다면, 콘크리트를 사용하라. 일반적인 어도비를 만드는 것보다 시간이 반으로 줄어들 것이다.3) 이 상황에서 이전 방식 그대로의 어도비를 지어야 한다는 생각은 너무 순진무구하다. 헤어초크 앤 드뫼롱Herzog & de Meuron이 지은 바젤의 샤울라거 미술관Schaulager museum은i) 부지에서 얻은 자갈을 콘크리트 혼합하는데 포함시켰다. 효과적으로 특정성과 표준화, 전통과 근대를 결합한 사례이다.

더 나아가, 표준이 되는 건축 구성요소들standard components은 형태와 대지에 대응하는 과정에서 표준화를 거칠 필요가 없다. 숙고해서 독창성ingenuity을 발휘한다면, 그것들은 그 자체로 대지에 특정한 동시에 표준화되지 않는 구성요소로 남아있을 수 있다.

디자인과 시공과정의 모든 단계에서 섬세하게 재정에 대한 모니터링을 수행한다면, 위에 언급된 것들은 세계화되어 버린, 프로크루스테스적인 개발 경향을 뒤집을 수 있는 건축적 전략들이다. 모든 건축적 프로젝트가 시장의 힘에 구애받지 않고, 대지의 특유한 성질들과 상호작용하고, 그것들을 강조해야 한다. 그제야 비로소 깊이가 있고 공명하는 건물을 창조할 수 있다.

d) 2개 층으로 구성된 나무판 안에 목리방향을 2개 층과 직각이 되도록 심(core)을 끼워 넣은 합판. 심은 넓은 널 또는 얇은 판을 접착제로 나란히 붙여 만든다.

e) 합성수지를 분말형태로 만들어 금속표면에 도포하고, 고온으로 처리하여 마감하는 방법. 정전스프레이식, 유동침적법, 정전 브러시 도장법이 있다.

f) 비를 막기 위한 차양. 외벽 안쪽에 침투해온 수분을 증발과 배수와 같은 방식으로 내보내는 공법이나 벽체(rain-screen wall)를 뜻하기도 한다.

g) 슬레이트는 지붕을 덮는데 쓰이는 천연 점판암을 의미한다. 우리가 흔히 생각하는 시멘트와 석면을 섞어 압력을 가해 만든 것의 정확한 표현은 인조슬레이트이다.

h) 여기서는 볏짚을 넣은 건조 벽돌을 이용하여 건물을 세운 후 스터코 등으로 표면을 마감한 건축양식을 통칭하고 있다. 흔히 멕시코인들이 미국에 지은 가옥을 생각하지만 건조벽돌과 볏짚과 같은 식물이 자라는 많은 곳에서 동일한 형식의 건물 양식을 확인할 수 있다. 이란 시타델Citadel 유적은 최소한 기원전 500년경에 지어진 현존하는 가장 큰 규모의 어도비 건축이며, 중국과 유럽 미주, 근동 지역 곳곳에서 흔적이 남아 있다.

i) 이 작품은 바젤에 기반을 두고 있는 에마뉴엘 호프만(Emanuel Hoffmann) 재단의 소장품을 보관하는 곳이다. '보다(shau)'와 '창고(lager)'를 합친 단어로 건물의 스크린과 창고처럼 생간 작품 보관 장소에 부합하는 명칭이다.

아이러니 IRONY

일곱 개 층 높이의 이오닉 기둥은 답이 아니다 a)

아이러니Irony, 명사
고대 그리스어-*eirôn*(자기희생을 특징으로 하는 그리스 희극의 전형적인 등장인물)에서 기원.
1–반어법 : 문자 정 반대의 의미를 전달하기 위해 단어들을 익살humor스럽게, 혹은 풍자적인 방식으로 사용하는 것
2–(문학) 상충하거나 서로 어울리지 않는 태도, 사건, 느낌에 대한 표현을 전달하는 기법의 하나.
3–기대했던 바와 반대로 전개된 상황이나 결과.

'만약 당신이 우리 시대에 대해 애정과 비판을 표하는, 두 시각 모두에 경의를 표하고 있다면, 이는 아이러니를 통해 만들어진 것일지도 모른다.' 1)

– 데니스 스콧 브라운Denise Scott Brown

내 관점에서 보면, 아이러니를 공공연하게 드러내는 건물은 거부해야 한다. 만화적 구조를 생산하는 것은 건축가의 지적 허영을 만족시킨답시고, 디자인 프로세스와 건축주의 절박한 요구들의 가치를 절하하는 일이다. 건물 디자인에서 아이러니의 감각을 추구하다보면 몇 가지 질문이 생긴다. '어떻게 해야 이 건물이 부지와 연계되어 작동할까', '공간의 요구사항들을 어떻게 맞추지?', '예산을 최대한 효율적으로 하려면 어떻게 하나?' 혹은 '어떻게 내 건물로 도시와 풍경에 아름다움을 더할 수 있을까?' 에서부터 '어떻게 아이러니한 제스처를 만들지?'에 이르며, 진짜 중요한 이슈들은 열외로 취급되기 십상이다.

그러나 건축 담론 · 이론에서 아이러니는 필수적인 것으로 여겨진다. 건축계와 거기에 속하는 종사자들이 올리는 건물을 또렷이 비춰주는 거울이 되기 때문이다. 얼만큼이나 우리가 전문직으로써 그에 맞는 소명의식을 갖고 일하는지를 비판하기 위해서, 혹은 건조 환경의 특성이나 실패한 점들을 분석하기 위해서라면 아이러니는 거울이 될 수 있다.

비판적인 아이러니를 통해서 가치 있는 교훈을 배울 수 있다. 세드릭 프라이스Cedric Price는 건축가의 전통적인 역할과 풍자의 사용법을 전복시켰다. 그는 건축가의 사회적 역할을 비판하기 위한 목적으로 (건축가들의 기를 줄일만한) 아이러니를 활용하여 극단적이지만 실행 가능한 개념을 전달했다.

그의 '재미난 궁전fun palace' 프로젝트b)는 비계처럼scaffold-like 생긴 어마어마한 규모의 골조를 제안했다. 가변성 있게variably 프리패브공법으로 사전 제작한 벽prefabricated wall, 플랫폼, 갠트리 기중기gantries, 천장 모듈 덕분에 어떤 행위나 기능들이라도 발생이 가능하다는 개념이었다. 그의 또 다른 프로젝트인 '싱크벨트 도예공방Potteries Thinkbelt'은c) 잉글랜드 북부의 퇴락한 산업지역을 개변이 가능한adaptable 임시 구조체를 통해 과학과 기술의 허브로 재창조하려는 제안이었다. 두 제안 모두 진지하고 혁명적이었다. 그리고 그 핵심에는 아이러니가 있었다. 여기서 건축가는 항구적으로 존재하려고 하는 건물은 너무 정적이라 사회의 끊임없는 변화flux를 좇아가지 못한다고 생각했다. 그 대신, 이동 가능한 캡슐, 개변이 가능한 갠트리 기중기와 가변성의 벽체changeable walls과 같은–건축의 영역을 넘어가는–작업을 제안했다. 견고하고 항구적인 재료로 공간과 형태를 공들여 만드는craft, 전통적인 건축가의 역할에 도전하는 프로젝트를 내 놓으면서, 그는 미래의 건축을 위한 의제agenda를 설정했다. 그 의제는 리처드 로저스Richard Rogers d)에서부터, 렘 콜하스에

a) 켄고 쿠마의 M2 빌딩과 관련된 표현이다.

b) 애초에는 극장 연출가 조앤 리틀우드(Joan Littlewood)와 세드릭 프라이스가 1961년에 창작한 가상의 프로젝트였으나, 2014년 10월 영국 도처에서 지역민에 의해 주도되는 축제형식으로 '실제로' 시행되었다. 다양한 임시 가설시설에서 예술과 기술적 결합과 행사가 진행되었으며 이후 2017년까지 매해 개최되고 있다.

c) 세드릭 프라이스는 스태포드셔(Staffordshire)의 도자기 사업과 공장들로 번성했던 석탄지대 가운데 고등 교육 센터를 계획했다. 북쪽의 피츠힐, 서쪽의 마들리, 동쪽의 메이어를 연결하고, 대지 내에는 스토크 시와 뉴캐슬이 걸쳐져 있는 100제곱마일에 달하는 규모였다. 차량, 철도, 항공으로 모서리가 되는 세 지역을 연결하고 각 지역에서 사용되지 않는 산업시설을 활용하여 2만 명의 학생과 4만 명의 거주자가 사용하는 공적인 교육 및 학습, 주거공간으로 탈바꿈하는 것을 골자로 계획을 진행했다. 컨테이너와 같은 유닛의 플러그인 시스템을 연상하게 하는 주거 시설이 큰 반향을 일으켰다. (http://discoversociety.org/2014/07/01/the-thinkbelt-the-university-that-never-was/ 참조).

실패한 아이러니
베스트 스토어Best Store, 미국, 휴스턴 : 상업시설이라는 따분한 건물유형에 대한 상상력이 부족한 대응방식. 이 건물은 (건물모양처럼) 무너져 버린 농담 수준의 작업이 되었다.

건축적 상징을 아이러니하게 쓰는 건물
M2 빌딩, 켄고 쿠마隈研吾, 일본, 도쿄 : 7개 층 높이에 달하는 이오닉 기둥이 혼돈스러운 포스트모더니즘 건축물의 파사드를 지배하고 있다.

'생활과 일live-work'에 대한 아이러니한 농담이 있는 건물
블루하우스Blue House, FAT, 영국, 런던 : 입면을 카툰 같은 느낌의 옥외 광고판처럼 다루면서, 건물의 기능이 집과 업무공간을 겸하고 있음을 직설적으로 드러낸다.

달걀에 비유한 도시–세드릭 프라이스
동시대 건축 작업에 대한 비판과 건축역사를 결합한 능숙한 요약

괴물 프로젝트–렘 콜하스
과거에 '엎어진unbuilt' 프로젝트들에 대한 자아 비판적 아이러니

큰 간판–작은 건물

건물=간판

모든 것으로부터의 교훈
로버트 벤츄리, 데니스 스콧 브라운, 스티븐 아이즈너Steven Izenour – 스케치
대형 간판과 함께 있는 별 특징 없는 창고를 분석하여 더 상징적이고 묘사적인 건축물로 보이려는 태도를 읽어냈다.

이르기까지 모두에게 영향을 미쳤다. 콜하스는 세드릭 프라이스에 대해 이렇게 말했다. '[프라이스가] 가장 혁신적으로 기여한 부분은 그가 끈질기고 쉼 없이 건축계와 건축가들에게 질문을 던져왔다는 점이다. 그는 보수적인 지식분야discipline에 머물러 있던 당시 건축계를 지독히도 괴롭힌 회의론자였다.'[2] 프라이스의 접근법은 '달걀에 비유한 도시city as an egg'에도 잘 요약되어 있는데, 이 스케치는 수백 년 사이에 도시계획이 정연ordered하고, 미리 정해진 대로 진행하는planned 성격에서 근대 이후로는 혼란에 빠지게chaotic 되었음을 간결하게 묘사하고 있다.[e]

이런 풍자적인 양식은 렘 콜하스와 그의 사무소인 OMA의 작품에서도 분명하게 드러난다. 중요한 평가를 받는 그의 데뷔 글, 『정신착란증의 뉴욕Delirious New York』 은 아이러니를 중심주제로 삼고 있다. 이 책은 지극히 평범한banal, 때로는 만화적인–그러나 후일에는 우리가 건축을 접근할 때의 방식을 크게 바꿔놓게 될–사건들을 들어가며 뉴욕의 개발에 관련된 이야기를 풀어낸다. 아이러니에 대한 압박감은 그의 건축 작업에까지 이어진다. 이 상황에 대해 건축학자 앤서니 비들러Anthony Vidler는 '아이러니는 더 이상 재현representation의 충격shock속에 살고 있지 않다. 텍스트와 이미지의 병치juxtaposition속에서도 머물지 않는다. 아이러니는 작업 그 자체의 형태적 구조 속에서 체화된 진정한 감각real sense에서 거주한다.'[3]라고 묘사했다. OMA의 초기작 대부분은 건물의 기능과 프로그램에 대한 질문을 터무니없을 정도로 밀어 붙인다. 가령 제브뤼헤 터미널Zeebrugge Sea Terminal은[f] 그 자체가 목적지이자 사람을 이끄는 명소가 되기를 욕망하면서, 동시에 기계적이고, 산업적이고, 실리적이며, 추상적이고, 시적이며 초현실적인 성격을 가지고 있었다.[4] 아일랜드 수상 관저를 위한 제안에서 콜하스는 사적 공간과 공적 공간에 대한 상충하는 요구조건들을 확인하고는, 이를 반영하는 '두 개의 서로 교차하는 곡선으로 된 매스 구성'을[5] 만들어 냈다. 건축가들이 수백 년 동안 반복해온–서로 대립하는 요구들을 하나의 용기로 병합하는–작업 대신에, 콜하스는 다이어그램 상에서의 긴장감에서 바로 건물의 형태를 형성했다. 두 작업 모두 건축물을 알리기 위한 목적으로 '아이러니를 통한 거리두기ironic detachment'를 수행하고 있다. 그리고 이를 통해 건물 유형에 대한 단순한 생각과 선입견들에 의문을 던진다.

이러한 접근법은 최근의 작업에서도 두드러진다. 콜하스는 자기의 작업 중 '지어지지 못한' 건물들–그중에서도 가장 유명한 것은 뉴욕 휘트니 미술관 증축안Whitney Museum Extension 혹은 헤어초크 앤 드뫼롱과 협업한 애스터 플레이스 호텔Astor Place Hotel계획안이다–을 가지고 카툰을 만들었는데, 카툰을 보면 이 건물들이 괴물이나 돌연변이처럼 표현되어 있다. 이 괴물들은 건물이 되고 싶은 생각이 전혀 없는 듯 보인다. 이 작업을 통해 건축가는 자신의 통제를 벗어나는 요인들에 대한 건축가의 마음가짐, 즉 자기 객관화의 방식으로 거리를 둔 체념resignations을 보여준다. 그럼에도 콜하스는 자신의 분야에서 가장 강력하고 영향력 있는 현업 건축가로서의 자기 인식을 더욱 더 강력하게 보여준다. 이 지점에서, 그가 의도했던, 서로 대치되는 두 가지를 모두 언급하는 아이러니가 구축된다.

또 다른 접근법은, 건축가들이 좋아하기는 힘든, 형태나 구조에 대한 비판을 담은 아이러니를 통해 진행된다. 우리는 이를 통해 (숨겨져 있거나 혹은 폭로되는) 건물의 좋은 특성들을 잘 알아볼 수 있게 된다. 왜 그 건물의 디자인과 시공이 그렇게 되었는지, 그 건물로부터 배워서 우리 디자인에 포함시킬 수 있는 교훈들은 무엇인지를 파악할 수 있게 된다. 그렇게 되면 또 다른 질문이 생긴다. 건축가가 싫어함에도 부동산 개발업자들에게는 호소력 있고, 지역 당국은 허가를 내주는 건물들은 어떤 것들이고 이유는 무엇인가. 여기까지 이해를 해야 한다. 그래야 개발업자들이 벌

d) 특히 퐁피두센터
e) 마지막에 있는 근대의 도시계획은 흰자와 노른자가 뒤섞여 있는 스크램블드에그이다.
f) 제브뤼헤는 벨기에 서북부의 항구도시. 브뤼헤의 외항이다.
g) 지적 허세를 부리는 눈꼴사나운 태도를 말한다. 속물근성과 우월감, 고상한 체하는 태도가 동시에 드러난다. 구체적으로는 어떤 분야에 대한 지식의 우위를 확인하며 주변을 깔보는 태도를 보일 때 스노비즘이라고 말할 수 있다.

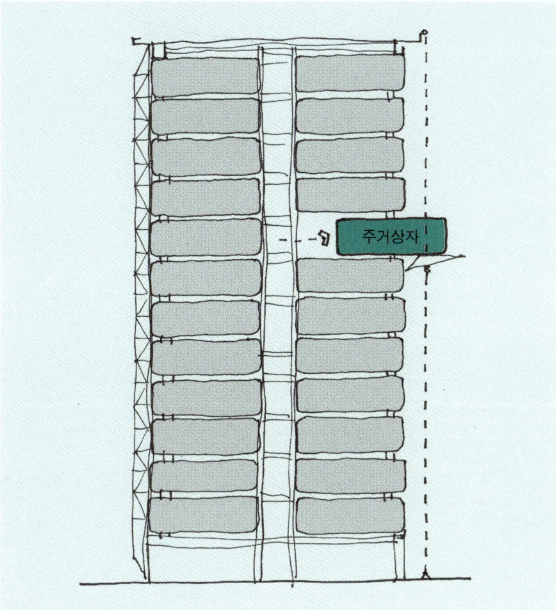

싱크벨트 공예공방

세드릭 프라이스, 상자주거Crate Housing, 1963–1967

건축계에 대한 비판을 담은 아이러니

세드릭 프라이스는 주거 건물을 탑상형 블록으로 지을 때 필요한 기준과 그 시대에 흐름을 보어주는fashionable 시스템을 제시한다. 동시에 주거 유닛을 떼어내거나 쓰고 버릴 수 있도록 하면서 자신이 제시했던 것을 전복시킨다. 그는 이러한 아이러니를 통해 반-건축anti-architecture–그의 동료들이 추구했던 영원성timelessness과 견고함solidity의 정 반대되는 것들–을 창조했다. 궁극적인 아이러니는 이 '상자' 주거이다. 그는 이 작업을 통해 미래 건축을 위한 의제를 설정했다.

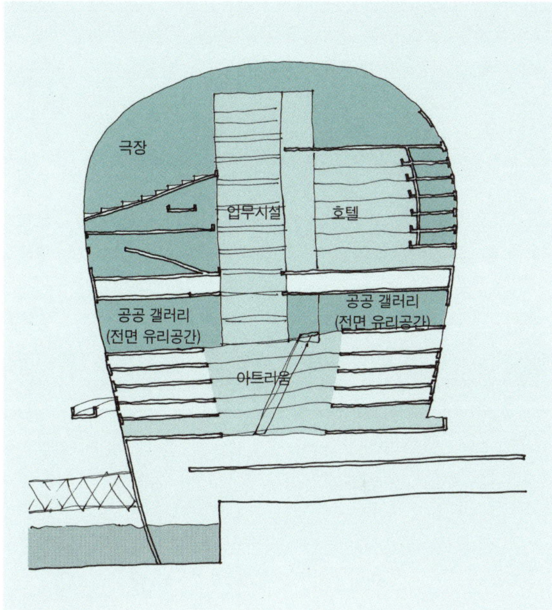

제브뤼헤 터미널

OMA, 1988

건물유형에 대한 비판을 담은 아이러니

렘 콜하스는 지극히 평범하고 관습적인 건물유형인 페리 터미널을 가지고 아이러니를 구축한다. 그와 그의 팀은 보통은 원하는 위치로 도달하기 위한 수단에 그치는 건물에 터미널 그 자체라는 새로운 목적지를 부여했다. 이러한 아이러니를 통해 콜하스는 미래의 운송시설 허브가 레스토랑과 호텔, 업무시설, 미용실과 한 잔 할 수 있는 바를 갖추면서 독립적인 목적지가 되는 경향을 보일 것이라 예측했다.

린 게임 판에서 건축가들이 그들을 이길 수 있다. 이 질문에 대한 답이 우리가 사랑하지 않는 (쇼핑 몰, 교외 주택지suburbia, 쇼핑센터retail park 등의) 건물들의 가장 좋은 부분을 작품 안에 포함할 수 있는 고품질의 건축을 제공할 수 있게 한다. 다른 대응 없이 무시만 하는 것은 스노비즘g)적snobbish이고 근시안myopic적이다.

로버트 벤츄리Robert Venturi와 데니스 스콧 브라운은 그들의 책 『라스베이거스의 교훈h)Learning from Las Vegas』의 첫 페이지에 이렇게 적고 있다. '건축가들은 환경을 바라볼 때, 개인적인 판단을 피하고자하는 관습으로부터 벗어나 있다. 정통적인 근대i)의 건축은 진보적이다. 혁명적이진 않지만 어쨌든 유토피아적이고, 순수하다. 근대건축은 기존의 조건들에 불만이 있다...건축가들은 지금 거기 있는 것을 향상시키기 보다는 기존의 환경을 바꾸는 것을 선호한다.'[6] 이 책은 (당대의 근대 건축가 대부분이 혐오하던 장소인) 라스베이거스 스트립Las Vegas Strip을j) 분석하면서 자신의 이론을 증명하고 있다. 또한 라스베이거스의 유기적인organizational 구조와 상징적인 특성과 일시적transitory 성격을 파악하려 하였다. 로버트 벤츄리와 데니스 스콧 브라운에게는 이 성격들이 고스란히, 보다 덜 청교도적이고, 보다 객관적인 건축의 미래를 위한 교훈이 될 것들이었다. 아이러니의 시선으로 보면, 이런 저평가된 건물들이야말로 미래의 디자인과 제안들에 대한 정보를 던져주고 있다고 추정해볼 수 있다. 즉 '모든 것들로부터의 교훈learning from everything'이 가능해지는 것이다.

요약하자면, 아이러니는 건축가의 사회적 역할을 평가하기 위해서–다시 말해서 작업방법들에 대한 풍자나, 환경을 대한 대응방식에 대한 추궁, 우리를 둘러싼 모든 것들의 성공과 실패를 통해 얻는 교훈을 위해서–사용되어야 한다. 아이러니가 디자인적 대응 그 자체를 위해 사용되어서는 안 된다. 짤막한 농담 같은 파사드는 답이 아니다. 7개 층 높이의 이오닉 기둥 역시 답이 아니다.

h) 로버트 벤츄리, 데니스 스콧 브라운, 스티븐 아이즈너, 스티븐 송 박효영 공역, 라스베이거스의 교훈, 청하, 2017 참조

i) 이전 시기와의 단절을 통해 새로운 양식을 제시하려했던 19세기 말에서 20세기 중반까지의 건축양식을 설명할 때에는 근대로, 동시대성을 강조할 때에는 현대로 번역하였다.

j) 네바다주 라스베이거스의 대로. 라스베이거스에서 유명한 호텔, 카지노, 리조트 등이 이 대로에 접해 있다.

정치POLITICS

건축이 다는 아니다

정치Politics, 명사
고대 그리스어-*polis*(도시)에서 기원
1-통치의 기술과 과학
2-사회에서 권위와, 힘, 사람들을 연루시키는 관계에 대한 체계
3-정치적인 행위나 사건
4-정치적 사건을 수행하는 것과 관련된 업무
5-정치적 사건을 수행하는 것과 관련된 방법들
6-정치적 사건의 수행을 유도하는 이데올로기적 원칙들
7-권력이나 권력을 획득하는 것과 관련된 행위들을 통제하기 위한 작업의 방책이나 방식
8-정치와 관련된 의견, 충성심 혹은 믿음

2003년 3월 18일, 화요일

1학년, 디자인 D 유닛은 설계 중간 크리틱을 하는 날이다. 그리고 영국은 이라크에 대한 전쟁을 선포했다. 도면을 둥글게 말아 목에 끼고, 모형을 손에 들고는, 성난 눈을 부라리며 플래카드를 들고 호루라기를 불어대는 시위자들을 지나쳐서 스튜디오로 향했다. 도착해 보니, 내 디자인 담당 교수는 나가려고 문을 열던 참이었다. '여기서 뭐하는 거죠?' 그녀는 말했다. '나가서 시위에 참여하셨어야죠!' 어리벙벙해진 채, 크리틱을 준비하면서 보낸 긴 시간들을 생각하면서 난 어색한 침묵에 빠졌다. 보통 때 같으면, 디자인 스튜디오는 다급하게 붙인 핀업 도면들과 서둘러서 마무리한 모형들로 인해 북새통을 이루고 있었을 것이다. 담당교수들이 앉는 자리는 모두 채워져 있었다, 단 하나만 빼고. 크리틱은 진행되었고, 전쟁과 유리창 너머로 보이는 시위자들과 이 자리를 박차고 나간 단 하나의 정치적 인물에 대한 언급은 없었다. 우리는 대신 선두께와 지붕의 세부표현이나, 실의 너비와 높이의 비율에 집착했다. 우리는 바깥의 일은 의식하지 않을 수 있는, 건축으로 만든 투명한 비눗방울 안에서 만족스러워 했다. 이 전쟁1)으로 촉발된 전 지구적인 혼돈 속에서, 나는 이제 나의 오래된 담당교수에 대한 존경을 담은 혼합물을 가지게 되었다. 그리고 내가 잘 보살펴야할 가상적 건축물 속에 스스로를 가둬두고 있었던 것을 후회하고 있다. 건축은 나를 소진시켰다.

건축이 전부는 아니다. 살다보면 건축보다 중요한 일들이 많다. 그리고 정치는 그 중 하나이다. 내 경험에서 건축가는 일반적으로 정치에 관심이 없는 집단이다. 사회가 어떻게 통치되고 평등, 정의, 자유가 집행되는지에 대한 내용보다는 마스터플랜과 건물의 구성, 세부표현이 건축가의 관심사항이다. 외견상 건축가들은 자유주의적liberal이고, 진보적progressive 성향이지만, 이 가치를 증진시키거나 수호하도록 요구 받을 때면 침묵하곤 한다. 건축을 업으로 하다보면 다른 것들에 신경을 쓸 시간과 에너지가 거의 없다. 그리고 많은 건축가들이 어떤 정치 단체와도 관련이 없는 상태로 지낸다. 대신 그들은 자신의 건축물에 있는 기술적이고 미학적 기능에 초점을 맞춘다.2) 하지만 건축가가 정치에 대해 관심이 없는 것은 이상한 일이다. 건축의 모든 단계에 정치가 영향을 미치고 있다는 것을 생각해보면 더욱 그러하다.

경제	전쟁	좌파/우파

경제적 폐허 패커드 공장Packard Factgory, 미국, 디트로이트	**건축의 말소** 시리아 내전, 시리아, 아자즈Azaz	**민간영역이 소유한 공공 공간 (사진에서 오른쪽)** 뉴욕, 지코티Ziccotti 공원

위험 회피 퀸 엘리자베스 대학 병원, 영국, 글래스고Hospital, Glasgow, UK	**역사적 공간의 파괴** 벨 사원Temple Bel, 시리아, 팔마이라Palmyra	**사회적 주택(사진에서 왼쪽)** 비엔나, 칼 마르크스 코트Karl Marx Court

실업 시카고, 대공황, 1930년대	**테러 : 볼라드로 규정된 건축** 터미널, 영국, 애버딘	**부산물이 아닌 문화로서의 문화** 루브르 피라미드, 프랑스, 파리

레닌주의LENINISM **= 구성주의**CONSTRUCTIVISM
수평마천루Horizontal Skyscraper, 엘 리시츠키(지어지지 않음, 러시아 상트페테르부르크 이미지에 겹쳐짐), 1920

케네디주의KENNEDYISM **= 우주 시대**SPACE_AGE**의 모더니즘** 로스앤젤레스 공항, 미국, 1961

스탈린주의STALINISM **= 사회주의적 고전주의**SOCIALIST CLASSISM
모스크바 대학, 1953

레이건주의REAGANISM **= 외부인 출입제한 주택지주의(폐쇄적 공동체주의)**GATED COMMUNITYISM
외부인 출입 제한 주택지, 미국, 산 호세, 1985

복지국가주의WELFARISM **= 사회적 모더니즘**SOCIAL MODERNISM
로열 페스티벌 홀, 영국, 런던, 1951

블레어주의BLAIRISM **= 법인 모더니즘**CORPORATE MODERNISM
밀레니엄 돔, 영국, 런던, 1999

건축과 경제

간섭주의a) 정책을 지지하는 사람interventionist이건 아니건 간에, 경제적 판단은 특정 지역에 호황과 불황을 불러올 수 있다. 이는 건축에 심대한 영향을 미치게 된다.

– 건물의 규모, 위치, 기능에 영향을 미친다

어떤 지역의 경제성 성공/실패는 궁극적으로 건물의 위치와 규모, 건물 유형에 영향을 미친다. 예를 들어, 샌프란시스코의 세금우대 정책들tax breaks 3)로, 해당 지역의 기술 산업이 부흥하자, 여기저기에 고층 아파트와 오피스 블록, 여가를 보내는 용도의 건물들이 커뮤니티 시설이나 서민을 위한 저가 주택들을 희생시켜가며 건설되었다. 반면 자동차 산업의 쇠퇴–부분적으로는 주 정부의 현명하지 못한 판단 때문이다4)–를 겪은 디트로이트는 건물의 신축이 거의 중단되었고 남은 건물들은 산산이 부서지면서 도시 전체가 폐허가 되고 있다.

– 건물의 품질과 내구성에 위협을 가한다

민관 파트너십public-private partnership은 영국에서 유래했지만 이제 세계 각국에서 다양한 방식으로 활용된다. 이와 같은 방식으로 정부건물을 조달하면서, 민간업체가 공공건물에 자금을 미리 대고, 완공 후 건물을 공공기관에 임대를 해주면서 장기 금융 수익long-term financial gain을 확보하는 것이 허용되었다. 이런 방식은 원래 공공 용도였던 (학교, 병원, 철도역사와 같은) 건물들의 민영화를 초래했는데, 이런 건물 중 다수가 건축가와 건축주 사이가 단절되고, 위험을 회피risk aversion하며, 경직inflexible되고 지속가능하지 않게 되어unsustainable 혁신의 여지가 없어지는 등 문제를 겪고 있다.5)

– 일자리에 위협을 가한다

경기불황 시기에, 건설 산업이 종종 첫 번째 타격을 받는다. 건축주와 개발업자가 시장 상황이 좋아지고 지가가 상승하길 기다리면서 건축가가 할 수 있는 일이 '말 그대로' 말라버린다.6) 이런 상황으로 인해 개인적인 일자리나 건축계 전체의 일자리가 위험에 처하게 된다.7)

건축과 전쟁

전쟁은 언제나 정치적인 결정이다. 그리고 전쟁은 장기간에 걸쳐 한 지역에 극심한 영향을 미칠 수 있다.

– 건축을 말소한다

전쟁은 건물과 공동체를 파괴하면서 도시의 건축적 구조를 심하게 훼손시킨다. 건축은 순식간에 말소된다. 새로운 건물을 지어야 하지만 그 요구는 전쟁이 끝나기 전에는 충족되기 어렵다. 전쟁과 테러가 고대 기념비를 목표대상물로 삼으면서, 이 공간들에도 위협을 가한다. 전쟁은 고대 문명의 건조 환경과 우리 사이의 연결을 완전히 지워버린다.

– 건물의 외관과, 그들이 전달하는 메시지를 바꾼다

시간이 지날수록, 전쟁은 건물을 보다 방어적으로 만든다. 새로운 건물은 '고안된designed' 테러리스트의 위협을 상정해서 만들어진다. 예를 들어, 런던의 건축가들은, 유리의 사용을 줄이고, 건물 외주부에 차량을 차단하기 위한 볼라드bollard(말뚝)와 식재용 화분planter를 두고, 가스 공격의 효과를 억제하기 위해 별도의 환기시스템을 설치할 것을 권고 받고 있다.8)

a) 고립주의와 대립되는 개념. 자국의 이익이나 국제질서 유지를 위해 다른 나라의 경제나 군사적 상황에 개입하는 정책방행을 말한다. 국가기관이 타국의 내정에 대해서는 간섭하지 않는 것을 원칙으로 하는데 이를 국내문제 불간섭원칙, 혹은 불간섭주의(Nonintervention)라고 한다.

공교육 통합 센터 오스카르 니에마이에르, 브라질, 노바 이과수, 1984

01 **형태**
조각의 관점으로 접근하여 아치를 디자인했다. 이로 인해 형태에 생기를 불어 넣고 지상 레벨에서 다양한 깊이가 있음을 드러낸다.

02 **용도**
수영장은 단순하면서도 효과적이다. 건물을 사용하는 사람은 누구나 함께 같은 공간에 들어가서 강렬한 날씨를 피할 수 있다.

03 **세부표현**
크게 만들어진 개구부는 허리 높이까지 오는 스팬드럴과 합쳐졌다. 기능을 고려하면서도 넉넉한 크기로 뚫린 개구부가 조성되었다.

04 **재료**
재료에 접근하는 방식에 일탈이 없다. 니에마이에르의 건물 전부가 그러하듯 유리와 콘크리트가 사용되었다.

FATA 본부 사옥 오스카르 니에마이에르, 이탈리아, 도리노, 1977

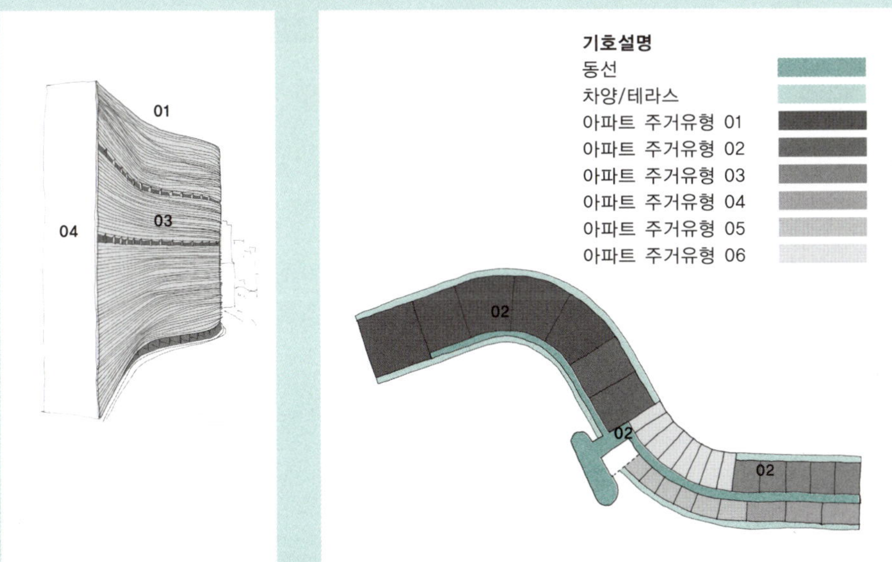

에디피시오 코판 오스카르 니에마이에르, 브라질, 상파울루, 1966

01 **형태**
건물형태를 통합하는 곡선들로 물결모양의 평면을 구성한다. 이는 바깥에서 내부 공간 사이에 위계를 알지 못하도록 하기 위함이다.

02 **용도**
건물은 계획은 평등주의 입장에서 계획되었다. 다양한 크기의 아파트 주거 유닛이 각층에 섞여 있어 다양한 사회적 계층의 혼합Social Mix을 의도하고 있다. 한편 테라스로 접근하기 위한 동선은 다수가 접근할 수 있도록 비틀린 모양으로 조성되었다.

03 **세부표현**
깊숙한 브리즈 솔레일brise-soleil (차양)을 사용하여 음영을 안쪽에 만들어 준다. 이는 기능적으로 유효하다. 또한 차양들이 수평으로 놓여 있으면서 건물의 형태에서 곡선이 더욱 강조되는 미적 효과도 발생한다.

04 **재료**
건물의 표피에 쓰이는 단 하나의 재료는 콘크리트이다. 덕분에 건물 전반에 걸쳐 개념의 통합성이 강조된다.

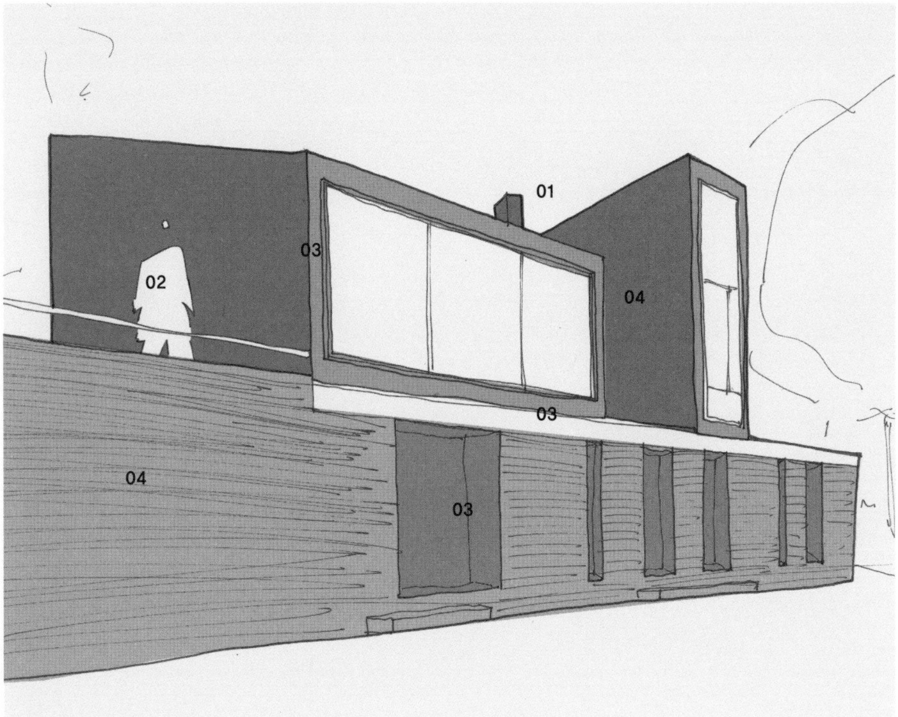

01 형태
매스는 유쾌한 놀이 같은 태도로 결정되었다. 지붕의 형태와 저층부는 분리되었다. 직선형의 저층부는 2층의 조각적인 형태의 지붕과 대조를 이룬다. 건물은 태양광과 일조를 향하게 만들어졌다.

02 용도
다양한 지붕 형태 덕분에, 옥상테라스에서는 풍경을 가로지르는 깊숙한 조망이 가능하다.

03 세부표현
깊숙한 창틀, 콘크리트 보를 이용하여 상부와 하부를 구분하는 상인방, 상층부 창문에 쓰인 다양한 재료들. 세부표현에 공을 많이 들였다.

04 재료
다양한 재료를 사용했다-어두운 색깔의 석재, 자연스럽게 바랜 나무, 창틀이 없는 유리, 프리캐스트 콘크리트와 같은 재료들을 전문가의 솜씨로 다듬었다. 이로 인해 호화로운 느낌을 준다.

피리휴에이코 주택PIRIHUEICO HOUSE 엘레멘털, 칠레, 피리휴에이코 호수, 2004

01 형태
지붕과 파사드는-독특한 형태 대신-아주 작은 재료 차이에 의해서만 구분된다. 태양광이나 조망에 대한 특별한 고려는 없다.

02 용도
최소의 개입을 지향한다. 옥상 테라스와 같은 언덕의 지형적 조건을 이용하기 위한 공간은 없다.

03 세부표현
다른 건축요소는 다른 색깔로 처리했다. 깊이가 없는 창문과 노출된 부대설비services도 마찬가지. 깊이 들어가지 않은 공간에는 설비적 특성이 드러난다.

04 재료
기본적인 재료들-철근 콘크리트, 도색 처리된 목재, 파형 강판-을 투박한 방식으로 조절하였다. 이를 통해 사회적 주택과 같은 인상을 만들어낸다.

사회적 주택 엘레멘털, 칠레, 발파라이소, 2010

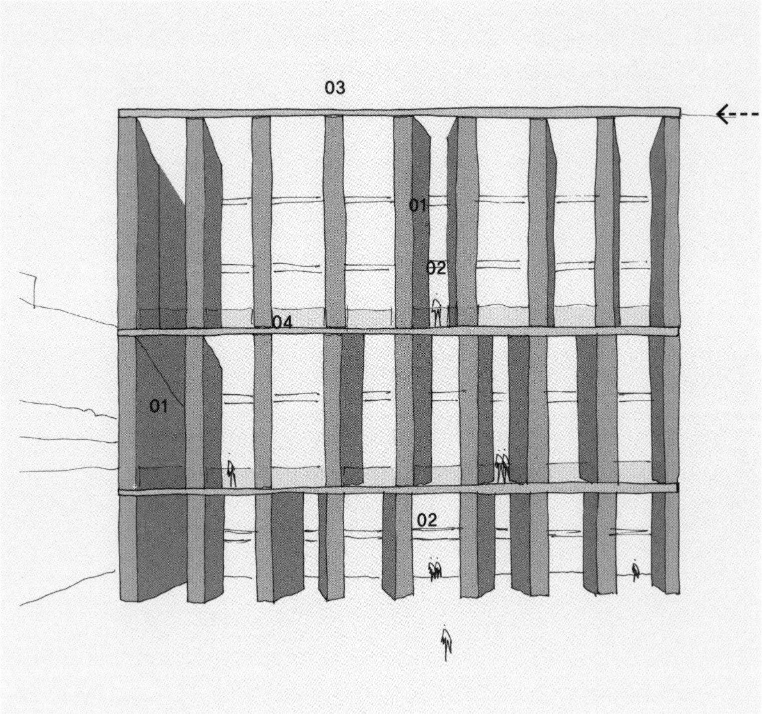

UC 의과대학 엘레멘털, 칠레, 산티아고, 2004

01 형태
벽돌 기둥의 측면은 서로 다른 방향으로 모따기가 되어 있어 다양한 형태의 테라스 공간을 조성한다. 이는 다시 다양한 느낌을 주는 파사드를 만들어낸다. 커뮤니티 센터에서 건물은 단순히 위로 솟아 있는 방식으로 반복된다.

02 용도
커뮤니티 센터에서 보이듯, 형태를 반복하면 기능이 제한된다. 이 파사드는 단지 회랑이나 비를 피할 수 있는 피난처의 역할을 한다. 하지만 UC 의과대학에서는 2개 층에 걸친 작은 아트리움이 되어 피난처를 제공하는 동시에 친근한 사교를 위한 장소가 된다.

세부표현

03 콘크리트 인방으로 파사드에 수평선이 생긴다. 콘크리트 인방은 벽돌, 유리, 콘크리트와 이음매 없이 매끈하게 조합된다. 커뮤니티 센터에서는 강력한 수평 인방을 강조하기 위한 세부표현상의 위계가 없다. 밖으로 노출된 강재 볼트는 부재를 고정시키기 위해 사용된다.

재료

04 UC 의과대학은 다양한 재료를 사용한다. 붉은 벽돌, 프리캐스트 콘크리트, 틀 없이 사용된 유리, 목재는 영속성의 감각을 느끼게 해준다. 커뮤니티 센터에서는 주재료는 투박하게 도색된 목재로, 상대적으로 일시적인 느낌을 준다.

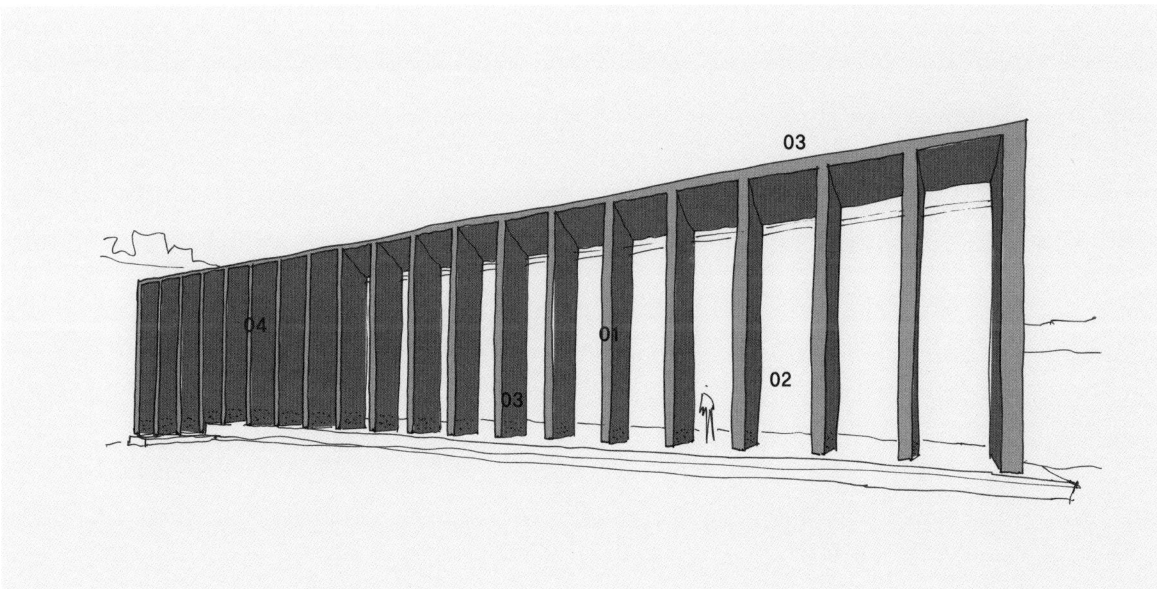

커뮤니티 센터 엘레멘털, 칠레, 콘스티투시온Constitución, 2010

건축, 그리고 좌파left 대 우파right

좌파 정권은 모두가 사용할 수 있는 공공 공간에 높은 가치를 둔다. 반면 우파 정권은 공간을 적절하게 지불한 사람들에 의해 사용되어야 하는 물품commodity으로 본다.9)

— 공공 공간을 사라지게 만든다

전 지구적으로 도시의 공공 공간들이 민영화되는 추세에 있다. 그 와중에 사익을 추구하는 공간들이 새로운 개발을 위해 조성되고, 기존의 공공 공간은 민간에 팔리거나, 공공공간처럼 보이지만—이전에는 가능했던—표현의 자유가 없는 공간이 되도록 강요받고 있다.

— 건물 유형에 영향을 미친다

사회주의 정권은 세금으로 조성된 금액으로 공공 기반시설과 세간에 이목을 끄는 공공건물에 많은 투자를 한다. 20세기 말 미테랑 정권에서의 파리는 그랑 프로제Grands Projets b)에 따라 전시관과 오페라 하우스, 도서관과 기타 시설들이 문화와 진보를 진흥하기 위해 도시 전역에 걸쳐 지어졌다. 반면, 보수적인 정권은 민간 사업체들의 후원과 투자를 통해 도시 공간을 재생regenerate하려고 한다. 이들이 보기엔 문화의 진흥은 수익성의 부산물이다.10)

— 사회적 혹은 사적 주거에 영향을 미친다

좌파 정권은 서민을 위한 저가 주택 공급affordable housing을 중요시 한다. 우파 정권은 주택공급을 민간 시장에 맡긴다. 건축물에 대한 수요 중 가장 기본이 되는 유형이자 유용성 있는 형식인 주거는, 그러므로, 정치인의 손에 좌우된다.

건축과 양식

건축은 당대의 지배적 이데올로기의 물리적 표현 수단이 되는 경우가 많다. 건물은 어떤 정권의 가치와 목표를 형태와 재료의 선택, 그리고 상징성을 통해 반영한다.

— 러시아

1917년, 블라디미르 레닌Vladimir Lenin에 의해 주도된 러시아 사회주의 혁명의 정신 속에서, 건축에서도 형태와 기술적 혁명이 부상했다. 과거에 대한 부정, 역동적인 사선들, 붉은 색, 그리고 산업과 기술에 대한 집착fetishization은 모두 혁명정권을 정신을 물리적으로 표명하는 것이었다. 하지만 알렉세이 리코프Alexei Rykov에서 이오시프 스탈린Joseph Stalin에 이르는 후계자가 뒤를 이으면서, 혁명의 정신은 소멸되고 건축은 이전에 비해 고전적이고 경직된 외관을 가지게 되었다. 고전건축과 고딕건축에서 모티프를 딴 장식들로 꾸며진 초대형의 콘크리트 블록들은 과거를 찬양하기 위한 수단이 되었다.

—미국

존 피츠제럴드 케네디JFK(미합중국 대통령, 1961-1963 재임)은 근대화를 신봉하는 사람modernizer으로, 우주 개발 경쟁Space Race에 집착했다.11) 그의 치하에 건축 역시 우주 시대의 근대성에 집착했다. 마치 SF 소설에서 나올법한 형태가 부상했는데, 스페이스 셔틀의 날개 같은 곡선모양의sweeping 지붕을 특징으로 한다. 또한 기울어진 유리를 360도로 두른 달나라 건축 같은 전망대look-out station, 공기역학적aerodynamic인 곡선과 네온사인이 건축에 시도되었다. 이 태평한 건축은 레이건 시대Reagan era(1981-1989 재임)시기의 건축과 현저한 대조를 보인다. 1980년대 지어진, 고립되고insular, 보수적인 '외부인 출입제한 주택단지 시설들gated communities'은 폐쇄적 공동체로서, 민영화와 개인주의를 조장했던 당시 정부 정책을 반영하였다.12)

— 영국

클레멘트 애틀리Clement Attlee(영국의 수상, 1945-1951 재임)에 의해 도입된 사회주의적 복지시스템은 대규모의 공공시설(학교, 병원, 여가시설)과 국영 임대주택 건설로 이어졌다. 이를 통해 만

b) 대형프로젝트라는 뜻을 가지고 있다.

c) 에디피시오가 건물이라는 뜻.

들어진 건축물은 콘크리트, 벽돌, 유리를 이용하여 다듬어진, 직선을 사용한 근대적인 형태를 가지고 있었다. 1980년대 초, 마거릿 대처Margaret Thatcher 수상은 정부가 복지제공자라는 개념을 중단시키고, 민간 사업체가 확산하고, 번영하는 것을 중요하게 여기며, 보수적 경향conservatism과 개인주의individualism를 통치 이데올로기로 내세웠다. 이러한 변화는 건축에도 반영되어 배타적이고 역사주의적historicist인 경향이 증가했다. (토니 블레어Tony Blair 수상이 권력을 잡았던) 1990년대 말의 건축은 사람들의 이목을 끌만한 공공 프로젝트를 민간 자본으로 진행한, 불편한 결합의 결과물이었다. 이 시기의 건물들은 진보와 민영화 사이에서 정체성의 위기를 시각적으로 드러내고 있다. 유리, 강, 폐쇄회로 TV의 카메라들, 싸구려 재료와 협찬업체의 플래카드가 이를 잘 보여주고 있다.

이 사례들은 어떻게 정치가 건축물을 생산하는 모든 측면에 영향을 미치고 있는지를 보여준다. 건축가는 그들의 작업에 영향을 미치는 요인들을 이해하고 대응하기 위해 반드시 정치에 관심을 걸쳐두고 있어야 한다.

건축은 정치와 이해를 바탕에 둔 관계를 맺을 수 있다

건축가가 사회를 바꿀 수 없다는 생각은 이제 공통적으로 수용되고 있는 생각이다.(렘 콜하스와, 로버트 애덤Robert Adam, 패트릭 슈마허Patrik Schumacher를 보라. 건축은 사회를 둘러싸고 있는 정치적 힘을 비춰낼 뿐이다. 여기에 진실이 있다—건축은 외부적 영향력에 의해 압도되지 않았을 때만 정치적 힘을 비춰내는 것이 가능하다. 그럼에도 많은 건축가들이, 그들이 작동시키는 정치적 기후를 이해하는 것을 통해, 정치적 힘에 저항하는 방법을 찾고 있다.

— 오스카르 니에마이에르 Oscar Niemeyer

브라질 건축가인 오스카르 니에마이에르(1907-2012)는—모든 건축이 지향해야하는 두 요소—사람과 풍경을 위한 건축을 창조했다.[13] 니에마이에르는 그의 건축과 개인적 견해들을 분리하지 않았다. 그의 건물은 '그의 무기', 그를 둘러싼 세계에 대한 경멸과 저항을 위한 그릇이었다.[14] 그럼에도 니에마이에르는 사회주의적 복지를 위한 건축을 온정주의적paternalistic이고 선동적demagogic이라고 하면서 회피했다. 노동 계급을 위해 더 단순하고 제대로 발달하지 못한rudimentary 건물을 디자인하는 접근방식에 대해 '받아들일 수 없는 차별'이라고도 말했다.[15]

내신 그는 건물유형과 사회적 조건을 초월하는 내담하고, 원대한 건축을 창조했다. 그의 건축은 체제 전복적이다. 부유하고 힘 있는 이들을 위한 건축을 억압받고 가난한 이들에게 전해주기 때문이다. 이러한 부분은 그의 1977년 작인 이탈리아 토리노Turin의 FATA 본사 사옥FATA HQ Office Building과 나중에 지은 노바 이과수Nova Iguaçu의 공교육 통합센터CIEP(CENTROS INTEGRADOS DE EDUCAÇAO PUBLICA) 프로젝트 사이를 비교해보면 명확히 드러난다. CIEP 프로젝트는 길거리에서 생활하는 불우 아동들을 공공 학교 체계와 맺어주기 위한 목적으로 추진된 작업이었다. 이 두 건물은 조각적인 파사드와, 깊이를 제공하기 위한 캔틸레버, 콘크리트와 유리, 심지어 수영장까지 겹치는 부분이 많다. 불우한 학교의 학생들은 회사 상사들과 같은 방식으로 대접받았다.

그가 상파울루에서 지은 주거 프로젝트인 에디피시오 코판Edifício Copan에서는c) 부유층과 노동계급이 나란히 살 수 있다. 더 비싼 아파트를 위에다 두는 식으로 물리적으로 부자와 가난한 자들을 분화시키지 않고, 니에마이에르는 작은 것에서 큰 것까지 모든 종류의 유닛 유형을 한 층에 포함하는 평면계획을 고안했다. 그러므로 부자와 가난한 사람이 섞여 들어가서 조망, 태양광, 테라스에 대해 동일한 접근로를 공유하게 되었다. 이 계획은 소우주에 대한 그의 개인적 믿음을 표현한 작업이었다. 통일되고 유연한 형태 역시 건물 바깥에서 시각적으로 차별성을 확인할 수 없도록 하기 위한 의도였다.

강변 주거 영국, 브리스틀, 제임스 테이트, 2016

— 알레한드로 아라베나Alejandro Aravena

칠레 건축가 알레한드로 아레베나는 엘레멘털Elemental의 설립자이다. 그는 디자인 프로세스에서 두 가지 질문을 한다. 건물이 건축주가 원하는 것을 하는가? 나는 이 건물을 통해 인간적인 조건을 더 잘 이해하고 있는가? 그에게는 미학적, 기술적 질문들보다는, 그의 건물을 사용할 사람들이 필요로 하는 것과 인도주의의 보편적 적용 여부가 더욱 더 중요하다.

이는 그의 '증가하는incremental' 주거프로젝트에서 잘 드러난다. 이 프로젝트는 거주자에게 '절반의 집half house'를 제공한다(2층의, 화장실 두개에 지붕과 주방, 침실로 되어 있으며, 지어진 만큼의 빈 공간이 옆에 있다). 거주자들이 가능한 때에 비어있는 절반을 채울 수 있다.[17] 아라베나의 접근법은—국가차원의 사회적 주택의 공급이 악화되고, 이전 같으면 주택을 공급받을 수 있었던 사람들이 이제는 감당할 집을 구할 수 없는—현실을 수용한다. 또한 그의 접근법은 건축을 통해 이 상황을 개선시킬 수 있음을 보여준다.

그가 사려 깊게 접근하고는 있지만, 아라베나의 프로젝트 중 사회적 복지를 목적으로 하는 것과 아닌 것은 뚜렷이 구분된다. 건축주의 예산과 목적에 따라 다른 재료, 다른 형태, 그리고 다른 건축적 접근 방법을 선택한다. 아마도 이는 지금의 사회, 즉 저소득층을 배려한 사회적 공급은 아직 뿌리내리지 못하고, 니에마이에르 시절보다는 건축가가 힘을 행사하기 쉽지 않은 현실을 반영하고 있기 때문일 것이다.—그저 아라베나가 건축을 접근하는 방식이 상대적으로 덜 유토피아적이라서 그럴 수도 있다. 그렇다고 해서 존경할 부분이 줄어드는 것은 아니다. 아라베나가 그의 고향에서 정치적인 부분과 연관시킨 건축이 사회에 미친 영향을 생각해보면 더욱 그러하다.

다른 그림 찾기SPOT THE DIFFERENCE d)

(좌측 상단에서 시계방향으로)
휴일을 위한 임시주거
호주, 뉴 사우스 웨일즈, 2011

망명자를 위한 즉각적인 주거IMMEDIATE HOUSING
씨맥스 피난 주거, 세계 도처에 설치가능
니콜라스 가르시아 마요르와 아르
스튜디오ar studio, 2016

플라스틱 병 쓰레기 더미
재활용 공장, 체코공화국, 올로모우츠, 2012

플라스틱 병 주택
나이지리아, 사봉가린 옐와Sabongarin Yelwa 마을
데어(재생 에너지 개발 협회,
Development Association for Renewable Energy), 2011

모래주머니 주택
지부티 공화국, 카라트비 산Karatbi San 마을
혼 오브 아프리카Horn of Africa의 연합 프로젝트
팀. 칼어스CalEarth와 나다르 칼릴리에 의해
영감을 받음, 2012

모래주머니 벙커
베트남, 라오스 남 베트남군, 1971

d) 비슷해 보이는 이미지에서 서로 다른 부분을 찾는 놀이.
e) 납작한 상자에 부품을 넣어 파는 조립식 제품.

사회적 의식이 있는 건축의 미래

새로운 유형의 건축가가 등장하고 있다. 그들은 사회적 경제적, 환경적 이슈들에 부합하려 노력하고 정치적 인식이 있다. 우리는 이런 현상을 환영한다. 종종 그들의 제안들이 니에마이에르가 온정주의라고 하는 함정에 빠지는 경우도 있지만 말이다.[18] 그럼에도 많은 프로젝트들이 사회의 불의나 불평등을 전복시키거나 바꾸기 보다는, 프로젝트가 해결하고자 설정한 하는 문제들을 단지 반영하는 수준에 그치고 있다.

왜 서유럽에서는 견고하고 항구적인 주거시설을 가난하고 억압받는 이들을 위해 내놓을까? 시리아에서 가난하고 억압받는 이들을 위해 즉각적이고, 임시적인 해법이 제시된 이유는 뭘까? (텐트와 캠핑트레일러의 결합으로 묘사되고 있는, 니콜라스 가르시아 마요르Nicolás García Mayor의 씨맥스Cmax 피난 주거를 참조할 것) 왜 서구에서는 주거 시설 공급을 위해 주택 유형의 건축이 쓰이는데, 아프리카에서는 같은 상황에서 군대 벙커 유형이 적용될까?(모래주머니로 만들어지는 나다르 칼릴리의 슈퍼어도비SuperAdobe를 참조할 것) 왜 서구에서는 사회적 주택에 벽돌, 석재, 금속을 쓰는데 비해, 개발도상국에서는 종이, 갈대, 천, 심지어 쓰레기까지 사용하는 걸까?(데어DARE의 플라스틱 병으로 만든 주택을 참조할 것) 건축가가 공정함과 평등을 믿는다고 해서, 그가 지은 건축이 그러한 가치를 반영해야 하는 게 확실한가?

— 건축이 다가 아니다

우리가 항상 건축을 통해 정치를 봐야 하는 것은 아니다. 이런 태도는 온정주의적이고 반동적인reactive 프로젝트를 양산하게 된다. 우리는 정치와 사회적 인식에 대한 이해를 바탕으로 하는 건축이 필요하다. 모든 정치적 혹은 사회적 상황이 디자인으로 해결되지는 않지만, 디자인은 그것이 형성하는 세계에 대한 이해를 보여줘야 한다.

집이 부서진 뒤라면—플랫팩flat-pack 피난 주거e), 입고 다닐 수 있는wearable 집, 공기주입으로 부풀릴 수 있는inflatable 집, 혹은 물에 떠있는 플랫폼을 제안하려고 하기보다는—일단 전쟁을 멈추고, 피난 주거가 생길만한 정치적 판단을 중지하도록 노력해야 하는 게 맞을 것이다. 우리는 건축가가 아니라 시민으로서 불평등과 불의에 도전하고, 그 일을 잘 하기 위해 정치에 관심을 가져야 한다. 그리고 우리는 질문해야 한다. 왜 아프리카는 지속적으로 서구의 집권세력들에 의해 억압받고 조작되어 꼭두각시 취급을 받으며manipulated, 임시적 피난 주거와 제대로 만들어지지 않은 어도비를 필요로 하게 될까? 중동지역에서 다수의 망명자가 대거 탈출하고, 망명자들이 지금은 비인간적인 난민 캠프에 머물러야 하는 상황을 초래한 서구의 외교정책은 무엇이었을까? 이러한 지구촌 이슈는 열정적인 건축가들에 의해 해결될 수 있는 단순한 문제들은 아니다. 하지만 만약 우리가 건축에 갇혀 있다면, 더 큰 사건들에 관심을 끊고 지낸다면, 디자인을 통해 그 문제를 해결하려는 시도는 시기를 놓친 것이다. 건축이 다가 아니니까.

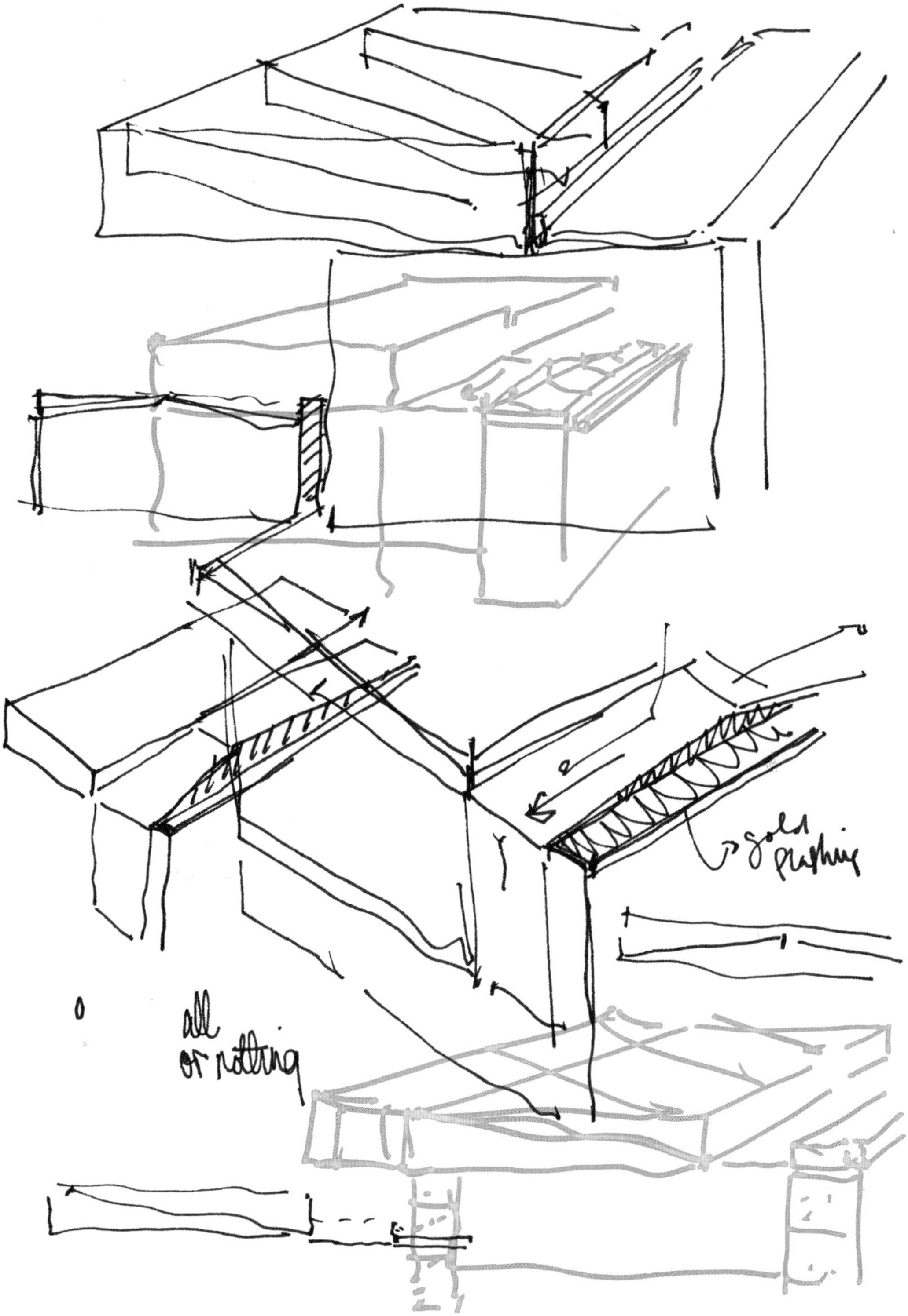

도서관 디벨롭먼트 스케치,
글래스고, 영국. 2022

2

분석하기

방어논리를 구축하다

'가늠하기' 부분에서 건축에 필요한 영감을 얻기 위해 외부를 바라볼 것을 요구했던 것과 마찬가지로, 이번 '분석하기' 부분은 우리 자신의 작업 방식을 고찰하기 위해 내부를 들여다보라 요청한다. 이는 닳고 닳은 수사학에 도전하기 위함이다. 이는 고립된 섬처럼 주제만을 맴돌며, 뒤죽박죽으로 만들어낸 전문용어를 물리치기 위함이다. 하지만 그렇다고 해서 이 섹션이 독자들로 하여금 자기 반성에 빠지게 하거나 반성을 위한 훈련교범을 제공하기 위한 것은 아니다. 여기서 제기되는 비판은 고리타분한 운용방식modus aperandi나 반계몽적인 도그마로부터 당신의 건축을 해방시키는데 도움이 될 것이다.

이 부분은 벤츄리(Venturi), 스콧 브라운(Scott-Brown)과 아이즈너(Izenour)의 라스베이거스의 교훈*Learning from Las Vegas(1972)*와 렘 콜하스Rem Koolhaas의 컨텐트Content2004라는 형태를 이끌어내는데 매우 중요한formative 두 권의 책 덕택이다. 두 책 모두 건축을 독립적이고 외로운 훈육과정으로 생각하는 학생 시절의 나에게 새로운 세계를 열어주었다. 이 책을 읽은 이후 나에게 건축은 주위 모든 것들과 연관되며 나온 산물로 간주되었다. 콜하스가 말했듯이, 건축은 무엇이든 가리지 않고 생각하는 사유의 방법으로, '모든 것들의 관계, 비율, 연결, 영향, 다이어그램을 드러내는 훈육과정/학문'이다.1)

분석하기 섹션은 '컨텐트'에서 고객과의 대화, 역사적 사건, 승인 계좌와 같이 공적이고 사적인 영역 모두에서 관찰된 사건 및 문서화된 이야기에서 객관성을 확보한 특정한 보도 내용을 차용하고 있다. 객관성을 확보하는 것은 거리를 두는 것이다. 이러한 분리를 통해 우리는 과거에 발생한 일로부터 교훈을 얻기 위해 필요한 반성과 잠시 멈춤의 과정을 거치게 된다. 이에 따라 '임시변통하다Improvise'에서는 주로 고객이 쓸모없고 어울리지 않는 가구를 사는 것을 막기 위해 즉흥적으로 계획된 건축의 한 형태를 보여주거나, '존중하다/받다Respect'에서는 런던의 모든 아기를 놀라게 했던 성바울 대성당St. Paul's, 더 샤드the Shard와 밀레니엄 돔Millenium Dome으로부터 –더 이상 위협이 되지 않는 것으로 간주하기 전에는 건축물은 마음으로 받아들여지지 않는다는–교훈을 얻게 된다. 여기서 차용된 객관적 내용들은 설계과정에서 발생한 미시적 또는 거시적 규모의 문제들, 그리고 그와 관련된 교훈들을 제공하기에 부족함이 없을 것이다.

'라스베이거스의 교훈'으로부터는 실재하는 정설이든, 인지도가 낮은 통설이든, 정설이나 통설로 규정되고 있는 것들을 추궁하기 위한 도구로서 뻔뻔한 비평unashamed critique, 특히 이 비평의 적나라함을 빌려왔다. 모더니즘의 정통에 대항하는 벤츄리, 스콧 브라운과 아이즈너의 획기적인 작업의 중심이 되는 사유에서, 이 책도 (건전한) 논쟁이 될 만한 주장을 다수 포함하고 있다. 이 주장들은 대체로 어떠한 실질적인 사회적 목적보다 볼거리spectacle와 투기에 봉사하는 건축을 반대한다. 이 장에서는 오늘날에도 여전한, 건축의 실질적인 문제를 다룬다. '걷다/걷게 하다'에서 비난한 공허한 기념물들은 전 세계에 계속 세워지고 있고 패트릭 슈마허Patrik Schumacher는 여전히 '모호하게 하다/되다'에서 비판했던, 자아분열적이고 과장된 반계몽주의 수사법을 사용하고 있다.

분석하기 섹션의 핵심 목표는 건축 설계과정에서 신비로움을 제거하는 것, 즉 새 옷(또는 종종 꽤 오래된 옷)을 없애는 것이었다. 그리고 한 비평가의 말을 빌리자면, '직설적인 방식으로straightforward style'2), 즉 전문용어도 없고, 과장도 없고, 진부한 표현을 사용하지 않는 방식으로 이를 진행한다. 그런 다음 보고 및 비평을 통해 현재 상황 내에서 새로운 작업 방식을 모색하여 우리가 하는 일에서 더 깊은 의미와 가치를 찾도록 한다.

컨텐트의 교훈 라스베이거스의 교훈 (1972). 컨텐트 (2004)

걷다/걷게 하다WALK

실체substance의 도시들

walk걷다, 동사
게르만어 -*walchan*(거닐다)에서 기원.
1-(자동사) 다리를 교차시키되 한 발은 지면에 닿아 있는 식으로, 중간 정도의 속도로 이동하거나 여행하다. (이족보행)
2-(자동사) 운동이나 즐거움을 위해 위에 언급한 방식으로 앞으로 나아가거나 여행하다.
3-(자동사) 걷는 방식의 움직임을 연상하다
4-(자동사) 어떤 경로나 인생의 길을 따르다
5-(타동사) 어떤 공간을 통과하여 지나가다.
6-(타동사) 걷는 동작으로 움직이다. 원인을 제공하다.

당신들의 도시에 대해서 말하자면, 그래요. 기념비들로 혼란스러운 곳 말이오.
모든 일들이 한꺼번에 떠들어대는 곳에서,
그것들은 얼마큼이나 실체가 있는 것이오? 아치, 탑, 피라미드—
나는 놀라지 않을 것이오, 설사 그 습한 백열 속에서
어느 날 새벽이 그들을 갑자기 녹여 없애더라도 …[a]
— 빅토르 위고Victor Hugo, 사탄과 하나님의 끝La Fin de Satan et Dieu, 1854-1862 [1]

도시의 실체는 무엇인가?

고대의 기념비들Ancient monuments과 근대시기 그들의 등가물인 아이콘적인b) 건물들iconic buildings은 도시의 엠블럼이다. 이 건물들은 친근한 이미지를 투사하여, 본질적으로는 무관심하고 혼돈스러운 상황 속에서 마음을 편안하게 하는 랜드마크 역할을 한다. '엠파이어스테이트에 올라갔어?', '오페라하우스 계단에 앉아봤어?' 뉴욕이나 시드니에 다녀온 다음 이 질문에 아니라고 답하게 되면 조금은 곤혹스럽게 느껴질 것이다. 도시의 상징들을 소비하지도 않을 거면서 다른 도시에는 왜 가는 걸까? 그러나 빅토르 위고가 150여 년 전에 물어보았듯—그것들은 얼마나 실체적인가? 도시의 거주자에게 그 건물들은 어떤 가치가 있는가? 그 건물들은 어떤 방식으로 장소적인 경험, 혹은 도시의 다른 곳에서는 겪을 수 없는 경험을 제공하는가? 하지만 그런 건물들은 도시의 실체가 아니다. 도시의 실체는 사람들, 그리고 사람들이 도시의 시간·공간과 진행하는 상호작용이다. 건축가는 이를 인지해야 한다.

아이콘적인 건물들

지배자 혹은 도시를 창조한 이들은 기념비를 그들의 신념체계belief system를 표상하는 물리적 기표로 이해했다. 그들은 기념비를 통해 도시를 규정해왔다. 종교적 의미의 기표는 대성당cathedral, 모스크, 템플의 형식으로 존재한다. 군주제에 대한 기표는 성과 궁궐 그리고 성곽에서 드러난다. 시민권에 대한 기표는 광장과 조각상 그리고 분수이다. 문화에 대한

a) 발터 베냐민 저, 조형준 역, 아케이드 프로젝트 1, 2, 새물결, 2006에서 재인용되어 있는 부분을 참조.
b) '그림'과 '도상'을 뜻하는 그리스어 이콘에서 유래한 단어이다. 주로 가톨릭과 정교회에서 그리는 종교적 상징물을 의미했다.
c) 거대서사이라고도 한다. 포스트모더니즘 이론에서 중요하게 다룬다. 대상과 관련되어 있는 역사적 의미, 경험적 차원, 지식을 의미하는 것으로 어떤 사건이나 대상의 정당성을 부여하는 주요한 근거로 작동해왔지만, 이성을 바탕으로 하여 무지로부터 벗어나게 하는 '해방서사'는 한계를 맞이하게 되

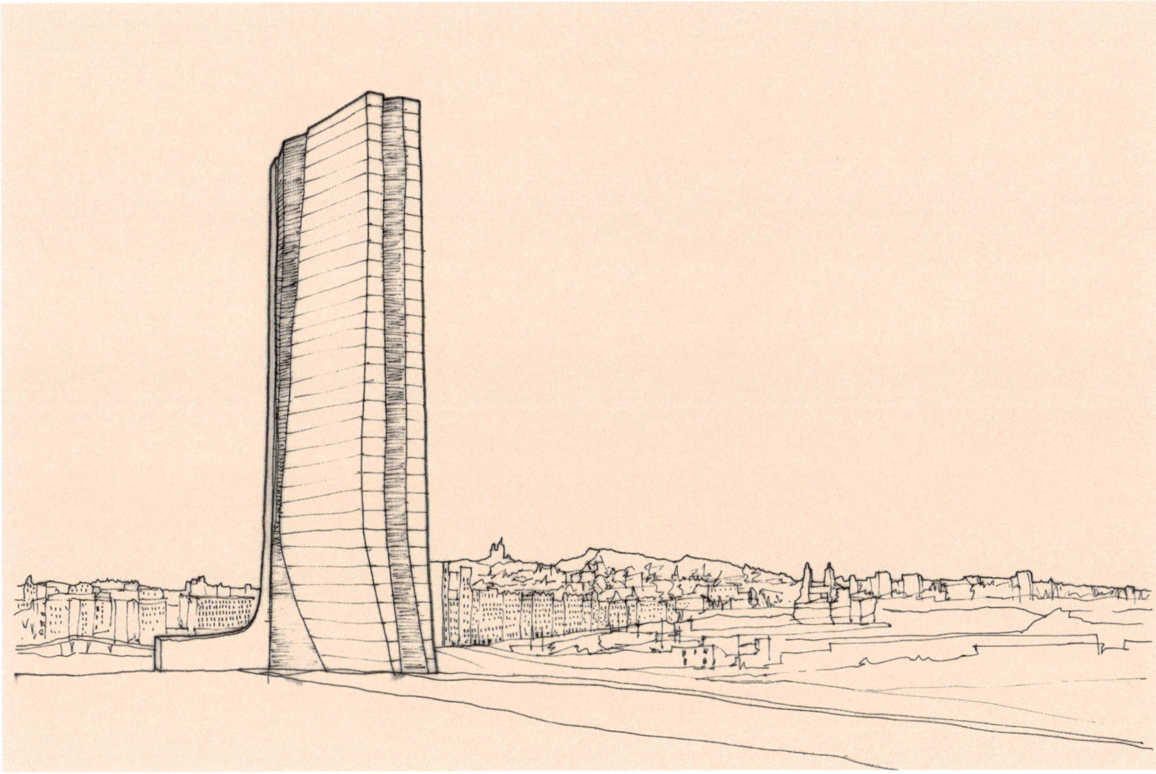

CMA CGM 본사, 마르세유, 자하 하디드 아이콘적인 돛대가 도시 너머의 유기적인 혼돈 위로 솟아오른다. 마르세유의 다른 랜드 마크와 '상호작용'한다고 주장하는 회사의 상징은, 사실 상호작용이 어떻게 달성되는지는 불분명하다. 건물이 취한 눈에 띄고, 세련된 형태는 기실 뮌헨이나 밀라노, 모스크바 어디든지 지어질 수 있는 것이 우연히 마르세이유에 정착한 것에 불과하다.

었다고 보는 것이 포스트모더니즘 측의 입장이다. 이 때문에 포스트모더니즘과 포스트모던한 사회는 거대 서사가 지향하는 '이성적인 완전함'에 대한 전망을 거부하게 되고, 차이와 불일치에 직면할 것을 요구한다. 여기서는 역사적, 사회적, 문화적으로 근거 없이 그 자체가 상징이 되려고 하는 건물들을 묘사하기 위해 쓰였다.

d) 1956년에 개소한 영국의 건축사무소. 설립자인 로버트 매튜(Robert Matthew)와 스터랫 마셜(Stirrat J. Marshall)의 머리글자를 따서 이름을 지었다. 2015년 개장한 서울에 래미안 첼리투스 단지에도 참여했다.

것은 극장, 전시관, 콘서트홀에서 표현된다. 지난 세기나 그 즈음에서 신념체계는 (적어도 서구사회에서는) 쇠퇴했다. 자본주의적 관점과 함께 등장한 다원주의적 사회 속에서 이러한 신념체계는 대부분 그 지위를 찬탈 당했다.[2]

이러한 사회적 변화는 새로운 유형의 기념비를 초래했다. 새로운 기념비는 (종교, 군주제, 계몽, 진보와 같은) 메타서사meta-narrative가[c] 없는, 아이콘icon적인 건물이다. 이들의 형태와 기능은 대단한 신념체제나 도상iconography이니 하는 것들에 영향을 받지 않는다. 아이콘적인 건물은 그들 스스로 만든 '의미를 담지 않은meaningless 방법' 안에서 새로움과 참신함을 경쟁한다. 건축 이론가인 찰스 젱크스Charles Jencks는 이 현상을 '포괄적 개인주의generic individualism'라고 묘사했다.[3] 이 건물들은 개성 있게individual 보이고 싶어 하지만, 그들의 편재성으로 인해 포괄적인 성격을 가지게 된다. 상징적symbolic 건물이 군주들과 종교적 인물들, 자선가들philanthropists과 진보주의자들에 의해 추진되는 것에 비해, 아이콘적인 건물들은—건물을 통해 현대적인 이미지와 힘을 투사하려고 하는—다국적 기업들global corporations, 신흥국가들emergent nations과 해당 도시의 시장들의 의뢰로 진행된다. 그로 인해 아이콘적인 건물에는 '강요된 독특함forced uniqueness'을 느끼게 하는 부분이 있다.

사업체의 아이콘이 되는 건물로 쿱 힘멜블라우Coop Himmelb(l)au가 디자인한 뮌헨의 BMW 전시관이 있다. 이 건물은 '정체성을 형성하는 건축적인 엠블럼'[4]이다. 자하 하디드 설계의 CMA CGM 본사 사옥은 '마르세이유의 다른 랜드마크와 상호작용하는 아이콘적인 수직 요소'이다.[5] 자신의 권위를 확고히 하고 싶어 하는 신흥국가에서도 국가적 아이콘으로서의 건물이 올라간다. 아부다비의 캐피털 게이트Capital Gate building는 RMJM에서[d] 설계한 작업으로, '빼어난 유기적

바쿠 플레임 타워, 아제르바이잔, 바쿠, 에이치오케이. 미약하고 유치한 은유. 고대에 있었지만 지금은 남아있지 않은 조로아스터교의 특징(불을 숭배하는 것)에서 영감을 얻은, 불꽃 모양 타워의 집합은 도시에 고통을 주고 있다. 이 건물들은 기존의 다양했던 스카이라인을 압도하면서 만화 같은 이미지를 만들어 냈다. 안쪽에는 건축주의 프로그램이 삼위일체(호화주거시설, 오성급 호텔, A등급 업무시설)를 이루고 있지만, 이 건물은 실체를 알 수 없는 실루엣과 같다. 부지와 도시에 필요한 지리적, 사회적 프로그램 측면에 양면적인 태도를 보이고 있기 때문이다.

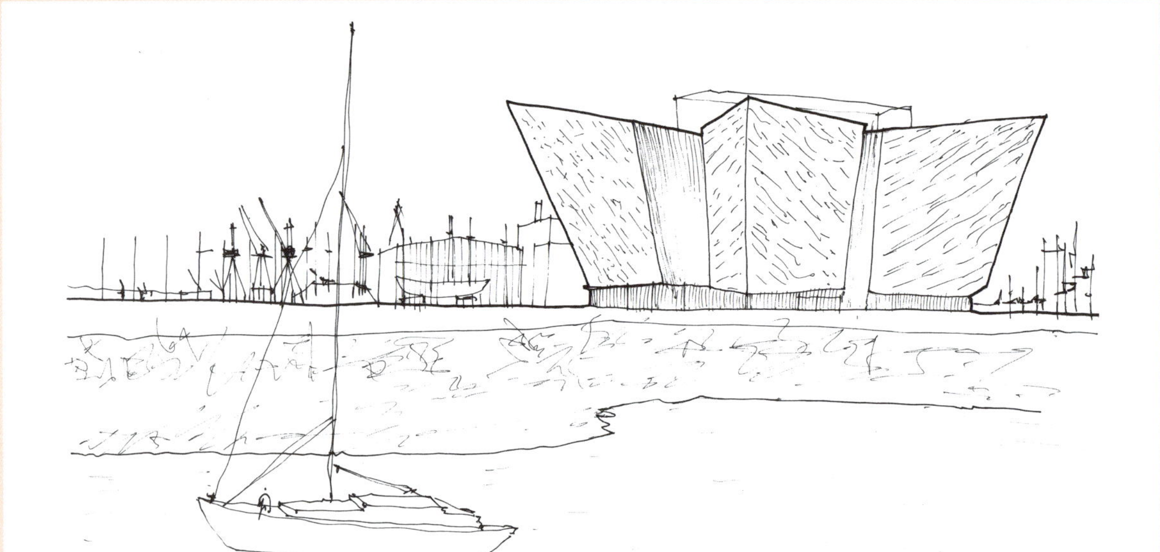

타이태닉 쿼터, 북아일랜드, 벨파스트, 에릭 쿠네 앤 토드 건축사사무소. 벨파스트 부둣가의 재개발 사업의 문화적인 중심에 있는 시설이다. 하지만 도시의 미래에 초점을 두는 대신, 개발은 과거 도시에 있었던 불운한 사건–세계에서 가장 유명한 선박사고였던 타이태닉호 침몰사고를 언급하고 있다. '선박들을 떠올리게' 하는 '다수의 은유' 때문에 건물 그 자체가 익사할 지경이다. 건물에서 돌출된 부분들은 배의 선체를 떠올리게 한다. 물결무늬가 있는 아노다이징(양극산화처리) 알루미늄 피복은 파도를 은유한다. 중앙의 아트리움은 의도적으로 뾰족한 각으로 만들어졌다. 갑판의 형태를 떠올리도록 위해서이다. 뒤섞인 은유들로 디자인 해법을 몰고 가는 만성질환적인 사례.

추상화 5단계 미니어처 복제품에서부터 도시 로고까지. 에펠탑은 3차원으로 만들어진 '관광기념품'에서 상당히 많이 수정된 2차원의 도시 브랜딩 로고에 이르는 다양한 추상화가 시도되었다. 상징이 된 건축, 상품이 된 상징.

형태와 강재와 유리로 된 극적인 파사드를 통해 차별성을 가지는 ... 아이콘적인 개발'[6]임을 스스로 천명한다. 아제르바이잔의 수도 바쿠Baku에 지어진 플레임 타워Flame Towers는 HOK의[e] 작품이다. 이 작업은 '도시의 스카이라인을 바꾸는 세 동의 아이콘적인 건물들'[7]로 구성된다. 도시가 돈을 대서 진행되는 아이콘적인 건물은 보통 예술 프로그램이니 문화의 우월성을 물리적으로 표현하는 경우가 많다. 북아일랜드의 수도 벨파스트 소재의 타이태닉 쿼터Titanic Quarter(Eric Kuhne and Todd Architects는 에릭 쿠네 사무소Eric R Kuhne & Associates와 토드 건축사 사무소Todd Architects의 협업을 통해 진행되었는데, '역동적 여가를 위한 국제적 수준의 명소'라고 스스로를 칭한다.[8] 산티아고 칼라트라바Santiago Calatrava가 설계한 발렌시아 오페라하우스 역시 '역동적인 도시의 랜드마크'임을[9] 자임한다.

'수수께끼 기표enigmatic signifier'는[10] 이렇게 태생부터 랜드마크나 들러야 할 곳으로 정해진, 기성제품 같은 건물을 정당화하기 위한—특히 '독특한' 형태를 정당화하기 위한 알레고리allegory적 용어[f]이다. 하디드가 마르세이유에 올린 타워는 도시의 항구를 떠올리게 하는 '돛대mast'이다. HOK가 바쿠에서 한 작업은 '배화교에 대한 역사적 풍습fire worship'에서 영감을 받았다.[g] 타이태닉 쿼터는 '무리를 이룬 선박에 대한 은유maritime metaphor'를 담고 있다.

이런 아이콘들은 공통적으로, 경쟁업체 혹은 우월을 다투는 나라/도시들을 압도할 수 있는, 경제적이고 문화적인 상징성, 혁신, 차별성을 갈급하기에 추진된 사업이다. 이 건물들이 도시의 새로운 상징으로 시장에 나오면, 사람들은 세뇌라도 당하듯, 이 건물이 얼마나 도시를 잘 규정하고 있는지를 듣게 된다. 이는 관광업이 된 건축, 대량소비의 생산품이 된 건축, 다국적 브랜드가 된 건축이다. 여행객은 빼먹고 가면 안 된다는 두려움에 사로잡힌 채, 스케줄을 신경 쓰며 이러한 건물들에 모인다. 그런 다음 조그만 관광기념품처럼 건물을 소비한다. 하지만 나는 정반대가 진실이라고 생각한다. 이런 건물들 때문에 도시를 독특하게 체험하는 것이 어려워진다. 도시의 실체를 진정으로 이해하기 위해서는 우리는 아이콘적인 도시의 정수를 보여주는 도시, 파리를 살펴보아야 한다.

e) 미국의 건축사무소. 1955년에 문을 열었다. 공식 명칭은 Hellmuth, Obata + Kassabaum 으로 창립자인 조지 헬무트(George Hellmuth), 교 오바타(Gyo Obata), 조지 카사바움(George Kassabaum)의 이름을 따랐다.

f) 장 라플랑슈(Jean Laplanche)가 프로이트의 유혹이론을 다듬으면서 주창한 개념, '수수께끼는 그자체가 유혹이고 무의식의 차원에서 작동한다.'고 주장하면서 프로이트가 신경증의 차원에서 다뤘던 유혹을 일반화하여 무의식의 성장에 필수적인 계기가 되고 있음을 주장하였다.

g) 아제르바이잔이 현재 이란에 근거를 두고 있던 메디아와 페르시아의 지배를 받던 시기, 많은 캅카스 알바니아인들이 조로아스터교(배화교)를 받아들였다. 이들 중 대부분이 기독교로 전향했지만, 당시의 유적이 바쿠 인근에 남아있다. 또한 유네스코 세계유산으로 지정되어 있는 '시르반샤 궁전과 메이든 탑이 있는 바쿠 성곽도시'에도 조로아스터교의 영향을 확인할 수 있다.

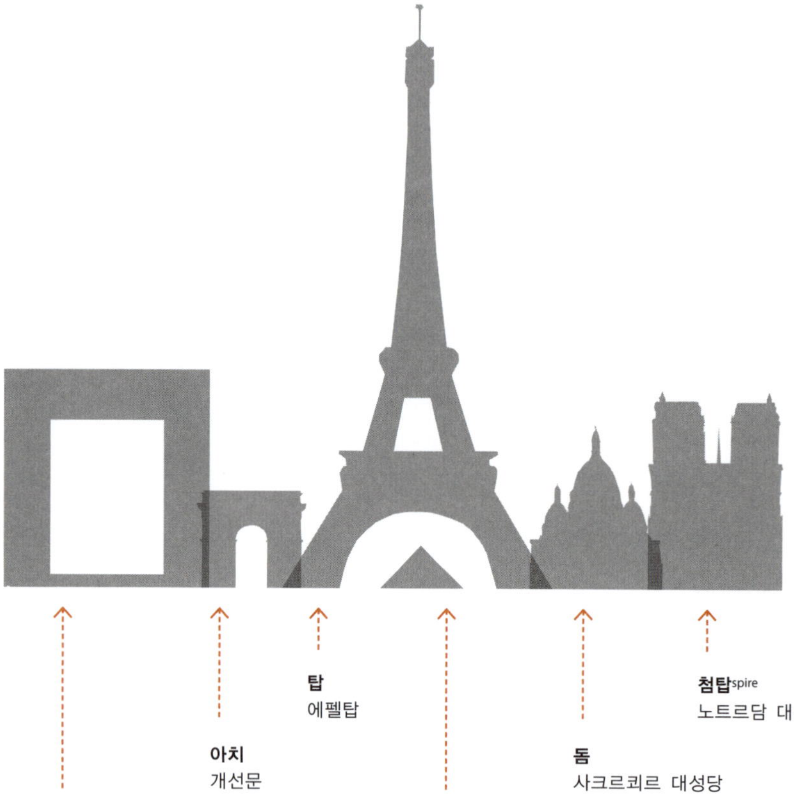

파리—아이콘의 도시

파리는 아이콘적인 건축물의 원조인 에펠탑이 있는 곳이다. 에펠탑이 1889년 파리 만국박람회장의 한가운데에서 개장하였을 때, 이 건물은 '인류가 올린 가장 높은 건물'11)로 알려졌다. 에펠탑은 쓰임새가 없는 건물이었다. 단지 자본주의와 결합한 기발한 공학적 기술을 전시하는 것이 목적이었다. 10년이 지나지 않아 에펠탑은 안테나aerial로 쓰이게 된다. 84년 뒤에는 지속적으로 운영되는 레스토랑이 입점했다.—기능이 형태를 '뒤늦게' 따라가는 사례가 된 것이다. 비판에 직면하여 구스타브 에펠Gustav Eiffel은 이렇게 반박했다. '…거대한colossal 것들에는 이끌림attraction이 있다. 평범한 예술작품에는 거의 적용될 수 없는 특별한 매력charm이 있다. 에펠 타워는 인간이 올린 가장 높은 건물이 될 것이다. 그렇게 높으니 거창하기만 하지grandiose 않겠느냐고 한다. 왜 이집트에 있으면 경탄하면서 파리에 있으면 흉측한 것이 되고 조롱받아야 하나? 나는 답을 찾고 싶다. 하지만 아직까진 어떤 답도 발견하지 못했다.' 12)

에펠탑은 점점 더 경쟁적으로 바뀌던 기업가들로부터 자금을 지원받았다. 기업계의 지원을 통해 에펠탑은 기념비의 위상이 메타서사적인 상징에서 순수한 스펙터클로 이동하였음을 보여주었다. 에펠 스스로는 고대 이집트의 피라미드에 견줄만한 건물로 얘기했지만, 에펠탑을 비난하는 사람들은 '그 쓸모없고 괴물 같은 에펠탑이…노트르담Notre-Dame과 셍트 샤펠Sainte-Chapelle, 생 자크 탑Tower of St. Jacques을 압도한다. 우리의 모든 기념비의 가치는 떨어졌다. 우리의 건축은 약해지고 있다.'13)며 분통을 터트렸다.

파리는 건축적 아이콘으로 규정되는 도시이다.14) 에펠탑, 개선문Arc de Triomphe, 노트르담 대성당cathedral, 사크레쾨르 대성당Sacré-Coeur basilica, 라데팡스la Défense의 그랑드 아르슈Grande Arche, 루브르의 피라미드 등. 이러한 형태는 단순하고 친근하므로 방문자를 유도한다. 이

h) 프랑스어에서는 한가롭게 걷기, 소요하기 등의 몸의 움직임에 좀 더 중심이 있다면, 영어에서는 산보라는 뜻 이외에 빈둥거리고 나태한 상태를 표현하는 의미가 더해진다.

i) 샤를 보들레르 저, 황현산 역, 악의 꽃, 민음사, 2016 참조

j) 19세기 파리가 자본주의적 도시화를 경험하고 '스펙터클'의 도시가 되면서, 대로와 아케이드, 박람회장 등의 기념비적 건물들이 들어서게 된다. 이 과정에서 여가, 과시의 이유로 공원 산책을 즐겼던 브루주아들은 '쇼윈도에 전시된 물건을 찬찬히 구경하며 도시공간을 누비는' 것을 자연스럽게 여기게 되었다. 이들은 아케이드를 누비거나 카페에 앉아 책을 읽고, 글을 썼다. 그들은 대게 직업은 없었지만 부모나 소유지로부터 충분한 수입을 얻었다. 이를 통해 그들은 여유와 취향을 유지할 수 있었다. (이다혜, 발터 벤야민의 산보객 개념 분석; 『아케이드 프로젝트』를 중심으로, 도시연구:역사・사회・문화, vol.1, 2009. 6, pp.106-129 참조)

k) 현대 사진의 거장. 보도 사진이 예술로 인정받는데 큰 기여를 하였음. '결정적 순간'으로 알려진 그의 작품들은 일상의 리얼리티를 잘 잡아내는 것으로 매우 유명하다. 또 다른 포토 리얼리즘의 대가인 로버트 카파와 보도사진 작가그룹인 매그넘 포토스를 만들었다.

건물들은 쉽게 소화되고, 누구나 인지가능하다. 또한 방문자들이 파리에서 보리라 기대했던 바를 충족시켜주는 물리적 증거가 되어주면서, 아이콘적인 건물들은 방문자들의 마음을 편안하게 해준다. 방문자들이 파리의 지하철과 관광버스를 이용해 관광명소만 찍는 와중에, 도시의 중간적인in-between 공간들은 미개척지로 남게 된다. 하지만 파리는 대도시이다. 또 다른 대안적 파리가 있다. 아이콘적인 건물이 없는 대신, 사람과 공간/사건/건물 사이에서 일어나는 일상-비일상 간의 상호작용이 대안적 파리를 구성한다.

파리—아이콘적이지 않은 건물을 찾아서

시인이자 수필가인 샤를 보들레르Charles Baudelaire는, 19세기 중반 산업화가 한창이던 대도시 파리 속에 숨겨진, 떠들썩한 아름다움을 잡아낸 가장 초기의 인물들 중 하나이다. 그는 파리에 독특한 빛을 더하면서, 급격히 성장하던 근대성의 순간들을 영원함eternity과 친밀함intimacy의 감각으로 가득 채우는 작업을 진행했다. 그는 파리의 상징이나 기념비에 초점을 맞추는 대신, 일상의 세밀한 분석을 통해 근대 도시 속 삶의 덧없음을 포착했다.

*—산보Flânerie와*h) *건축*

보들레르의 시는 도시의 부산한 속성을 표현한다. 그와 더불어—조르주 외젠 오스만(남작)Georges-Eugène Haussmann에 의해 폭력적으로 진행된—전면적 파리 재건reconstruction에 따른 변화들을 잡아내고 있다. 그는 꿈에서도 그리던 파리의 '기가 막히게 아름다운 단조로움ravishing monotony'을15) 이야기했다.i) 이는 언제나 도시환경과 인간의 상호작용이라는 관점을 거쳤다. 도시생활city life에 대한 독특한 측면들을 잡아내면서, 보들레르는 (그리고 그의 글은) 파리의 길 위를 방황한다. 이 과정에서 산보의 개념이 구체화되었고, 산보객flâneur—길을 돌아다니며 도시생활에 대한 연구를 하는, 도시를 수사대상으로 삼는 탐정urban detective—의 원형archetype이 등장했다. 산보를 통해 '파리는 하나의 거대한 실내' 혹은 '문턱threshold이 없는'16) 도시가 되었나.j) 산보객은 길거리를 걷는 긴 산책에 '중독'된 사람이다. 그들은 '내 걸음마다, 더 큰 가속도momentum를 가한다.'17) 그는 길거리를 '어떤 집단을 위한 거주 장소'18)로 생각한다. 개인이 '스스로 세운 네 개의 벽으로 지켜낸 프라이버시'19) 안에서 머무르려 할 때, 이 집단은 건물들 사이의 공간에 생기를 불어 넣는다.

산보를 건축가의 직업에 연관시켜보면, 산보객은 건축가가 도시를 디자인하면서 첫 번째로 거쳐야 하는 작업을 수행한다고 볼 수 있다. 산보객은 장소와 사람들 사이에 어떤 상호작용이 일어나는지, 다시 말해 인간의 기능과 도시의 형태 사이에 어떤 관계가 있는지 살핀다. 보들레르의 시는 일상과 길 위에 있는 사람들에 초점을 두고 있다. 둘 다 아이콘적인 대상은 아니다. 건축가들은 도시의 기념비들이 아니라 기념비들 사이의 삶과 공간들에 집중해야 한다. 그것이 보들레르가 주는 교훈이다.

—도시생활의 표현

파리지앵으로 도시 속 일상을 사는 매력은 20세기 중반 로베르 드와노Robert Doisneau의 사진 속에서도 이어진다. 드와노는 '순간'에 열중했다. 도시생활의 즉각적인 표정expression을 잡아내면서 '보통의 상황 속에 있는 보통의 사람들이 만들어내는 보통의 제스처'를 포착했다. 드와노와 동시대에 활동한 앙리 카르티에 브레송Henri Cartier-Bresson은k)—'주제에 대해 의식하지 않는, 조작이 없는unmanipulated 장면'20)과 같은—길거리 사진의 양식을 개척했다.

드와노는 자신의 접근 방식을, 길거리를 헤매면서 사람들이나 풍경 속에서 '게걸스럽게 먹어대는 것guzzling' 으로 묘사한다. 그는 건물 뒤편, 자갈포장길, 계단, 가로등의 기둥 그리고 비어 있는 벽을 사람들과 같은 수준으로 중요시한다. 그는—일상의 건축과 거주자가 주인공star이 되는—파리의 잊혀진 거리와 파리 교외를 산보한다. 드와노는 건축의 특징들을 대단히 중요시 여겼다. 후일 그에게 왜 자기 고향 몽루즈 교외는 촬영하지 않느냐고 물었을 때, 그는 '(제 고향은) 시멘트가 석고 타일plaster tiles과 나무로 만든 임시막사hutments을 대신해 버렸으니까요. 빛을 잡는 것이 없습니다.'라고 대답했다.21) 이런 상황이 그에겐, 근대건축이 문맹상태illiterracy가 되면서

형제 로베르 드와노, 파리, 독퇴르-르센 로Rue du Docteur-Lecène, 1934

사냥개들 로베르 드와노, 파리, 콩코드 광장Place de la Concorde, 1969

꺄날 드 루흑크(우르크 운하)CANAL DE L'OURCQ
산업적 목적으로 조성된 운하를 태평하게 낚시터로 전용

라빌레트 공원PARC DE LA VILLETTE
두 아이가 즉흥적 만남을 위한 장소로 파빌리온을 쓰고 있다.

플렁드흐 가AVENUE DE FLANDRE
비밀의 문

플렁드흐 가AVENUE DE FLANDRE
비밀의 문 뒤편의 중정

조르주 퐁피두VOIE GEORGES POMPIDOU
강변 산책로는 계절별 인공 해변으로 활기를 띄고 있다.

호시에 로RUE DES ROSIERS
중세의 작은 길거리에서 일어나는 대도시 도시생활의 원기 왕성한 혼돈

즉, 재료를 통해 의미를 전달하는 방법을 모르게 되면서 생기는 폐단의 흔적indictment으로 보였던 것이다.

드와노의 작업은 1930년대에서부터 1990년대에 이르기까지 파리를 형성했던 변화와 소란스러움을 반영했다. 2차 대전 이전의 파리의 순수함에서부터, 전쟁기간 동안 도시를 휘어잡던 혼돈, 근대성과 영원성이 불편하게 공존하는 상황에 이르기까지, 드와노는 사람과 그들을 둘러싼 도시의 환경 사이의 상호작용이 일어나는 순간들을 포착했다. 이런 상호작용들은 건축가에겐 더욱 중요한 교훈으로 오늘날까지 굳건히 남아있다. 예를 들어 '형제Les Frères'(1934)라는 작품은 아이들이 교통이나 어른들의 감독으로부터 자유롭게 탐험하거나 전용appropriate할 수 있는 환경을 디자인하는 것이 얼마나 중요한 것인지를 보여준다. '아스팔트 설치L'asphalte déroulée'(1944)는 전쟁과 같은 극단적인 사건에 직면했을 때 아무것도 해내지 못하는 건축의 무용성futility을 반영한다. '사냥개들La Meute'(1969)는 보행자보다 운전자의 수요를 더 중요하게 여겼던 20세기 중반의 도시설계urban design에 대한 날카로운 고발indictment이다.

– 스펙터클

앙리 르페브르Henri Lefebvre는 철학자이자 도시 이론가로, 주로 파리에 대한 연구를 수행했다. 그의 일생에서 가장 많은 저작을 내던 1960-1970년대 사이는, 근대성이 파리에서 가장 강력하게 드러나던 시기였다. 이 시기 르페브르는 근대성에 있어서는 최고의 권위를 인정받던 분석가이자 비평가였다. 도시공간의 사유화privatization I)와 상품화commodification에 직면하여, 르페브르는 도시생활의 일상적이고, 비-아이콘적이며 인간적인 측면을 그 어떤 것보다도 우위에 두고 논지를 전개했다. 그는 평생을 들여 '도시적 삶urban life의 복잡성complexity과 풍요로움richness ... 도시의 풍요로운 일상의 숨결을 해명'하고자 노력했다.22)

I) 공공사업분야에서는 민영화로, 공공 공간을 다룰 때에는 사유화로 번역하였다.

m) 앙리 르페브르 저, 정기현 역, 리듬분석, 갈무리, 2013 참조

n) 원래 시뮬레이션은 모사라는 뜻을 가지고 있으나 장 보드리야르는 이를 확장하여 새롭게 해석한다. 간단히 이를 설명하면 원본이 사라졌거나, 원본을 압도하는 사본을 의미한다고 볼 수 있다. 보드리야르는 현대사회는 오히려 원본이 시뮬라르크(복제본)를 따르게 된다고 주장하면서, 시뮬라시옹이 '원본도 사실성도 없는 실재, 즉 파생실재(hyper-real)를 산출'하고 있다고 말했다.

o) 레베카 솔닛 저, 김정아 역, 걷기의 인문학, 반비, 2017년 참조

르페브르는 일상 도시생활 속의 패턴과 리듬을 관찰했다. 리듬분석Rhythmanalysis의23) 3장인 '창문에서 바라본 광경Seen from the window'에서,m) 르페브르는 파리의 교차로를 분석한다. 그는 목전에 펼쳐지는 사람들과 공간 사이의 상호작용에 대해, 매력적인 관찰자에서부터 분석가이자 비평가 사이를 오가며 글을 전개한다. 점점 더 부산해지고frenetic, 혼잡해지고congested, 균질화되는homogenized 도시생활의 속성을 따라가면서, 르페브르는 개인이 아니라, 보들레르와 드와노가 그랬듯, 군중에 초점을 맞춘다. 그는 새로운 유형의 도시적 경험의 맥락에서 분석의 틀을 잡았다—그는 건축과 도시 설계를 대량소비mass consumption의 대상으로 간주했다. 또한 사회가 점점 더 도시적 환경과 연관성을 가지지 못하고 있다고 말했다. 이런 상황에서 개인은 '부조리한 군중incongruous crowd'이 되어 '금속질의 관광기념품metallic knick-knacks' 주변을 걸어 다닌다.24)

르페브르는 도시적 환경이 더 이상 일상생활의 감동을 위한 배경backdrop이 되고 있지 못하고 있음을 지적했다. 이제 건축은, 공간에 대한 재무관리financial management of space가 되어 군중의 행동들을 좌지우지하게 되었다. 르페브르가 열거했던 것은 결국 어떻게 '스펙터클'—특정하자면 아이콘적인 건물—이 일상적 도시생활의 복잡하고 섬세한 부분들intricacies을 고려하지 않고, 도시 공간의 상업화를 촉발하였는지에 대한 사례들이다. 그는 빅토르 위고가 100년도 넘게 이전에 했던 질문과 같은 종류의 질문을 제기한다. '우리의 도시는 얼만큼 실체적인가. 진짜로.'

실체가 없는Insubstantial 아이콘들

르페브르는 아이콘과 그 정반대인—일상, 둘 다를 끌고 온다. 그는 '비 메타서사적인 아이콘들'이... 도시를 경험하는데 점점 더 큰 역할을 맡게 될 것이라고 예측했다. 또한 어떻게 스펙터클로서 존재하는 시뮬라시옹simulation의n) 도시가 진정한 도시 경험의 가능성을 찬탈하게 될지도 예상했다. 그는 건축가들이 아이콘적인 메시지를 전달하는 사람이 아니라 '공간의 실천을 이끄는 사람practitioner'이 되어야 한다고 말하면서 건축가들을 고취한다.25) 보들레르, 드와노, 그리고 르페브르. 이 셋 모두 일상을 엠블렘 같은 것를 보나 우위에 두고 잔미하였으며, 일상에 잠복해 있는 아름다움을 찾아냈다. 그들은 아이콘적인 메시지나 착시illusionism에 의존하기 보다는, 도시민과 시민들이 시간, 공간과 나누는 상호작용에 초점을 두어야 한다고 얘기했다. 무엇보다도 중요한 것은, 도시적 삶의 풍요로움을 반영하고 고양하기 위해 공간을 창조하고, 건축을 활용해야 한다는 점이었다.

정답 : 더 많이 걸어라

어떻게 건축가가 이러한 목적에 도움을 줄 수 있을까? 대답은 보들레르, 드와노, 르페브르에 있다—우리는 더 많이 걸어야 한다. 보들레르는 걷기를 통해 그의 뮤즈인 도시를 탐험했다. 드와노는 '산보라는 행운luck of the stroll'을 옹호했다. 산보가 아니었다면 그가 도시의 기대하지 못했던 순간들을 우연히 포착하는 것은 불가능했을 것이다. 그 와중에 르페브르는 걷기, 특히 군중의 걷기는 도시의 리듬에 영향을 미친다고 남겼다.

걷기는 통합적인 활동이다. 우리는 같은 도로 포장을 공유하고, 같은 공기를 공유한다—우리는 월간 철도 이용권을 감당해야하거나 최신의 자동차를 사기위한 지불비용을 감당할 필요가 없다. 걷기를 통해 우리는 공간과 맞물린다. 환경적이고 정치적인 내용을 다루는 작가인 레베카 솔닛Solnit은,o) 걷기가 '공공 공간의 공공적인 성격publicness과 실행가능성viability'을 유지한다고 말했다.26) 최근에 도시의 공공 공간과 보행로가 사유화되는 흐름에도 불구하고,27) 걷기는 여전히 가장 민주적이고 가장 포괄적인 이동 형식이다. 걷기의 속도 역시 생각을 하거나 반추에 빠지거나 무언가를 관찰하기에 완벽하다. 자전거 타기로 건물이나 사건을 지나가다 보면 세부적인 사항은 인식하기가 쉽지 않다. 자동차를 이용한 여행은 고독한 활동이다. 속도가 주변을 향한 조망을 약화시키는 동안에, 당신 주변의 다른 것들과의 연관성은 약화된다. 기차를 통해 이동하는 것은 더하다. 사람과 공간, 건물들이 하나의 기다란, 다양한 색깔로 구성된 흐릿한 형체blur가 된다. 걷기야 말로 도시환경과 도시의 경험이 반영된 생각에 집중할 수 있는 진정하고 유일한 방법이다. 강조하자면, 솔닛도 말했듯, 걷기는 '한 시간에 3마일을 가는 생각'이다.28)

글래스고 죽음을 연상하게 하는 유머와 이야기를 담고 있는 모퉁이 세부표현

부다페스트 지붕 세부표현으로 다듬어진 환기관-형태와 기능에 대한 아주 오래된 사례

런던 다양성과 경제성을 동시에 챙기는 전통적 벽돌쌓기 세부표현

글래스고 철거과정에서 드러난 역사의 켜

런던 경악을 금치 못하게 하는 도시계획의 극단. 이동하는 차에 의해 지속되던 공동체가 파괴되고 있다.

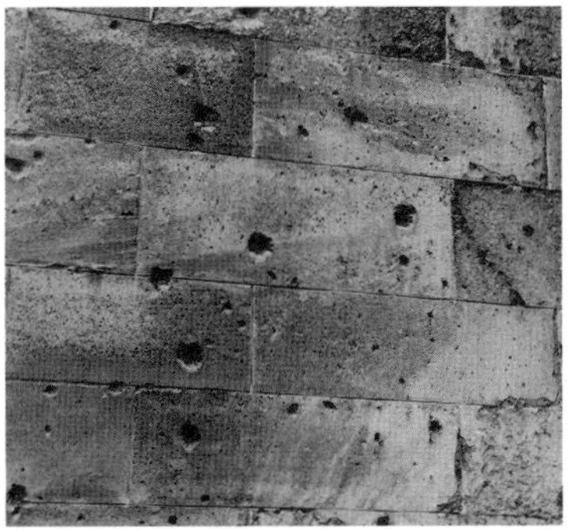

부다페스트 과거의 혼돈을 상기시키는 탄흔들

방문자가 되어 기념비와 아이콘적인 앰블럼 사이를 오가든, 거주자가 되어 집과 일터를 왕래하든, 걷기는 우리가 도시를 경험할 때의 틈을 메워준다. 우리는 도시가 내거는 브랜드 이미지 속에서, 혹은 우리의 습관적인 점유지들domains과 이 공간에서 펼쳐지는 사람과 시간 속에서 도시를 이해한다. 걷기는 우리가 공간과 건물을 사용하는 다양하고 자발적인 방법들과 관계를 맺을 수 있는 다수의 기회를 제공한다. 우리가 걷기만 하면, 놀라운 일은 이어질 것이다.

실체의 도시를 짓는 방법

건축가는 보들레르와 드와노, 르페브르로부터 영감을 받아, 도시를 마케팅 실행의 대상으로 보고, 건축을 아이콘적인 브랜드를 만드는 과정으로 생각하고, 건물들을 점점 더 공허한 메시지를 전달하는 장치로 보는 추세를 뒤집는 데 일조할 수 있다. 이를 위해 우리는 도시를 대상으로 삼는 탐정, 관찰자, 분석가가 되어야 한다.

- 우리의 도시환경을 탐험하면서 놀라움에 빠지고 영감을 얻을 것—우리가 접하는 도시 이미지를 그대로 수용하지 말고, 도시 속 일상생활에 대한 우리 스스로의 이미지를 만들어야 한다. 그렇게 하면 우리가 만든 공간과 디자인적 대응에 영향을 미칠 수 있는 도시 이미지가 형성된다.
- 걷기는 사람들이나 개인, 군중이 실제로 공간을 사용하는지에 대한 독특한 관점을

글래스고 독특한 기상 조건으로 생기는 도시 분위기에 대한 인상

런던 건물을 연결하는 특이한 고가교를 통해 느끼는 놀라움

부다페스트 자세히 볼 것. 고대에 지어진 도시 성곽 안에 근대식 건축 세부표현이 있음

글래스고 계단형식의 건물 입구. 연사와 시위자들을 위한 연단으로의 전용

부다페스트 길가는 가구와 조명의 도움으로 갖은 행위들이 일어나는 소굴이 된다.

런던 코벤트가든이 축제공간으로 일시적으로 전용되면서 흐린 날에 활기를 부여한다.

제공한다. 우리가 만든 건물과 공간에 의해 형성된 문제들, 그리고 기회들에 반응하기 위해서는 걸어야 한다.

- 걷기를 통해 도시의 역사적 켜가 벗겨진다. 기억에서 사라졌거나 방치된 공간들, 건물들, 혹은 역사적 자취들 사이를 헤매거나, 이들에 주목하다보면 우리가 건물을 위치시키는 장소의 역사적 사회적 맥락을 이해할 수 있다.
- 건물의 숨겨진 세부표현으로부터 교훈을 얻을 것—어떻게 특별한 벽돌쌓기 방법이 형성되었는지, 옥상의 환기관roof vent은 어떤 방식으로 전체 지붕형태와 이음매 없이 합쳐지는지, 어떻게 모퉁이로 유머를 풀어내는지, 걸어야 알 수 있다. 걸어야 관찰할 수 있고 그런 다음에 이러한 세부표현들을 분석할 수 있기 때문이다.
- 아이콘적인 지역이나 건물들 사이에 있는 중간공간들을 헤매다 보면, 왜 사람들이 이런 공간들에 방문을 많이 하지 않는지 가늠할 수 있다. 걷기를 통해 사람들이 방문을 하지 않는 이유는 정확히 무엇 때문인지 특정하고, 그 이후 개선방법에 대해 판단 내릴 수 있게 된다.

이러한 방법으로 우리는 공간의 실천을 수행하는 방법을 배울 수 있다. 이미지나 환영을 만들어 내는 것 대신에, 우리는—아이콘이나 기념비가 아닌—실체가 있는 도시를 만들 수 있다.

영향을 받다/미치다INFLUENCE

지역 대 세계

influence영향을 받다/미치다, 동사[a]
라틴어 *-fluere*(흐르다)에서 기원
1-유도하거나 효과를 내다.
2-(사람을) 설득하다.
(사람에게) 압박함을 주어 특정 행동을 하게 만들다.

인터넷을 이용한 관계가 깊어질수록, (인터넷이 우리 영향력의 확대를 의미하는 동안은) 우리가 찍고, 공유하고 업로드 하는 수천 장의 사진들로 이뤄지는 관계 역시 깊어진다. 미국 성인은 평균적으로 하루에 11시간 이상을 각종 스크린을 바라보는데 쓰고 있다. 그러한 시각적 포화상태saturation는 우리로 하여금 개인의 이미지에는 무감각하게 만들고, 심지어 불안감과 기억력 장애를 일으킬 수도 있다. 1)

이미지 과부하overload

건물을 디자인하는 과정 역시 디지털 이미지에 제압당하고 있다. 인터넷을 쓰게 되면서 한 번의 클릭으로도 얼빠진 듯 바라보고, 탐내며, 궁극적으로는 자기 프로젝트에 써먹게 되는 이미지를 찾을 수 있게 되었다. 우리는 멍한 상태로 인터넷을 하고, 쳇바퀴 돌듯 우리 디자인에 전용할 수 있는 이미지를 발굴하기 위해 애쓴다. 이렇게 자극적인 이미지를 참조하는 것에 의해 만들어진 디자인은, 나중에는 다른 이들에게 다시 참조의 대상이 된다.

이런 이미지들 중 다수는 건축의 특정한 부분들을 강조하는 과정에서 추상화된다. 그런 이미지들에는 사람에 대한 고려가 되어 있지 않거나 실제 쓰이는 부분에 대한 명확한 묘사가 없을 때가 많다. 설비공간, 조잡한 만듦새workmanship, 투박한 세부표현들은 포토샵 프로그램으로 없앨 수 있다. 이렇게 순식간에 만들어지고 필터에 의해 조작되는 거짓 이미지들은 결코 건축 작업의 정확한 재현이 아니다.

'선례precedent**' – 디자인 방법으로서의 이미지**

건축 전공의 학생들은 너나 할 것 없이, 배아상태에 머물러 있는 본인의 디자인은 별개로 하더라도, 벽에 핀으로 고정시킨 '선례' 이미지가 있다는 것에 용기를 얻는다. 이런 이미지에는, 선례를 통해 자기 프로젝트 의도와 열망을 소통하고 싶다는 생각이 들어 있다. 공간과 용도의 매칭, 재료의 선택, 건물의 형상, 그 밖의 많은 것들이 선례 이미지로 선택된다. 모델링이나 분석을 통해 디자인을 쥐어짜내는 것보다는 선례가 되는 이미지가 디자인을 진행할 때 의지가 된다. 이런 방식에 문제는 없나 생각해 보는 학생들은 별로 없다.

이런 학생이 십년이 지나 자격을 갖춘 건축가가 되었다고 생각해보자. 새로운 직장. 좋은 인상을 줄 첫 기회다. 이 건축가는 자기가 그런 초기 스케치 몇 장을 핀으로 벽에 고정한다. 그 옆에는 참고한 선례들 혹은 영감을 주는 이미지를 함께 붙여 두었다. 그가 임원들을 앞에 두고 프로젝트에 대한 발표를 시작할 즈음, 임원 중 하나가 선례가 되거나 영감을 주었던 이미지를 벽에서 뜯어내서 쓰레기통에 던져 넣는다. 아무 말도 없었지만 메시지는 명백하다. 너 자신의 디자인으로 지침과 부지, 그리고 물리적 · 사회적 맥락에 대응하려면, 남의 것을 참조하지 말라는 것.

디자인 방법의 대안

건축 디자인 프로세스에서 이미지를 활용하지 않았던 시기는 없다. 건축가는 이미지를 참조를 위한 도구로 사용하면서, 어떤 장소나 건물을 직접 가보지 않더라도 마음속에 그릴 수 있었다.

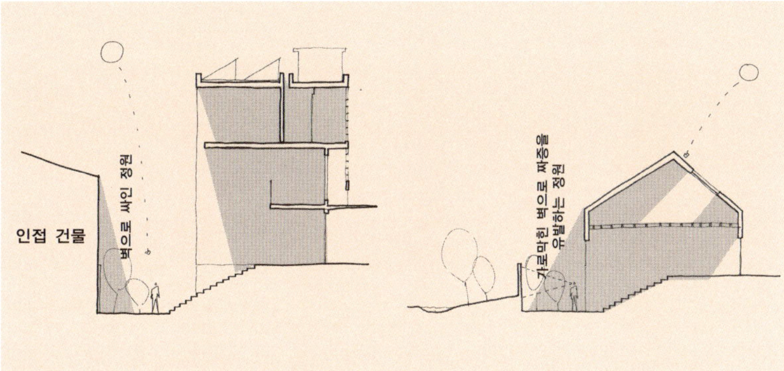

단면 벽으로 둘러싸인 집Walled Garden House, 상파울루 도심지역(왼쪽)
정원에서 시선을 가로 막는 쓸모없는 벽, 스코틀랜드 외곽(오른쪽)

코르텐 콘크리트 스페인

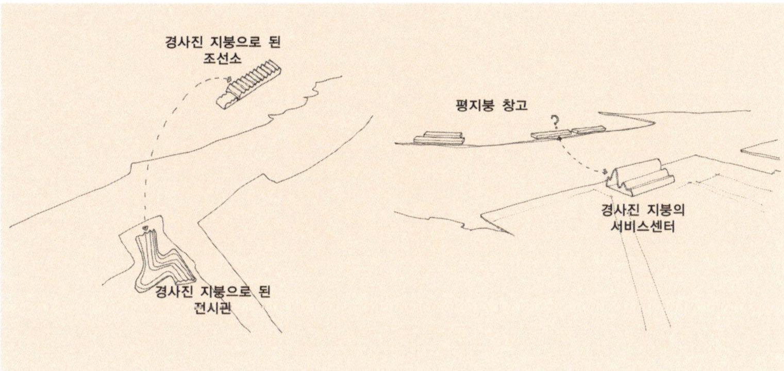

지붕 운송 박물관(2004–2011), 자하 하디드, 영국, 글래스고 / 항만서비스센터(2010 디자인), 구보타 앤 바흐만Kubota & Bachmann, 대만, 가오슝

코르텐 콘크리트
런던엔 비가 온다. 코르텐은 녹이 슨다!

a) 본문이 주로 건축가를 받은 영향을 어떻게 디자인에 반영하는가에 대한 것을 다루고 있다.
b) 고전건축을 자주 활용한 건축가의 특성을 '그리스(Greek)'를 뜻하는 중간 이름에 빗대고 있다.

이미지로 채우지 못하는 부분은 답사를 가거나, 큰 스케일로 모형을 만들어보거나, 해당 작품의 문화적 맥락을 공부하는 식으로 보충하곤 했다. 오늘날 이 역할을 하는 것은 구글어스와 스트리트뷰이다. 학생이나 건축가들은 이들 프로그램을 이용하여 수없이 많은, 자세한 공간 이미지를 접하고 있다. 하지만 그것들은 참조 도구로 보면 무딘 것들이다. 구글어스와 스트리트뷰는 우리로 하여금 첫 인상과 외관으로 판단을 내리도록 부추긴다. 장소와 건물에 대한 상징적, 미적, 기후적, 그리고 기술적 측면을 엄격하게 조사할 필요가 없는 것처럼 느껴지게 한다.

알렉산더 그릭 톰슨의 건축

건축가가 받은 영향을 어떻게 다뤄야 할지 잘 이해한 사람이 있다. 19세기 중반 스코틀랜드의 건축가 알렉산더 '그릭' 톰슨Alexander 'Greek' Thomson이다.b) 톰슨은 낯선, 외국의, 심지어 이상해 보이는 것까지도 자기 고향인 글래스고의 도시구조에 엮어 넣었다. 이를 통해 지역적으로 대응하면서도 획기적인 건축을 창조했다. 아마도 오늘날의 건축가들에게 가장 용기를 북돋워주는 것은 '그의 고대건축과 동시대 건축에 대한 지식이 장서library와 건물에 대한 정기간행물들building journals로부터 도출된 것처럼 보인다'는2) 점일 것이다.

톰슨은 공부를 위해 여행을 할 시간도 수단도 없었다. 그는 자신이 사망한 1875년에 이르러서야 처음으로 외국으로 나간 사람이다. 하지만 그는 공부를 지속했고 이를 통해 그가 받은 다양한 영향들을 정리할 수 있었다. 러스티케이션이 있는 로마네스크Romanesque

건축c)에서부터 신고전주의Neoclassicism 건축의 장대함까지, 고대 이집트 건축의 모티프와 장식, 그리고 미국의 새로운 산업용 재료industrial material들까지 깊이 생각한 후, 그는 당대의 절충적 건축 양식의 작품들compositions 속에 반영하였다. 이러한 작품들은 낯선 것들—주랑현관porticoes, 종탑campanile, 이오닉 기둥의 주랑colonnade, 종려잎 무늬palmette와 같은—을 친근하게 만들었다. 톰슨이 지역의 건물유형을 재창조하기 위한 수단으로, 자신들의 보편적인 상징체계 위에서, 지역에서 나는 재료들로 이것들을 다루었기 때문에 가능한 일이었다. 톰슨은 장서나 정기간행물로부터 영향을 받았을지는 모르지만, 그것들을 초월했다. 다음의 언급할 내용들은 이에 대한 세 가지 증례이다.

칼레도니언 로드 교회Caledonia Road Church

1856년에 완공된 칼레도니언 로드 교회는 글래스고의 산업지역 중 클라이드 강River Clyde 남쪽에 지어졌다. 당대를 주도했던 절충주의 양식은 네오고딕neo-Gothic이었고, 이 때문에 스코틀랜드의 건축가들은 영감을 얻기 위해 잉글랜드와 프랑스의 작품들을 살펴보고 있었다.d) 톰슨은 그렇게 하지 않았다. 그는 더 먼 과거로 더 넓게 살폈다.

교회가 아직 제도판 위에 있을 때, 글래스고는 철도의 거점도시가 되어 있었고, 교회가 들어설 부지는 남쪽으로부터 올라오는 철도 간선의 교차점에 있었다. 톰슨은 그의 디자인이 도시의 '표지marker', 즉 상징적 관문이 되어 런던같이 멀리서 오는 철도 승객들을 맞이하게 되리라는 것을 알고 있었던 듯싶다. 그런 이유로 교회 건물은 점점 세계적 도시가 되어가는 글래스고의 중요성을 방문자에게 알리는 역할을 수행해야 했다. 그리고 이를 달성하기 위해, 톰슨은 고대 건축의 다양한 요소들을 강력한 보편적 상징으로 구성해 냈다.

c) 입면을 구성하는 하부의 석재를 돌출시키거나 거칠게 다듬는 조적기법을 의미한다. 콜로세움 등을 비롯한 고대건축에서 사용되었지만 대중화 된 것은 이탈리아 르네상스 건축에서이다. 입면의 수평성과 안정성을 강조한다. 헤어초크 앤 드뫼롱의 도미누스 와인양조장의 입면디자인은 고전적인 러스티케이션을 전복적으로 해석한 경우로 볼 수 있다.

d) 고딕양식의 중심이 프랑스와 영국, 그중에서도 잉글랜드였기 때문이다.

종탑
성 스테파노Santo Stefano,
가브리엘 베네토Gabriele Veneto,
이탈리아, 베네치아, 고딕,
1544

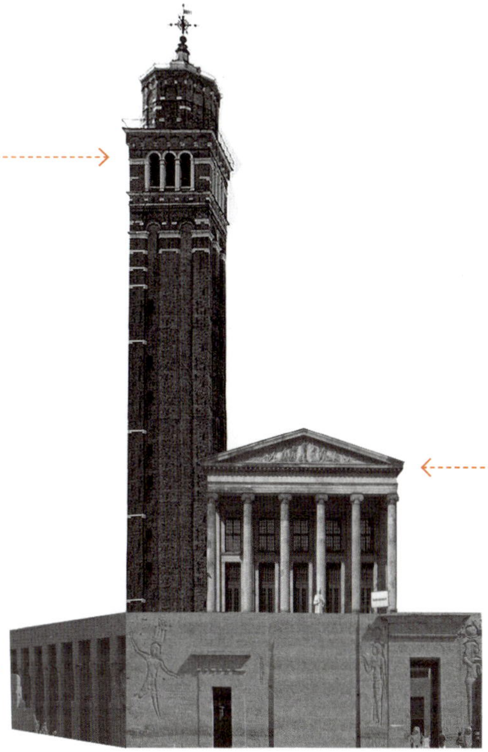

주랑현관
샤우스필하우스, 카를
프리드리히 싱켈, 독일
베를린, 신고전주의, 1821

저층부
이시스 신전Temple of Isis, 이집트, 필라이,
고대 이집트, BC380-BC362.
넥타네보, 프톨레마이오스 2세,
프톨레마이오스 3세에 걸쳐 건축

— *종탑Campanile*

교회의 종탑 상부는 랜턴lantern e)과 십자가로 되어 있다. 전체로 보면 규모를 줄인 전형적인 이탈리아의 종탑이다. 종탑은 석조로 된 견고한 외관과 단순한 기둥의 표현을 통해, 로마네스크 건축의 요새fortress 같은 속성3)을 구현했다. 그와 동시에, 멀리서도-더 많은 곳에서도 도시를 인식하게 하는 새로운 지역적 표지가 되었다.

— *주랑현관Portico*

톰슨은 이 건물에 고대 그리스 건축의 주랑현관을 적용했다. 가볍고 개방적인 주랑현관은 견고한 종탑과 육중한 저층부 디자인에 강한 대비를 이룬다. 1821년에 싱켈Schinkel f)이 지은 베를린의 샤우스필하우스Schauspielhaus(왕립극장)g)으로부터 영감을 받았다-샤우스필하우스 조차도 고대 아테네 아크로폴리스에 있는 에레크테이온 신전Erechtheum으로부터 도출된 디자인이다. 톰슨은 자신의 건물과 도시를 진중함gravitas과 도시적 세련됨civic sophistication으로 가득 채우려 했다.

— *저층부Base*

엄격한 느낌을 주는 저층부는 주출입구에서만 앞쪽방향으로 개구부를 주고, 측면으로는 좁고 긴 창들을 열 지어 설치했다. 전체적인 인상은 견고solidity하고, 장중solemnity하며 어둡다. 이러한 특징은 고대 이집트 도시였던 에드푸Edfu와 필라이Philae의 신전temple과 공유하는 성격이었다. 톰슨은 이 부분이 숭배와 진지함이 있는 장소라는 것을 명확하게 밝히고 있다.

e) 채광창이 달려 있는 꼭대기 탑
f) 프리드리히 길리(F. Gilly)의 작품에 감동을 받아 그의 제자가 된 후 이탈리아와 프랑스에 유학하여 고전 건축을 연구하였다. 그리스 건축을 바탕으로 장엄함과 숭고함을 강조하는 독일 신고전주의(Greek Revival)을 전개하면서 신위병소, 샤우스필하우스, 알테스 뮤지엄 등의 대표작을 내 놓았다. 실제로 신고전주의적인 작업을 한 시기는 생애 중 일부로 중기 이후에는 합리적인 사고를 받아들여 영국의 픽처레스크를 수용하여 독창적인 작업을 진행했다. 건축 이외의 분야에서는 낭만주의적 기법도 확인할 수 있다.
g) 초기에는 극장으로 개관했으나 현재는 연주회장으로 쓰인다. 2차 대전 당시 심각하게 훼손되었다가 1980년대 리모델링을 통해 1994년 현재의 명칭인 '콘체르트하우스 베를린(Konzerthaus Berlin)'으로 재개장했다.

글래스고 테너먼트

리젠시 타운하우스REGENCY TOWNHOUSE

월머 크레센트

월머 크레센트 Walmer Crescent
톰슨이 다양한 외부영향을 하나의 응집력 있는 전체로 만들어 내는데 능하다는 것을 보여주는 또 다른 건물이 있다. 1862년에 지은 테너먼트tenements 형식의 공동주택 블록, 월머 크레센트이다.

글래스고에서 테너먼트는 어디서나 볼 수 있는 건물유형이다. 이러한 건물들에는 몇 가지 기본 규칙들이 있다—3~5층 사이의 높이, 거실 부분에는 바깥으로 돌출된 내닫이창bay windows이고 나머지 부분은 일반의 세로창portrait windows, 세대 간 분리는 중심부에 배치한 '한쪽이 막힌 복도close' 혹은 통로hallway에 의해, 외관에는 언제나 사암을 쓰고 상부에는 점판암 지붕slate roof. 이 건물 유형은 다양하게 개작이 가능한 덕분에 도시 인구의 대다수를 수용할 수 있었다. 지금도 여전히 많은 수가 그들이 세입자건 소유주건, 가난하건 특권을 누리건 상관없이, 이러한 유형의 건물에서 살고 있다. 좀 더 부유한 지역affluent areas의 테너먼트에서는 장식과 세부표현에 공을 많이 들이지만, 그렇지 못한 지역—산업지역과 조선소 근처의 많은 곳에 있는 테너먼트는 돔이나 터렛turrets h)이 없고, 돌출창의 개수도 적으며, 모퉁이를 곡선 대신 직선으로 처리한 모따기로 마무리한다.

톰슨은 글래스고 지역 소재 테너먼트의 규칙들을 중요시하는 동시에 성공적으로 운용한 처음이자, 유일하다고까지 주장할 수 있는 건축가였다. 월머 크레센트가 이를 증명한다. 칼레도니언 로드 교회에서처럼, 그는 다양하게 영향 받은 부분을 제어하고, 재단함으로써 프로젝트의 지침과 특정한 맥락에 대응하는 작업을 내놓았다.

—내닫이창
보통의 테너먼트 프로젝트에서 내닫이창은 주 파사드로부터 '아주 조금' 돌출되어 '아주 조금' 길가 조망과 채광을 개선했다. 하지만 월머 크레센트에서는 전체 형태 구성에서 시각적 리듬을 부여하고, 내부공간을 충분히 확보하기 위해 내닫이창을 사용했다. 톰슨은 개별 내닫이창을 얌전하게 돌출시키는 대신, 내닫이창의 크기를 키우고, 서로 닿아있는 주거 유닛에 있는 2개의 내닫이창을 합쳐 형태적으로 특색 있는 테라스를 만들었다.

—지붕
공동주택의 상부는 보통, 지붕마루가 가운데 있는 박공지붕gabled roof 아니면 모임지붕hipped roof으로 처리한다. 글래스고의 테너먼트의 지붕은 각도가 커서 점판암경사부분이 길거리에서 보인다. 톰슨은 이러한 관례를 벗어난다. 그는 석재로 된 옥상난간벽parapet을 높이고, 가운데는

글래스고 테너먼트

트롱프뢰유

월머 크레센트

납으로 만든 배수용 선홈통을 설치한 이중 경사지붕pitched roof을 두어 지붕의 전체적인 높이를 길에서 보이지 않도록 낮추었다. 그러면서도 전체적인 지붕라인은 전통적인 특성을 남겨두고 있다. 이러한 책략을 통해 톰슨의 테너먼트는 글래스고 건축 어디에서건 볼 수 있는 육중한 점판암 지붕을 벗어 던졌다. 연접되어 있는articulated 석조 벽체를 통해 견고하고 통합된 성격을 건물에 부여하고 '울퉁불퉁한 바위덩어리에서 전해지는 다부진 장엄함rugged grandeur'이 주는 분위기4)를 자아낸다. 이런 처리는 독특했다. 적어도 글래스고에 있던 느낌은 아니었다.

— 줄무늬 모양의 러스티케이션Banded rustication

글래스고의 테너먼트는 사암을 마름돌Ashlar block—직각으로 모서리가 처리된 큰 돌—로 만들어 5)만들어진다. 이로 인해 건물의 파사드는 기념비적인 특징이 생기는데, 이를 방해하는 것은 작은 개구부들apertures과 코니스뿐이다. 톰슨은 여기서 다시 지역건축의 관례를 깨고 르네상스와 바로크의 세부표현인, 줄무늬 모양의 러스티케이션(수평적 조적쌓기를 강조하고 수직성을 최소화하는 기법)을 적용한다. 월머 크레센트의 러스티케이션은 16세기와 17세기 로마의 건축가들이 쓰던 기술을 유지하면서도, 1층 부는 굵고 위층으로 갈수록 점점 덜 무겁게 보이는 줄무늬 모양을 포함하는 또 다른 단계로 나아간다. 이러한 처리를 통해 글래스고적인 특징을 담고 있는 보통의 건물 유형에 웅장하고 도시적인 분위기를 부여한다.

톰슨이 건물 유형을 재창조할 때 지속적으로 등장하는 주제는 웅장함이다. 톰슨은 능란하게 청중들을 받아치고, 글래스고 테너먼트의 요소를 반복하면서도 독특하게 처리하는 식으로, 건축주와 미래의 부유한 아파트 소유주들에게 강한 인상을 남긴다. 중요한 점은 그가 외부 세계로부터 영향을 받았음에도, 그것들을 지역건축의 요소에 맞추고 건물유형과 도시 모두에 적합한, 다부지고 타협하지 않는 외관을 만들어 냈다는 점이다.

벅스헤드 빌딩 Buck's Head Building

글래스고 도시 중심부에 자리한 벅스헤드 빌딩Buck's Head Building은 1863년에 완공되었고 그 이듬해인 1864년 증축되었다. 월머 크레센트가 기존의 건물 유형을 업데이트하고 재창조하는 방식으로 접근했다면, 벅스헤드는 새롭고 낯선 건물유형인 물류창고warehouse를 도시구조에 순응시켜, 역사적 배경을 가지고 있는 부지에i) 실현했다.

h) 중세 성채에서 자주 보이는, 벽이나 건물에서 돌출된 형식으로 지어지는 작은 탑. 포탑이나 첨탑형식으로 지어진다.

i) 건물 이름에 대한 역사적 배경이 깊다. 1757년 담배 거래상이었던 존 머독(John Murdoch)이 주택으로 지었던 것을 포도주 양조를 하던 콜린 맥팔렌(Colin McFarlane)이 호텔로 개조를 해서 1790년 '벅스헤드 호텔'을 개장했다. 톰슨의 창고건물이 이 호텔의 있던 자리에 지어지게 되자 이름을 따서 지었다는 설이 전해진다. 건물의 상부에는 벅스헤드라는 이름에 걸맞게 사슴 머리 조각—존 모스맨(John Mossman)이 제작했다—이 올라가 있다. 2003년 리노베이션되었다.

벅스헤드 빌딩 글래스고, 1863

가드너 물류창고 존 베어드(1세), 글래스고, 1856

1860년대 글래스고는 산업과 무역의 국제적 도시로서의 위상을 확고히 하고 있었다. 도시가 확장하면서 항구를 통과하는 물품들을 보관하고 전시할 수 있는 새로운 건물 유형, 즉 물류창고가 필요했다. 톰슨은 물류창고를 벅스헤드 이전에도 이후에도 디자인했지만 새로운 건물유형의 가능성을 진정으로 포용한 작업은 바로 이 건물이었다. 이는 재료의 사용과 외부 색채, 넓은 면적의 유리창을 통해 잘 드러난다.

— *주철Cast iron*

얇고 미묘한 속성을 가진 주철과 톰슨이 구사하는 견고한 스타일의 건축이 잘 맞지 않아 보이는 것이 사실이다. 톰슨은 이전에 주철을 사용하기는 했지만, 실내 공간을 좀 더 넓게 쓰기 위한 목적에 국한해서였다. 벅스헤드 빌딩은 톰슨이 주철재료를 외부에 쓴 최초 작업이었다. 조셉 팩스턴Joseph Paxton의 수정궁Crystal Palace(1851, 런던)과 존 베어드John Baird의 가드너 물류창고Gardner's Warehouse(1855, 글래스고)의 혁신적인 기법을 수용하여, 톰슨은 2개 층에 걸친, 우아하게 위로 갈수록 좁아지고, 이국적인 세부표현이 있는 주철 기둥을 실험했다. 이 기둥들은 그 위층들에 있는 석조 입면과 지붕창dormer과 강한 대비를 만든다. 주철재료를 눈에 잘 띄게 사용하면서, 벅스헤드 빌딩은 창의와 진보로 가득했던 근대적 도시에 뚜렷한 기여를 남기게 되었다.

다양한 색채를 쓴 외부
벅스헤드 빌딩

다양한 색채를 쓴 내부
홈우드 저택

다양한 색채를 쓴 내부
홈우드 저택

벅스헤드 빌딩 글래스고, 1863

오르타 주택HORTA HOUSE
빅토르 오르타VICTOR HORTA, 브뤼셀, 1901

— 색채Colour

건물 외부에 주철을 쓰면서, 톰슨은 그가 사랑하는 고대 그리스 건축의–여러 색을 같이 쓰는–색채조합colour schemes을 사용할 수 있는 기회를 얻게 된다. 어두운 적색, 녹색, 청색을 조합한 홈우드 저택Holmwood House의 실내공간이나 교회의 목재 문에서 보이듯, 톰슨은 진작부터 과감하게 여러 색을 잘 조합하는 실내공간으로 명성을 얻고 있었다. 그가 다른 건물에 사용했던 사암과 달리, 주철은 부식을 막기 위해 도색이 필요했고[6], 바로 이것이 건물의 파사드에 색깔을 쓸 수 있는 기회가 되었다. 톰슨은 이러한 기능적 요구사항을 반영하여, 주철 기둥을 주황색과 청색, 아이보리와 자줏빛으로 도색하면서, 이국적 정취exoticism가 가득한 디자인을 진행했다. 이는 그가 수용했던 외부의 영향이 없으면 불가능한 작업이었다. 사암으로 올린 지역건물을 배경에 두고, 과감한 색채를 사용하는 것을 통해, 톰슨의 이 건물은 세계적인 것과 지역적인 것, 오래된 것과 근대적인 것 사이의 조화를 체현한다.

—창문

j) 창호와 창호 사이의 벽

벅스헤드 빌딩의 입면은 개구부 비율, 혹은 석재 대 유리의 비율이 혁신적으로 높다. 톰슨은 보통 기념비적인 돌을 깎아서 공들인 세부표현을 더한, 깊숙한 창틀로 개구부를 표현해 왔다. 그러던 것이 벅스헤드 빌딩에서는 거의 커튼월처럼 보일 지경의 벽체 단면 디자인을 보여준다. 섬세한 주철 기둥 뒤에 숨겨진 석조 피어pier사이에는j) 판유리로 된 큰 유리창을 두었다. 팩스턴과 베어드가 보여준 혁신 덕분이겠지만, 톰슨이 미적이고 기능적인 효과를 끌어내기 위해 이러한 구조적 경제성을 고려한다는 사실은 주목할 만하다. 물류창고가 이런 창호디자인 덕분에 더 많은 빛을 끌어들이게 되자, 고객들은 전시되어 있는 상품을 잘 확인할 수 있었다. 창문만 보자면 거의 아르누보Art Nouveau(이 건물 이후 이십년 정도 뒤에 전 유럽을 뒤덮은 건축양식. 아직은 아니다) 에 이른 솜씨flair를 느낄 수 있는데, 그의 이전 작업에서는 전혀 없던 것이다.

톰슨은 근대적이고 거칠 것이 없었던, 급성장하는 도시를 위해 새로운 건물유형을 제시했다. 아주 딱 맞게 말이다. 벅스헤드 빌딩은 그의 작품 전체로 보면 대단히 이질적이지만 외부 영향을 다루는 방식을 공유하고 있다. 그는 최신 기술을 그가 고전건축으로부터 영향 받은 부분들과 함께 포용하고 통합했다. 그리고 구조적 논리에 있어서 분수령이 되는 순간을 창조했다.7)

외부로부터 받은 영향을 다루는 방법 Harnessing influences

톰슨의 작업은 이미지 과부하 상태에 빠진 오늘날의 건축가에게 가치 있는 교훈을 전달한다. 외부로부터 수용한 취향이나 영향들을 어떻게 이국적이되 지역적이고, 근대적이되 세월이 흘러도 변치 않는 건축을 만드는데 활용할 수 있을까. 이런 외부요인들은 반드시 여과하고 분석해서 써야 한다. 맹목적으로 복제해서는 안 된다.

- 선례나 외부로부터 영향 받은 것들에 대해 충분히 공부하고 질문을 던져라. 너 자신의 디자인에 그것들을 적용하는 것이 대단히 복잡한 일이라는 것을 진정으로 이해하기 위해서이다.
- 디자인에 외부요인을 쓰는 것은 그로 인해 성취되는 것들에 의해 결정되어야지, 단지 당신이 좋아하기 때문에 사용해서는 안 된다.
- 영향 받은 것을 쓸 때에는 그로 인해 건물, 건축주의 목적, 맥락에 부여되는 상징적・기능적인 부분들을 진중하게 고려해야 한다.
- 당신이 영향 받은 것들이 뒤섞이는 것을 두려워하지 말 것. 많지 않은 인원이 쓰는 건물domestic building을 디자인하면서 많은 시민을 위한 시설civic building을 참조해도 된다. 그 역도 마찬가지.
- 모든 건물은 건물 유형에 상관없이 전용되거나 개변 가능한 속성이 있다.
- 새로운 기술을 포용하라. 하지만 방식이 중요하다. 시간에 상관없이 가치 있는 작업이나 오래된 역사 속에 형성된 걸작들에 디자인 기반을 두는 방식으로 포용하라. 그렇게 하지 않으면 당신의 건물은 기술과 함께 빠르게 '구식dated'이 될 것이다.
- 보편적이되 특별한 디자인을 내놓으려면, 지역의 조건・전통과 세계로부터 받은 영향을 나란히 두고 진행해야 한다.

만약 우리가 톰슨처럼 위에 적힌 것을 모두 해낼 수 있다면, 우리는 외부로 받은 영향들을 조심스럽게 선별하고 깊게 연구한 결과로서의 건축, 세계적인 동시에 지역적이고, 급진적인 동시에 시간의 흐름에 따라 흔들리지 않는 건축 작업을 성취할 수 있을 것이다.

복구하다/되다RECLAIM

reclaim복구하다/되다, 동사
라틴어-*reclāmāre*(저항하다. 크게 소리치다)
에서 기원
1-(타동사) ~을 돌려달라고 요구하다.
특정한 표제titles, 소유권, 역할 등의 대한
권한을 다시 주장하다
2-(자동사) 저항하다, 반대하다

건축가들은 이제 건설 산업의 공모자들이다. 이제 건축가는 실제 행동을 취하는 것이 아니라 사회를 보는 것에 그치고 있다. 다른 공모자들이 건축주의 돈과 열망을 주재한다. 건축가를 제외한 그들이 관계당국의 규칙rules과 규정regulations, 엔지니어의 제약조건constraints과 제한사항limitations, 도급업자contractors의 프로그램과 예산을 관리한다. 건축가가 하는 일이라고는 이러한 실제적인 과정들을 순조롭게 돌아가게 하고 남한테 내 보일만하게 포장해서 시장성을 확보하는 것이다. 운이 좋다면 그들만이 즐기는 이상한 펀치라인punch line이나a), 혹은 그들만이 부를 수 있는 노래를 곁들일 수도 있다.

그런데 말이다. 이걸로 충분한가? 어떻게 우리는 건축가의 위상을 창작자와 실행자로 복구시킬 수 있을까? 영향력 있는 주체들에 둘러싸여 단순히 발표만 하는 작금의 상황을 벗어나기 위해서는 어떻게 해야 하나?

a) 원래는 유머에서 가장 충격을 주는 맨 마지막 부분을 가리키는 말이다. 이야기를 전개한 후 한 방에 터뜨리는 마지막 대사를 의미하던 것이, 음악분야로 파생하여 (특히 힙합에서) 듣는 이가 참신하다고 느낄만한 구절을 짚어내기 위해 쓰인다. 라임, 플로우와 함께 힙합의 벌스를 특징짓는 중요한 요소 중 하나. 몬데그린(비슷한 발음의 다른 의미 어휘) 현상을 사용하는 경우가 많다.

수석 건축업자chief builders 가 되는 것을 배울 것

피렌체 두오모Duomo에서 다루기 힘든 시공의 세부사항 때문에 곤혹스러워하는 건축업자가 접근했을 때, 필리포 브루넬레스키Filippo Brunelleschi는 아마도 밀랍wax이나 점토clay로 모형을 만들거나 순무turnip를 깎아 그가 원하는 바를 예증하려고 했을 것이다.1) 그는 건물의 기술적 측면에 대해 날카롭게 이해하고 있었기 때문에 대단히 자연스럽고 직관적인 방법으로 자신의 비전을 다른 사람들과 소통할 수 있었다. 브루넬레스키와 마찬가지로, 건축가는 스스로 만든 디자인이 현실상에서 어떻게 지어지는지 알고 있어야 한다. 불완전하게 디자인 해놓고는 다른 분야의 건축업자가 나머지를 해결해주리라 기대하는 방식은 안 된다. 건축 개념은 충분히 현실화될 수 있는 세부표현에 달려있다. 만약 이것이 건축가가 학생들처럼 1:1 세부 모형을 만들거나 부지에서 생활해야 하는 것을 의미한다면,—그렇게 해라. 이런 과정이 없으면 건축주는 결국 건축가에 대한 신뢰를 거둔다. 건축가는 설부른 아이디어a half-baked idea보다는 더 나은 결전할 수 있어야 한다.

스스로를 위한 프로젝트를 발전시킬 것

내가 이 직업에 있으면서 가장 울적했던 순간은 이전에 내 상사였던 사람이 미래를 걱정하면서 '내게 필요한 건 부자를 만나는 거야.'라는 말을 했을 때였다. 그는 온갖 종류의 타협과 양보를 하면서 더 부유하고 더 힘 있는 건축주에 전적으로 의존했다.

우리는 건축주가 설정한 의제에 질질 끌려가지 말아야 한다. 영화사의 상업적 요구로부터 해방된 영화감독처럼, 그들 자신의 레이블을 시작한 음악인처럼, 건축가는 건축주나 개발업자가 말하는 바를 성취하려고 노력하는 대신, 건물과 프로젝트의 디자인을 자기가 원하는 곳에 도달시켜야 한다. 이런 질문이 가능할 듯싶다. '사회에 기여하고 건축을 진보시키기 위해서라면 말이야. 땅을 상품으로 접근하는 개발업자를 보조하기 보다는, 직접 땅을 사서 원하는 걸 하는 게 낫지 않아?', '궁리를 하고 혁신적인 수단을 써서 투자를 받을 생각을 해야 일이 진행되지, 가만히

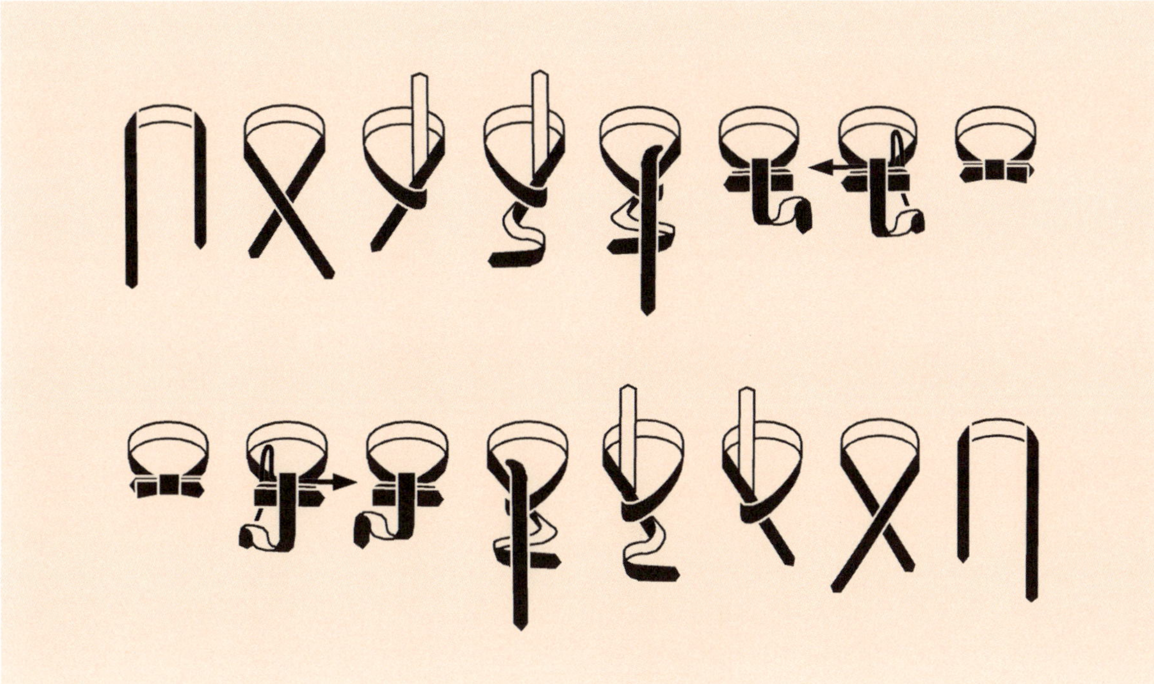

우리의 공모자들이 나비넥타이를 풀도록 해보자

기다리면서 오지도 않을 좋은 기회가 생기길 바라?' 이 말은 제약조건과 욕망을 벗어나야 의미 있고 아름다운 작품이 가능하다는 것이 아니다. 하지만 너무나도 빈번하게 이러한 역학관계가 창의성의 숨통을 죄고, 사회적 편익social benefit의 가능성을 제한한다. 오직 이런 불균형이 시정될 때만이, 건축가는 진정한 창작자가 될 수 있다. 건축가는 다른 누군가의 생각이나 상업적 목표를 실현해주는 사람이 아니다.

건축주에게 진실할 것

건축가라면 유토피아가 전면적으로 구현되었을 때에 대한 전망을 가지고 있기 마련인데, 이것이 때로는 재능이 되는 반면, 때로는 저주에 가깝다. 이러한 전망은 우리에게 상상력과 야심을 불어넣어주기도 하지만, 이 때문에 자신감이 너무 과하거나 자신이 한 디자인에 잠재적 단점을 알아채지 못하게 되기도 한다. 그럼에도 우리는 결코 유토피아적인 관점을 포기해서는 안 된다. 그것이 건축가를 규정하기 때문이다. 하지만 건축가는 자신의 생각이 실제로 작동할 것임을 증명해 내야한다—그리고 그것이 어떻게 작동할 것인지 어떤 영향을 미치게 될 것인지에 대해서도 과장 없이 솔직해져야 한다. 우리는 좀 더 과학자처럼 접근할 필요가 있다. 증거들을 모아 예측되는 변화들에 대해 정량화하여 말할 수 있어야 한다. '어떤 프로젝트의 디자인으로 특정한 집이나 지역에 실제로 가치를 더할 수 있을까?' 그렇다 아니다 수준이 아니라 얼마나 그러할지 알아내야 한다. '공간이 사용자들에게 어떤 심리적 영향을 미칠까?' 가상현실 기술을 쓰고 심리학자를 고용해서 예측하면 된다. 오직 경험적 증거만이 군살 없이 생산성 있는 디자인을 가능하게 한다. 그것이 우리의 고결한 이상에 가까워지는 유일한 길이다.

건축가가 자신의 기술적 역할을 해내고, 스스로가 납득하는 프로젝트를 창작하고, 생각이 실제로 작동하는 디자인을 제공할 때, 그제야 창작자로서의 위상을 복구할 수 있다.

해조류 농장 계획안
제임스 테이트, 영국, 아리삭Arisaig, 2008

존중하다/받다RESPECT

정치인들, 추한 건물들, 창녀들

respect존중하다/받다, 동사
라틴어 – *respicere*(뒤돌아보다, 고려하다)에서 기원
1–(타동사) 깊은 존중이나 높은 평가를 이끌어 내다
2–(타동사) ~에게 적절한 관심을 보이다
3–(타동사) ~를 고려하다, ~에 대해 고려하고 있음을 표하다.

> '내가 존중받을만하기 때문에, 나는 노인이다. 정치인들, 추한 건물들, 창녀들, 모두 존중받을만하다. 그들이 충분히 살아남기만 한다면.'
> –노아 크로스, *차이나타운*, 1974

로만 폴란스키Roman Polanski의 1974년 작품, 영화 차이나타운Chinatown에는 기업가인 악당 노아 크로스가 나온다. 그는 스스로가 존중받을 만한 사람이라는 말을 하면서 '추한ugly 건물들'을 예로 삼는다. 그의 말은 당신이 계속된 사건들로 인해 흉터가 생겨도 충분히 오래 버티고만 있으면, 초기에 잘못을 좀 했더라도, 존중받을 만한 사람이라는 소리를 듣게 된다는 것을 암시한다.

특정한 공간과 시간대에서, 특정한 일군의 사람들에게, '추하다'라는 소리를 한번이라도 들어본 적 없는 건물은 없다. 언제나 그렇다. 추하다는 이유도 각양각색이다 – 형태적으로 충격적이거나 대담해서 그럴 수도 있고, '지각된 규범perceived norm'에 부합하지 않아서 추하다고 간주되기도 하며, 공격적인 방식으로 바로 인접한 맥락과 대치해서 그럴 수도 있다. 때로는 사회주류가 불편해할 어떤 것을 기능적으로나 사회적으로든 드러낼 때에도 그런 평가를 듣는다. 그러나 이렇게 추한 건물들도 더께가 쌓이고, 지속적으로 이어지는 노크를 버텨내며, 매일 사용하고, 새로움이 사라지고 배경으로 물러나게 되면, 자연스럽게 풍경 속으로 합쳐진다. 한 때 급진적이나 논란의 여지가 있다고 지각된 건물들도 시간이 지나면서 점점 누그러진다. 대중은 처음에는 질겁했던 것이 무엇이든 간에 점점 무디어진다. 그리고 질겁하기에 좋으면서 새로운 것들은 언제나 있게 마련이다.

하지만 어떻게 우리가 건축에 내재한 급진성과 야망을 희석시키지 않고, 수용의 과정을 앞당길 수 있을까? 여기 몇 가지 전략이 있다.

새 건물을 만든다고 오래되고 귀한 건물을 철거하지 말 것

오래되고 사랑받던 건물을 새로운 개발을 위해 철거하는 것은 두 가지 이유에서 문제가 있다. 첫째, 지금 건축가는 자신의 작업이 그 자리에 선행해서 있었던 건물보다 가치 있다고 주장하는 것이다. 과연? 둘째, 지금 건축가는 특정 지역 혹은 국가차원에서 거주자에게 감성적인 가치를 가지고 있을지도 모르는 건물을 제거하려는 위험을 감수하고 있다.

오래된 모든 것이 철거되어서는 안 된다고 주장하는 게 아니다. 만약 기존의 건물이 전혀 작동하지 않고 돌이킬 수 없을 정도로 수리가 불가능한 경우에는 철거가 선택 가능한 답이 될 수 있다. 그렇다 할지라도 우선 당신은 상태를 잘 감정해서 기존의 건물을 유지하고 그것들을 새로운 제안에 통합시킬지를 결정해야 한다. 심지어 당신의 새로운 건물이 이전에 있던 것보다 월등하다 해도, 과거의 모든 흔적을 말소하게 된다면, 대중이 이를 수용하는 데에는 지난한 시간이 걸릴 수도 있다.

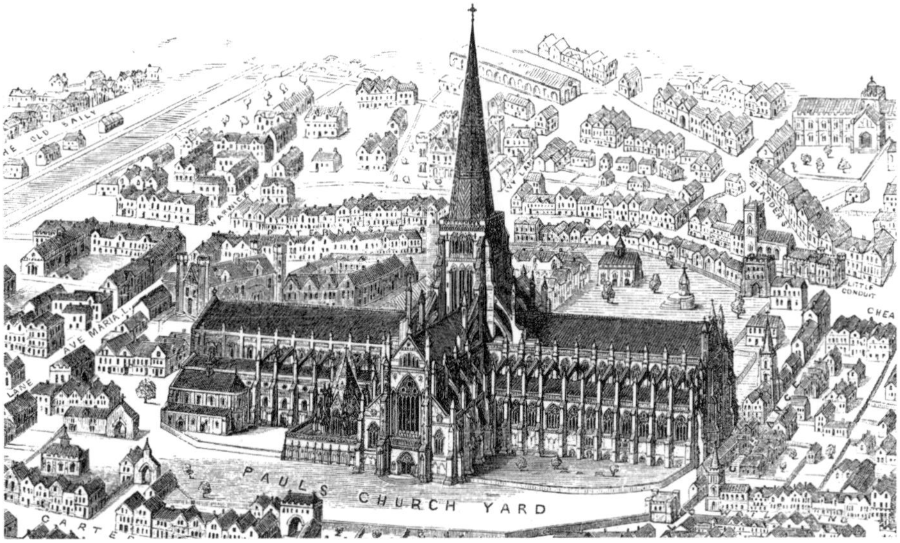

구 성 바울 대성당 고딕양식의 첨탑

신 성 바울 대성당 르네상스 양식의 돔

크리스토퍼 렌 경 역시 이러한 난제에 처해 있었다. 그가 새로 디자인한 런던의 성 바울 대성당St. Paul's Cathedral 계획안은 11세기에 지어진 옛 성당이 남아있는 상태에서 제시되었다. 1660년 렌은 일단 기존의 성 바울 성당의 구조를 조사한 뒤, 첨탑을 철거해야 된다는 결론을 내렸다. 렌은 이 결론이 환영받지 못할 것이라는 것을 잘 알고 있었다. 특히 그의 계획안에는 새로이 이탈리아식의 돔을 올리는 부분이 포함되었는데, 이는 명백하게 전통적이지도, 영국적이지도 않았기 때문이다. 그리하여 렌은 기존의 첨탑 주변에 새 돔을 건설하겠다는 제안을 했다. 돔이 지어지고 첨탑이 사람들이 시야에서 벗어나게 되었을 때가 되어야 첨탑을 철거하겠다는 계획이었다.[1)] 렌의 논리는 사람들이 새로운 돔에서 '위풍당당함majesty'을 느끼게 되면 오래된 첨탑을 철거해도 받아들일 수 있으리라는 것이었다.[2)] 하지만 렌의 철거계획은 필요가 없었다. 1666년 런던 대화재Great Fire of London로 기존의 성당이 유실되었기 때문이다.

샤드 성 바울 대성당을 아래쪽에 두고 건설 중인 상황. 햄스테드 히스Hampstead Heath에서 촬영, 2011

오래되고 사랑받는 건물의 조망을 망쳐놓지 말 것

이런 식의 수용에 대한 이야기는 끝이 없지만, 시간을 돌려 렌이 돔을 완성한지 350년 뒤로 가서, 렌조 피아노Renzo Piano의 샤드Shard 이야기를 해보자. 이번에도 장소는 런던이다. 이 건물은 역사단체와 공공단체로부터 비난의 대상이 되었다. 이 건물이 성 바울 대성당에 지나치게 가깝다는 이유였다. 당시 성 바울 대성당은 런던 소재 13개의 '도시 조망 보호대상protected city views' 중 여덟 번째로 선정된 '1순위 조망초점primary focus'이었다.

결과적으로 이 건물, 공식적으로는 런던 브리지 타워London Bridge Tower는 이런 우려 위에서 올라가기 시작했다. 하지만 이는 정직한 탄생은 아니었다. 이 건물이 런던의 눈에 띄는 강변에서 주소가 조금이라도 이동했다면, 즉 성 바울 대성당의 도시 조망 보호지역을 벗어났다면, 혹은 높이와 형상에서 지역성에 대응했다면, 이 건물은 그렇게 힘든 유년기를 보내지 않아도 되었을 것이다. 그렇게 되었다면 그건 샤드가 아니었을 것이다. 지금처럼 쉽게 인지할 수 있는 상징적 건물이나, 도시 한가운데에서 허풍을 떠는 랜드 마크가 되지는 못했을 것이다. 300년 안에 샤드가 성 바울 대성당과 같은 수준의 존중을 받을 수 있을지는 두고 볼 일이다.

뭔가 과격한 걸 제안하고 있다면, 좋은 별명을 붙여줄 것

별명은 수용한다는 신호이다. 아이들을 생각해 봐라. 새로운 아이가 그룹에 들어오고 시간이 좀 지나면, 그/그녀는 별명을 얻게 된다. 별명은 오직 두 가지 상황에서만 주어진다. 아이가 집단에 수용될 만한 가치가 있음을 증명했을 때 그리하여 그들이 새로운 이름을 자랑스럽게 쓰게 될 때.

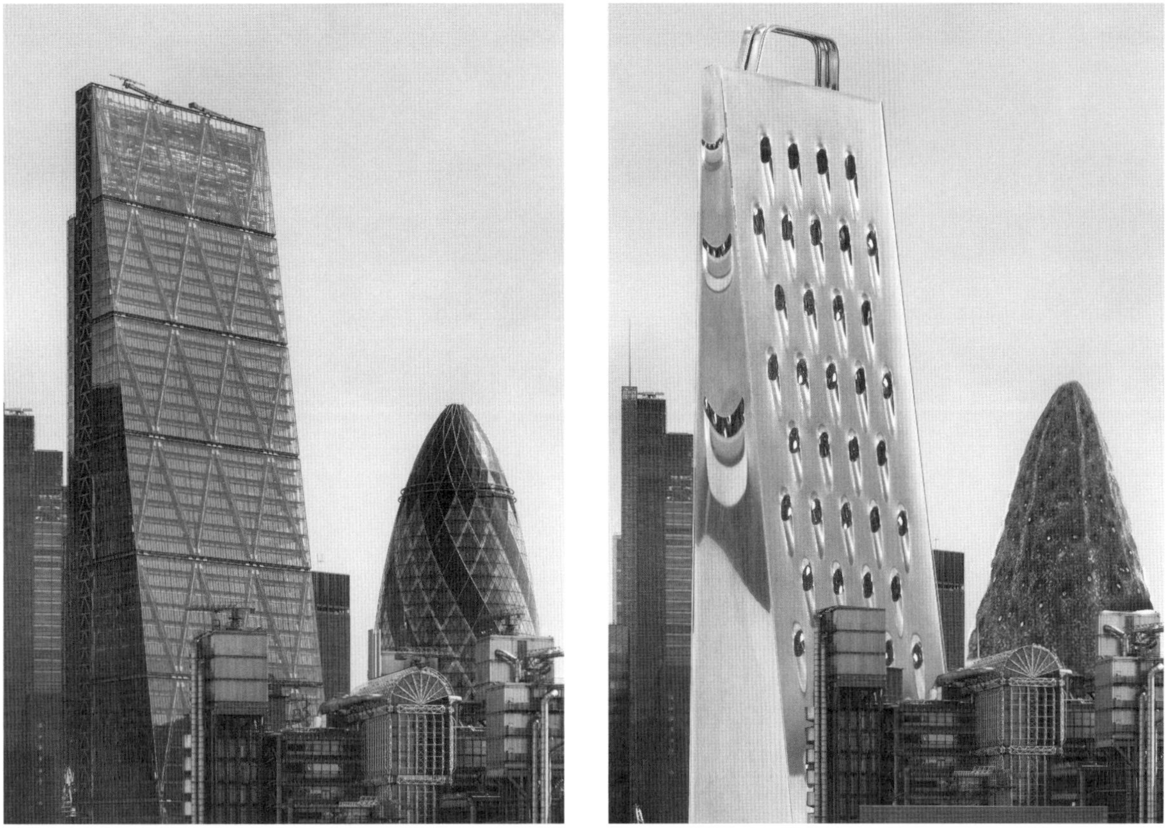

리든홀 가 122 '치즈 강판'(로저스, 스터크, 하버+파트너스, 2014)과 '피클오이' (포스터+파트너스, 2004)

비슷한 상황이 건물에도 적용된다. 건물의 별명은 형태나 상징성이 디자인에서 명료하여, 지속적으로 친근한 느낌을 주고 있다는 것을 반영하고 있다. 만약 별명이 붙으면, 별명을 통해 건물은 지역이나 세계적인 표지, 심지어는 아이콘이 될 수 있다. 런던의 치즈 강판Cheesegrater (리든홀 빌딩Leadenhall Building), 글래스고의 아르마딜로Armadillo (클라이드 오디토리움Clyde Auditorium), 웰링턴의 벌집(뉴질랜드 국회의사당 행정관Executive Wing of the New Zealand Parliament Buildings)이 모드 여기에 해당된다. 최근에 가장 유명한 건물 별명은 포스터 앤 파트너스의 피클오이Gherkin (30 세인트 메리 액스 30St Mary Axe)일 것이다. 이 건물의 단순하고 아이콘적인 형상은 이제 런던의 스카이라인을 구성하는 빠뜨릴 수 없는 구성요소가 되었다. 개장 후 고작 몇 년 만에 이뤄진 일이다.

디자인 과정에서 별명을 생각해내려고 노력하는 것은, 불가능할 뿐만 아니라 적절하지도 않다. 하지만 별명이 있는 건물들은 차별성을 가지고 있다. 심지어 과격할 때도 있다.(헤어초크 앤 드뫼롱의 올림픽 스태디움인 새둥지Bird's Nest나 CCTV본사 사옥인 OMA의 큰 바지 타워Big Pants tower를 생각해 보라. 공교롭게도 둘 다 베이징에 있다.) 차별성이나 과격함을 통해 당대의 다른 건물 및 일반적인 건물유형과는 동떨어진 성격이 만들어지게 된다. 피클오이 주변에 같은 시간대에 지어진, 상대적으로 덜 차별성 있고 덜 야망을 드러내는 마천루는 에잇 캐나다 스퀘어8 Canada Square, 원 처칠 플레이스1 Churchill Place, 트웬티파이브 뱅크 스트리트25Bank Street, 그리고 포티 뱅크 스트리트40 Bank Street가 있다. 모두 주소에 기반을 둔 원래 이름으로 불리고 있다.

별명이 있고-없고가 수준의 지표는 아니다. 하지만 별명이 그 건물에 삶을 의탁하고 거주하는 사람들에게 수용되는 빠른 방법fast-track acceptance 인 것은 분명하다.

납세자들의 돈을 현명하게 쓸 것(되도록이면 한 푼도 쓰지 말 것)

크레인이 돌아가기도 전에 존중을 잃게 되는 가장 효율적인 방법은 공적자금public money을 낭비하는 것처럼 보이는 것이다. 만약 프로젝트가 민간 투자로 진행되고 있으면, 일반적인 태도는 훨씬 관대하다. 그러나 만약 세금을 내는 이들의 돈을 낭비하고 있다면, 보통은 굉장히 다른 반응을 접하게 된다.

공적자금으로 지어지는 건물은, 건물의 위치부터가 첫 걸림돌이다. 만약 대도시 안에 짓는다면 도시 바깥에 사는 이들은 왜 공적 자금을 맨날 대도시에만 쓰느냐며 불평할 것이다. 반대로 교외지역이나 소도시에 짓는다면, 대도시 거주자들이 왜 공적자금을 누구도 알지 못하는 프로젝트에 낭비하는지에 대한 의문을 가지게 될 것이다. 두 번째 걸림돌은 우선순위이다. 누구나 당신이 지으려는 그 프로젝트보다 더 가치 있게 돈을 쓰는 타당한 방법들을 알고 있다. 더 많은 병원, 더 많은 학교, 도로에 있는 구멍을 막는 일, 당신 프로젝트만 빼면 다 타당한 이유가 있다.

런던의 노스 그린위치Greenwich Peninsula에 위치한 밀레니엄 돔Millennium Dome 프로젝트가 딱 그런 비판에 직면했다. 리처드 로저스가 1999년에 디자인한 밀레니엄 돔은 새 천년의 여명을 기념하게 위한 목적으로 추진되었다. 거의 대부분의 비용이 영국 국립 복권UK National Lottery의 수익금proceeds과 민간자본private finance에 의해 조달되는 것임에도, 40%의 사람들은 이 건물이 모두 공적자금으로 지어진다고 믿었고, 90%는 그들이 힘들게 벌어들여 납부한 세금이 부분적으로 들어간다고 생각했다. 타블로이드의 공세와 야당의 반대가 높아지면서, 이 건물은 '국가적 망신', '추레한 텐트shabby tent' '유독성 폐기물 전시관'과 같은 오명이 붙었다. 이 돔이 '세계를 인도하는 불빛beacon to the world'이 될 것이라는 주장과는 상당한 차이가 있는 별명이었다. 새 천 년 전야에 성대하게 개장한지 일 년도 지나지 않아 많은 사람들이 이 건물의 철거를 요구하였다.

당시 돔에 대한 평판이 이 지경이 된 것에는 많은 잠재적 이유들이 있었다. 재정관리 부실financial mismanagement, 정치적 내분political infighting도 이유에 포함될 것이다. 또한 가치가 있다고 폭 넓게 인정할 수 있는 공통의 목표 역시 부족했다. 뭐니 해도, 이 프로젝트가 공적 자금으로 지어졌다는 지각이 생긴 순간, 밀레니엄 홀은 대중의 수용을 얻기 위한 불가능하고 잠재적인 투쟁을 시작해야 했다. 그러나 요즘 이미지를 쇄신하여 민간 소유의 콘서트 장으로 쓰이면서, 이 프로젝트는 상냥하게 존중받을 수 있는 수준에 이르렀다. 힘든 시간을 잘 버텨온 것이다.

밀레니엄 돔의 교훈은 무엇일까? 건축가라면 공적자금이 투자되는 프로젝트를 피할 수 없다. 그것이 본인의 수익성이나 평판 상의 자살과 같은 시도가 될 수도 있다. 공공 프로젝트를 의뢰받았을 때, 건축가는 자신의 야망과 온전한 생각을 후퇴시켜, 납세자가 낸 돈의 안위에만 신경 써서는 안 된다. 아마도 모든 건축가가 할 수 있는 일은 솔직하게 실제 프로젝트의 비용과 기간이 어떠한지, 어떻게 줄일 수 있는지를 확인하는 작업에 착수하는 것이 될 듯하다. 이를 위해 건물을 현명하고 효율적으로 조달할 수 있는 수단들에 대한 조언도 가능하다. 특히 입찰 이후 단계라면 디자인 변경은 최소화해야 한다. 같은 팀 구성원, 도급업자들, 그리고 건축자 사이에서 신속하고 효율적으로 소통할 수 있는 방법을 고민해야 한다. 공적 자금이 투입되는 건물보다 존중을 못 받는 상황은 공적자금이 투입된 건물이 '예산을 초과하거나 공기가 지연되는' 경우 밖에 없다는 점을 명심해야 한다.

노아 크로스가 얘기했듯, 모든 건물은 충분히 긴 시간 지속되면, 존중 받을 만 하다는 평가를 받게 된다. 하지만 위에 언급한 네 가지 전략들을 고려한다면 우리는 그 과정을 좀 더 가속 할 수 있을 것이다.

밀레니엄 돔 이 건물에 붙여진 표제 몇 가지

'국가적 망신'

'추레한 텐트'

'유독성 폐기물 전시관'

모호하게 하다/되다OBSCURE

패러메트릭 건축은 신기원을 여는 양식이 아니다

obscure 모호하게 하기/되기, 동사
라틴어 – *obscurus*(어두운)에서 기원
1–가리다, 불분명하게 하다. 흐리게 하거나 숨기다.
2–시야에 안 들어오게 덮다
3–뿌옇게 하다.

건축을 다루는 글들은 점점 더 모호한 개념과 불가해한 표현을 고의적으로 사용하고 있다. 이 모호한 화법obscurantism은 두 가지 주된 효과를 불러온다.

첫째, 모호한 화법으로 전해지는 내용이 전문용어 투성이의 말jargon로 영구히 남아있게 되면서, 지적 가치intellectual worth에 대한 잘못된 인식을 전달한다. 이는 건축에 적을 두고 있는 전문가들이 스스로와, 그리고 더 넓은 세계와 소통하는 능력에도 악영향을 미치게 된다. 개념과 프로젝트는 간결하게 설명되어야한다–그렇지 않으면 제안된 내용에 대한 관심이나 신뢰가 사라지기 때문이다.

둘째, 모호한 화법으로 소통을 하게 되면 교수와 학생 사이, 그리고 건축가들 사이에서 작품 그 자체가 아니라 작품의 묘사에 의해 판단을 하는 환경이 조성될 수 있다. 이런 화법은 패러메트릭 건축parametric architecture이나 매개변수화parametricism, 그리고 이것들이 바로크나 모더니즘만큼 중요한 '신기원을 여는 양식'이라는 파라메트릭 건축의 자기 천명에 관련된 담론에서 유독 심하게 퍼져있다.1)

조직화Organization

매개 변수화는 '사회적 프로세스에 대한 질서 부여ordering'에 관한 것이다.2) "건축의 사회적 기능societal function은 소통이 원활한 상호작용communicative interaction에 대하여 질서를 부여하고 틀을 제공하는 것framing"이다.3) 급진적인 이야기로 치부할 수도 있다. 하지만 소위 패러메트릭 '양식'의 핵심 지지자 중 하나인 패트릭 슈마허Patrik Schumaker는 다음과 같은 말로 우리를 부추긴다. '보스턴 전체가 이음매가 없는 타맥tarmac a)으로 뒤덮여 있다고 상상해 보라. 모든 사회 질서와 차별성은 붕괴할 것이다.'4) 그러므로 이 '새로운' 이론의 가장 기본적인 예는 사람들이 수천 년 동안 해왔던 일이다. 즉, 이동에 대한 질서를 부여하기 위해 경로route와 통로passage를 구분하고 정의하는 것이다.

건축은 필수적인 목표를 달성하지 않고도 사회적 프로세스를 창출하고, 영향을 주며, 지원할 수 있다. 건축이 '사회적 프로세스에 질서를 부여'해야 한다고 주장하는 것은 지나치게 교훈적인 얘기다. 슈마허는 또한 자신의 새로운 건축 양식만이 오늘날의 '포스트 포디즘적인post-Fordist' 산업화 시대 이후의 네트워크로 구성된 사회적 프로세스에 질서를 부여할 수 있다고 주장한다. 그러나 파리의 바스티유 광장Place de la Bastille이 사람들을 끌어당기는 힘magnetism을 생각해보자. 이곳은 18세기부터 현재까지 일관되게 저항의 공간이었다. 지난 세기 동안 뉴욕의 그랜드 센트럴 역Grand Central Station을 통과한 사람들의 매일간의 변화나 여전히 영국의 스톤헨지Stonehenge를 방문하는 연간 백만 명 이상의 방문객. 이 모두는 건설 당시의 목표와 개념으로 만들어진 구조물 혹은 공간이지만 오늘날에까지 관련을 맺는relevant 것들이다.

a) 에드거 훌리가 1902년 개발한 바닥포장재. 흔히 아스팔트 포장과 동의어로 사용되지만 타맥은 엄밀히 말하면 상표명이다.

한물 간?
바스티유 광장, 파리, 2015

한물 간?
그랜드 센트럴 역, 뉴욕, 2013

한물 간?
스톤헨지, 영국, 월트셔, 2010

패러메트릭?
스카라 브레이Skara Brae 신석기 유적, 스코틀랜드 오크니Orkney 제도, BC 3100

패러메트릭?
라라방가Larabanga, 가나, 1421

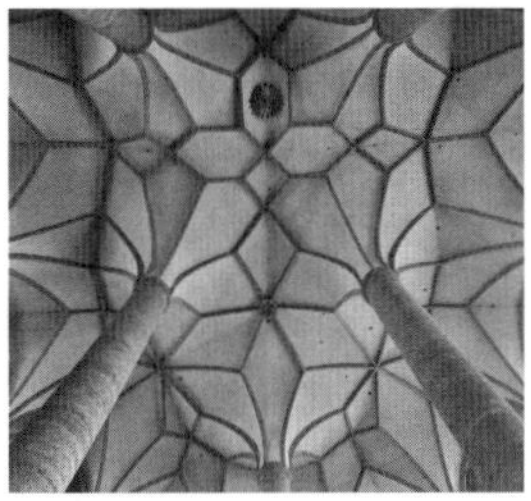

패러메트릭?
프란체스코 교회Franziskanerkirche, 잘츠부르크, 1635

패러메트릭?
TWA 터미널, 뉴욕, 1962

역동적이지 못한?
프랑스 오픈이 열리는 롤랑가로 주경기장Roland-Garros, 파리

역동적이지 못한?
아치 클럽The Arches, 글래스고

역동적이지 못한?
백조의 호수, 풀라 아레나pula arena원형극장, 크로아티아

발화Articulation : 말에 의한 명확한 표현

슈마허는 '인지적이고 정서적인 존재cognitive, sentient beings가 지각perception에 의해 공간에서의 길을 찾고 있음을 인식하게 하는 것은 우리의 명확한 표현과 발화행위articulation 덕분이다.'[5]고 말했다. 이것은 사람들이 – 제이 지 발라드J.G. Ballard가, 앙리 르페브르가, 혹은 렘 콜하스가 지적했듯이, 공간을 경험하고 협상하면서 자신의 기억과 인식의 힘을 사용하여 '말한다'는 것을 의미한다. 거리에 있는 사람들에게 건물을 어떻게 경험하는지 물어보라. 아마도 공간이나 형태의 기억이나 경험을 이야기 할 것이다.

이 '위대한 신기원을 여는 양식epochal style'은 바로크 양식과 결합하여, 비대칭성asymmetry과 무결성amorphousness으로 인해 단일성unity이 만들어진다고 말한다.[6] 매개변수 화는 종종 모더니즘의 지나치게 단순하고 분열된 모더니즘 건축의 실패에 대한 해답으로 승격된다.[7] 그러나 매개변수화는 무엇을 수반하는가? 매개변수화의 정의는 '모든 건축 요소가 매개변수로 변할 수 있게 되었다'는 것이다.[8]

직선이라 충분히 복잡하지 않다? 해비탯67, 캐나다, 몬트리올, 모셰 사프디, 1967

직선이라 충분히 복잡하지 않다? 카사 다 무지카Casa da Música, 포르투, OMA, 2005

직선이라 충분히 복잡하지 않다? 서펜틴 파빌리온, 런던, 소우 후지모토, 2013

이것은 컴퓨터를 이용한 디자인computational design을 통해 스플라인splines, 넙스nurbs 및 방울 모양blobs을 선호하고 직선straight lines 및 기본입체형primitive solids은 거부하는 것으로 해석된다. 아마도 지난 5천년 동안 건축은 존재론적인 변화가 있었지만, 형태적으로는 기본입체형(원통cylinders, 입방체cubes, 피라미드pyramids, 직사각형rectangles)만이 사용되어 왔기 때문일 것이다.[9] 예외는 있었다. 등고선을 끌어안고 있는contour-hugging 신석기 시대의 정착지, 손으로 빚은 어도비 오두막이 존재했다. 또한 고딕 양식의 볼트vaults나 자유롭게 흐르는 니에마이에르나 사리넨Saarinen의 모더니즘 건축이 기본 입체형의 대안으로 제안되었다.

그럼에도 나는 제멋대로 뒤틀리는 곡선과 이것이 만들어내는 평범하지 않은 공간보다, 사각형이나 직사각형으로 둘러싸인 공간이 좀 더 자유롭고 개방적이라고 주장하려 한다. 공간이 역동적이기 위해 형태가 역동적일 필요는 없기 때문이다. 테니스 코트에서 경기하는 테니스 선수를, 지하 클럽을 즐기는 놀기 좋아하는 사람raver을, 리사이틀 홀에서의 오케스트라를 생각해보라. 이 공간은 그 안에서 발생하는 사회적 프로세스들을 반영하거나 질서를 부여하기 위해 곡선으로 휘어질 필요가 없다. 직선 역시 다양성과 복잡성을 수용할 수 있다. 모셰 사프디Moshe safdie의 해비탯67Habitat67건물, 또는 렘 콜하스의 포르투 콘서트홀Porto Concert Hall 또는 소우 후지모토Sou Fujimoto의 서펜틴 파빌리온Serpentine Pavilion을 보면 모두 스플라인, 넙스 또는 커브 없이 복잡한 형태와 기능을 제공한다.

의미작용Signification

마지막은 의미작용이다. '정서적이고 사회화된, 학습하는 신체bodies는 기호sign의 바탕 위에서 행동하고 길을 찾는다.'[10] 매개변수 화는 사람들이 세상을 인식하기 위해서는 상징과 기호가 필요하고, 디지털적으로 창조된 패턴이 현재 건축에서 비어있다고 지각되는 부분을 채우고 있다는 믿음을 그 중심에 두고 있다.[11]

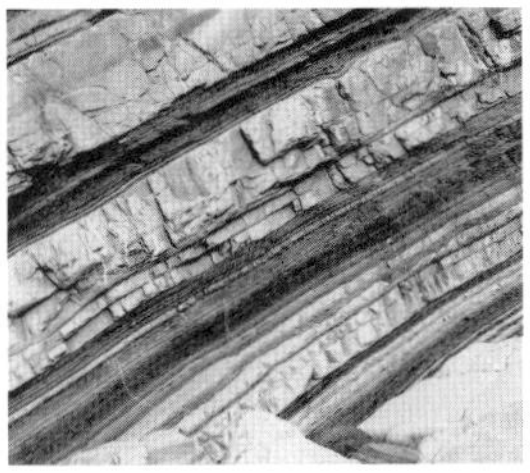

기능적 패턴
암반의 층

기능적 패턴
공작의 깃털

기능적 패턴
거미줄

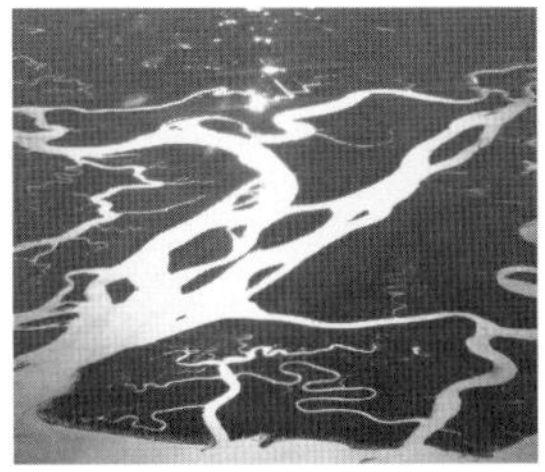

기능적 패턴
강의 사행

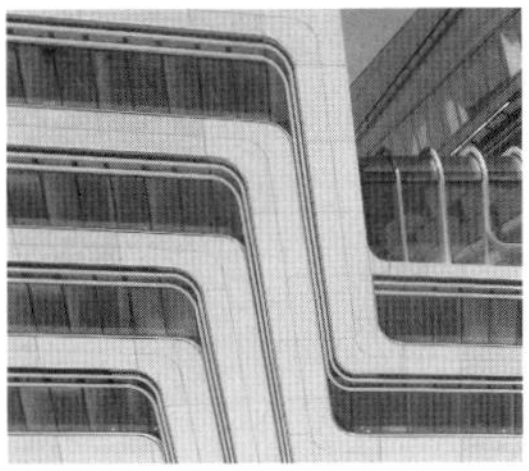

장식적 패턴
비엔나 도서관/학습센터, 비엔나, 자하 하디드, 2013

장식적 패턴
브리지 파빌리온, 사라고사, 자하 하디드, 2008

장식적 패턴
인스부르크 홍어부르흐반 철도역사, 비엔나, 자하 하디드, 2007

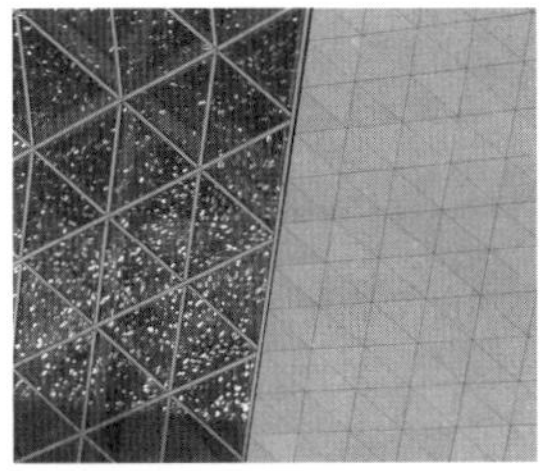

장식적 패턴
오페라하우스, 광저우, 자하 하디드, 2010

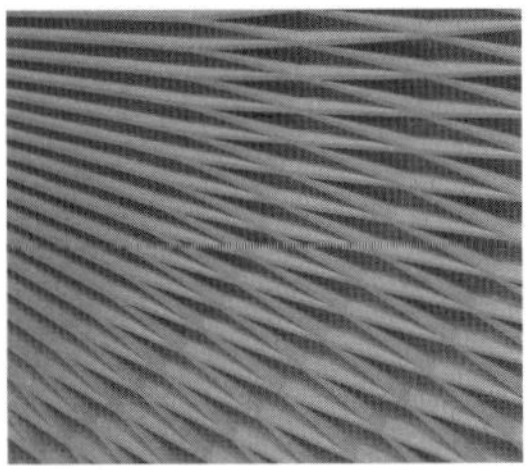

구조적 패턴
스포츠 궁전Palazzetto della Sport, 로마, 피에르 네르비, 1957

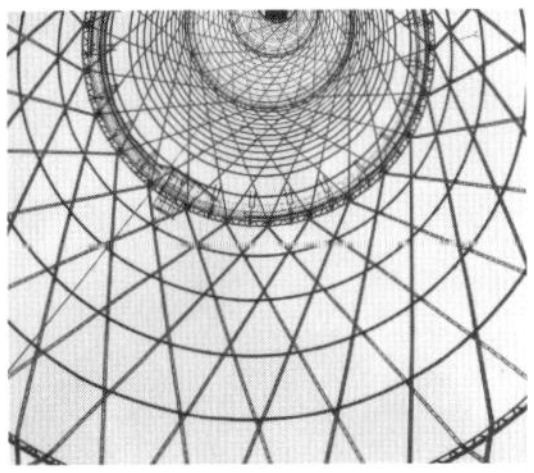

구조적 패턴
샤볼로브카 타워Shabolovka Tower, 모스크바, 블라디미르 슈코프, 1922

구조적 패턴
메트로폴 파라솔, 세비야, 유르겐 마이어, 2008

구조적 패턴
GC 치과 보철학 리서치 센터, 아이치현 가스가이 시, 켄고 쿠마, 2012

그러한 패턴이 거주자들에게 인지되지 않을 수는 있지만 그것들이 가치를 잃게 되면 기호 자체를 위해 기호를 만들어내는 근본적인 문제가 생길 수 있다. 반례들이 있다. 자연에 있는 다양하고 아름다운 패턴들을 고려해 볼 필요가 있다. 기반암의 지층, 공작의 깃털, 거미줄의 복잡한 짜임새, 강물의 부드러운 사행. 이 모든 것들은 필요에 의해서 그런 형태를 가지게 되었다. 그것들이 아름답다는 사실은 우연이다. 필요와 기능에 기반을 두고 있지 않은 패턴을 만드는 것은 목적이 없는 형태를 창조하는 위험을 감수하는 것이다. 다시 말해서, 매개체를 두는 이런 방식의 모호한 화법은 시야를 흐리게 만든다.

경제성과 필요에서 태어난 기능적이고 아름다우며, 구조적인 패턴을 생성하는 정직한 구조물의 예는 무엇이 있을까. 피에르 루이지 네르비Pier Luigi Nervi의 리브천장ribbed ceilings, 블라디미르 슈코프Vladimir Shukov의 다이아그리드 구조diagrid structures 또는 최근 켄고 쿠마의 목재 결구 구조interlocking timber structures 등을 살펴보라. 발상은 진보적이고 대담하며 혁명적이어야 한다. 아이디어를 설명하기 위해 사용되는 언어가 오직 그 효과만을 위해 구축되어서는 안 된다. 급진적인 아이디어와 직접적인 단어들을 통해 우리가 성취하려 하는 것들을 명료하게 드러낼 수 있다. 또한 이렇게 해야 우리가 진짜 중요한 사람들인 건물의 사용자들과 연결될 수 있다.

영웅시하다/되다HEROIZE

오이디푸스 왕과 모더니즘 건축가

Heroize 영웅시하다/되다, 동사
고대 그리스어 -*heros*(영웅, 전사)에서 기원
1-(타동사) 영웅적인 태도 혹은 영웅을 재현하다.

고대 그리스 비극의 플롯plot은 중심인물인 영웅here에 초점을 맞춘다. 아리스토텔레스는 영웅이 '악행을 저지르거나 본인이 타락해서가 아니라, 의도하지 않게 정도를 벗어나면서 역경에 빠지는'1) 인물이라고 정의했다.a) 달리 말하면, 그는 스스로를 몰락시킨 건축가이다. 비극의 이상적인 영웅은 한 때는 그리 위대했던 이가 저렇게까지 나락으로 떨어질 수 있는가에 대한 동정심과, 이러한 운명fate이 우리 중 누구에게라도 닥칠 수 있으리라는 두려움을 동시에 일으킨다. 나는 모더니즘 건축가들이 비극 속 영웅과 닮았다고 주장하려 한다.

비극 속 영웅의 원조 격은 오이디푸스 왕Oedipus Rex으로, 같은 제목을 가진 소포클레스 연극 속 주인공이다. 오이디푸스는 분노한 신들이 퍼트린 역병을 도시로부터 축출하기 위해 라이오스 왕King Laius의 살인 사건의 진실을 알아내고자 한다.b) 시민들은 '땅의 왕, 우리의 위대한 힘'2)이라고 연호하며 오이디푸스에게 의존하며 그가 답을 내주길 기대한다.c) 오이디푸스는 오직 자신만이 파괴로부터 도시를 구할 수 있다고 믿으면서, 격분한 채 예언가의 충고를 묵살한다. 그러나 이러한 오만함이 결국 그가 진실을 알게 되었을 때 스스로의 몰락을 이끈다. 그는 바로 자기가 역병의 이유이고, 다툼 끝에 죽인 자가 그의 아버지, 라이오스 왕이라는 사실을 뒤늦게 알게 된다. 혼란에 빠진 채, 오이디푸스는 자신의 눈을 멀게 하고 왕위를 자형에게 이양한다. 이로서 그의 몰락이 완성되었다.

오이디푸스처럼 모더니즘 건축가들은 진실을 찾았다. 오이디푸스 역시 그러했듯, 그들의 탐색은 위축되지 않았고, 그들은 진실을 찾기 위해 멈추지 않았다. 르 꼬르뷔제도 말했다. '도덕성morality에 대한 의구심, 진실의 결여는 도저히 견딜 수 없다. 허위untruth 속에서 우리는 소멸하게 된다.'3) 이러한 진리의 탐구는 모든 것들을 아우르는 것이었다. 선행했던 모든 것들은 '거짓lie'으로 보였다.4) 모더니즘 건축가들은 건축의 진실을 모든 척도와 모든 건물 유형에서 찾으려 했다.d)

- 용도—이상도시ideal cities와 마스터플랜masterplan의 엄격하고 이성적인 조닝에서부터 주거에서의 실내생활domestic life에 대한 질서의 재부여에 이르기까지.
- 형태—순수하고 하얀 꾸밈이 없는unadorned 건물 형태에서부터 깔끔한 배관/배선과 복잡하지 않은 실내 전망
- 시공—기계와 산업생산을 기반으로 하는 신공법 개발. 그리고 이를 통한 보편적 표준화와 반복.
- 세부표현—건물의 세부표현들은 건물 전체의 에토스ethos의e) 표현이다. '신은 디테일에 있다'는 말은 공통의 진언mantra가 되었다.

오이디푸스처럼, 모더니즘 건축가들은 용기와 이상이 가득한 남녀들이었다. 그러나 동시에 오이디푸스가 그러했듯, 행동하는 남녀들이었다. 그들은 신기원의 정신을 건조된 형태built form로 표현하고자 했다. 질병으로 신음하는 테베에서 오이디푸스가 지배했듯, 전쟁으로 황폐해진 1940년대의 유럽의 도시들은 모더니즘 건축가들이 발견한 '진실들'을 구현할 수 있는 완벽한 환경이 되어 주었다. 오이디푸스가 역병이 창궐하는 도시에서 말했듯, '고통스러운 탐색 후, (나는) 한 가지 치료법을 찾았다. (나는) 즉시 행동에 옮겼다.'5)

a) 수사학/시학, 아리스토텔레스 저, 천병희 역, 숲, 2017 참조

b) 역병퇴치를 위해 크레온이 받아온 신탁은 ' 라이오스의 살인자를 도시에서 추방하거나 살해하여 도시를 정화하라' 는 것이었다.

c) 소포클레스 비극 전집, 소포클레스 저, 천병희 역, 숲, 2017, 〈오이디푸스 왕〉, 〈안티고네〉, 〈클로노스의 오이디푸스〉 참조

d) 르 꼬르뷔제 저, 이관석 역, 건축을 향하여, 동녘, 2007 참조

e) '성격'이나 '관습'을 의미하는 용어로, 아리스토텔레스에 의해 중요하게 해석된 개념이다. 그는 동일한 행동을 반복하게 되면서(관습, 습관) 이것이 도덕적 행동, 사고, 생활의 근거가 되어 윤리학의 토대를 구성하게 된다고 보았다. 수사학에서는 에토스 자체가 화자의 성격으로, 이를 읽어내는 독자를 향한 영향력 있는 정서적 실체를 뜻한다. 여기서는 후자의 의미에 가깝다.

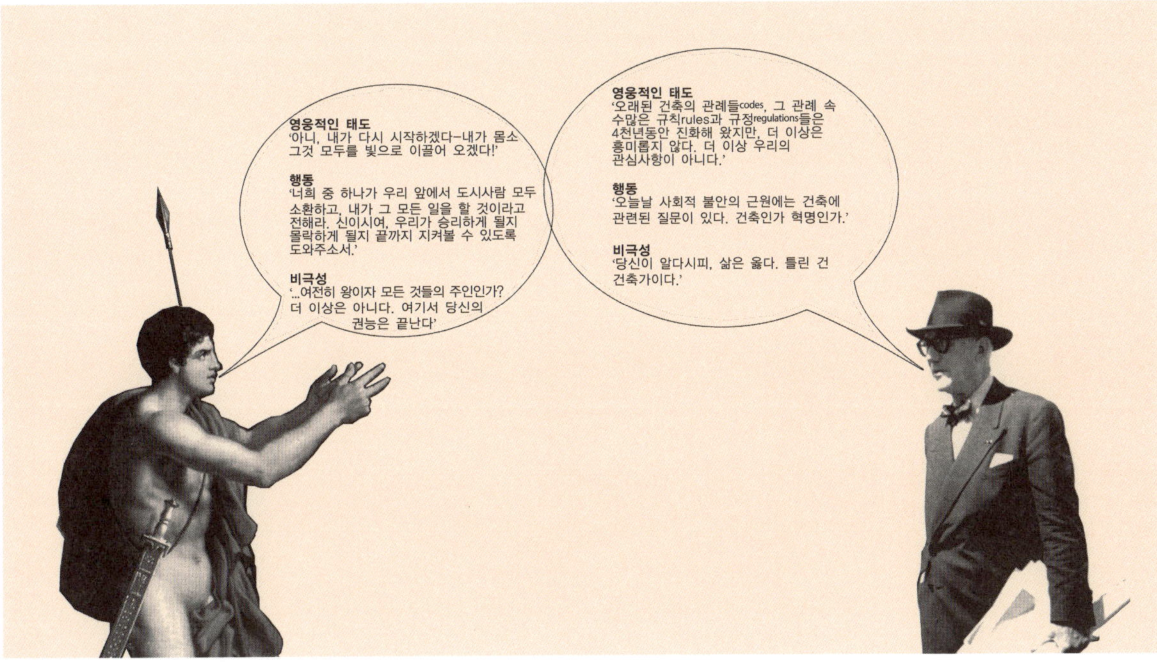

비극 속 영웅들 오이디푸스 왕과 르 꼬르뷔제

모더니즘 건축가들은 백지상태tabula rasa에서 디자인에 접근했다. 그들의 접근방식은 규모, 야심과 행동 면에서 영웅적heroic이었다. 그들은 의심할 바 없이 고상한noble 의도를 가지고 디자인에 임했다. 모더니즘 건축이 내세운pretext 명목 중 많은 부분은 급속한 사회 변화에 이바지할 수 있는 환경을 제공하고, 기술적 진보와 같은 선상에 건축이 있을 수 있도록 하면서, 모든 사회계급의 필요를 충족시킬 수 있는 주거시설을 제공하고, 근대적이고 적절한 재료들로 건물을 만들고, 녹지와 신선한 공기를 더 자주 그리고 더 많이 접하도록 하는 것에 관한 내용을 담고 있었다.

그러나 오이디푸스처럼, 모더니즘 건축가들을 영웅으로 만든 가치들－용기, 비전, 지성, 결단력은 오만함, 지나친 열정, 무지, 조급함과 같은, 종국에는 그들을 타락으로 이끌 속성을 동반했다. 이렇게 복합적이고 양가적인 특징으로 인해 모더니즘 건축은 순수함과 명료함, 비전을 체현하여 새롭고 반짝거리는 건축형태를 창조했지만, 시간이 지나가면서 결함이 드러나기 시작했다.

차량에 대한 의존

모더니즘 건축가들은 차를 중심으로 도시계획city plan을 진행했다. 당시(1960년대 초반)에는 세계인구의 단 4%만이 차를 소유하고 있었음에도 말이다.[6)] 의도는 좋았다. 보행자가 자동차의 소음과 오염물질로 부터 벗어나 개방된 공간과 이동의 자유를 즐기는 동안, 차량은 흐름을 방해받지 않고 도시를 통행할 수 있도록 하는 계획을 추구했다. 현실은 달랐다. 이러한 보차분리 때문에 도보로 길 찾기가 불가능한 거대한 띠 모양의 땅swathe이 양산되었다. 이 땅을 건너가기 위해 다리와 터널을 필요로 하게 되자 보행자들은 거리에서의 생활을 박탈당했다. 건축 이론가 케네스 프램튼Kenneth Frampton이 지적했듯, 이 개념은 착수시점부터 결함이 있었다. '...(르 꼬르뷔제의 관점에서 보면) 자동차는 효율적으로 대도시를 파괴했다. 이제 자동차는 대도시를 구원하기 위한 수단으로 이용될 수 있다.(이 역시 르 꼬르뷔제의 시선으로 봤을 때).'[7)]

의도

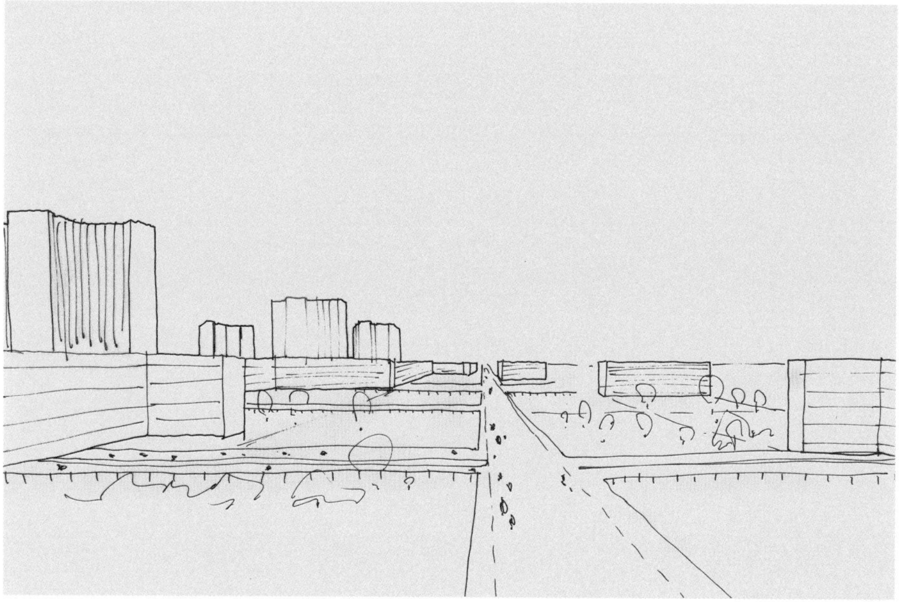

결점들

무지의 산물로 차량에 의존한 것은 아닌가? 모더니즘 건축가들은 이러한 고가 고속도로가 어떻게 보일지, 그것들이 길거리에서는 어떻게 기능할지에 대해 신경 쓰지 않았다. 보행자의 이동에 장애물이 생기고, 아파트에서 조망을 차단하고, 근대 이전의 도시에서 지속되었던 도시적 결urban grains이 모더니즘 건축이 만들어낸 선형 구조물에 의해 파열되었다.

현실

추상적 기하학과 질서, 반복에 대한 의존

오랜 역사를 가진 도시는 유기적으로 진화하고 그 안에 행위와 기능에 대한 여러 켜를 포함하고 있다. 모더니즘 건축가들은 이에 반대하는 입장에서 '조닝zoning'을 선호했다. 그들은 도시를 구획으로 나눠, 교육, 상업, 문화, 주거 등 용도에 따라 분류된 일련의 기능들을 배열했다. 전 세계 여러 도시에서 사람들의 움직임과 구역들의 외관을 합리적으로 개선시키기 위한 의도에서, 이렇게 엄격한 조닝을 적용했다. 실제상황에서 이 접근법은 거주자들을 '고립시켰다marooned.' 주거지역에서 사람들은 이전에는 문만 열면 있던 여가와 생산을 위한 중심부와 격리되었다. 상업지역은 사람들이 일을 마치고 집으로 가는 시간이 되면 버려진 채 비어 있게 되었다. 도시 생활을 짜릿하게 만드는 혼돈과 혼란이 반영되지 못한 것이다.

기술에 대한 의존

모더니즘 건축은 종종 높이와 수직성을 활용하여, 사람들을 한 건물에 모아 밀도를 높인 '포인트' 블록을 선호했다. 이런 건물들은 이전에 있었던 중층 건물(3-5층) 위로 올라갔다. 이러한 급격한 높이변화는 기술에 의해서 가능해졌다. 특히 엘리베이터의 발명에 기댄 부분이 크다. 이러한 탑상형의 건물은 애초엔 녹지공간을 확보하여 거주자들에게 더 좋은 조망과 채광을 제공하기 위한 의도에서 제안한 것이었다. 그러나 이런 개방된 공간은 거의 쓰이지 않거나 무의미하게 남아있을 때가 많았고 사람들은 더 이상 붐비는 거리에서 자발적인 상호작용을 하지 않게 되었다. 또한 기술에 의존하면서 엘리베이터의 고장이나 사고와 같은 경우는 크게 생각하지 않았다.

그것은 부분적으로는 모더니즘적 이상의 구현과정이었다. 그로 인해 건축가의 영웅적 의도가 더럽혀지긴 했지만, 실패는 디자인 때문만은 아니었다. 개발업자와 관련 당국은 비용절감cost-cutting을 위해 유리창 개구부를 최소화하고, 초기 모더니즘에서 사용된 좋은 품질의 재료를 사용하지 못하게 했다. 또한 열악한 숙련도와 시공 수준은 종종 건물의 퇴락deterioration 속도를 높였다.[8] 1970년대가 되자, 새로웠던 모더니즘의 생활환경은 희생양이 되었다. 사람들은 부당하게도 범죄율 증가에 대한 책임이 모더니즘적 생활환경에 있다고 힐난했다.[9]

모더니즘의 이상이 좀 더 섬세하게 적용되었다면, 모더니즘은 좀 더 오래 지속되었을 것이다. 마르세유에 있는 르 꼬르뷔제의 유니테 다비타시옹Unité d'habitation이나 디트로이트에 있는 미스 반 데어 로에의 라파예트 공원Lafayette Park, 그리고 런던의 사우스뱅크 센터와 같은 공간들은 경이로운 형태와 구조체를 통해 그들의 환경과 사용자의 삶에 헤아릴 수 없이 많은, 즐겁고 시간이 지나도 가치가 변하지 않는 장소들을 더해준다.

건축가가 비극 속 영웅이 되는 것을 피하는 방법에 관해 우리는 앞서 얘기한 것으로부터 어떤 교훈을 얻어야 하는가. 다양한 해답들이 1960년대 후반부터 등장했다. 믿기 어려울 정도로 미래지향적인 대안에서 부터 사람을 우울하게 하는 역행적인 대안까지 대단히 넓은 폭의 반향이었다. 아키그램Archigram과 슈퍼스튜디오Superstudio의 환상적인 창조물을 생각해보라. 그들의 도발적이고 체제전복적인 '걷는 도시Walking Cities'와 다양한 메가스트럭처mega structure에 대해, 프램튼은 '진정으로 불확정적indeterminate이거나, 사회에 의해 승인받거나 실현될 수 없는 것이거나 적어도 둘 중에 하나인' 것으로 간주했다.[10] 필립 존슨Philip Johnson이나 제임스 스털링James Stirling 같은 다른 모더니즘 건축가는 포스트모더니즘으로 탈주하여, 상징과 의미를 전달하는 세부표현들을 수용했다.[11] 이들은 건축주와 대중이 더 이상 모더니즘의 이상들을 지지하지 않는다는 것을 잘 알고 있었다. 그러던 중에 레온 크리에Léon Krier는 역사주의적 부흥운동historicist revivalism을 이끌면서 과거의 반향을 보여주는 건물들을 만들어 내었다. 그리고 나머지는 '공동체 건축community architecture'을 지향하면서 사용자가 직접 디자인 프로세스에 개입하는 방식으로—건축가들은 자신의 디자인 역량과 책임감을 단념해야 하더라도—건물의 힘을 사용자에게 돌려줘야 한다고 주장했다.

의도

결점들

오만함의 산물로 반복에 의존한 것은 아닌가? 모더니즘 건축가들은 추상적 패턴작업을 통해 도시를 반복적인 패턴으로 만드는 것이 가지는 힘을 긍정했다. 이러한 이론적 계획의 위험한 측면은 실제로 지어지지 전에는 노출되지 않았다. 실제로 지어지게 되자 패턴의 반복은 주변 도시와 거주자를 지루하고, 숨 막히게 하며, 위축시켰다.

지나친 열정의 산물로 기술에 의존한 것은 아닌가? 모더니즘 건축은 급진적인 개념의 핵심에 기술을 위치시켰다. 이로 인해 어디에나 있을 수 있는 타워형 건물이 탄생했다. 기술의 진보는 수천 년간 사람들이 필요로 해온 길거리를 퇴락시켰다. 건물사이의 공간이–날씨에는 노출되고, 적절한 감시는 부족하여–불모지sterile같이 황폐하게bleak 되었기 때문이다.

현실

이와 같은 접근 방법들은 비극이 되기엔 아직 잠재적 요인이 부족하다. 비극의 선행 조건인 영웅주의가 없기 때문이다. 물론 부르털리즘에는 영웅적인 작업들이 있다—르 꼬르뷔제의 후기 작업들, 이와 더불어 마르셀 브로이어Marcel Breuer, 폴 루돌프Paul Randolph, 앨리슨과 피터 스미슨 부부Alison and Peter Smithson, 에르노 골드핑거Erno Goldfinger 그리고 데니스 레스던Denys Lasdun이 여기에 해당하는 건축가들이었다. 부르털리즘 건축가들은 모더니즘 건축의 어휘vocabulary를 나름의 방법으로 확장하여 이전에 모더니즘이 덜 교조적이었던 시기의 관능성sensuality과 자유freedom를 보여주었다. 하지만 운동으로서의 모더니즘은 죽어가고 있었다. 그리고 1970년대 말이 되자, 모더니즘의 맹렬한 불길은 소진되었다.

우리 주변 세계의 실제를 이해하는 동시에 모더니즘 건축의 고결한 이상을 달성하기 위해서는, 소진된 모더니즘 건축의 불잉걸에서 나온 사람, 바로 렘 콜하스의 접근방식을 살펴보아야 한다. 콜하스는 뒤늦게 깨친 바가 있어 1975년에 본인의 사무소 OMA를 개소했다.[12] 내 관점에서 콜하스는 비극적tragic이지도 영웅적heroic이지도 않다. 그가 보기에, 모더니즘 건축의 실패는 진작부터 진행되던 것이었다. (모더니즘 건축의—추상과 반복을 통해 양을 질로 바꾸겠다는—연금술적인 약속들은 실패 혹은 농간이었다.[13]) 여기서부터 그의 접근이 강력한 의지로 세상을 바꾸겠다는 영웅적인 모더니즘 건축가와는 다른 궤를 걷는다는 것을 알 수 있다. 대신 그는 '문화가 하지 못하는 것을 건축이 할 순 없다.'[14]라고 천명했다.

콜하스는 자신이 '쓰레기 공간Junkspace' 즉 '끝이 비어있는terminal hollowness'[15] 세계 안에서 '인류가 지구에 남긴 찌꺼기'들을 운용하고 있다는 것을 인식한다. 이는 실체substance의 건축이 아니라 효과effect의 건축이다. 이러한 종류의 건축은 에스컬레이터들escalators과 칸막이partitions, 거울mirrors, 아트리움atria, 돔domes 그리고 다양한 양식의 역류된 역사들regurgitated histories들에 의해 성격이 규정된다. 순수성과 정직성이 부족한 것은 모더니즘의 반-명제antithesis이다. 그는 말했다. '건축가들은 결코 공간을 설명explain할 수 없다. 쓰레기 공간은 그들이 신비화mystification했던 것에 대해 우리가 받는 징벌이다.'[16]

콜하스는 혼돈이 가득하고, 진실하지 못한 이런 환경과 싸우려 들지 않는다. 비극 속 영웅들처럼 해악들ills을 일소하려고 시도하지도 않는다. 대신 그는 어떤 것이 그를 매료시키는지 혹은 혐오하게 하는지 재검토 한다. 이들을 객관적으로 분석하고 나서, 그가 발견한 것을 이용하여 자기가 했던 건축적인 접근 방법을 전해주는 식이다. 그는 단 하나의 절대적인 진실 대신, 여러 개의 서로 충돌하는 진실들을 찾는다. 콜하스는 외견상 모순적으로 보이는 디자인 접근방법을 설명하며 말한다. '내가 디자인을 접근하는 방식은 나의 인생 전체의 이야기가 되어 오고 있다. 조류에 거슬러서 그리고 조류와 방향을 맞춰 달려야 한다. 때로 조류에 몸을 맡기고 뛰는 것은 저평가되기도 한다. 그러한 현실을 수용하는 것이 이상주의를 미리 배제하는 것은 아니다. 이런 게 새로운 돌파구로 이어질 수 있다.'[17]

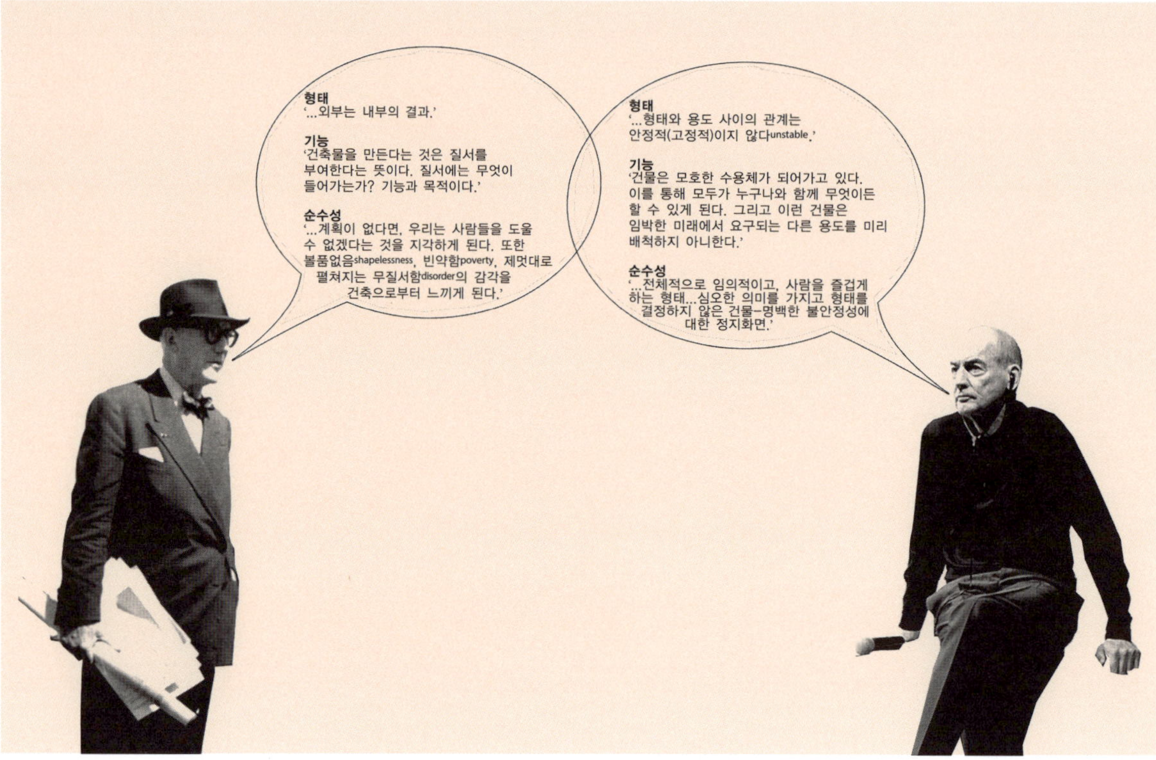

비극 속 영웅과 실용적 몽상가 로 꼬르뷔제와 렘 콜하스

렘 콜하스의 디자인은 항상 이렇다.

- 신뢰가 가고 지어질 수 있지만 대담하고 새롭게–콜하스는 꿈꾸고 행동하는 인간이다–지어질 수 없는 작업을 하는 '페이퍼 건축가paper architect'도 아니고, 야망이나 생각 없이 건물을 짓는 사람도 아니다.
- 양식에 개의치 않는unconcerned–그는 분석결과에 정확히 부합하게 디자인한다. 그는 특정한 양식에 영향 받는 대신, 건물에 실행되는 힘들에 고유한 방식으로 대응한다.
- 역사를 알고 있되 역사주의에 매몰되지는 않는–그는 건물이 자리하게 되는 장소의 역사적 맥락을 날카롭게 이해하고 있다. 그는 흉내 내거나ape 복사copy한 작업들의 가치를 일축하거나 근절하려 하지 않는다. 그의 작업물이 그러한 건물들의 현재 그리고 미래에 함께 존재하기 때문이다.
- 저작품으로서의 건축디자인–콜하스는 다른 건축, 혹은 대중을 위한 포괄적인 건축을 '맹목적으로'18) 따르지 않는다. 그는 프로젝트의 조건을 연구하고 그에 맞는 해법을 제시하는 것을 통해, 저작품으로 건물을 접근하는 것이 중요함을 인지하고 있다.

요약하자면 그의 건축은 모더니즘 건축의 교훈적인 디자인 접근방식으로 부터 반대 지점에 있다. 다음의 예를 살펴보자.

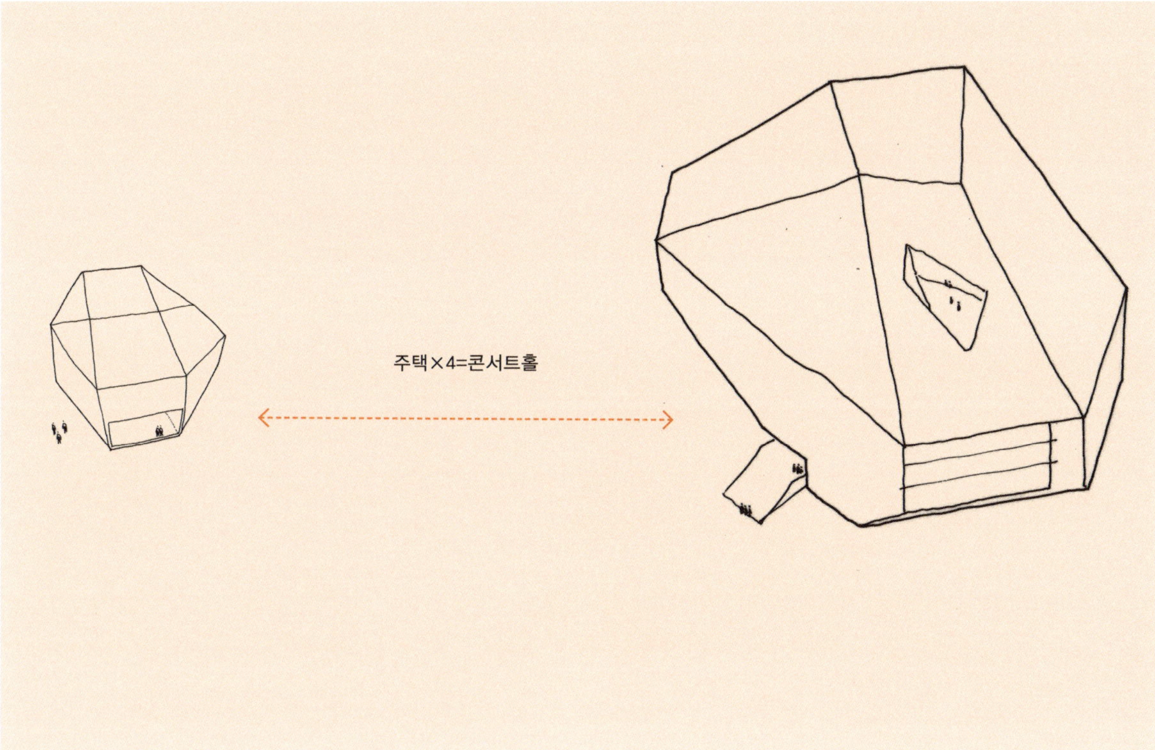

형태 카사 델 무지카, 포르투, 2005

f) 원래 writer's block은 관용어로 글길이 막힌, 혹은 더 못 쓸 듯 한 막막함과 두려움을 의미한다. 여기서는 작가를 디자이너로 바꿔서 건축디자인 과정에서 비슷한 상황과 감정을 이야기하고 있다.

형태－카사 드 무지카 Casa da Música, **포르투** (2005)

아마도 콜하스의 작품 중에서 가장 높은 수준으로 실현된 작품 일 것이다.19) 이 작업의 진정한 메시지는 완성된 작품보다는 디자인 프로세스에 있다. 카사 드 무지카의 시작은 주택이었다. 하지만 건축주는 확신이 없었고, 콜하스가 포르투 콘서트홀 공모에 작품을 제출하려는 시간 즈음에 프로젝트를 무산시켰다. 그 디자인을 붙들고 악전고투하면서, 콜하스는 폐기된 주택 프로젝트에서 어렴풋한 희망의 빛을 발견했다. 단순히 주택 디자인의 크기를 키워놓고 디자인이 막혔다는 느낌designer's block을f) 통해 새로운 길을 찾아냈다. 터널 형태를 가진 거실은 완벽한 상자형 오디토리움이 되었다. 원래는 거실에 붙어 있는 다수의 저장공간storage과 부엌방scullery들은 콘서트 홀로 확장되면서 동선과 피난을 위한 공간이 되었다. 콜하스는 오래된 모더니즘 건축의 '형태는 기능을 따른다.'는 경구를 염두에 두고 작업을 진행했다. '하나의 매우 특정한 상황에 맞춰 재단했었던 것이 돌연 완전히 다른 목적에도 쓰일 수 있었다.'20) 우연과 기회주의적 행동을 디자인 프로세스에 허용함으로써, 콜하스는 그의 경력 중 가장 높은 수준의 건물 중 하나를 만들 수 있었다.

상충하는 기능들 + 임의적인 외피 = 순수하지 않은 무작위성

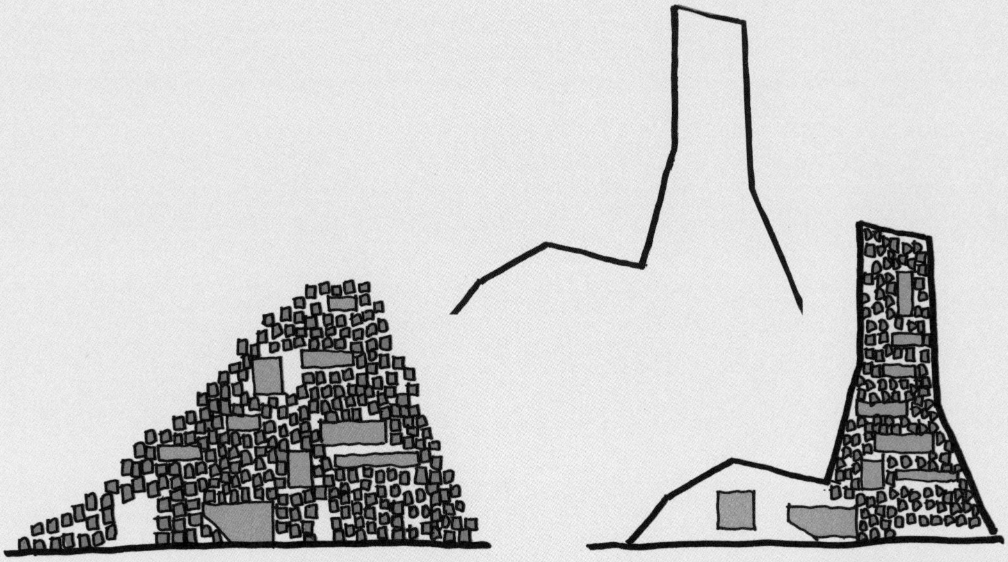

순수함 TVCC 빌딩, 베이징, 2002

특정 용도의 타워 + 포괄적 용도의 수평바닥 = 융통성 있는 건물

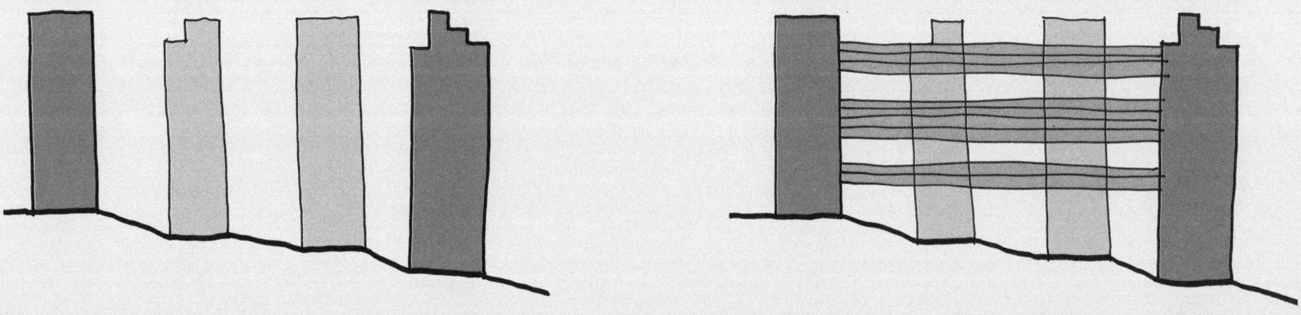

기능 유니버설 스튜디오, 로스앤젤레스, 1995

순수함—TVCC 빌딩, 베이징(2002)

TVCC 빌딩은 베이징 CCTV 본사의 덜 알려진 형제건물이다. 이 건물은 공연장theatre, 디지털 극장, 레코딩 스튜디오, 대형 회의실 및 전시공간conference and exhibition spaces, 호텔, 대형 연회장ballroom 및 스파 등 다양한 기능으로 구성되었다. 건물 디자인은 이렇게 상충하는 기능들을 질서 있게 배치하는 가장 좋은 대안에 도전했다. 콜하스는 이러한 충돌을 완화하는 방식으로 해결하지 않는다. 대신 기능별로 별도의 공간으로 주물을 뜨듯 비워내고casting, 이 빈 공간들을 '완전히 임의적이고, 사람을 즐겁게 하는 형태'안에서 위치를 정했다.[21] 이러한 디자인을 통해 다양한 볼륨들이 모인, 단일 외피의 디자인이 도출되었다. 이는 시선을 사로잡는, 우연을 담아낸 건축이 되었다. 동시에 공존하기 힘든 기능들 사이의, 공적・사적 공간 사이의 새로운 관계를 창출했다. 프로그램의 충돌을 인지하면서, 콜하스는 모더니즘의 방법—충돌의 감소—을 시도하지 않았다. 대신 그는 충돌을 받아들여 복잡하게 대응하는 건축 작업을 성취했다.

기능—유니버설 스튜디오 Universal Studio, **로스앤젤레스** (1995)

콜하스는 대기업이 '혼란스럽지 않다면 일정한 흐름'[22]으로 일을 하는데 비해, 건축 프로젝트는 돌입에서 완성에 이르기까지 5년 정도가 걸린다는 사실 속에서 본질적인 충돌요인이 있음을 인지했다. 다시금 콜하스는 건물에 대한 모더니즘적인 교의에 거슬러 갔다. 5년 사이에 쓸모없게 될지도 모르는 '기능'에 얽매여 노예같이 디자인을 하는 대신에, 콜하스는 미래에 알려지지 않은 다양한 용도를 수용 할 수 있도록 건물을 디자인했다. 그는 포괄적이면서 독특한 건물을 통해 이를 성취했다. 회사의 구성이 혼란스럽게 되는 것에 신경 쓰지 않고, 업무공간 바닥에 필요한 만큼의 융통성을 부여하는 반면, 타워는 단일 실체가 유지되도록 했다.[23] 이러한 방식의 디자인을 통해, 콜하스는 가능한 모든 미래 기능이 가능하도록 했다. 그는 이 건물이 구현되기 이전부터, 그의 작업에 시대에 뒤진 질서를 부여하지 하거나 강요하지 않았다. 모더니즘 건축의 질서, 위계, 기능주의 보다는, 건물이 미래에 통합 확장, 재구성이 가능한지가 콜하스가 끌어안은 중요한 문제이기 때문이다.

이 세 가지 예는 콜하스의 작품이 어떻게 건축의 관습에 도전하고, 모더니즘의 특징적인 결함들을 회피하는지를 보여준다. 오만함(그는 건축가가 더 이상 '모든 것의 주인'이 아니라는 것을 알고 있다), 지나친 열정(그는 사회를 바꾸겠다는 욕망이 없다. 대신 다른 측면을 고려하고 은밀한 사고과정을 통해 그의 목적을 달성하기 위한 방법을 찾는다), 무지(집중적인 연구를 통해, 주변 세계에 매료된다), 조급함(절대적인 건축물은 절대 고려하지 않는다)과 같은 것들은 그의 건축에 존재하지 않는다. 그는 과도한 조직화over-organization, 건물이 미치는 영향력에 대한 과장overstating, 기능에 대한 과도한 의존, 건축만으로 사회변화를 이끌어낼 수 있다고 믿는—건축의 힘에 대한 과대평가를 하지 않는다. 대신, 그는 자신의 건축적 접근 방법 안에서, 현재 대도시의 조건과 경제 상황에 대한 예리한 인식을 통해, 가장 고결한 이상들과 가장 가혹한 현실을 동시에 중재reconcile한다.

개선하다/되다IMPROVE

지침서에 도전하기

improve개선하다/되다, 동사
라틴어 -*prodesse* (쓸모 있는, 이롭다)에서 기원
1-(자동사) 자질이나 조건의 향상이
초래되거나 이뤄지다.
2-(타동사) 땅이나 건물을 좋게 하여
더욱 쓸모 있고 수익성 있게 만들다
3-(자동사) 이전에 비해 품질이나
기준에서의 증가를 달성하다

이타주의Altruism와 건축

기존 조건에 대한 개선을 담보하지 못한다면, 무언가를 디자인하고 짓는 일이 무슨 의미가 있을까? 당신의 일이 사람들의 삶에 긍정적으로 기여하는 부분이 전혀 없다면, 왜 감정, 잉크, 당신의 시간, 다른 사람들의 시간, 건축 자재 및 홍보PR(Public Relation)에 투자하는가? 시장의 힘과 탐욕이 지배하는 오늘날의 세계에서 보기엔 순진한 시각일지 모르겠지만, 나는 건축가에게 주어진 역할의 본질이 세상에 대한 이타주의와 개선이어야 한다고 주장한다.

건물의 디자인 및 시공 과정에서 건축가는 건축주의 도움을 받을 때도 있지만, 개선들을 추구하면서 홀로 서있을 때가 종종 있다. 구조 엔지니어structural engineer는 추상적인 문제를 해결한다. 설비 엔지니어services engineer는 완성된 공간에서 환기 및 난방 문제를 해결한다. 프로젝트 관리자project manager는 프로세스, 일정 및 예산에 초점을 맞춘다. 도급업자contractor는 돈을 벌기 위해 건물을 짓는다. 개발자는 건축물이 수익으로 전환되기를 희망한다. 이 모든 공동 작업자들collaborators은 최종 프로젝트에 엄청나게 기여하지만, 건축의 본질상 개별 분야의 역할은 한정적limited이다. 또한 건물이 만들어지고 나서보다는 그 이전과정인 개념을 도출하거나 건물의 탄생에 의해 제한restricted을 받는다. 반대로 건축가가 수행하는 모든 작업은 건물의 최종적인 생애를 최우선적으로 고려해야 한다. 건물이 사용자를 즐겁게 하는가? 건물을 보는 사람들을 즐겁게 하는가? 이제 누구도 시드니 오페라하우스가 예상보다 10년이 더 걸리고, 예산은 14배 더 들었다는 것에 신경 쓰지 않는다.[1)]

개선을 위한 탐구의 범위는 건축의 규모, 유형 및 기능을 넘어선다. 작은 아파트를 개조하여 거주자에게 더 많은 빛과 저장 공간을 제공하는 것에서 부터, 보육원에서 보호받는 옥외 놀이공간을 만드는 것을 지나, 지역이나 도시를 위한 새로운 표지를 창조하는 미적 개입에 이르기까지, 혹은 새로운 경로를 열고 도시를 통과하는 더 큰 투과성을 제공하기 위해 마스터플랜을 구현하는 것에 이르기 까지 모든 규모, 유형, 스케일에서 개선을 할 수 있다.

건축가를 위한 도전challenge

낙관적인 관점은 현실 세계에서 수용되기 보다는 도전 받는 경우가 많다. 그 도전은 건축가에게는 좀 더 가혹하다. 건물의 생애에 관심이 없는 것처럼 보이는 지침 내용 때문이다. 그리고 이타주의의 범위는 덜 명확해진다. 일부 건축가는 이러한 도전을 받아들이지 않는다. 그들은 건축주를 유치하고, 그들 스스로의 자부심ego을 파괴하면서, 돈을 번다. 그들은 조력자facilitator 이지 창작자는 아니다.

조력자의 디자인

전형적인 학생주거시설
복도상황 : 최소한의 개구부, 최소의 복도 폭, '최소한'의 집결-복도는 단지 경로이다.

이타적인 건축가의 디자인

학생주거시설, 파리, 오피스 건축사사무소, 2012
넓은 복도, 개방적인 메시 재질의 벽-이를 통해 빛과 조망조건이 개선된다. 복도는 사교공간이 된다.

토끼장처럼 쌓인 학생 주택, 민간에 의해 운영되는 외부인 출입 금지 주거복합 시설, 또는 임대가능면적 만으로 규정되는 업무시설과 같은 건물들. 이런 것들이 (건축가가 아닌)조력자들에 의해, 건축주와 개발업자의 의지가 얼마나 거칠게 건물로 지어지게 되는지를 보여주는 사례이다. 한편 이타주의 건축가의 손에는 다른 방향에서의 가능성—아무리 낮더라도 자신의 접근방법, 협상, 말솜씨delivery 등을 통해 명쾌해지는 그런 가능성이 있다.

- 학생주거시설Student housing
- 건축유형의 특성 : 조악함meanness, 경제성, 반복
- 이타주의적 조치 : 동선 공간을 사교가 일어나는 공간으로 전환

오피스 건축사무소OFIS architects는 파리의 학생 기숙사에서 건물의 뒷면을 따라 설치된 '옥외복도open-air corridors'를 제안했다. 이 복도에는 모자이크 식으로 만들어진 메시 스크린이 부착되어 있었다. 보행로는 빛이 들어오지 않는 내부 복도가 아닌, '학생들을 위한 개방된 공용 공간common space'이 되었다.2) 복도를 통해 외부조망이 가능해지고, 더 많은 빛이 안으로 들어오게 되었다. 또한 빌트인 가구를 통해 가구가 벽으로 후퇴하면서 출입 영역과 같은 공용공간이 넓어지게 되었다. 개별 스튜디오에 적용된 엄격한 공간 기준이 변경이 되지 않자, 오피스 건축사무소의 건축가들은 사이공간에 초점을 맞추어 동선 공간에만 그치던 것을 사교 공간social space으로 격상시켰다.

커뮤니티 센터
프라하, 체코 공화국, 제임스 테이트, 2013

조력자의 디자인

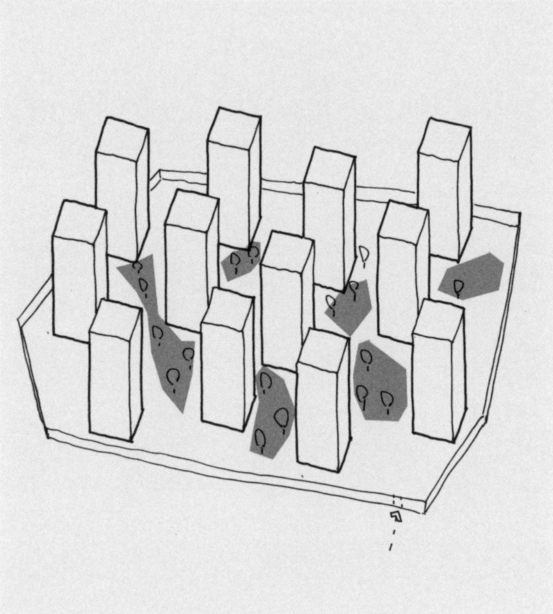

전형적인 외부인 출입금지시설
출입부를 보호하여 단지를 외부세계로부터 지켜낸다.

이타적인 건축가의 디자인

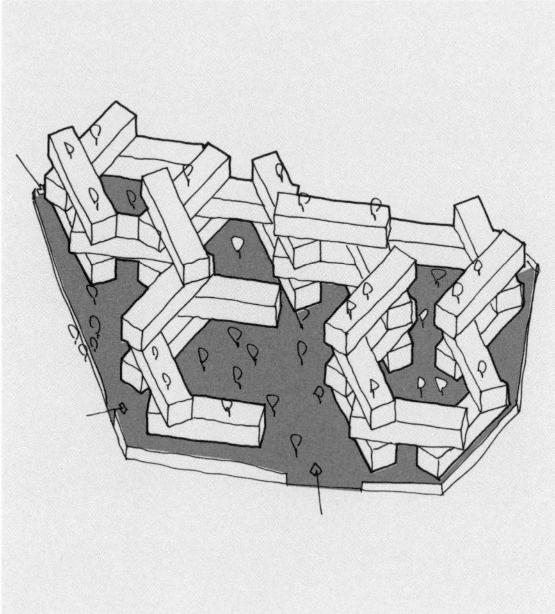

외부인 출입금지 시설, 싱가포르, 올르 시어런/OMA, 2014
다수의 출입부를 두어 부지의 투과성을 높임. 지층과 옥상에는 전형적이지 않은 주거 동 사이에 공유 가능한 공공 녹지공간이 있다.

조력자의 디자인

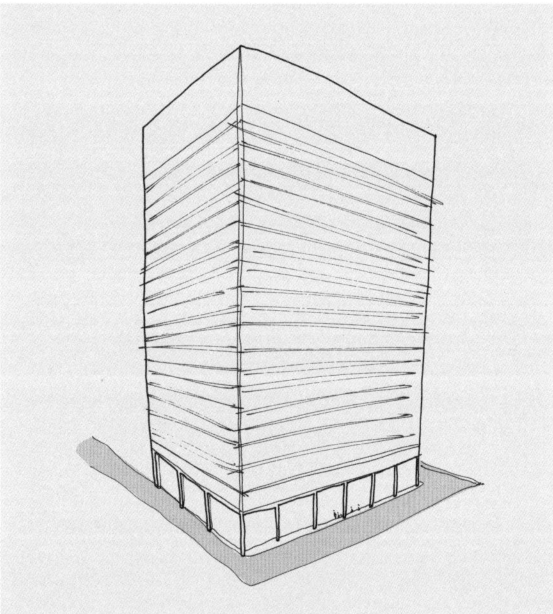

전형적인 업무시설
건물이 부지 전체를 차지하여 사적 공간과 공적 공간, 상업공간과 사교 공간이 명쾌하게 분리된다.

이타적인 건축가의 디자인

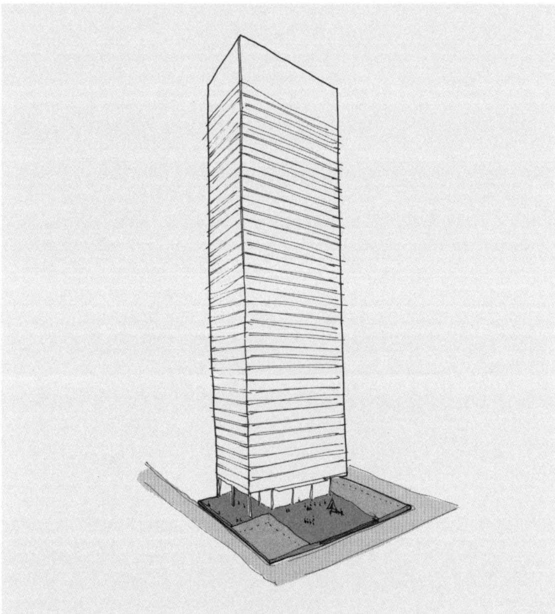

업무시설, 뉴욕, 미스 반 데어 로에, 1958
건물 동을 거리로부터 뒤로 물러서게 하고 그 공간에는 공공 광장을 조성했다. 오피스 동은 상대적으로 작은 저층부 위에 있다. 높고 얇으며 우아하게.

a) 꼬임, 얽힘이라는 뜻

*—외부인 출입금지 주거단지*Gated community

- 건축유형의 특성 : 방어적임defensiveness, 둘러쌈(위요)enclosure, 고립성insularity
- 이타주의적 조치 : 대중에게 개방된 정원 공간

싱가포르의 인터레이스Interlace에서a) 올르 시어런Ole Scheeren은 신중하고 눈에 띄지 않게 공공 공간을 제공하는 외부인 출입금지 주거단지를 만들었다. 이 작업은 외부인 출입금지 시설에 대한 인식을 완전히 뒤집었다. 건축가는 여러 개의 출입구를 만들었고, 스카이 가든과 지상 층 광장plaza의 형태로 개방 녹지와 공공 공간을 제공했다. 보통 지상 층의 공간은 사적인 정원과 저지선이 있는 공간으로 채워지는 곳이었음에도 말이다. 전형적이지 않은 주거동의 배열과 높은 층수를 통해, 공공 공간들은 건물에 순응하여, 건물 안쪽으로 물러서 있다.

—오피스 동

- 건축유형의 특성 : 효율성efficiency, 합리성rationalization, 최대 활용maximization
- 이타주의적 조치 : 사적 건물 외부에 공공 공간을 제공

뉴욕에 있는 미스 반 데어 로에의 시그램 빌딩Seagram Building은 사무공간을 수용할 건물을 요구하는 지침에 충실히 대응한 작업이다. 하지만 동시에 이 건물은 도로로 부터 27m를 후퇴하여 광장을 조성하여 대단히 사용성이 높은 공공 공간을 만들었다. 광장을 지상으로 올리면서 건축가는 업무시설과 도시, 사적인 것과 공적인 것 사이의 경계 공간hreshold space을 창조했다. 고급 재료들을 사용하고, 사람들이 앉을 수 있도록 하면서 수공간과 조각들 역시 건물의 의도를 확실하게 한다.

이들 사례를 보면, 건축가는 이타적인 본능을 가지고 있는 사람이다. 이러한 본성은 건축가로 하여금 사용자와 기타 도시거주자의 삶을 개선시킬 수 있는 길을 찾도록 만든다. 오스카르 니에마이에르의 표현을 좀 바꿔 보자면, 모든 건축물은 '이 세상을 살기에 좋은 곳으로 만들기 위한 시도들을 하면서… 삶에서 무엇이 중요한지'를 알고 창조되어야 한다.3)

임시변통하다IMPROVISE

계산된 즉흥성*calculated spontaneity*

improvise 임시변통하다, 동사
라틴어–*improvisus* **(예측하지 못한 채, 미래 환경에 대비하다)에서 기원.**
1–(타동사) 사전 준비 없이 신속하게 만들거나 구성하다
2–(타동사) 당장 수중에 있는 활용 가능한 재료들을 가지고 창조하고 배열하거나 구성하다
3–(타동사) 충동적으로 수행하다

임시변통을 한다는 것은 '제한된 현재 상황에 잠복해있는 여러 갈래의 미래를 식별하는 것'으로 묘사할 수 있다.[1] 건축 프로젝트 각각에서 임시변통을 해야 할 잠깐 동안의 기회들이 생긴다. 건축가는 이러한 기회들을 인식하고 이에 부합하는 조치를 취하면서, 가능성을 현실로 바꿔 놓는다. 다음은 건축에서의 임시변통에 관한 짧은 이야기이다.

헬리오스탯heliostat **돌발사고**

건축주 (문자메시지): 제가 정원용 헬리오스탯을 살펴보고 있는데요. 이걸로 집안에 빛을 끌어 들이려고요. 끝.

건축가 (혼잣말): 헬리오스탯? 그게 뭐지?! [신속한 인터넷 검색] … 흠 … 오케이, 기본적으로는 외부에서 햇빛을 반사하기 위한 큰 거울이구만—내가 추구하는 미니멀한 미학과 딱 맞아 떨어지지는 않는데. 그녀가 쓰는 가구로 판단하건데, 그는 아무래도 거대한 해바라기거울처럼 생긴 걸 고를 거 같아. 이런, 지붕창만큼이나 비싸잖아! 어떻게 그녀가 이거에 대한 흥미를 잃게 만들 수 있을까? 뭔가 해야겠어. 그래도 내 잘못이야. 내가 그녀한테 북쪽으로 증축을 하게 되면 햇빛이 안 들어 올 거라고 말만 했지, 해결책을 제시를 안 했잖아. 잠깐. 헬리오스탯을 내 디자인에 통합할 수 있지 않을까? 반사판을 지붕창 남쪽, 동쪽, 서쪽에 두고 빛을 반사시켜서 지붕창 유리를 통해 빛이 들어오게 할 수 있지 않을까? 그녀는 옥상 테라스도 말했지. 내가 건물 규모에 비해 너무 거추장스럽다고 하면서 못하게 하긴 했지만. 음, 반사판이 테라스 난간 역할을 할 수 있을 거 같아. 건물하고도 잘 어울리고 통일성도 있을 듯. 그래 북측 입면의 문제를 풀어보자. 건물과 통합된 헬리오스탯(새로운 단어를 배웠습니다!)을 통해 빛을 반사시키고, 반사판이 옥상테라스 난간역할을 하도록 해서 시각적으로 좀 더 흥미롭게 해보자. 좋아, 그녀가 해바라기거울을 사기전에 얼른 답을 해주자.

건축가 (문자메시지): 헬리오스탯은 효과가 좋을 수 있어요. 근데 비싸답니다. 제가 생각하고 있는 방법이 하나 있어요. 옥상을 일종의 헬리오스탯으로 만들어주는 거 에요. 다음에 우리가 만날 때 이거에 대해 좀 더 얘기해 볼 수 있을 겁니다.

건축주: 못 기다리겠어요. 끝.

건축가 (혼잣말): 오케이, 지금은 일단 무마된 듯. 좋아, 실제로 이렇게 하려면 어떻게 해야 하지?

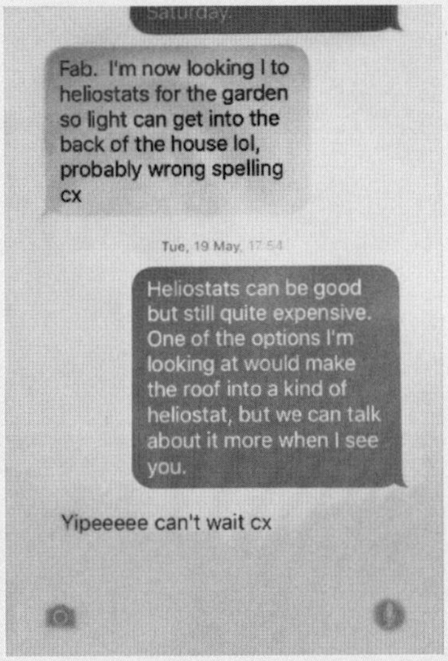

?

대박. 제가 정원용 헬리오스탯을 살펴보고 있는데요. 이걸로 집안에 빛을 끌어들이려고요. ㅎㅎ. 스펠링이 틀렸을지도. 끝.

헬리오스탯은 효과가 좋을 수 있어요. 근데 상당히 비싸답니다. 제가 생각하는 방법이 하나 있는데요, 옥상을 일종의 헬리오스탯으로 만들어주는 거 에요. 다음에 우리가 만날 때 이거에 대해 좀 더 얘기해볼 수 있을 겁니다.

아아아아아아아 못 기다리겠어요. 끝.

디자인 특징

태양을 따라가기

빛을 끌어들이기

건축 아이디어의 융합

!

헬리오스탯 설치 이전

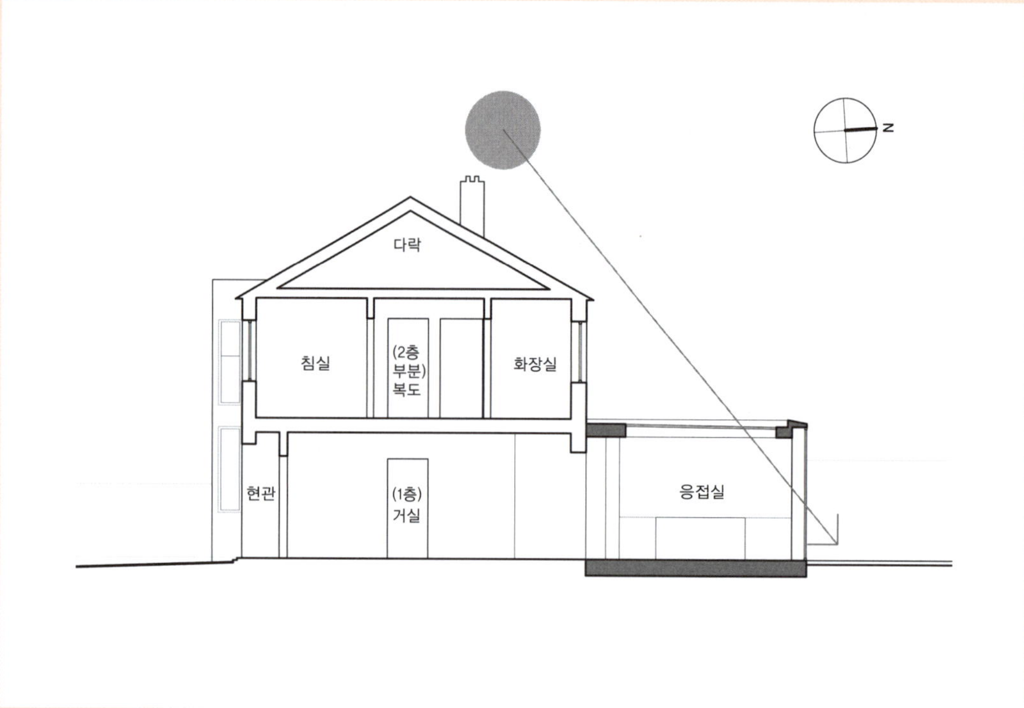

돌발적인 헬리오스탯 설치 이후

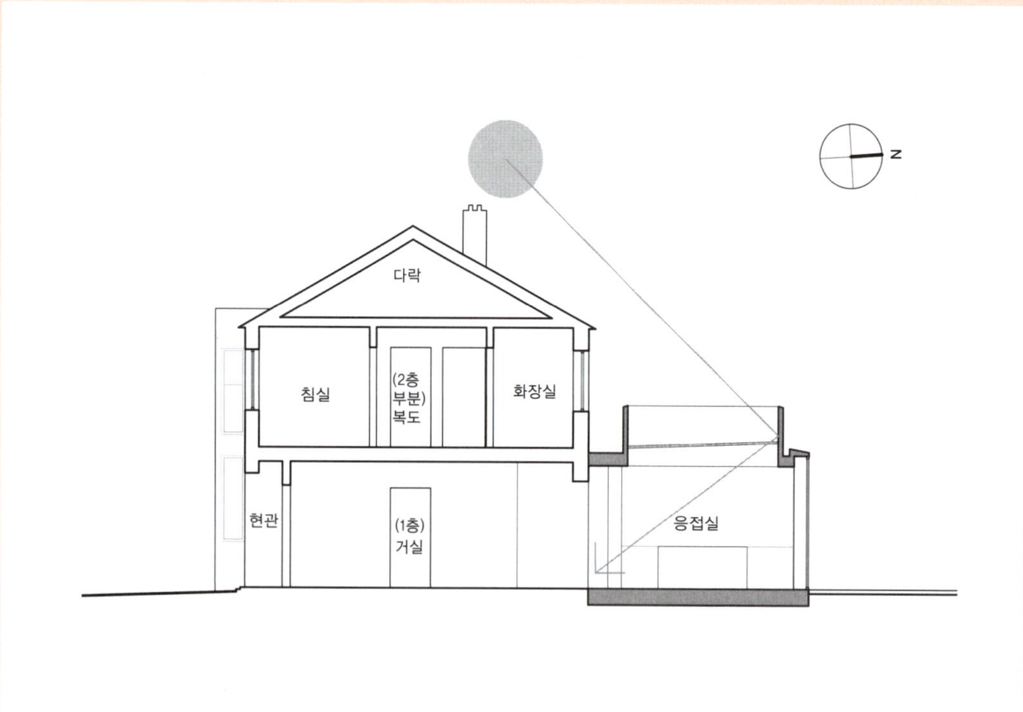

태양을 따라가기
지붕창 네 방향으로 반사판 설치. 이로 인해 동쪽, 서쪽, 남쪽 햇빛이 새벽부터 황혼까지 직간접적으로 들어온다.

빛을 끌어들이기
지붕창 주변의 반사판 높이는 1m. 남측 채광을 반사시켜 생활공간 깊숙이 빛을 끌어들인다.

헬리오스탯 설치 이전

돌발적인 헬리오스탯 설치 이후

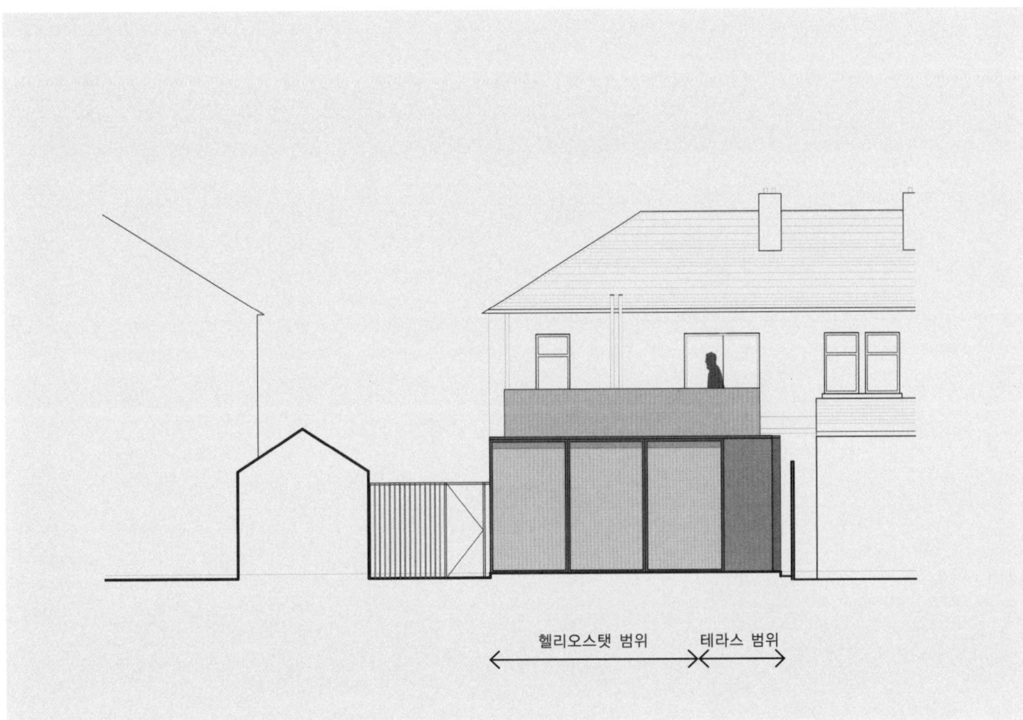

디자인 특징
헬리오스탯의 설치로 시붕선제에 설쳐 반사판을 확장하고, 반사판이 난간역할을 겸하는 옥상테라스가 가능해졌다.

건축아이디어의 융합
헬리오스탯을 설치하면서 단순한 평지붕 박스였던 시기에 비해 시각적으로 흥미로운 지붕형태가 만들어 졌다.–이렇게 해도 인접한 건물의 지붕보다 높지 않다.

그린벨트 전략2 : 강둑

떠있는 강변 주거시설, 영국, 브리스틀, 배치계획, 제임스 테이트

건축가는 영국의 주택 위기가 해결되기를 기다리기만 해서는 안 된다. 건축가는 해법을 생성할 수 있는 능력을 복구해야 한다. 이 저밀도 개발 사례는 에이본 강둑의 굴곡을 따라 배치된, 물위에 떠있는 33개의 강변주택을 제안한다. 이 접근법은 주택 위기에 대한 신중한 태도를 지향하고 있다. 경량 콘크리트 하부는 강의 수면이 상승할 때 집이 떠오르도록 해서, 범람원에 건물을 지을 때 의례 생기는 어려움을 피하고 있다.

3

짓기

구성요소 & 전략

'가늠하기(Assess)'에서는 밖을 내다보면서 우리 주변에 있는 것들을 살펴보았다. '분석하기(Analyse)'에서는 우리가 작업하는 방식에 대해 내부적으로 들여다보았다. 종종 착수가 중요한 때가 있다. 당장 손안에 있는 일을 진행하는 것, 짓기를 실행하는 것이다. 눈 앞에 놓인 백지는 학생으로서나 전문가로서나 가장 두려운 도전과제이다. 이 '짓기(Assemble)' 섹션 전반에 깔린 핵심적인 생각은 바닥, 지붕, 문, 계단 등 식별가능한 주요 건축 구성요소와 관련된 전략을 제시하여, 건축의 '구성요소'에 대한 아이디어 개발에 도움이 될 수 있도록 하는 것이다. 이 섹션은 당신이 작업의 핵심(구성요소)으로 빈 페이지를 채울 수 있도록 용기를 주고, 다양한 아이디어와 설계 방법이 응집된 무언가를 도출할 수 있는 전략을 제시해 줄 것이다.

2판에서는 '구성요소'라는 용어의 사용과 아이디어를 창출할 수 있는 주요 건축 장치로서 바닥, 벽, 구조structure, 지붕roof, 문door, 파사드, 계단 및 설비services로 범주를 나누게 된 몇 가지 맥락을 전달하는 것이 중요했다. 원작의 제작 조건을 핑계로(p.280의 후기를 봐주십시오. 항상 너무 바쁜 나머지, 주변을 살펴보지 못한답니다.) 이 섹션을 쓰면서 나는 2014년 베니스 비엔날레에서 렘 콜하스가 분류한, 매우 유사하면서도 더 심층적인 범주화 작업이 진행되었다는 것을 깨닫지 못했다. 당혹스럽게도, 나는 이를 2018년에 책을 출판할 때까지 다행스럽게도 알지 못했다. 그때는 해당 섹션을 재검토하거나 명백한 유사성을 인정하기에는 너무 늦은 시점이었다.

그러나 생각해보면, 범주는 비슷할 수 있지만 접근 방식은 매우 다르다. 콜하스의 작업은 학문적이고 밀도가 높으며 초보자가 이해가 어려운 지점들이 많다. 나의 접근 방식은 불경스럽긴 해도 다가가기 쉽다. 나는 구성요소 자체에 대한 포괄적인 역사나 심층적인 분석을 제공하려고 시도한 것이 아니라, 그들의 설계 잠재력을 풀기 위한 정확한 방법으로 그것들을 생각하는 전략을 대신하여 제시하려고 시도했기 때문이다.

잘 운용된 건축적 구성요소
예술과학도시(CIUTAT DE LES ARTS I LES CIÈNCIES). 발렌시아, 스페인. 1998. 산티아고 칼라트라바.

아마 내가 논란의 소지가 있는 놓친 건축적인 '구성요소' 중 하나는 난로였다. 그것은 근본적이고 생존과 관련이 있을 수 있지만 오늘날의 디지털화된 세계에서는 시대착오적이기도 하다. 기계시대의 집에 우아하게 맞춰진 '난로'의 개념은 이제 가짜 전기 불꽃으로 밀려나 통나무 화덕을 오염시키거나 어딘가의 개척지에서 아마추어 같이 불을 지피는 것이다. 스마트폰과 다른 장치에서 난방(및 냉방)을 디지털로 제어하는 것은 이제 난로와 관련된 상징성이나 기념비성을 부르주아 계급에게 불필요한 것으로 만든다. 이번 판에는 난로가 추가되지 않았다.

8가지 주요한 건축 구성요소에 집중함으로써 학생이나 실무자가 좀더 색다른 방식으로 생각하여 새로운 공간적, 형식적 및 미적 가능성을 가져올 수 있는 잠재적 전략을 여는 데 도움이 되기를 희망한다. 느슨하게 쌓은 바닥판, 외피와 둘러싸임enclosure 사이의 공간, 구조적 순수성, 파사드(façade)의 반복, 또는 심지어 문의 깊이까지 모두, 프로젝트의 사용 가치를 높이고, 시선을 끌며, 건축의 수명을 연장할수 있는 방법이 되는 것을 확인할 수 있다.

바닥FLOOR

고층건물을 통하게 하라

floor 바닥, 명사
라틴어 *-planus*(높이level)에서 기원
1-방의 아래쪽 표면
2-같은 높이나 같은 층에 있는
공간이나 영역
3-강이나 바다, 터널 혹은 동굴의
아래쪽 표면

우리는 건물이 코를 고는 것을 멈추게 할 필요가 있다. 인간의 코골이는 기도가 막혀서, 코와 입을 통해 공기가 진동하면서 나는 특징적인 소리이다. 한편, 우리의 탑상형 건물의 다수에도 같은 문제가 있다. 건물들도 코를 곤다. 천정고floor-to-ceiling height는 표준화되어 전 세계에 통용된다. 이는 건물들이 같은 높이의 실내공간을 쌓아서 구성되고 있다는 것을 말한다.
이로부터 세 가지 문제가 생긴다.

- 고층건물의 외관이 단조롭게 된다.
- 건물의 기능성을 한정한다.
- 맥락을 존중하는데 실패한다—건물이 아무리 올라가도 각층의 높이는 동일하다.

물론 바닥 높이floor height를a) 표준화 하는 것에는 건물을 더 저렴하고, 더 빠르게 짓고, 더 정확하게 만들 수 있다는 이점이 있다. 하지만 동일한 바닥높이는 시각적으로나 기능적으로나 일종의 '막힘'을 유발한다. 고층건물의 하부에 있는 층은 그들 주변을 존중하는 규칙에 대한 준수가 필요하다. 비슷하게 위쪽에서는 임대수익률rental yield을 높이기 위해, 바닥판의 수를 최대한 늘려야 할 필요가 있다. 중간층이 남았다. 중간층은 건물이 보이드 공간이나 아트리움, 정원과 테라스 등을 이용하여 건물이 숨을 쉬도록 해줄 수 있는 부분이다. 기준층 바닥판의 독재를 깰 수 있는 위치이기도 하다. 중간층은 다양성이 만들어지는 곳이다.

중간층을 유연하게 활용하면 앞서 언급한 '막힘'과 관련된 세 가지 문제들도 역전된다. 건물의 외관이 개선되어 다양성이 있고 상황에도 어울리는 건물을 지을 수 있다. 다양한 기능과 용도를 수용할 수 있게 되면서, 가치와 수익을 더할 수 있다. 모든 층에서 그 인근과 좀 더 현명하게 통합될 수 있다. 궁극적으로 이 건물은 새로운 공간과 시각적 흥미를 포함한 부가가치를 더할 수 있게 된다. 가장 높은 층은 더 나은 조망과 채광으로 가장 가치가 높다. 코골이를 그만 두게 하자. 그리고 우리의 건물은 점점 더 흥미롭게 될 것이다. 점점 더 수익성이 높이지고 점점 더 기능적이 될 것이다.

a) 층고와 천정고를 아우르는 표현

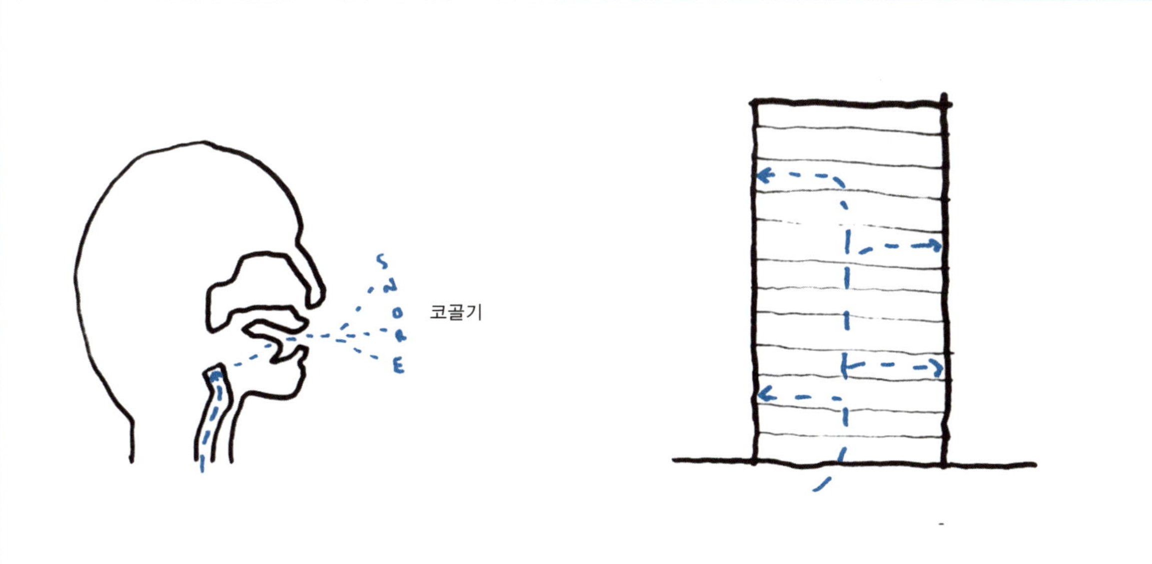

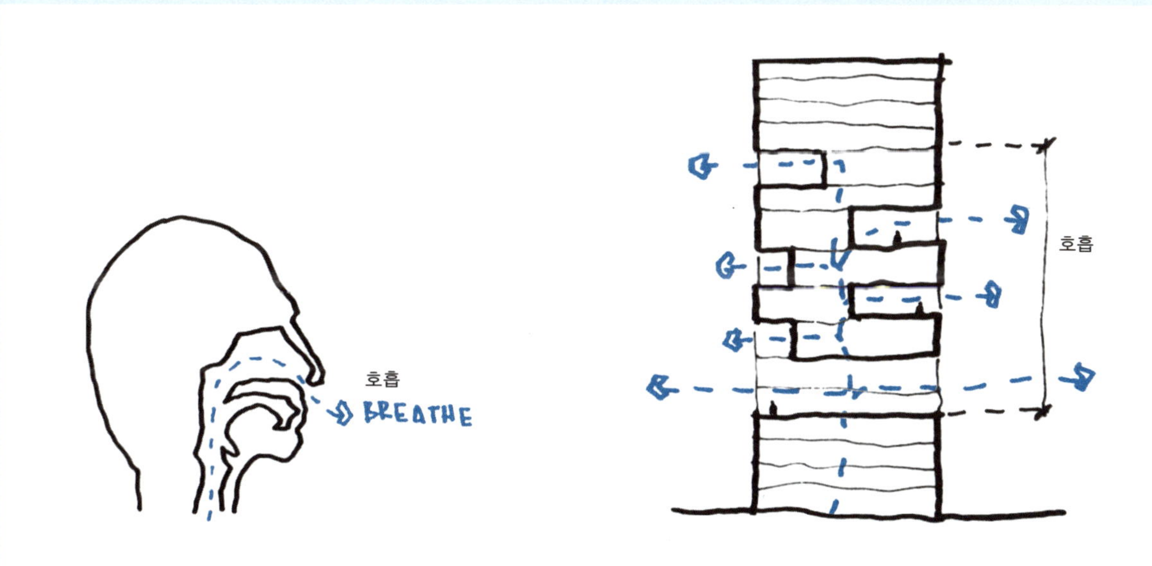

전형적인 방식의, 층을 반복해서 쌓아 올리는 탑상형 건물은 숨 쉬는 것이 제한되거나 숨 쉬는 것이 불가능해서 막히기도 한다. 가장 위에 있는 건물은 형태적으로나 기능적으로 코를 고는 건물이다. 바로 위 그림의 타워 동은 차단의 여지를 제거하여 이전에 사용되지 않던 다양한 개방공간을 만들어 냈다.
이 건물은 잠재력의 봉인을 해제했다.

'막힌' 건물

'통'하는 건물

'통'하는 건물

'통'하는 건물

'통'하는 건물

'통'하는 건물

건물의 중간층을 서로 통하게 하면서, 새로운 공간과 형태가 나타난다. 공제를 통해 만들어지는 보이드, 작은 아트리움, 테라스의 잠재력을 발휘하면서 포괄적인 타워동의 다양한 유형을 제시할 수 있다.

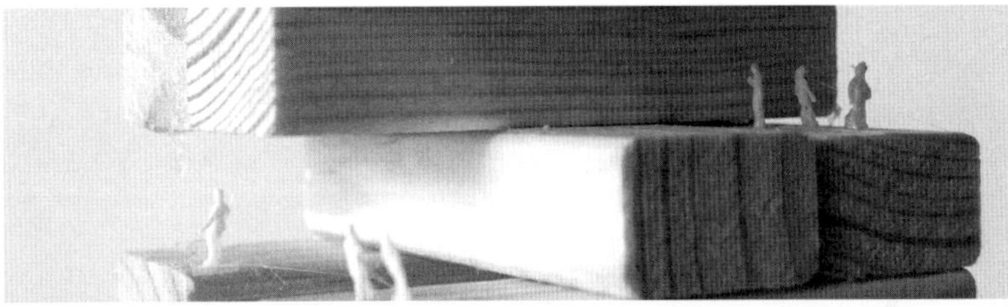

벽WALL
주거가 가능한 보이드 공간

wall 벽, 명사
라틴어 *–Vallum*(건물보호용으로 치던)말뚝 울타리에서 기원
1–길이와 높이가 폭에 비해 더 큰, 수직 건축요소. 격리, 둘러쌈, 분리를 위해 사용된다.
2–방어적 목적을 위해 지어진 성곽의 벽, 성벽.
3–벽과 같은 속성을 지닌 비물질적인 경계

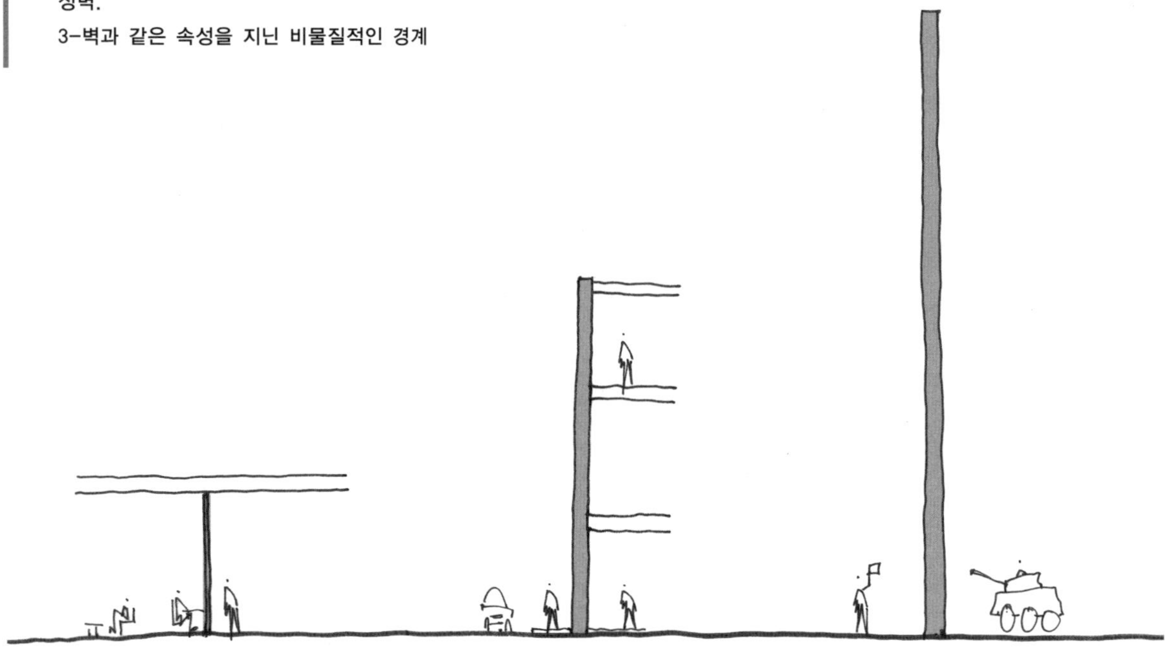

벽을 세운다는 것은 방어적인 동시에 공격적인 조치이다. 벽은 '안쪽inside'과 '바깥쪽outside', '내 것'과 '너의 것'을 규정한다. 벽은 구분division이라는 개념을 물리적 및 상징적으로 구현한다. 이러한 구분선들dividing lines은 다양한 축척 및 규모, 재료에서 생긴다. 그리고 보호대상, 위협요소, 지역적 조건과 자원등과 같은 다양한 힘들에 의해서도 생긴다.a) 선으로 정원 둘레에 허리 높이로 올라오는 울타리를 만들 수도 있고, 도시의 방어시설을 만들 수도 있다. 벽을 건설한다는 것은 영토territory의 경계를 정하기 위한 의도적인 행위이다.

a) 도면에서 선들로 구분하는 것들을 생각해보면 어렵지 않게 이해할 수 있다.

벽은 다양한 목적으로 지어질 수 있으며, 다양한 크기와 넓은 범위의 재료를 사용하여 만들 수 있다. 벽들은 공간을 규정하고 피난처와 둘러쌈을 제공한다. 동시에 구분을 위한 도구가 된다. 건축에서 벽보다 더 유용하고, 진정으로 감정을 자극하는 건축적 요소는 거의 없다.

벽 안에서도 살 수 있다. 이는 두꺼운 석조 벽체 안에 거주 가능한 공간이 있는, 유럽 전역의 중세 성채들에서 공통적으로 볼 수 있는 특징이었다. 거주가 가능한 벽은 루이스 칸의 작품,

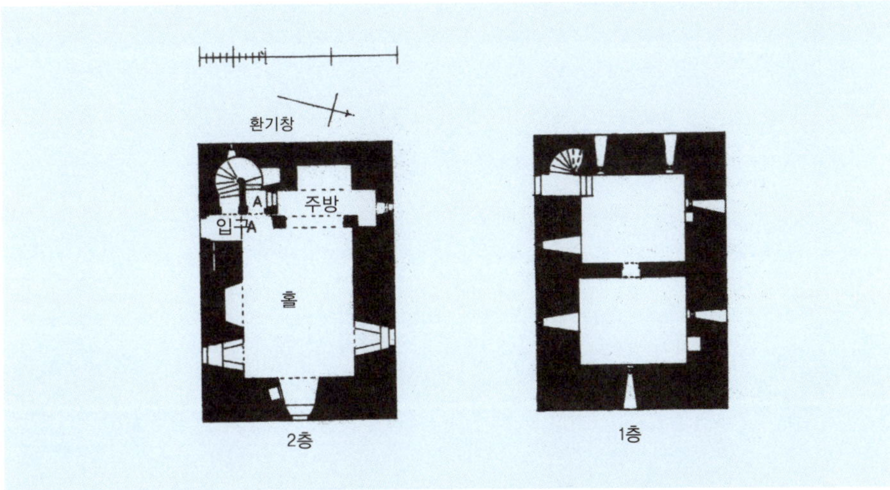

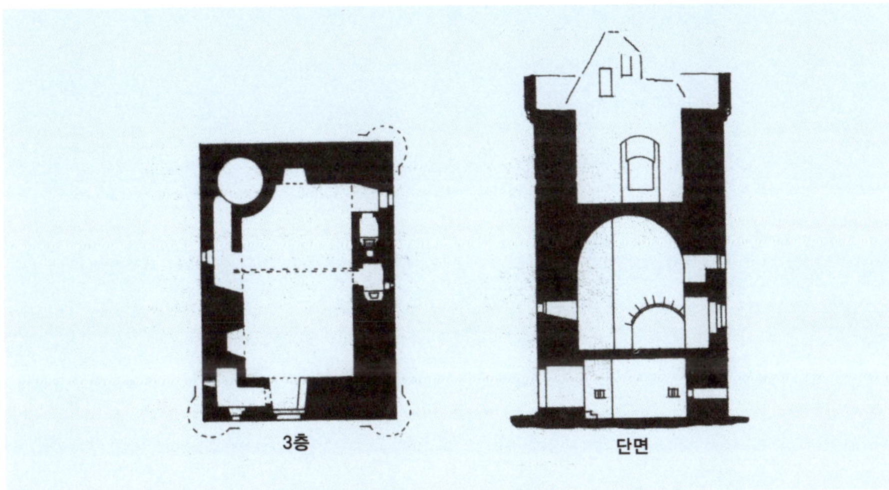

주거가 가능한 벽들
'벽을 공간으로 쓰는' 건물의 원조 격은 성채이다. 여기 있는 그림은 리틀 컴브레Little Combrae(스코틀랜드)이다. 두껍고 견고한 벽은 안쪽으로는 비어 있어서, 이중적인 역할을 하게 된다. 방어를 하는 동시에 다양한 공간과 기능을 담아낸다.

특히 텍사스의 킴벨 미술관Kimbell Art Museum에서도 볼 수 있다. 이 건물에서 내벽은 창고와 계단실을 담아내기 위해 두껍게 계획되었다. 이는 루이스 칸이 감탄해마지 않는 스코틀랜드의 오래된 성채와 같은 건물 유형에 대한, 완곡한 긍정oblique nod이기도 하지만,[1] 동시에 숨겨진 공간을 만드는 실용적인 방법이기도 했다. 알베르토 캄포 배자Alberto Campo Baeza 역시 이탈리아 트레비소Treviso에 있는 베네통 보육소 건물Benetton Nursery Building에서 외부에 2중의 원형벽체를 계획하고 숨겨진 놀이터를 벽체 안쪽에 두는 디자인을 보이고 있다. 2중 벽체 안쪽에는 다시 아이들을 위한 비밀스런 안뜰(중정)이 있는데, 이를 통해 바람직한 수준으로 프라이버시와 피난처의 제공이 가능하게 되었다.

벽을 세 가지 범주에서 살펴보자. 분리separate하기 위한 벽(내부 공간들과 실들), 둘러싸기enclose 위한 벽(건물의 외부 '표피skin'), 그리고 격리divide시키기 위한 벽(방어를 위한 도구로서)이 다음으로 할 이야기이다.

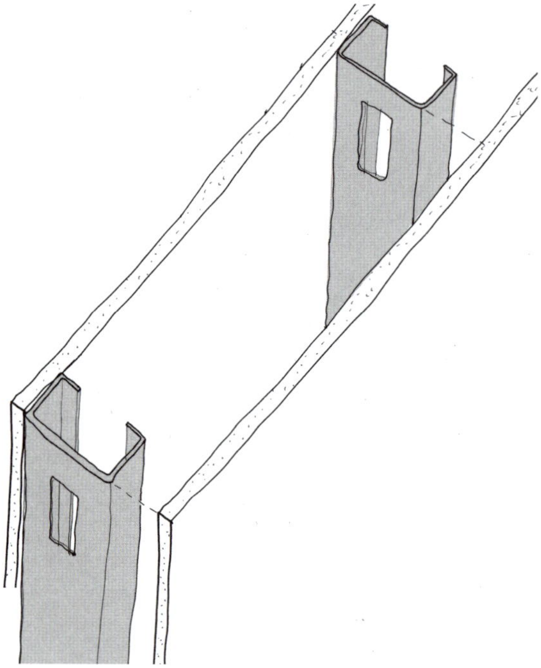

칸막이 벽(파티션)
전형적인 금속프레임의 칸막이벽 작업. 중심거리 600mm 마다 수직 지지대를 세우고 여기에 나무판자floor, 헤드 채널을 체결하는 방식으로 구성한다. 금속 프레임은 종이만큼 얇은 0.5mm~1.0mm 두께의 금속으로 만든다.

분리seperate하기 위한 벽

내벽internal walls 혹은 칸막이벽partitions이라 불리는 벽은 일반적으로 가볍고, 일시적인 목적으로 쓰인다. 보통 25-30년 정도의 수명을 가지고 있는데, 그때까지는 새로운 쓰임새와 새로운 공간배치layout가 요구될 때 마다 교체하거나 재구성할 수 있다. 이는 상업용 업무시설에서는 의례히 일어나는 일이다. 새로운 좌석배치를 통해 정기적으로 공간구성이 달라지는 그런 건물들 말이다. 그러므로 칸막이벽은 가구와 건축 사이 어딘가에 속하는 것이다. 진정으로 공간을 규정하기에는 너무 가볍다–칸막이벽은 공간을 구분할 뿐이다. 당신은 한걸음 더 나아가 칸막이벽은 벽이 아니라고 결론 내릴 수도 있다–그럴 때에는 가구가 된다.

이런 규정이 적절하지 않을 때도 많다. 예를 들어 일본의 다실teahouse은 빛이 투과되는 칸막이벽에 의해 규정된다. 그러나 이렇게 가벼운 감각이 필요하지 않을 때는 벽이 가구가 될 수 있다. 칸막이벽은 그것이 분리하는 공간의 가구와 좀 더 통합할 수 있다. 예를 들자면, 선반, 책상 또는 좌석을 포함하는 벽감을 통해 공간사용을 극대화한다는 걸 의미한다.

둘러싸기enclose 위한 벽

둘러싸는 벽은 내부와 외부를 명확하게 규정한다. 그러나 항상 그렇게 간단하지는 않다. 철학자 가스통 바슐라르Gaston Bachelard는 '안쪽과 바깥쪽은…언제나 반전되어 적대감을 교환 할 준비가 되어있다'고 말했다.[2] 둘러쌈은 바깥쪽–광대함vastness, 모호함vagueness 그리고 공허함void과 안쪽–명료함clarity, 친밀함intimacy, 견고함solidity 사이의 고통스러운 긴장감을 나타낸다.

이런 식의 긴장을 이용하는 건물이 점점 더 많아지고 있다. 건물 표피가 보호를 위해 둘러싼 바깥쪽에 있는 희생적 외피covering로 규정되면서 둘 사이에 비어있는 공간이 생기게 된다. 철학자 슬라보예 지젝Slavoj Žižek의 언급처럼 이러한 '시차parallax적'[b] 표피는 안쪽과 바깥쪽 사이에 '통약불가능성incommensurability을[c] 창출한다…우리가 창문을 통해 바라보는 현실은 언제나 최소한의 스펙트럼으로, 우리가 있는 닫힌 공간만큼의 충분한 실제real가 아니다.'[3]

b) 시차는 관찰자의 위치에 따라 천체의 위치가 다르게 나타나는 현상. 별의 시차는 존재론적 시차, 즉 우리가 현실에 접근할 때에 어쩔 수 없이 갖게 되는 차이를 말한다.

c) 공유하는 약정이나 규칙을 가지고 있지 않다는 것. 이러한 성질이 있으면 비교와 대조가 불가능해진다. 그러므로 어떠한 두 대상도 어느 것이 참인지, 더 나은지 비교할 수 없다는 것.

분리하기의 3단계

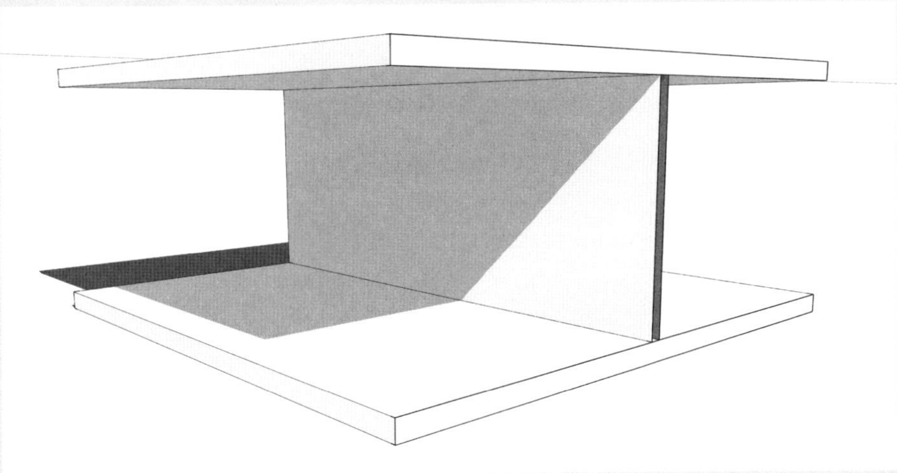

분리하기
칸막이벽은 오직 한가지 일-분리하기-만 한다.

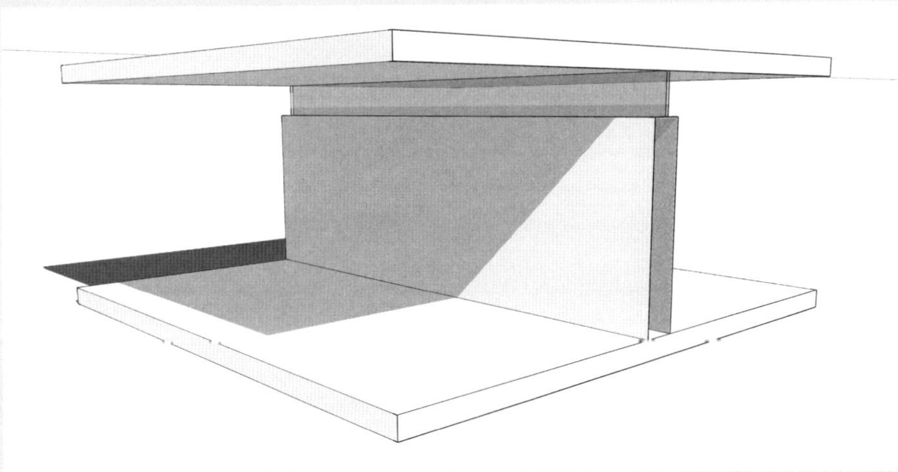

두껍게 하기
기준이 되는 칸막이벽의 두께는 100-150mm에서 400-450mm로 증가한다. 상부에는 유리를 끼운 띠형태의 광창을 설치하여 빛을 끌어들이는 동시에, 서로 분리된 공간 사이의 연결이 가능해진다.

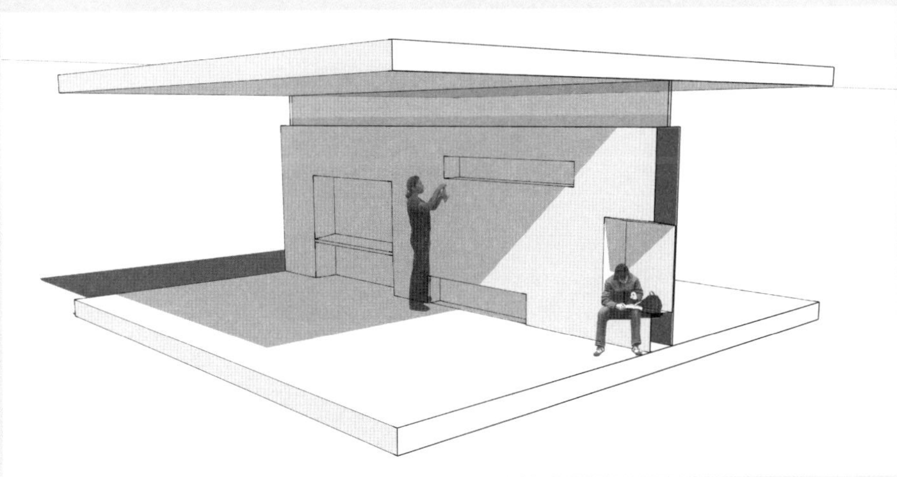

거주하게 하기
벽체를 두껍게 하고 개구부를 만드는 것과 더불어, 칸막이벽은-물건을 보관하고, 사람이 앉을 수 있으며, 책상으로도 쓸 수 있는-벽감들niches을 통해, 사람이 지내는 것이 가능한 곳이 된다.

단면 다이어그램 비교–둘러쌈

시애틀 공공 도서관, OMA

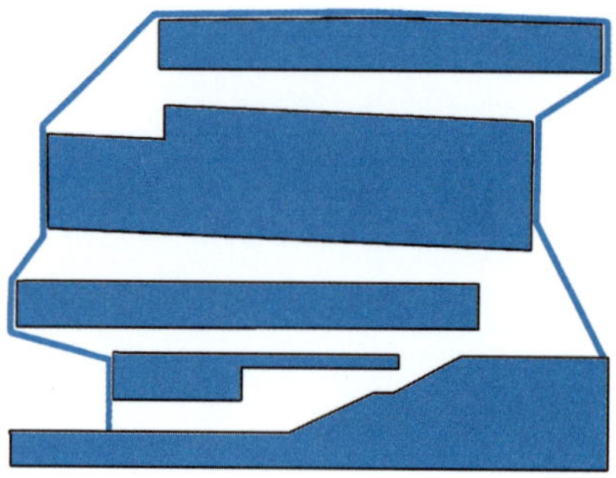

다렌 국제 컨퍼런스 센터, 쿱 힘멜블라우

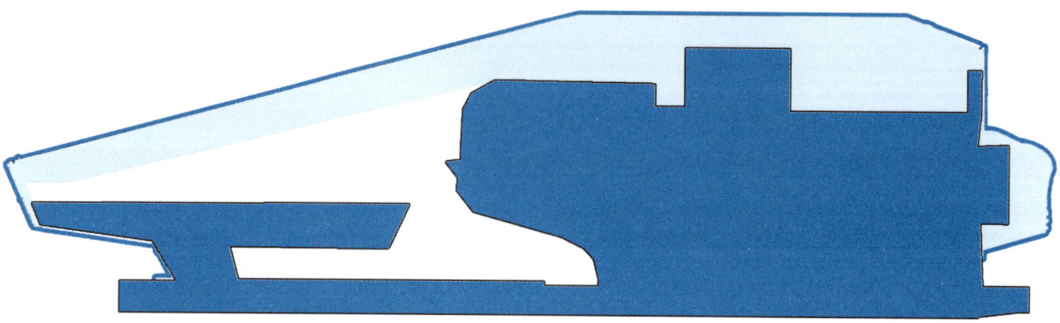

둘러쌈

건물

거주 가능한 보이드

거주 불가능한 보이드

둘러싸기의 3단계

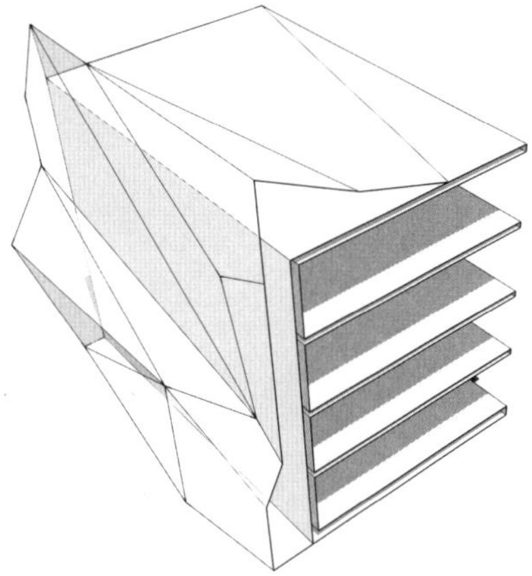

둘러싸기

외피와 내부의 둘러싼 벽 사이에 쓸모없는 보이드. 형태와 기능사이, 바깥쪽과 안쪽 사이의 불편한 관계로 부터 기인한 결과물

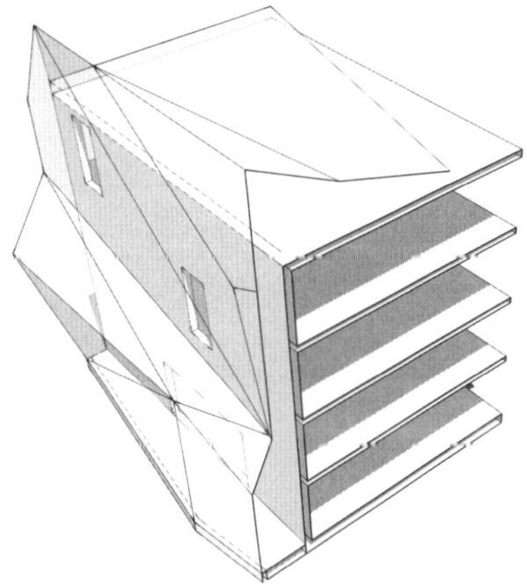

개방성 확보하기

안쪽에서 둘러싼 벽에 개구부가 형성되면 외피와 안쪽에서 둘러싸는 벽체가 시각적으로 연결된다. 이렇게 되면 안쪽과 바깥쪽 사이의 희미한 경계가 교정된다.

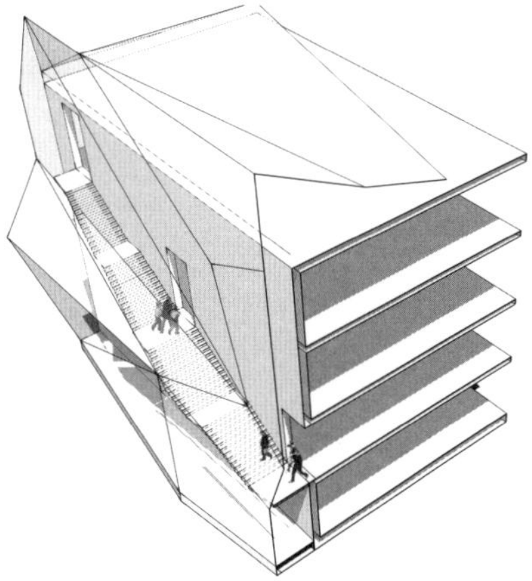

거주하게 하기

불안했던 틈은 이제 사람이 지낼 수 있는 공간이 된다. 둘러싼 벽과 외피사이에는, 더 이상 분리된 상태가 아닌, 새로운 동선 공간이 생겨난다. 사람이 지낼 수 있는 보이드 공간은 건물의 필수불가결한 부분이 된다.

공공광장PUBLIC SQUARE
스페인, 비고, 제임스 테이트, 2016

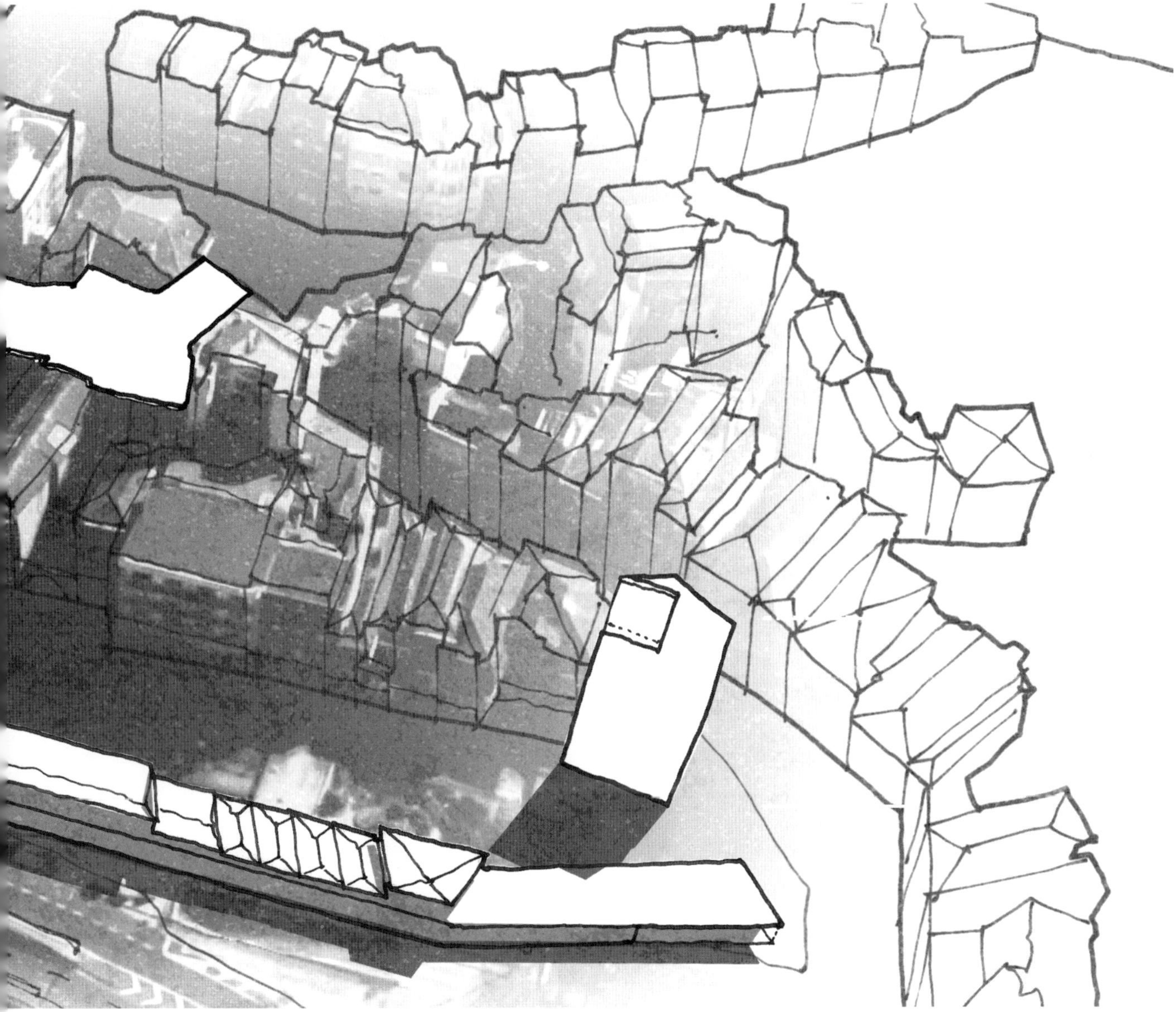

격리

도시의 격리
예루살렘 팔레스타인 지구(왼쪽), 예루살렘 이스라엘 영역(오른쪽)

육지의 격리
세르비아, 호르고스Horgoš(왼쪽), 헝가리 로스케Röszke (오른쪽)

바다의 격리
플라야스 데 티후아나(티후아나 해변)Playas de Tijuana, 멕시코(왼쪽), 보더 필드Border Field 주립공원(국경지대 주립공원), 미국(오른쪽)

OMA의 시애틀 중앙 도서관Seattle Central Library과 같은 경우에, 시차를 일으키는 거리는 최대화되어 건물의 표피와 견고한 매스d) 사이의 역동적이고 거주 가능한 틈새 공간들interstitial spaces을 만들어낸다. 이 건물에서 틈새공간은 필수적인 것이 되면서 성공적인 결과를 가져왔다. 그럼에도 다른 사례인 쿱 힘멜블라우의 건물e)에서는 이 둘 사이의 거리가 충분하지 않아 바닥판이 틈새공간을 활용할 정도로 확장되지 않고 있다. 이는 외부 표피와 내부의 둘러쌈 사이에 보이드 공간을 만드는데, 내외부의 이런 보이드 공간이 동선을 위해 사용되면서, 계획의 자유도를 높이고 보이드 공간에서 수행되는 기능이 파사드에 부정적인 영향을 미치지 않도록 하고 있다.

격리(분열)시키기 위한 벽

보호와 둘러쌈을 제공하는 물리적 개념을 초월하여, 벽은 감정적 · 정치적인 대상이 되기도 한다. 서로 대립하는 국가, 인종, 종교, 정치적 관점 사이에 물리적 장벽barrier을 만들기 위해 올린 경계 벽을 생각해보면 이해가 어렵지 않을 것이다. 하드리아누스의 방벽Hadrian's Wall과f) 중국 만리장성의 잡석과 모르타르로 이뤄진 벽에서부터, 베를린 장벽Berlin Wall 이나 이스라엘의 서안지구 분리장벽West Bank barrier에 이르기까지, 경계 벽은 오랜 기간 보호와 제정imperialism을 위한 도구로 사용되었고, 억압과 안전의 상징이 되었다.

세계 정치가 보호주의와 분열로 나아가는 걱정스러운 추세 속에서, 경계 벽에 대한 수요 역시 폭발하고 있다. 이 글을 쓰고 있는 순간에도 전 세계적으로 35개의 경계 벽이 사용 중이거나 계획안이 나와 있는 상태이고, 19개는 완공되었거나 공사 중이다. 2014년 이후로만 통계를 내도 이렇다.4) 중동지역을 탈출한 망명자들을 막기 위한 동유럽의 철조망 울타리에서부터, 테러를 막기 위해 설치한 파키스탄과 아프가니스탄 국경에 콘크리트 패널로 덮은 참호에 이르기까지, 그리고 670마일g)에 달하는 길이의 미국과 멕시코 경계를 따라 세운 콘크리트와 강재로 만든 경계 벽까지, 모든 경계 벽에는 다양한 목적이 있다. 그러나 경계 벽이 목적으로 내세운 '테러리스트에 대한 우려', '마약 밀수smuggling of narcotics의 제한', '폭력 예방', '환경 위생environmental health의 개선' and '잠재적 유해 질병potentially harmful diseases의 제한'과 같은 목적들은 결국 실패했다.5) 그럼에도 2017년 미국 행정부는 멕시코 사이에 도합 2천마일h)에 달하는 국경에 경계 벽을 재건할 계획을 세우고 있다.

건축, 특히 벽은 세계 정치의 긴장과 불안정을 표현하는 물리적인 요소가 될 수 있다. 각각의 경우 벽의 실효성은 논쟁의 여지가 있으며, 실제 목적보다는 상징적 효과를 위해 세워진다. 망명자를 막기 위해 벽을 세우기보다는, 망명자를 만들어내는—전쟁으로 상처 입은 국가들을 위해 자금지원을 해야 한다. 돈을 쓰려면, 정보 교환과 같은 증명된 수단들을 통해, 테러집단의 현금흐름cashflow이나 복귀rehabilitation를 차단하며 테러와의 전쟁을 이어나가기 위해 써야 한다.6) 또한 쌍방이 모두 관련된 사회문제들social issues, 가령 주변의 빈곤국가에서 상대적으로 풍족한 인접국가로 불법 약물이 흘러들어가는 것과 같은 일에도 벽을 세우느라 예산을 쓰기보다는 그 돈으로 다른 일을 해야 한다.

경계 벽은 격리를 초래해서도 문제지만 기본적으로 터무니없는 일이다. 쓸모가 없는데 비용이 많이 들기 때문이다. 만약 이런 장벽건설 사업이 게릴라 작전에 인수되어 그 많은 돈을 더 잘 활용하게 되면, 더 나아가—중요한 문제다—경계 벽에 대한 개념을 전복시키고, 훨씬 유용하고 포괄적인 생각을 해낸다면, 어떻게 될까? 분열과 파괴만이 유일한 기능인 경계 벽을 대체하게 되면, 보다 인간적이고 문명화된 접근방식을 취할 수 있을 것이다. 만약 우리가 꼭 경계 벽을 지어야 한다면, 거주가 가능한 벽으로 만들어보면 어떨까.

d) 시애틀 중앙도서관 내부에 5개의 핵심적인 프로그램, 즉 운영본부HQ, 스파이럴 서가, 미팅공간, 스텝들을 위한 공간, 주차가 만들어내는 둘러쌈을 의미한다. 도서관은 이 프로그램 사이를 수직 수평으로 이동시켜 그 사이에 틈새공간으로 활기 넘치는 공공성을 구현하는 것을 의도했다.

e) 다롄 시 국제 컨퍼런스 센터(Dalian International Conference Centre, 2012)를 언급하고 있다.

f) 로마의 하드리아누스 황제가 2세기 잉글랜드 북쪽 경계에 픽트 족을 몰아내고 국경을 확고히 하고자지은 방벽. 383년 로마군이 철수하자 17세기 초까지 스코틀랜드 침입에 대비하기 위한 용도로 사용했다. 하드리아누스가 재위할 때에는 흙과 이탄으로 쌓고 사이에 도랑을 두는 식이었으나 셉티미우스세베루스 재위 이후로부터 돌로 대체하였다.

g) 대략 1080km정도의 거리이다.

h) 3,220km 정도의 거리

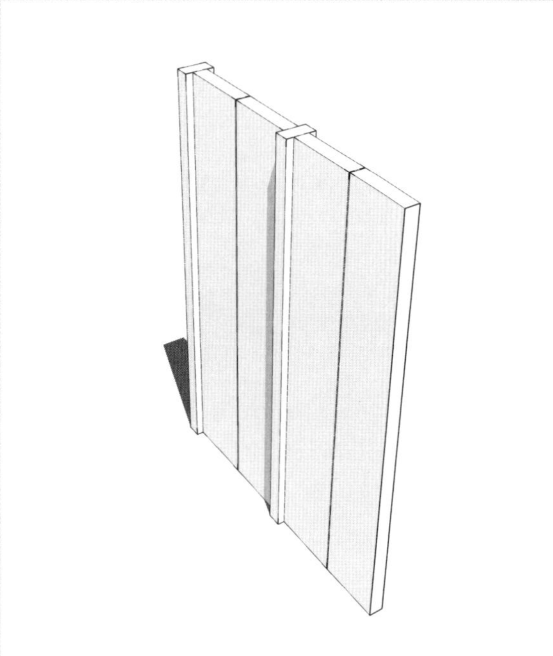

장벽 칸막이divider
프리캐스트 콘크리트 패널, 55m 높이× 3m폭, 중심거리 6m마다 강화기둥 설치

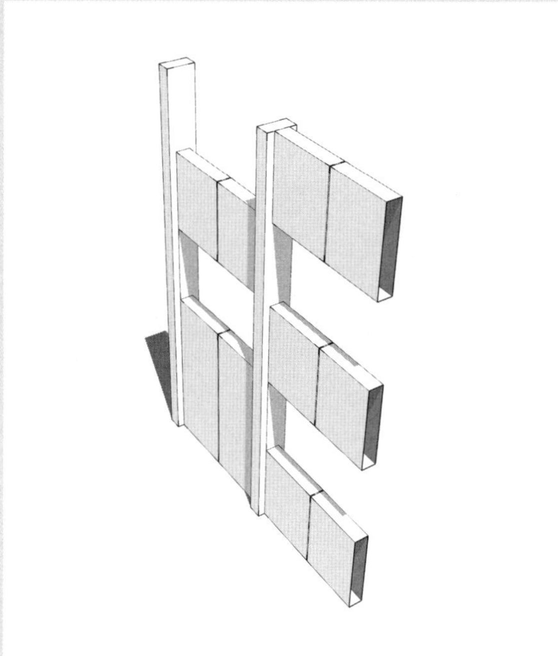

장벽 칸막이divider
프리캐스트 콘크리트 패널을 잘라내고 (50%이상은 남김) 강화기둥이 남은 패널을 지지하는 방식

경계 벽

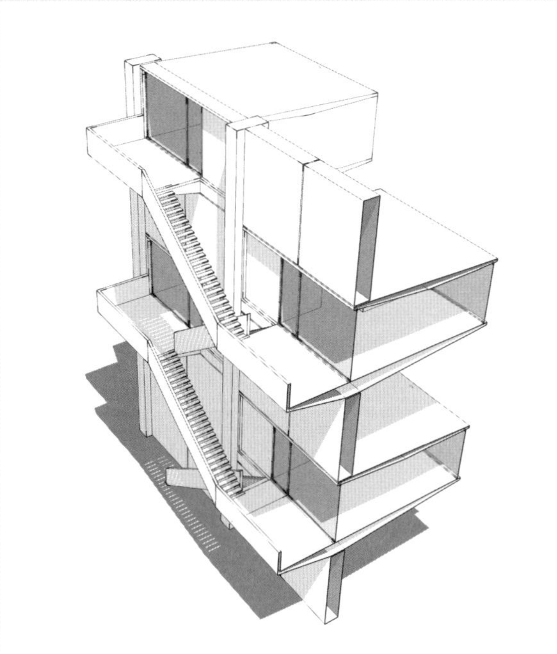

삽입
프리패브공법으로 만들어지는 조립식 주거(2인까지 쓸 수 있는 침실 하나의 아파트주호. 면적 42㎡내외)를 삽입. 고향인 남쪽을 향하는 테라스

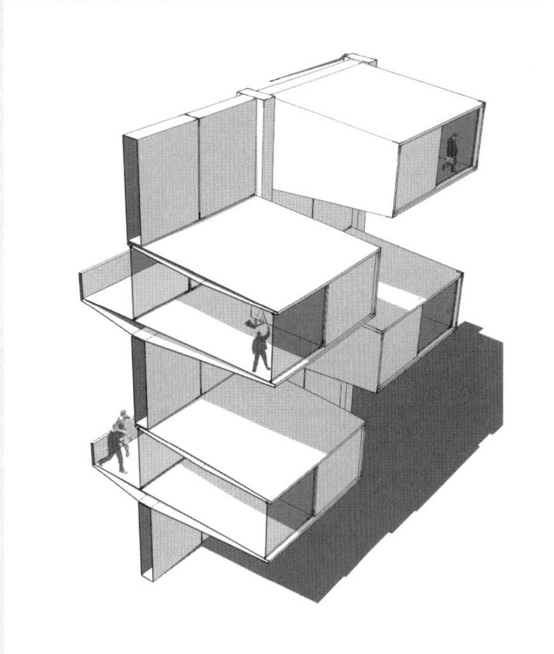

거주
돌출된 캔틸레버 형식의 주거는 상징적이면서 동시에 기능적. 테라스로 들어가게 되는 순간 불법입국자illegal alien가 되지만 실제로 땅을 밟을 수 있는 것은 국적이 있는 방향으로만 가능하다.

경계 벽 개념의 전복

구조 STRUCTURE

버팀대에게 노래를 허하라

structure 구조, 명사
라틴어 -*stuere*(짓다)에서 기원
1-전체를 구성하는 부분이나 요소를 조직화하고 배열함
2-건물을 짓거나 건설하는 과정의 하나
3-건물 따위의 구조체
4-기술적인 작업의 조직화와 구성
5-개별 부분이 아니라 복잡하고 통합적인 전체로 고려하는 체계

'기둥이나 내력부load-bearing part를 숨기는 자는 그것이 외부가 되었건 내부가 되었건, 건축으로부터 가장 고귀하고 가장 타당한 요소, 그리고 가장 훌륭한 장식적 특징을 앗아가고 있는 것임을 알아야 한다. 건축은 버팀대supports가 노래하게 하는 기술art이다.' 1)
— 오귀스트 페레Auguste Perret

건물을 지지하는 수학적 문제는 종종 형태와 공간을 창조하는 임무와 분리된다—구조가 건축과 격리되는 것이다. 공학은 건축에 대한 반응reaction이고 그 반대도 마찬가지이다.2) 둘 사이에는 공생관계symbiotic relationship가 없다. 이런 상호 반응적인 접근법을 통해 건물의 구조가 구성되고 있다. 건물의 구조는 하중 경로와 응력에 대하여 합리적으로 대응하려는 목적으로 개발되는 것이지, 건축전반적인 개념이나 시각적 효과를 찾아서, 혹은 건물의 기능이나 빛과의 상호작용을 고민하면서 도출되는 대응 방법이 아니다. 이렇게 때문의 구조는 사전에 계산한 것들prior calculations과, 산업표준industry norms 그리고 표준 구성요소standard components에 기반을 두는 해법으로 결론이 날 수가 있다. 구조는 건축이 있기 때문에 창조되는 것이 아니라, 건축이 그러함에도 만들어지는 것이기 때문이다.

이러한 접근방식 아래에선, 잘 진행된다고 하면 구조와 건축이 동등한 가치를 가지지만, 최악의 경우에는 양립할 수 없게 된다. 건축과 구조는 결과적으로 서로가 서로의 간극을 연결할 때가 되기 전까지는, 별도의 경로로 작업을 진행한다. 건축가는 이러한 연결을 윤색 혹은 소멸의 방식으로 성취하게 된다.

구조의 치장embellishment

건축가가 구조에 바라는 것과 실제 구조가 할 수 있는 것을 연결시키기 위해 구조의 치장이라고 하는 과정을 추가할 수 있다. 보통은 시각적 효과의 요구사항을 맞추기 위해 이 작업을 진행한다. 아이러니하게도, 이 작업의 목적은 구조를 좀 더 정직하게 보이도록 하는 것이다. 물론 반대의 경우도 있긴 하다. 치장작업은 건축과 구조의 분리가 야기한 미적 결합을 변명하는 건축가와 같은 것이라고 볼 수도 있다.

예를 들어, 강재 기둥은 프리캐스트 콘크리트나, 나무 합판wood veneer, 5mm 두께의 플라스틱, 3mm 두께의 브러시 알루미늄brushed aluminium a)혹은 건축가가 건물에 더 잘 맞는다고 생각하는—이게 노출된 구조체를 말하는 것은 아니다—어떤 재료로도 피복할 수 있다. 이는

a) 단방향으로 광택 표면 처리를 한 금속이며,120-180의 그릿 벨트 또는 그릿 휠을 사용해 연마 작업을 거친 뒤 80-120의 그릿 그리스리스 화합물 또는 중형의 부직 연삭 벨트 등을 사용해 연화 작업을 거쳐 완성한다.

치장

구조

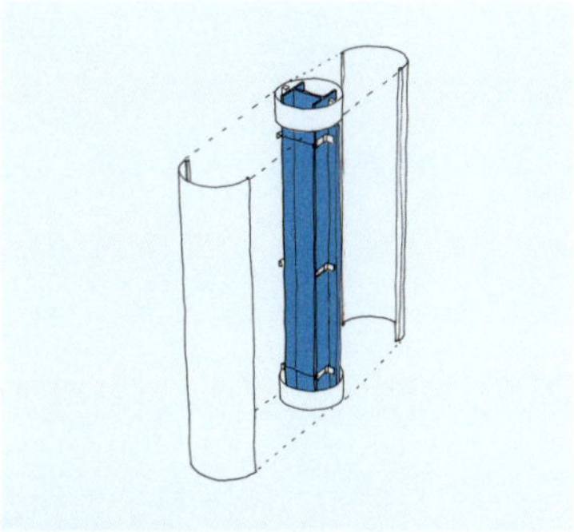

기둥을 고문하는 도구
3mm 알루미늄 피복을 클램프와 볼트로 고정

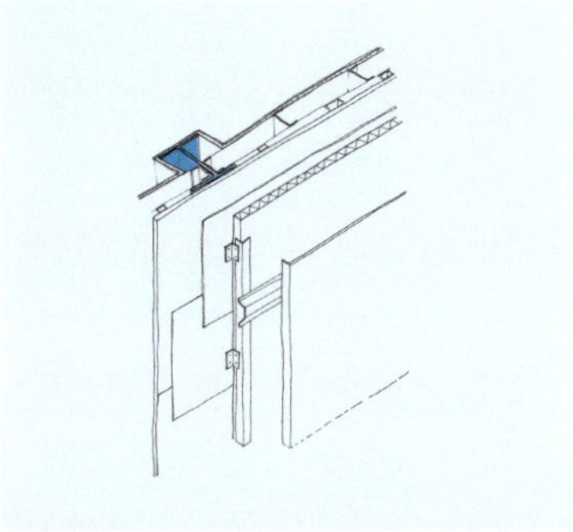

구조적으로 변명하는 벽
13mm 석고보드는 구조체의 외곽선을 따라간다.

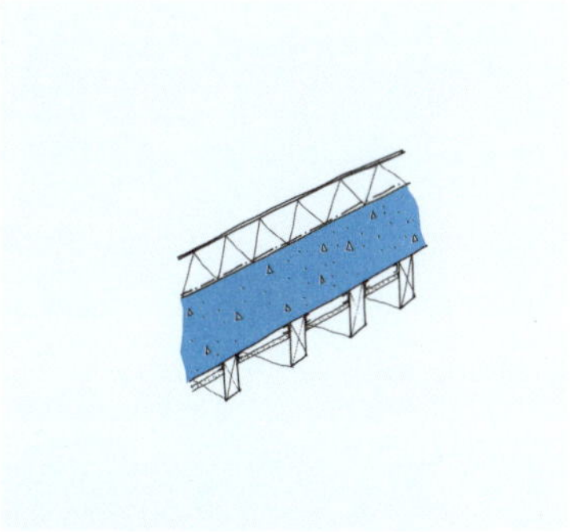

자기가 아닌 다른 것이 되려하기
50×35mm 도장된 목부재가 거짓된 구조를 만들어낸다.

소멸

구조

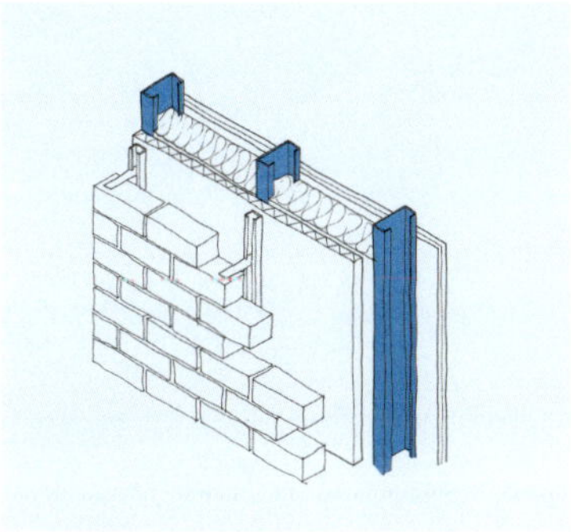

레이어 케이크 같은 벽
시공 상의 7개의 켜(벽돌, 고정철물, 단열, 방수, 합판, 2차 단열, 석고보드)가 구조를 숨긴다.

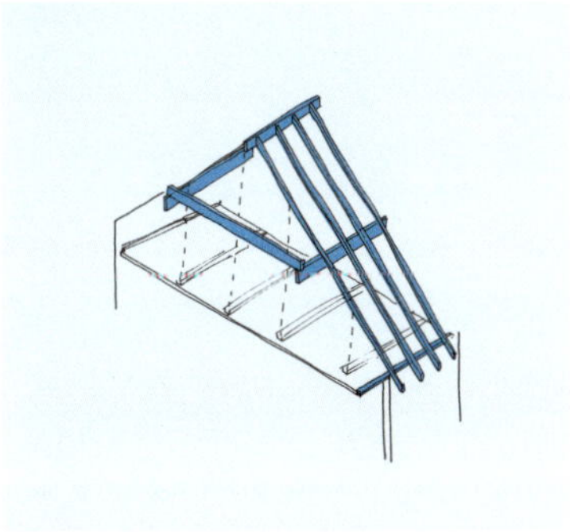

경사지붕? 무슨 경사지붕?
달천장형식의 석고보드 천장은 지붕 구조의 형태와 재료를 숨긴다.

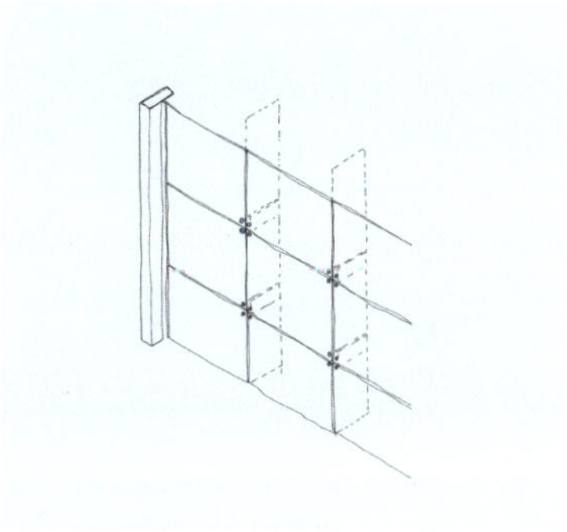

나는 눈에 안 띄고 싶어...
스테인리스 스틸 고정철물이 유리를 하나로 잡고 있다.

건축과 구조를 동시에 은폐한다. 이음매 없이 매끈한 인상을 주기는 하지만, 건물의 차별성과 온전함은 드러나지 못한다. 한 때 구조체를 구성했던 벽은 이제 구조와는 별개인, 다양한 두께를 가진 표피의 켜가 되었다. 구조는 표준화된 기성품들ready-made components의 집합이 되었다. 이렇게 만들어진 인방, 보, 기둥은 할당된 벽 속에 드러나지 않도록 신중히 자리하고, 구조 대신 구조에 대한 인상만을 전해준다.

지붕보는 더 이상 표현되지 않는다. 그들은 폴리스티렌이나 미네랄 울 단열재로 덮인 후, 도장된 목재판의 형태로 마감된다. 이 부재는 (목조 구조재 인양) 부정하게 표현됨으로써 일종의 복제품이 된다. 아마 더 안 좋은 것은 콘크리트 평지붕 슬래브가, 목조 지붕보가 전혀 없음에도, 같은 방식으로 마감되는 상황일 것이다.

구조적 매스
멕시코, 치첸이트사Chichen Itza

구조적 복잡함
일본, 야쿠시지(藥師寺)

구조적 상징성
그리스, 아테네 신전

구조적 정직성
독일, 울름 대성당Ulm Cathedral

구조적 야망
성 베드로 대성당St Peter's Basilica, 바티칸

구조적 우아함
국립 도서관, 프랑스

구조적 조각품
팔라시우 두 플라나우투Palácio do Planalto(대통령 공식 집무소), 브라질

구조의 소멸vanishment

반면, 소멸은 구조적인 치장의 최종 게임이다. 구조를 완전히 부정하는 데 비해, 구조에 대한 미안함이나 변명은 그다지 많지 않다. 구조는 숨게 되었고, 구조를 표현하지 않는 많은 방법이 개발되었다. 그리고 이러한 방법은 효율적으로 건축을 축소시켰다. 이제 건축은 구조와 형태, 빛과 공간을 통합하는 작업이 아닌, 시각적 효과를 구현하는 것이 되었다.

소멸과정을 통해 기둥은 외벽이나 내벽으로 들어가서 사라지게 된다. 그런 다음 건축의 구성은 구조부재의 위치에 의해 결정된다. 이제 건축가는 파사드를 규정하는 외벽의 개구부와, 내부공간에 질서를 부여하는 칸막이벽이 구조를 숨기도록 해야 한다. 숨겨놓고는 이들을 다시 건물의 구성 원리organizing principle로 쓴다는 점에서 보면 아이러니가 아닐 수 없다.

고품질의 목재나 콘크리트를 쓸 예산이 부족할 때, 지붕 구조는 석고보드 천장을 매달아 가린다. 이러한 천정 시스템은 천정고를 낮추고 천장을 단조로운 평면으로 바꿔버린다. 구조와 형태, 재료의 복합적인 표현은 사라진다.

구조적 조각품
파에노 과학센터, 독일, 볼프스부르크, 자하 하디드, 2005

구조적 매스
반전된 관문Inverted Portal, 미국, 몬태나, 인삼블 스튜디오, 2016

구조적 우아함
밀워키 미술관, 미국, 산티아고 칼라트라바, 2001

b) 유리부재로 멀리언을 대체한 커튼월의 시공 방식이다.

소멸은 새로운 기술을 생기게 한다. 이전에 얇고 정직한 멀리언으로 구성되던 커튼월은 이제 실리콘이나 유향수지mastic를 사용하여 맏댐이음butt-joint으로 결합한 '구조적' 유리에, 투명한 유리 수직안정판glass fins을 대고, 스테인리스 스틸로 된 클램프clamps, 선wires, 볼트bolts를 이용하여 고정하는 식으로 만들어진다.b) 이런 기술은 구조와 표피 사이의 관계를 손상시킨다.

구조적 통합을 막는 치장과 소멸과 같은 현상이 의미하는 바는, 렘 콜하스가 관측해 왔듯, 건축술art of building에 새로운 어휘가 생겼다는 것이다. 그렇게 등장한 클램프clamp(꽉 물다/물려있다, 죔쇠), 폴드fold(접다. 주름, 접는 부분), 랩Wrap(포장하다, 외피, 덮개), 스틱stick(박다, 맞붙이다, 막대기, 접착제) 본드bond(접합제, 벽돌쌓기, 접착시키다, 이어쌓다), 실seal(밀봉하다, 보호막 따위를 씌우다, 밀봉부분) 글루glue(접착제, 아교, 붙이다), 퓨즈fuse(퓨즈, 도화선, 융합하다)—이 어휘들은 모두 일시적인 결합과 연관되어 있으며, 건축과 구조의 격리된 본질을 보완하려는 요소들 간의 단발적 교섭작용isolated negotiation을3) 연상하게 한다.

건축 역사 속 많은 사례들이 과거에는 구조가 건축에 필수불가결한 부분이었음을 보여준다.

– 마야, 잉카, 고대 이집트인들은 구조적 매스를 또 다른 구조적 매스 위에 올려놓거나, 견고한 돌덩어리를 구조적 매스로 파악하고 바깥에서 부터 파고 들어가 보이드를 형성하는

구조와 빛
지붕의 작은 구멍과 기둥은 하나로 결합했다. 수평 가새가 있는 기둥은 지붕을 지지하는 기능적 역할을 수행하는 동시에 내부공간으로 빛을 끌어들인다.

방식으로 공간을 만들었다.

- 고대 중국과 일본 문명은 그들의 구조에서 목재결구기술을 적용하여 우아하고 단순한 형태와 공간을 만들었다.
- 고대 그리스와 로마건축의 토대는 기둥과 인방(수직부재와 보), 그와 동시에 구조, 형태, 상징성이었다.(이제 기둥은 단지 구조일 뿐이다.)
- 전형적 고딕 건축에는 볼트Vaults, 공중부벽flying buttresses, 그리고 아치arches가 있다. 이들은 원래 구조적인 해법으로 제시되었으나 건축양식과 동의어가 되었다.
- 르네상스 건축의 솟아오르는 돔 형태는, 필리포 브루넬레스키와 도나토 브라만테 같이 건축가의 공학적인 지식이 충분했기 때문에 가능했다.
- 1900년대 중후반 우아한 철골 구조는, 구조체의 노출을 통해 순수함과 정제, 경제성을 추구했다.
- 오스카르 니에마이에르와 에로 사리넨Eero Saarinen, 마르셀 브로이어 같은 보다 표현주의적인 모더니즘 건축가들은 마치 찰흙을 빚는 조각가처럼 철근 콘크리트를 주조하고 빚어내었다.

구조와 빛
벽돌과 같은 견고하고 표준화된 요소를 제거하는 것을 통해 빛이 들어온다. 빛은 구조부나 매스가 없는 곳에서 존재한다.

역사적인 선례와 단절된 이유는 규정regulations과 돈, 두 가지 이유 때문이다. 방화규정은 건물의 구조부재가 충분한 방화성능을 발휘해서 건물의 붕괴를 막도록 하고 있다. 하지만 기술적 진보를 통해 이제는 내연성intumescent(난연성fire retardant) 도료를 강재나 목재에 적용하여 필요한 내화성능fire resistance을 얻을 수 있게 되었다. 반면 콘크리트는 본질적으로 내화성 재료이다. 또한 규정에는 건물의 열적 특성의 한계값을 특정하고 있다. 이는 건물의 단열이 중요하다는 이야기이다. 노출된 구조체는 '냉교cold bridge'현상을 일으킬 수 있다. 이는 건물에서 단열이 안 된 부분이 차가워지고 차가운 공기가 안으로 들어오는 현상을 말한다. 다시 말하지만, 이런 현상은 '열차단thermal break'—구조체 내부 혹은 부재 사이에 단열재를 배치하여 내 외부로 연결되는 구조부의 열전달을 막는 것—을 통해 어렵지 않게 해결된다.

한편, 표준화된 구성요소는 종종 시공 상의 비용-효율적인 이유로 선호된다. 하지만 구조체를 콘크리트, 나무, 알루미늄 혹은 플라스틱을 마감하는 시점에 이르면 초기에 산정되었던 비용 편익이 여전히 유효할까? 확실히? 나는 단순하게 디자인하고 구조를 덮기 위한 추가적인 재료나 건축 작업building trades이 필요 없는 요소들로 건물을 만드는 게 나을 수도 있다고 생각한다. 이제 도래하고 있는 3D 프린팅의 붐과 건축 요소의 대량맞춤화mass customization가 표준화를 맹신하지 않더라도 과정의 경제성을 확보하고 프로세스의 속도를 높일 수 있다.

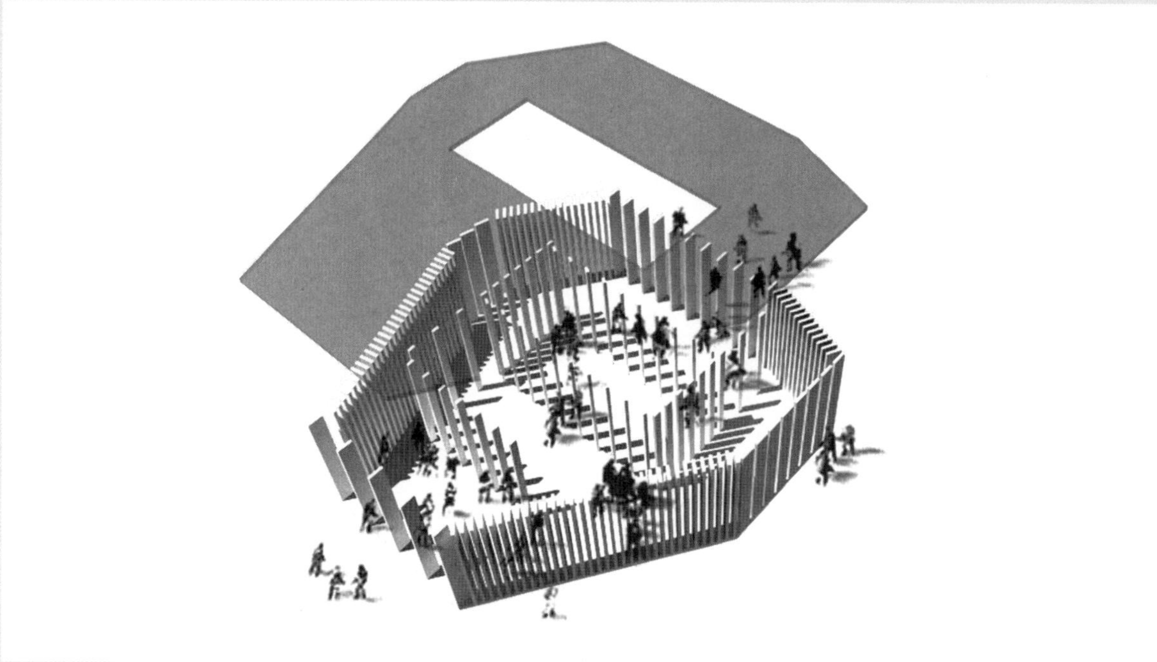

건축과 구조

구조 기둥의 배열, 치수, 각도만으로도 공간을 규정한다. 기둥사이의 간격이 떨어져 있을 때는 개구부를 규정하고, 좁은 간격은 프라이버시를 제공한다. 수평방향으로 각도를 틀거나 돌렸을 경우에는 햇빛으로부터 안쪽을 보호한다.

구조와 형태

건물의 형태와 구조는 하나이자 같은 것이다. 구조 기둥을 기능적, 형태적으로 배열하는 것을 통해 건물은 정직성과 순수성을 유지하게 된다.

건축과 구조

구조를 섬세하게 배열하면 공간의 켜가 드러난다. 위로부터 빛이 들어오는 중정, 사적인 곁방ante-chamber, 열주로 되어 있는 보행로. 모두 구조에 의해서만 규정되는 것들이다.

구조와 형태

지붕 구조를 노출하면 빛이 구조부재를 통과하게 된다. 이때 지붕은 그림자의 반복을 통해 형태를 부여하는 도구가 된다.

이외에도 좀 더 근본적인 것이 있겠지만, 아마 어떤 건물의 세부표현에 대한 이야기로 요약이 가능하지 않을까 싶다. 이 세부표현은 걸출한 건축가가 건축의도와 구조적 현실 사이의 미적 불일치를 보완하는 도구가 되었다. 맨해튼에 있는 미스 반 데어 로에의 시그램 빌딩은 구조 강재에 내화성능이 요구되었다. 대부분의 기둥은 콘크리트로 피복을 하는 방식으로 해결했다. 하지만 이런 방식은 건물 모서리에 있어, 미스에게 딜레마를 남겼다. 건물 모서리에 있는 강재에 콘크리트 피복을 입힌다면 구조의 순수성을 어찌 표현할 수 있단 말인가? 그의 해결방식은 치장이었다. 지금은 사라진 기둥을 금속으로 피복하여 철골 구조의 인상을 유지했다. 만약 논리적이고 합리적인 걸로 유명한 이 순수주의자가 그대로 할 수 있었다면, 그와 같은 세대의 추종자들도 그렇게 할 수 있었을 것이고, 내 생각이 틀린 걸지도 모르지만, 지금은 구조를 다루는 방법의 하나로 받아들여졌을 것이다.

물론 구조의 현실과 건축적 의도를 중재하려고 노력하는 엔지니어들과 건축가들이 여전히 있다. 엔지니어 애덤스 카라 테일러Adams Kara Taylor와 건축가 자하 하디드의 협업은 기술적으로 벽, 지붕, 바닥, 공간, 빛, 구조, 그리고 형태를 하나의 유동적인 전체로 결합한 구조체를 만들어 냈다. 이를 통해 독일 볼프스부르크에 있는 파에노 과학센터Phaeno Science Center와 같은 대표작을 남겼다. 웅대한 리브와 돛대모양의 기둥이 있는 산티아고 칼라트라바의 작업도 같은 차원에서 생각해 볼 수 있다. 그의 작업에서 구조는 형태를 규정하고 빛을 끌어들이는 디자인적 도구이다. 인삼블 스튜디오Ensamble Studio의 원초적 구조를 중시하는 요소주의primitive structural elementalism도 마찬가지이다. 이들의 작업은 견고한 블록들을 사용하거나 확장하는 방식으로 구조의 힘과 순수성을 찬미하고 있다.

하지만, 이러한 건물들은 예산이나 야망이라는 측면에서 일반적이지 않다. 일반적이지 않은 사람들에 의해서 만들어졌다는 점도 중요하다. 이 건물들은 구조에 대한 이해가 높은 건축가와 건축적으로 이해가 높은 엔지니어에 의해 디자인 되었다. 이를 염두에 두고, 어떻게 우리가 짓는 '보통' 건물에 구조와 건축을 어떻게 통합할 수 있을까? 어떻게 희귀한 예외적 사례가 아니라 모든 건물유형에서 구조는 빛, 공간, 그리고 형태와 모든 건물유형에서 결합할 수 있을까? 몇 가지 추천하는 방법이 있다.

구조와 빛

- 기둥—주두 주변의 개구부들이 빛을 끌어들여서, 주조와 개구부, 지지대와 보이드 공간이 결합하도록 할 것.
- 벽—임의적으로 개구부를 만들지 말고, (벽돌, 돌, 콘크리트 패널 등의) 건물 외곽의 모듈이 개구부를 규정하도록 할 것. 매스의 비구조적인 부분을 제거하여 빛을 끌어들일 것.
- 지붕—노출된 구조요소 사이에 지붕창을 설치할 것. 빛과 그림자의 리듬이 구조 그리드의 리듬을 반영한다.

구조와 공간

- 기둥—기둥을 두려워하지 말 것. 공간을 규정하고 분명히 표현하기 위해 기둥을 사용할 것. 친밀감과 프라이버시를 위해서는 기둥간격을 좁히고, 개방성을 위해서는 넓힐 것
- 벽—구조 격자를 이용하여 보이드를 만들 것. 이렇게 하면 공간은 구조에 의해, 구조는 공간에 의해 규정된다.
- 지붕—솟아오르는, 높은 실내공간을 만들 것. 수학적으로 가능한 경계를 넓히고, 셸, 포물선, 현수선을 활용하라.

구조와 형태

- –기둥–기둥을 숨기려는 재료와 노동에 돈을 쓰는 대신, 구조적 경제성과 효율성을 위해서, 건축적 요구를 맞추기 위해서 기둥 형상을 결정할 것.
- –벽–벽을 여러 켜가 겹쳐져 있는 것으로 보는 인식을 거부할 것. 구조재이나 형태를 부여하는 벽돌, 콘크리트, 강, 석재, 목재를 사용할 것.
- –지붕–지붕구조를 안팎으로 표현할 것. 모든 구조적 요소들의 형태를 솔직하게 전시하고 우리 머리 위에 있는 공간들을 분명히 표현할 것.

만약 우리가 구조를 치장하고 소멸하는 추세를 바꾸려 한다면, 우리는 아마도 좀 더 공생적인 관계를 구조와 건축 사이에서 성취할 수 있을 것이다. 구조는 반응적인 해법일 필요가 없다. 오히려 필수 불가결한 건축적 도구가 되어야 한다.

지붕 ROOF
숨은 공간을 찾아서

roof 지붕, 명사
고대 스칸디나비아어 *-hrof*(**보트창고**boat shed)**에서**
기원
1-건물이나 구조체의 상부를 덮은
외부의 켜.
2-이 켜를 지지하는 골조나 구조체.
3-가장 높은 부분이나 정상.

대담한 수와 형상을 보여주지만 공간을 낭비하는...특히 잡담 공간klatsch space(비공식적인 사교 모임을 위한 공간)을 제대로 만들어내지 못하는 건물이 많이 있다. 우리의 건물 중심 근처에 만남의 장소와 집결 지점, 숨겨진 중정이 있어야 한다. 남은 공간, 기억에서 사라진 공간을 활성화하여—삶과 함께하는 다채로운 장소로 만들어야 한다.

완벽한 잡담 공간은 이래야 한다. :

- 기억에서 사라지고, 숨어있는 공간을 활용하여 쓸모 있게 만들어야 한다.
- 건물 디자인을 통해 형성'되는' 공간이어야지, 그 자체를 위해서 만들어낸 공간이어서는 안 된다. 그렇게 하다보면 비공식적 공간이 아닌 공식적인 공간이 된다.
- 프라이버시와 위요감을 줄 수 있도록 어느 정도는 둘러싸인 공간이어야 한다.
- 도시나 조경을 보는 바깥풍경이나, 건물의 나머지 부분을 볼 수 있는 내부풍경을 조망할 수 있어야 한다.
- 동선 공간과 바로 연결되어 있어 최대한 사용할 수 있어야 한다.

이 점을 염두에 두고 생각해보자. 바닥을 포장하고, 식물을 심고, 머무르게 만들 수 있으면 지붕이 잠재적 테라스가 될 수 있지 않을까? 계단과 다리 사이에 어색한 통로대신에 거주가 가능한 공간을 만들어보면 어떨까? 빈 벽을 개폐식 데크로 만들어보면 어떨까? 우리 건물 어디에나 기성 공간ready-made space의 빈틈들이 있다. 우리는 그 공간들을 활성화시켜야 한다.

완벽한 잡답 공간을 찾다보면, 지붕이 최고의 기회를 제공할 수 있을 듯싶다. 그들은 종종 무시되고, 사용한다 하더라도 유지관리나 식물에 접근하기 위해서만 목적으로 국한되곤 한다. 지붕은 보통 외부 시야로부터 감춰 있지만, 일반적으로 건물 안에서 최상의 전망과 햇빛이 가능한 장소다. 오래지 않은 시기에도 지붕을 잘 활용한 사례들이 있다. 모더니즘 건축의 고전인 르 꼬르뷔제의 유니테 다비타시옹(마르세유)은 벤치마킹할 만한 작품이다. 이 건물의 옥상에는, 보통 건물이라면 환기나 공조를 위한 기계로 채워졌을 공간에, 육상트랙, 수영장, 탁아소crèche를 두었다. 헤어초크 앤 드뫼롱의 드영 미술관de Young Museum은 옥상부분에 조각적인 형태의 중정을 설치하였다. 이러한 디자인을 통해 중정은 친밀한 정원이자 미술관 사이에서 경로를 바꿀 수 있는 지점으로 의미를 확장하였다. OMA의 포르투 콘서트홀은 초현실적인 느낌을 주는 지붕테라스가 있다. 외부에서는 보이지 않지만, 테라스 안에서는 도시를 내려다 볼 수 있다.

그럼에도 다른 지붕공간들은 이러한 기회를 살리지 못한다. 어떤 지붕들은 극적인 곡선 형태를 가지고 있지만, 가까이서는 그 아름다움을 알 수 없다. 다른 건물은 물가에 위치하고 있음에도 옥상에서 풍경을 바라볼 수 없다. 반면 어떤 건물들은 상부에 출입구를 두고 바닥에는 데크를 깔아서 옥상을 거주할 수 있는 공간으로 만들고, 거기에다 다양한 공간들을 만들어내기도

한다. 잡담공간을 잘 통합한 사례에서 보듯, 지붕풍경에 의해 조성된 형태와 공간들은 건물에서 아름다운 요소가 될 뿐만 아니라, 색다른 기능과 가치 있는 독특한 공간들을 만들어 낸다. 잡담공간의 아름다움은 의도적으로 된 것이 아니기 때문에 생긴다. 디자인, 개념, 건물의 실행에서 의도한다고 해서 좋은 잡담공간이 생기지는 않는다. 대신 디자인 결정 과정에서 몇 가지 기민한 판단을 내릴 경우, 우리는 기억에서 사라진 공간을 거주가능하게 하고, 목적을 부여할 수 있다. 무의미한 공간nothing space을 가지고 유의미한 공간something space으로 바꾸어라. 우리의 건물을 지절거리는 잡담으로 가득 차도록.

나는 잡담공간을 사랑한다

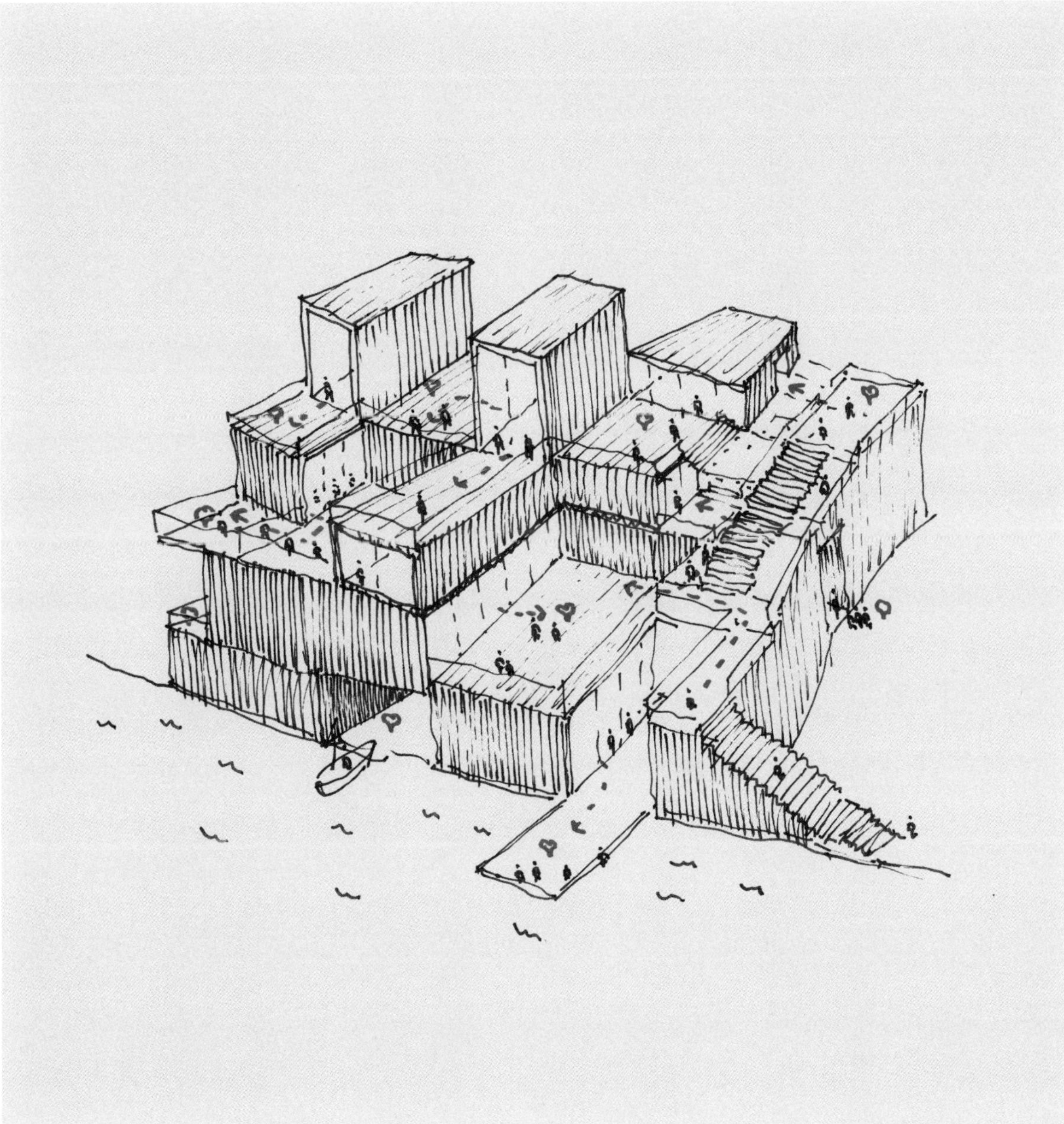

유니테 다비타시옹의 옥상

드영 미술관의 옥상 중정

포르투 콘서트홀의 옥상

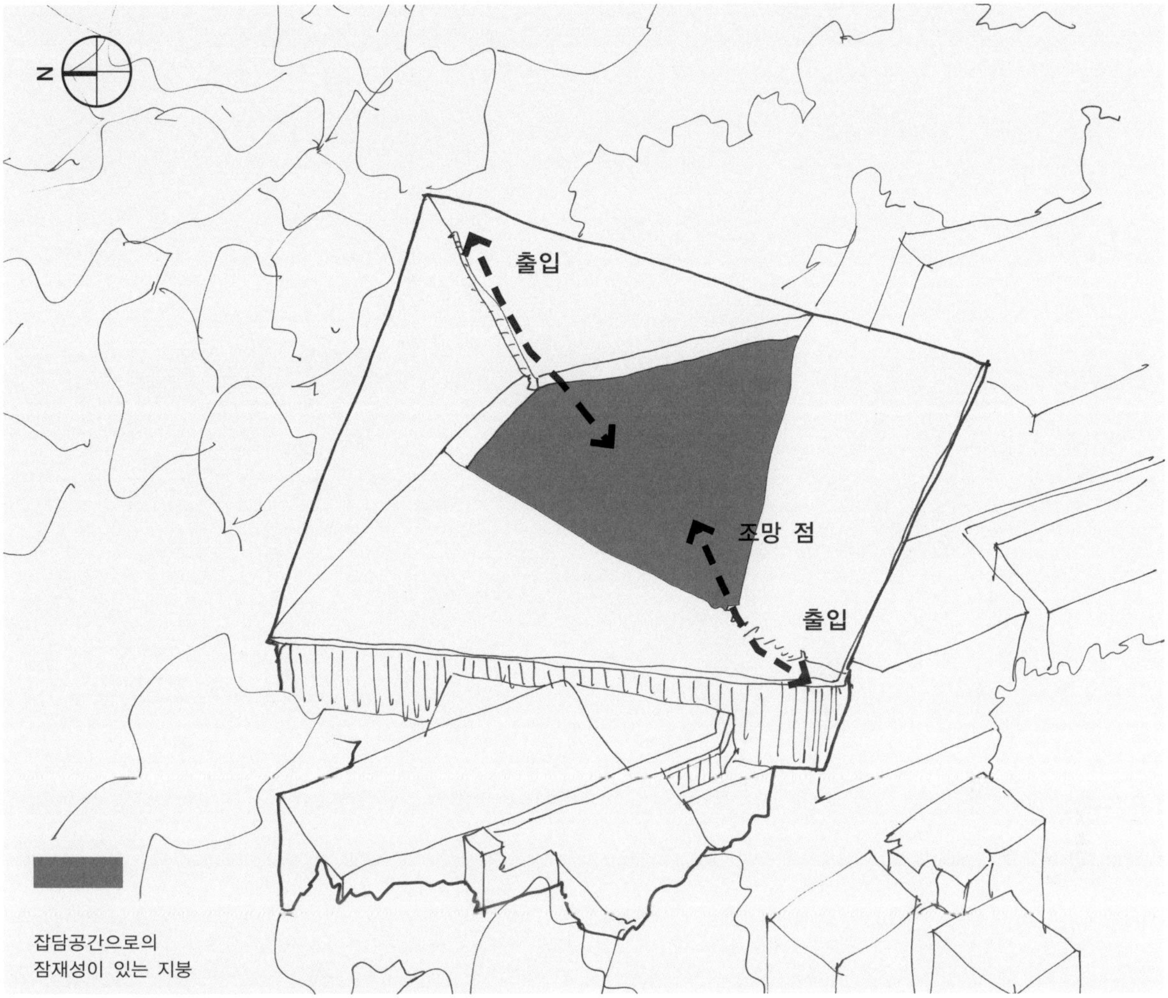

영연방 연구소COMMONWEALTH INSTITUTE**의 지붕**

영연방 연구소 지붕(현재)

영연방 연구소 지붕(잡담 공간 제안)

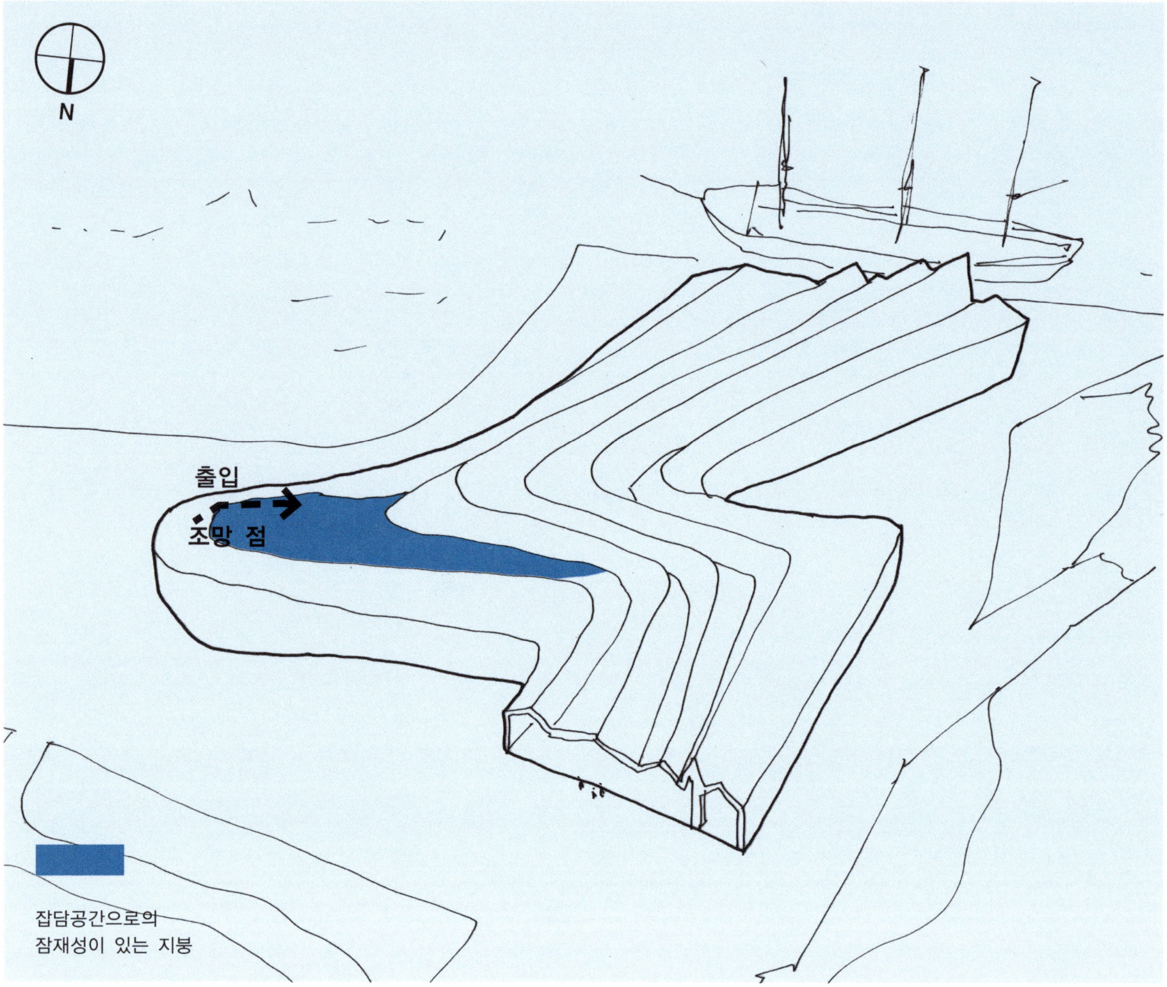

리버사이드 미술관RIVERSIDE MUSEUM**의 지붕**

리버사이드 미술관 지붕(현재)

리버사이드 미술관 지붕(잡담 공간 제안)

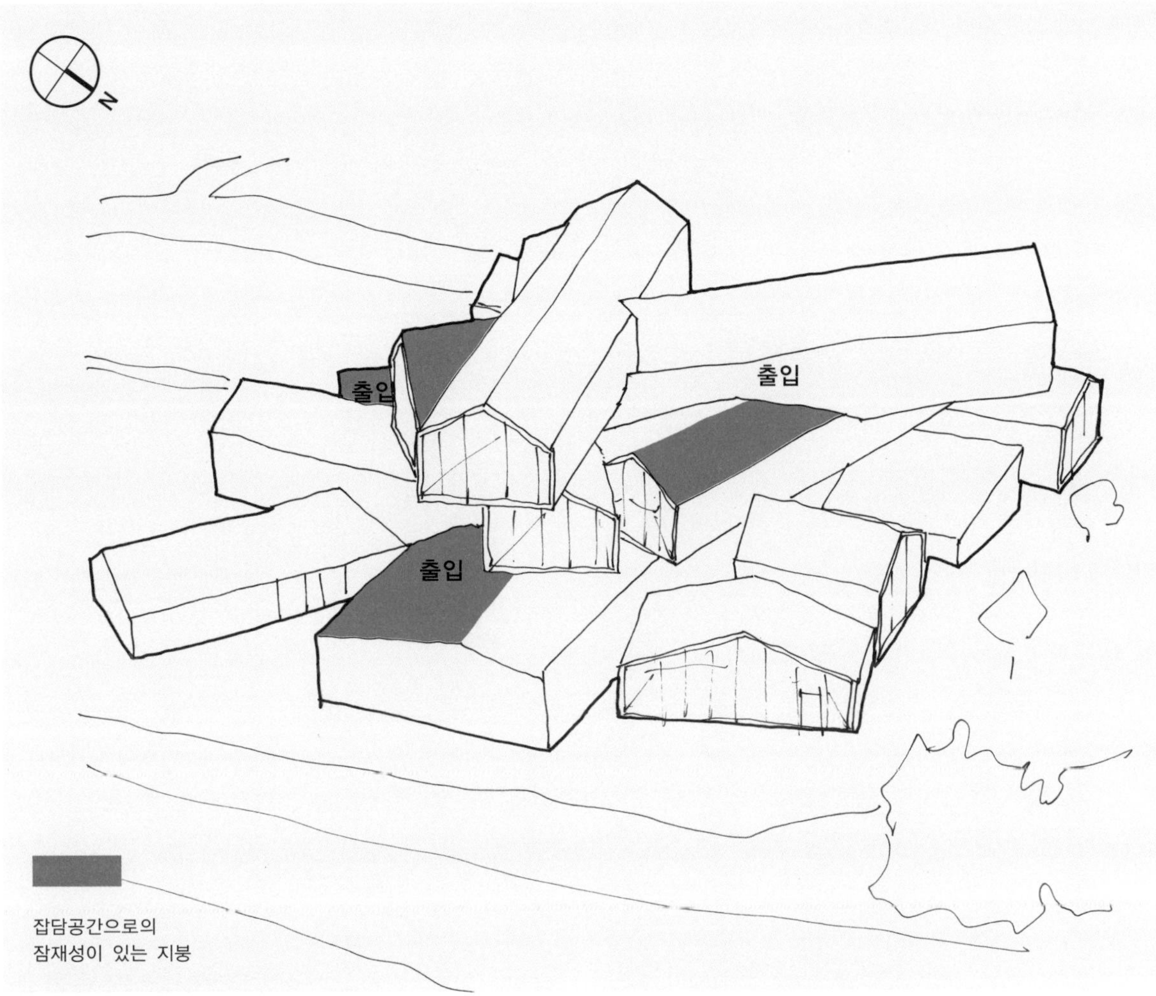

비트라 하우스VITRAHAUS의 지붕

비트라 하우스 지붕(현재)

비트라 하우스 지붕(잡담 공간 제안)

공원
미국, 마이애미, 제임스 테이트, 2013

문 DOOR

따뜻한 포용: 입구의 중요성

door 문, 명사
고대그리스어 –*thura* (문)에서 기원
1–건물이나 방, 차량이나 공간으로 들어가기 위해 여닫거나, 옆으로 밀거나, 회전시키는 판.

건물의 입구는 일종의 개시사격opening salvo이다. 살보Salvo는 로마식 인사말인 '건강히 지내라'는 의미의 라틴어 salve에서 연유했다. 후일 중요한 방문자가 올 때면, 기념사격으로 환영을 하는 경우가 종종 있었다. 이제 이 용어는 집중된 일제 사격을 의미할 때 주로 쓰이지만,1) 의도에 대한 성명을 하거나 앞으로 도래한 일들을 지시할 때에도 사용된다.

첫인상은 매우 중요하다. 건물의 입구가 사용자를 환영 하는가 혹은 회피하는가? 건물의 필수불가결한 요소인가 혹은 사람들에게 방향성을 제시하지 못하고 떠나도록 하는가? 유쾌함에 대한 힌트를 제공 하는가 혹은 심술궂은 경비원 같은가? 이 모든 것이 건축가에게 달려있다. 건물의 성공적인 개시사격을 위한 핵심적인 요소는 문턱이다.

문턱(경계) Threshold

가장 오래되고 중요한 입구형식 중 하나는 아치이다. 아치 형태는 출입구의 위치를 지정하면서, 견고한 벽체의 개구부라는 기호를 전달한다. 곡선으로 된 아치 상부는 구조적 기능에서 파생된 형태이다. 아치는 형태와 기능의 완벽한 통합이다—기표이자 지지구조supporter이다. 하지만 이제 아치는 출입구로 거의 사용되지 않는다. 강재로 만든 상인방을 벽돌 뒤에 숨겨 쓰면서, 압축강도로 버티는 아치는 더 이상 쓸모가 없게 되었다. 기표는 지지하지 않고, 지지구조는 기표가 되지 못한다.

이에 대한 해법은 다시금 기표가 건물을 지지하는 부분이 되도록 하는 것이다. 강재 상인방을 바깥으로 돌출시켜, 지면으로 잡아당긴 후, 아치를 만들어라. 이 강철 아치는 표준화되거나, 혹은 필요한대로 조정할 수 있는 건축 구성요소가 될 수 있을 것이다. 강재는 아치를 만들고, 문턱(경계)을 규정한다. 또한 상부의 벽체를 지지한다. 이렇게 고대 건축의 아치를 현대적으로 재해석할 수 있다.

피난처가 되는 입구 캠피언 홀Campion Hall의 입구, 영국, 옥스퍼드, 에드윈 루티엔스Edwin Lutyens, 1936 문턱을 통해 깊이와 극적인 느낌, 피난처가 만들어진다.

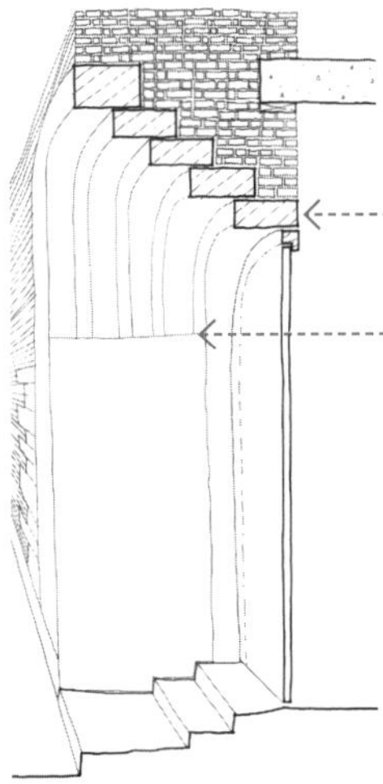

지지+기표가 되는 입구
쐐깃돌로 이뤄진 아치가 상부의 벽체를 지지하는 동시에 상징적인 경계에 대한 기표가 된다.

입구에 대한 수직적인 규정
입구는 수직적 그리고 수평적으로 규정된다. 아치로 된 입구가 지면에 연장되면서 형태와 기능사이의 통일성 있는 조합을 만들어낸다.

피난처가 못되는 입구 랑게주택Haus lange의 입구, 독일, 크레펠트, 미스 반 데어 로에, 1928
시공기술의 발전으로 벽이 얇아지게 되었다. 문은 일반적으로 조적조의 바깥 켜 쪽으로 위치하게 되었다. 상인방이 조적부에 끼워 들어가게 되면서 벽체 전체 두께 중 일부에만 걸쳐 있다.

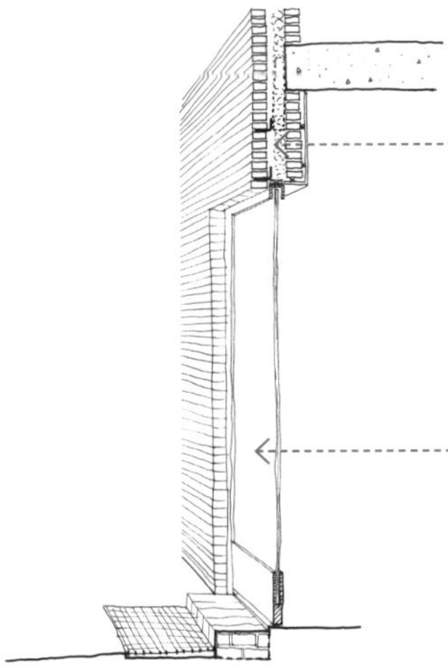

지지는 하지만 기표는 되지 못함
상인방이 위쪽의 벽체 무게를 지지하지만, 벽 내부에 숨겨져 있다. 이로 인해 상징성과 기능을 표현할 기회를 박탈당한다.

입구에 대한 수직적인 규정
수직적 기표가 누락되면서 루티엔스의 아치에서처럼 에워싸는 3차원적 문턱이 되지 못하고, 2차원의 밋밋한 경계가 된다.

입구(대안)
제임스 테이트, 2014

피난처가 되는 입구

새로운 아치가 문턱을 형성하여 깊이와 극적인 느낌, 피난처를 제공한다.

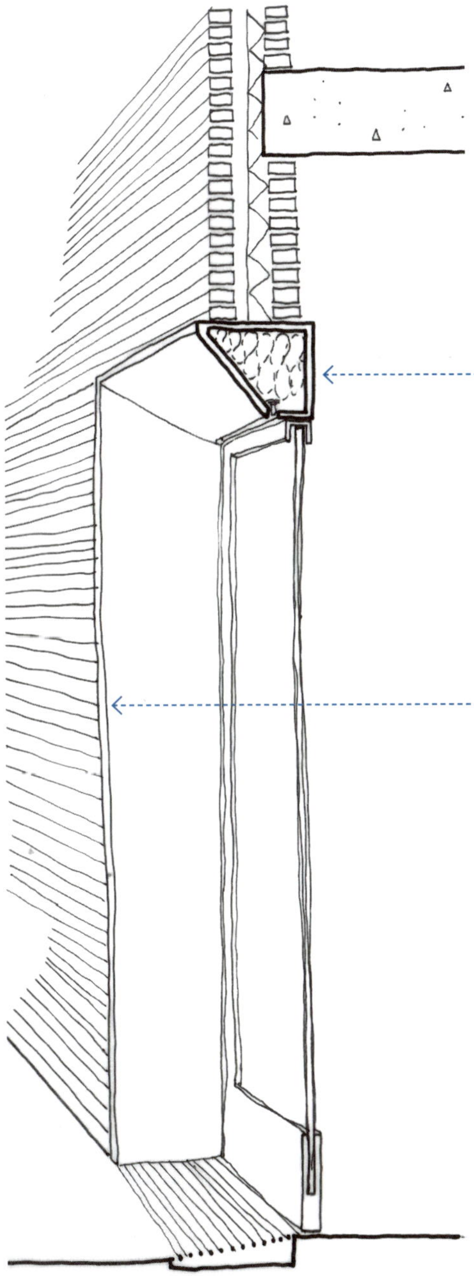

지지+기표가 되는 입구

아치는 프리패브 공법으로 강재를 조립하여 만들어진다. 이는 3차원적 문턱을 형성하여, 상부의 벽체를 지지하고, 지지물이자 기표로서의 성격을 회복한다. 강재 내부는 단열재로 채워 넣어 냉교를 막고, 상부에 채광슬롯을 설치할 수도 있다.

입구에 대한 수직적인 규정

새로운 아치는 수직과 수평응력에 대한 지지를 통합하여, 정직한 3차원적 문턱을 만든다. 이제 벽 안에 숨은 지지부재는 필요하지 않다.

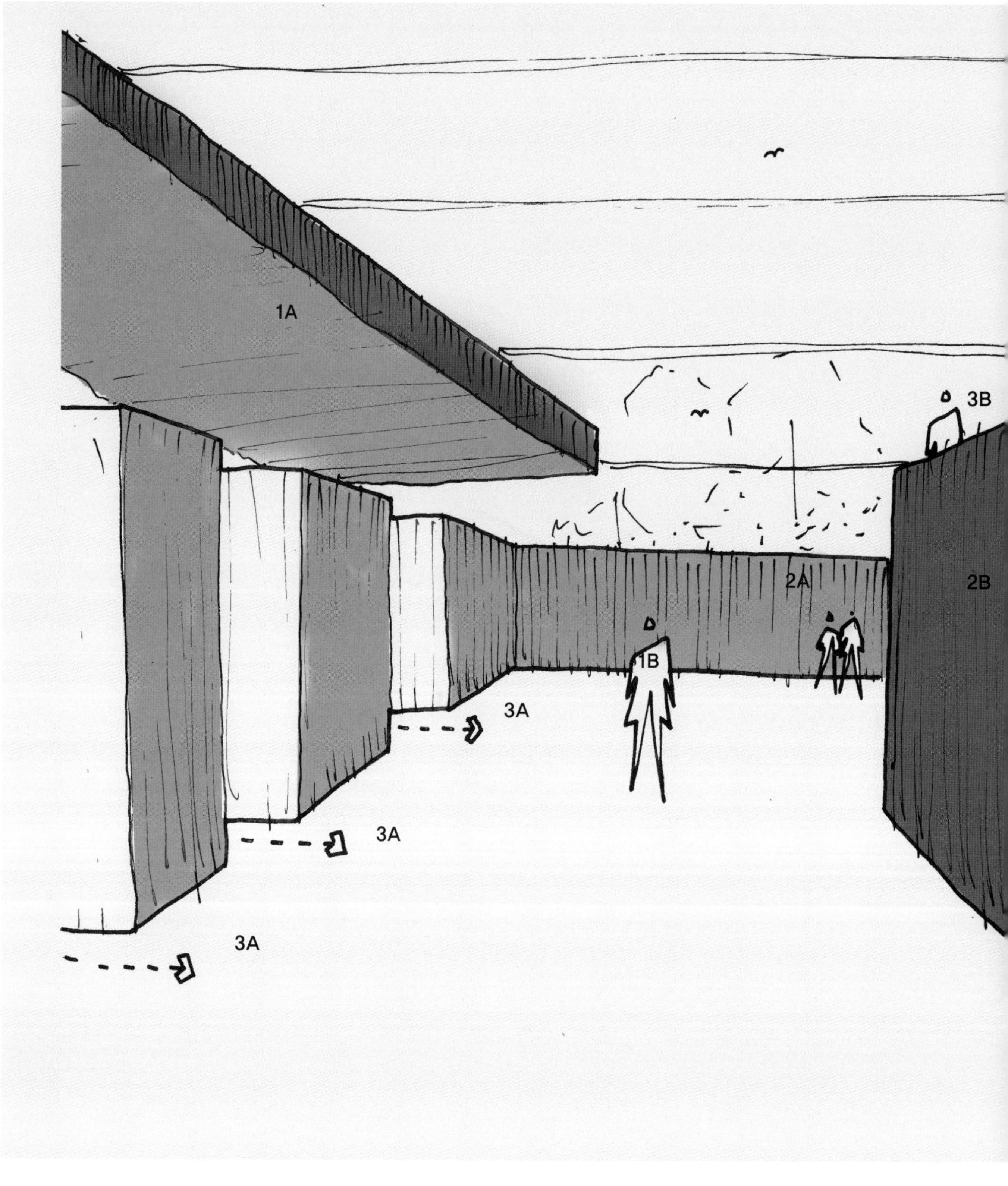
1A
3B
2A
2B
1B
3A
3A
3A

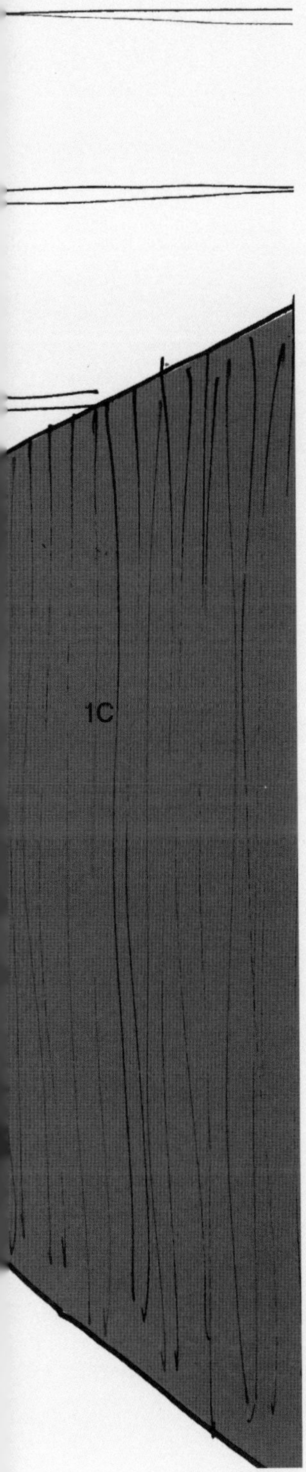

현관

1. 포용하다
(마음을 편안하게 하고 건물에 들어온 이들과 연관을 맺다)

a. 건물 사용자들이 입구를 피난처로 사용하게 할 것. 비와 햇빛을 막아줄 수 있는 캐노피를 제공하고 문턱을 상징적으로 규정할 것.
b. 넉넉하되 적절한 비율을 적용할 것. 너무 좁으면 구속하거나 폐쇄공포를 일으킬 듯 한 느낌을 줄 것이다. 너무 넓으면 과하게 인상적이거나 거대한 느낌을 주면서 따뜻한 환대의 느낌을 잃을 것이다.
c. 피난처와 포용의 관념을 강조하기 위해 재료의 물성을 활용할 것. 촉각적이고 질감이 있는 표면은 매끈하고 반짝거리는 표면보다 더 편하게 느껴진다. 당신이라면 캐시미어 스웨터를 입은 사람과 고무 잠수복을 입은 사람 중 누구와 포옹하겠는가.

2. 방향을 읽다; 길 찾기를 하다
(결코 표지판에 의존하게 하지 말 것. 건물의 일차적 방향 탐지(길찾기) 도구는 형태와 공간 배치이다)

a. 빈 벽에 각도를 주어서 건물 사용자를 인도하고 싶은 경로에 대한 신호를 전달할 것.
b. 벽 가장자리와 투시도법의 요소를 사용하여 입구 및 입구로 흘러가는 공간들의 분할을 규정하라.

3. 애태우다
(입구를 통해 건물의 나머지 부분이 어떻게 작동하는지를 빗장을 풀어 노출해야 한다는 점을 분명히 할 것)

a. 작은 구멍과 개구부를 이용하여, 내부공간으로 이어지거나 외부의 빛과 풍경을 끌어들이는 특정한 조망을 제공할 것.
b. 보이드와 지붕창, 중층[mezzanine]을 활용하여 다른 공간사이의 상호연결성을 늘려나갈 것.

4. 통합시키다
(이 모든 측면들이 전반적인 건물 형태로 통합되어야 함을 분명히 할 것)

a. 문턱이나 출입의 장면을 제공하지 못하는 밋밋하고, 특징 없는 입구를 만들지 말 것. 반대로 입구가 전체적인 건축 형태를 지배해서도 안 된다.
b. 건물의 특수하고 통합적인 특징을 드러내는 수단으로 입구를 고려할 것. 차별성만 고려해서는 안 됨.

파사드 FAÇADE

아치: 위계, 융통성, 리듬

façade 파사드, 명사
이탈리아어 -*faccia* (얼굴, 면)에서 기원
1-건물의 앞쪽 입면. 특히 장식적인 입면
2-피상적이거나 착각을 일으키는 외관

수천 년 동안 아치는 구조와 상징, 피난처가 결합되면서, 건축의 지배적인 요소가 되었다. 메소포타미아 시기의 코벨아치corbel arch에서부터[a] 기하학으로 정제되고 순수한 로마건축의 아치들에 이르기까지, 중력에 저항하는 고딕건축의 포물선형태의 아치[b]에 이르기까지, 아치는 다른 건축적 장치들과는 다른 방식으로 우리의 문명을 규정해왔다. 아치는 형태이자 기능, 지지구조이자 기표로서의 보편적 상징이다.

a) 내쌓기 형식으로 쌓아올린 후 아치 형태로 갈거나 다듬은 아치를 의미한다.
b) 수직성이 높아진 포인티드 아치를 포함하는 개념이다.

그러던 것이 20세기 초 모더니즘 건축이 부상하기 시작하면서, 아치를 건축적인 장치로 쓰는 것이 갑자기 중단되었다. 시공기술이 기술적으로 진보하고 과거와 연을 끊고 싶어 하는 열망으로 인해 커튼월 패널, 강재로 된 상인방, 콘크리트 바닥 슬래브를 아치 대신으로 사용했다. 모더니즘 건축의 관점으로 보면 아치는 구조적이나 상징적인 장치로서의 쓸모가 없어보였다. 표준화된 구성요소가 자리를 차지하면서, 아치는 엔태블러처, 주랑 현관, 돔을 따라 폐품 적치장에 버려졌다.

그러나 아치의 힘과 가치는 지속되었다. 아치는 여전히 단순한 구조와 순수한 형태를 통해 파사드의 켜와 위계를 만들어낼 수 있다.

열주랑Colonnades**과 로지아**loggias

베네치아의 두칼레 궁전(베네치아 총독doge의 거주지)의 이름 높은 광장 측 파사드는 1442년에 완공되었다.[1] 이 건물은 어떻게 아치가 파사드를 구성하고 내부공간의 기능과 공공공간에서의 건물의 역할을 표현해야 하는가를 잘 보여준 대단히 예외적인 사례이다.

지상 층에 있는 넓은 아치로 구성된 열주랑은 일반 대중들이 그늘에서 산보할 수 있는 투과성 있는 파사드를 형성한다. 지상 층에서 채워져 있는 벽체와 비워낸 개구부 비율은 1:4로 이 열주랑의 대중적이고 개방적 속성을 보여준다.

2층에서는, 더 화려하고 좁은 아치가 반-공공적semi-public인 로지아를 형성한다. 이 위치에서의 벽체: 개구부 비율은 1:3이다. 아치는 외부조망을 제공하고 빛을 끌어들인다. 또한 화려한 장식을 통해 지상 층 보다는 좀 더 정제되고 사적인 기능이 있다는 것을 대중에게 전하고 있다. 이곳은 영사들consuls과 고문들advisors이 토론과 심의deliberations를 하던 공간이다.

세 번째 층에서의 아치는 건물을 사용하는 이의 권력과 고귀함을 강조한다. 거대한 아치는 사적인 용도의 대형 홀과 연결되어 도시조망을 제공하고 빛을 끌어들이지만, 석조 벽체로 분리되어 있다. 이 때문에 3층의 벽체는 투과성이 거의 없는 파사드의 인상을 준다. 아치는 권력을 표현하기에는 충분히 크지만, 프라이버시를 지키기에도 충분하도록 드문드문 떨어져sporadic 있다.

장치로서의 아치는 구조를 지탱하고, 공간을 창조하고, 구조를 통합시키는 요소가 되면서 파사드를 발화articulate하도록 해준다. 이렇게 아치의 위계를 통해 체계적인 구조화와 건물을 분명하게 표현하는 방식의 작업은 더 이상 존재하지 않는다. 만약 우리가 두칼레 궁전과 이탈리아 코모의 파시스트의 집Casa del Fascio을 비교한다면, 우리는 상당한 차이점을 발견하게 될 것이다. 파시스트의 집은 1932년 무솔리니 정권으로부터 파시즘 정당의 본부를 지어달라는 의뢰를 받아 엄격한 합리성을 바탕으로 계획을 진행하였다. 주 파사드는 콘크리트 벽체에

두칼레 궁전(베네치아 총독 궁전) 이탈리아 베네치아, 15세기

파시스트의 집 이탈리아 코모, 주세페 테라니, 1936

20개의 동일한 사각형을 4개 층에 나누어 5개씩 측면에 배치하였다. 이 건물은 모더니즘 건축의 합리주의 미학을 드러내는 수필 같은, 숭고한 작업이다. 하지만 베네치아에 있는 사촌만큼 다원성이 있거나 깊이가 있지는 못하다.

파시스트의 집과 두칼레 궁전 모두 건축요소의 반복으로 입면을 구성한다. 하지만 두칼레 궁전의 반복은 다양한 벽체: 개구부 비율을 통해 위계를 부여하는 데 비해, 파시스트의 집은 반복을 통해 거의 불모sterility상태에 가까운 동질성sameness만을 만들어낸다—이 건물의 파사드는 그 뒤에서 일어나는 일들과 격리되어 있다. 아치를 반복했을 때 가능한 재단가능성malleability과 versatility다재다능함을 거부하면서, 콘크리트 골조는 기능적이고, 합리적이며 때로는 아름답기도 하지만—단조로운 입면이 되는 경향이 있다.

지상 층의 입구는 파사드에서 돌출된 4개의 계단들에 의해 규정되지만 피난처를 제공할 열주랑은 없다. 벽체와 개구부의 비율은 1:11로, 콘크리트 골조로 된 5개의 개구부는—두칼레 궁전의 중간층과 같이 회의실과 사무실로 채워진—중간 2개 층으로 계속 이어진다. 1층에 비해

고딕건축가의 파사드 구성 방식

모더니즘 건축가라면?

사적인 속성에도 불구하고 중간층의 개구부 비율역시 1:11로 동일하다. 가장 높은 층에서는 이 파사드 뒤편에서 일어나는 일을 조금 확인해 볼 수 있다. 내부의 중정이 콘크리트 골조 바깥으로 내다볼 수 있도록 계획되었기 때문이다. 하지만, 이 건물은 기본적으로 구조적인 격자의 합리성에 의해 지배되는 건물이다.

이는 파시스트의 집을 비판하려고 쓴 것이 아니라 아치가 파사드의 변화를 유도하고, 피난처를 제공하고, 공간의 형성하고, 장식성의 부여하고, 건물의 상징성을 강화시키는 방식과, 무엇보다도 구조적인 지지물이 되는 방식을 보여주기 위한 것이다. 당신이 아치를 쓰기만 한다면 말이다. 아치를 쓰지 않는 것은 파사드를 앞서 언급한 특질들로 채울 수 있는 기회를 거부하면서, 구조 격자의 매정함relentlessness을 더 우선하겠다는 말이다. 때때로 우리는 기술적 해법을 앞세워 겹쳐 놓기, 위계, 장식, 상징성을 무시한다. 하지만 아치를 사용하면 우리는 건축이라는 상황equation에 그것들을 다시 복귀시킬 수 있다.

모더니즘 건축가의 파사드 구성 방식

고딕건축가라면?

두칼레 궁전과 파시스트의 집의 몽타주

두칼레 궁전의 고딕 파사드(반대페이지 위쪽 그림)는 지속적으로 반복되는 모더니즘의 구조 격자로 재해석되고 있다.(반대페이지 아래쪽 그림) 이를 통해 원래 있었던 다가치성multi-valency과 위계, 내부기능이 외부로 표현되던 부분을 회피하고 있다. 반복은 절대적이고, 내부와 분리되어 있다.

반대로 파시스트의 집의 모더니즘 파사드는 고딕과의 혼종이 되었다.(아래 그림) 다양한 내부 기능들이 파사드의 규칙과 켜 안에서 표현되면서, 다가치성과 위계가 부여된다. 반복은 다양하게 구사되고 내부와 서로 연결되어 있다.

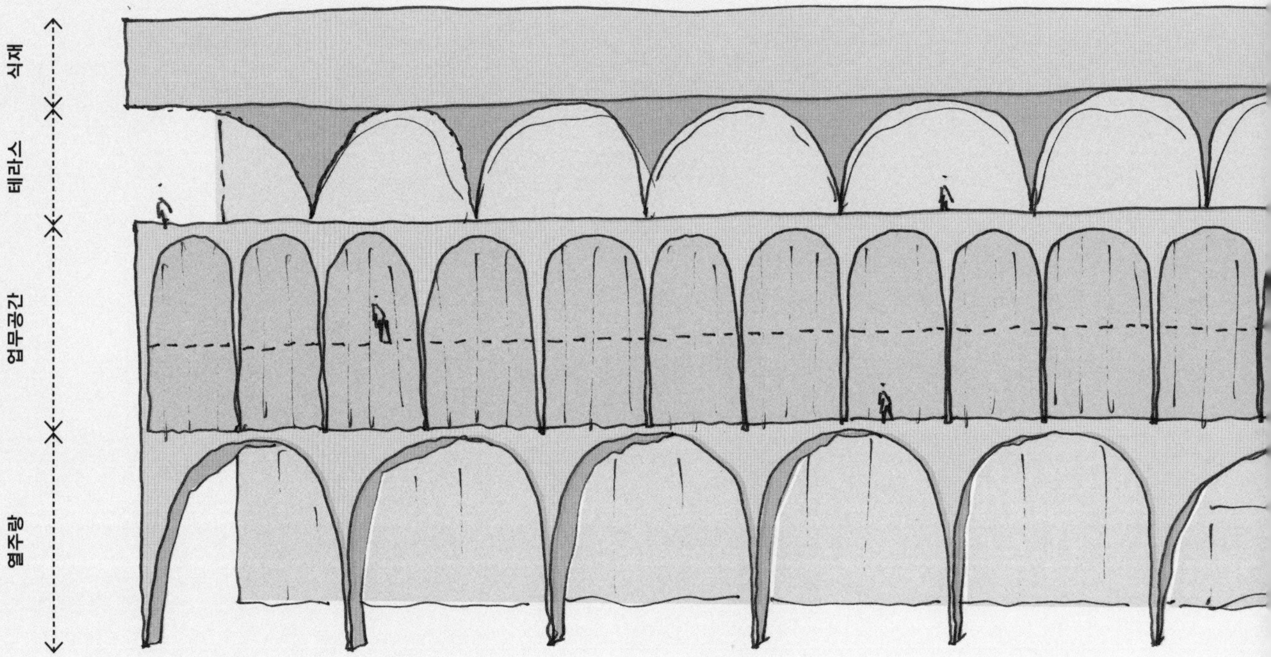

아치로 파사드 만들기

아치는 반복과 변형을 통해 융통성과 정직성을 드러낸다.

- 지상 층은 7.5mx7.5m의 큰 아치로 구성된다. 유리창은 뒤로 후퇴시켜 열주랑을 조성한다. 입구라는 것을 전달하기 위해서 입구부분의 아치리듬을 넓게 처리한다.

- 건물의 중간층에 낮은 천장고를 요구하는 사무 공간, 교실 등의 실들이 있다는 사실을 2개 층에 걸친 아치를 이용하여 은폐한다. 더 큰 비례를 통해 파사드의 수직적 호흡이 급격하게 변하지 않도록 한다.

- 최상층은 안쪽으로 향하는 아치로 구성한다. 이는 개방적인 옥상공간을 제공하고 깊이 있고 다양한 파사드를 가능하게 한다.

계단STAIR

공간을 연결하는 장치

stair 계단, 명사
고대게르만어 *– hsteiger* **(기어오르다)에서 기원**
1–서로 다른 높이를 오르내리는 연속된 단의
모임 혹은 하나의 단
2–하나의 전체로 집합적으로 통칭된 단들

'다른 복도에서 아무것도 발견하지 못했다면 문을 열어 보십시오. 문 뒤에서도 발견 못했다면, 더 많은 계단들이 있습니다. 아무것도 발견하지 못해도 걱정 마세요. 또 다른 계단으로 뛰어 올라가십시오. 당신이 멈추지 않는 한 계단은 끝나지 않습니다. 올라가는 당신의 발아래서 계단은 계속 위쪽으로 생겨날 겁니다.' 1)
– 프란츠 카프카Franz Kafka, '변호사Advocates' a)

계단의 본질은 수직적으로 서로 격리되어 있는 공간들을 연결하는 기능적 장치connector이다. 그렇다 해도 이 단순하지만 심오한 목적을 단지 다른 높이를 극복하는 수단으로 축소 해석해서는 안 된다. 계단은 건물의 전반적인 경험을 고양시키는 요소가 될 수 있다. 이는 계단과 공간사이의 상호작용, 계단을 활용한 빛과 그림자의 솜씨 좋은 처리manipulation을 통해서, 그리고 계단의 형태와 기능의 결합을 활용해서 구현된다.

계단과 공간

계단은 공간을 경험하는 방법인 동시에 내부에서 길 찾기를 돕는 장치이다. 계단을 두고 그 주변에 실들을 붙이는 식으로 디자인해서는 안 된다. 반대로 계단은 공간의 경험을 최적화하도록 디자인해야 한다.

– 접근

건물에 들어갈 때 동선이 분명히 드러나야 하지만, 계단은 상상의 여지를 남겨두어야 한다. 복도 끝에서 첫 계단 몇 단을 드러내거나 벽을 드러내면서 삽입되거나, 밑으로 들어가면서 아랫면을 보여줄 수도 있다.

– 계단의 유형

어떤 계단을 적용할지는 중요한 문제이다.:

- 긴 직선 모양의, 야곱의 사다리Jacob's Ladder 형b) 계단은 비슷한 모양의 선형 건물에서 가장 잘 쓰일 수 있다. 선형 건물에 쓰이게 되면, 건물의 선형성을 강조하면서 효율성을 얻을 수 있다.(선형계단이 벽을 따라 가면서 좁은 평면을 간섭하지 않는다.)
- (작업장이나 교육시설처럼) 집회공간을 가운데 배치하는 건물은 아고라 유형의 계단이 유리할 수 있다. 아고라 형의 계단은 챌판riser의 높이를 다양하게 줘서 좌석과 통합되는 스탠드형 계단을 만들 수 있고, 동시에 건물의 부분들과 연계되는 사교 공간을 조성할 수 있다.
- U자형계단c)(뱃머리계단)ship's prow staircase는 개방적인 평면을 가진 건물에서 길 찾기를 위한 조각적인 도구로 사용될 수 있다. 계단참을 반복하는 형태는 공간이 제한되었을 때

a) 1936년 어느 투쟁의 기록에 수록. 주인공은 변호사를 찾아 이상한 집에 들어서지만 어디에 와 있는지 모른다. 어디로 이어지는 지 알 수 없는 계단을 아무 생각 없이 걸어갈 뿐, 결국 변호사를 찾지 못한다는 내용. (변신: 단편전집, 프란츠 카프카 저, 이주동 역, 솔, 2017 pp.609-612 참조)

b) 야곱이 꿈에서 본 하늘까지 닿는 사다리

c) 계단참이 양쪽에 있는 계단형식. 계단이 시작한 평면상의 위치가 각 층에서 반복된다. 안전상으로 직선계단에 비해 좀 더 유리하다. U자형계단의 계단참을 계단 판으로 사용하는 형식을 회전계단이라고 한다.

계단과 공간 입구

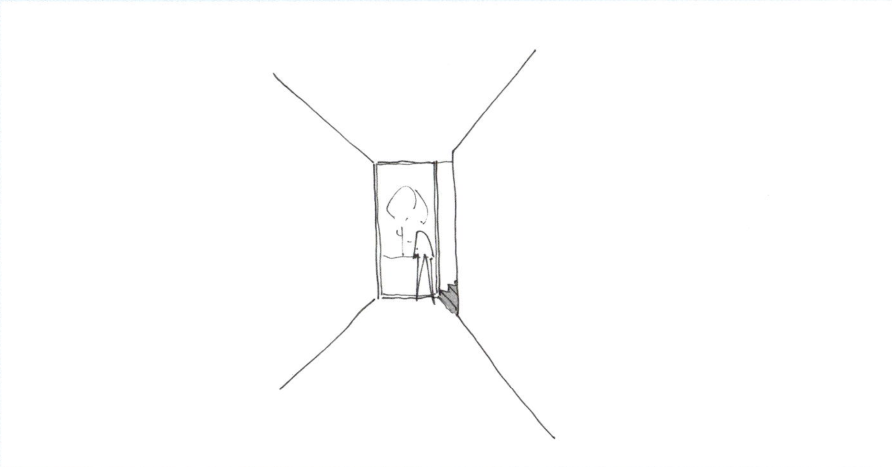

드러내기 계단 첫 부분 몇 단을

드러내기 막힌 형태를

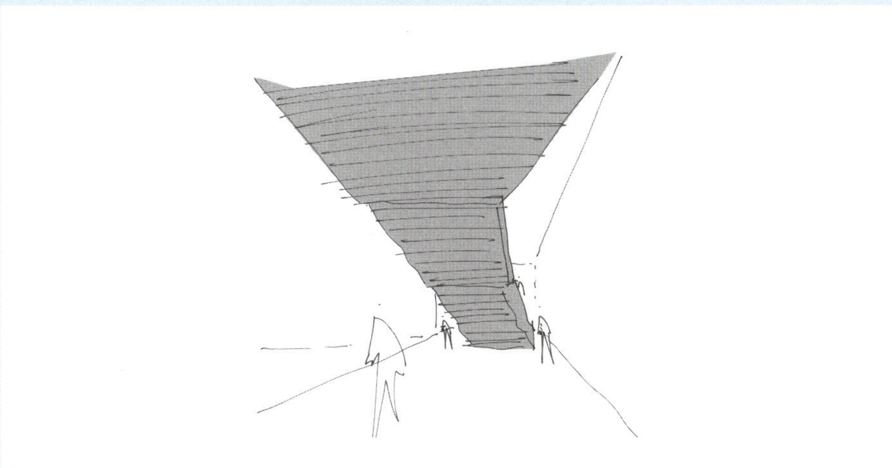

치장 없음
아랫면을 드러내기

계단과 공간 유형

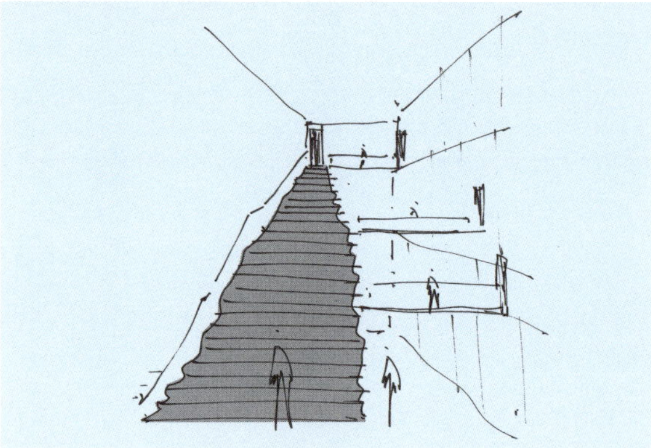

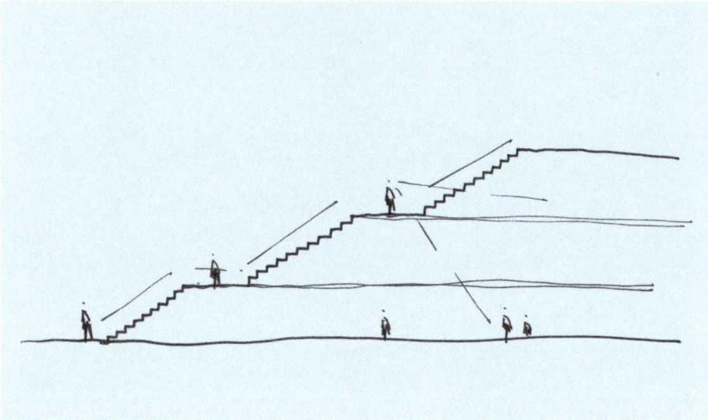

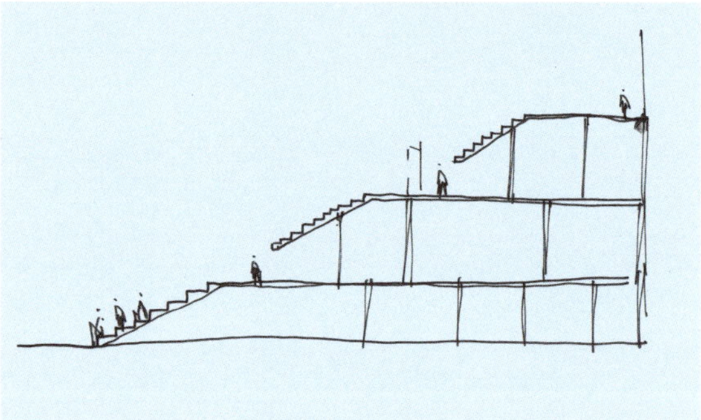

야곱의 사다리 형

아고라 형

기능적으로 이상적인 대피공간이 될 수 있다.

- 중정형courtyard-type 계단은 가운데 빈 공간주변을 돌아가면서 올라가는 계단이다. 중정형 공간은 정원이나 보이드로 활용될 수 있다. 공간을 완전히 경험하고 아래쪽으로 다양한 조망을 얻는 것이 가능하다.

(원형계단은 의도적으로 누락시켰다. 전형적인 형식의 급하게 회전하는 원형계단은 공간을 수평적으로 이동하지 않는다. 이 때문에 그 자체가 오브제적인 장치가 될 수는 있지만, 공간을 연결하는 장치가 되지는 못한다. 또한 올라가기 힘들 때가 많다.)

계단과 빛

계단으로 다양한 목적을 위하여 빛을 이용하고 솜씨 좋게 처리할 수 있다.

– *신호Signage*

계단을 위해 만들어 놓은 보이드 공간은 사람들을 인도하는 수단이 된다. 그래픽이나 활자를 동원하지 않더라도 자연스럽게 길을 찾도록 도와준다. 이러한 빼셈을 통해 계단에 빛을 더한다.

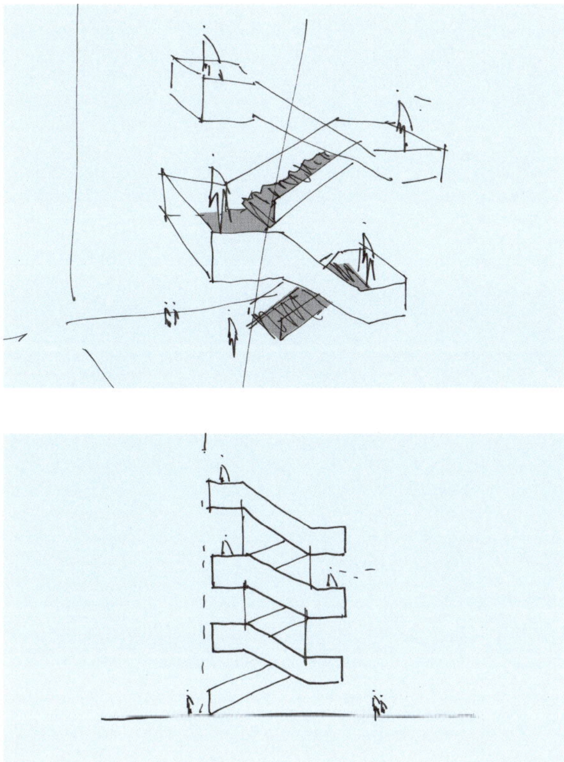

뱃머리 형

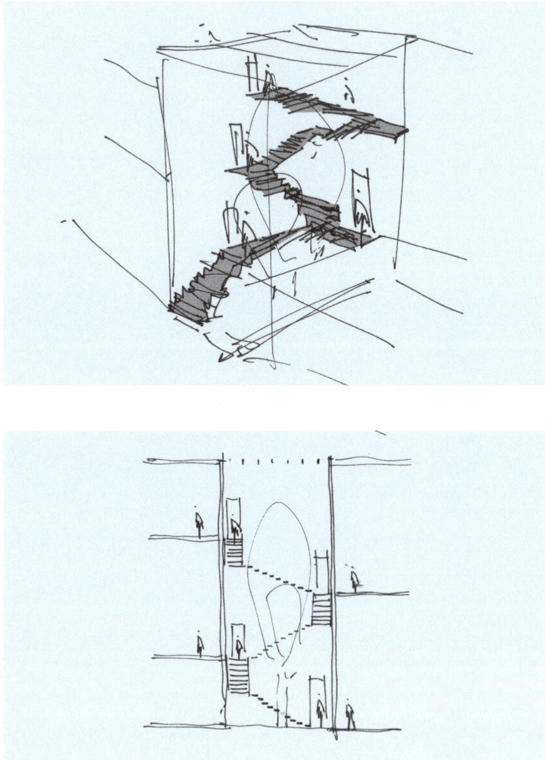

중정 형

— 천창 채광Toplighting

자연채광의 이상적인 방법은 지붕창을 통해 위에서부터 햇빛을 받는 것이다. 천창을 사용하는 방법은 계단실에서의 빛 우물을 통해 깊숙하게 빛을 끌어들일 수 있다. 이 방법은 가장 균일하게 조명을 할 수 있는 방법이다. 또한 파사드나 건물 외피에 최소한의 영향을 미친다.

— 창문

만약 천창을 이용한 조명이 가능하지 않다면 창문을 통해 계단 참half-landing levels에 빛과 외부 조망을 제공할 수 있다. 하지만 계단참과 주요 층사이의 높이 차이가 엇갈린staggered 개구부와 같은 파사드 디자인상의 문제를 일으킨다. 이는 계단을 주요 층 높이에 맞춰서 사용자들이 오르내릴 때, 멈춰 있을 때 말고, 바깥을 보도록 하는 식으로 해결될 수 있다.

계단과 형태

계단을 형태를 잘 처리해서 다양한 효과를 볼 수 있다.

— 계단이 보이지 않도록 후퇴시키기

계단 형태가 건물 구성 전체를 지배하도록 해서는 안 된다. 계단을 주요 임무는 공간을 연결하는 것이다. 필요한 경우에는 계단을 벽 사이에 숨길 것.

계단과 빛

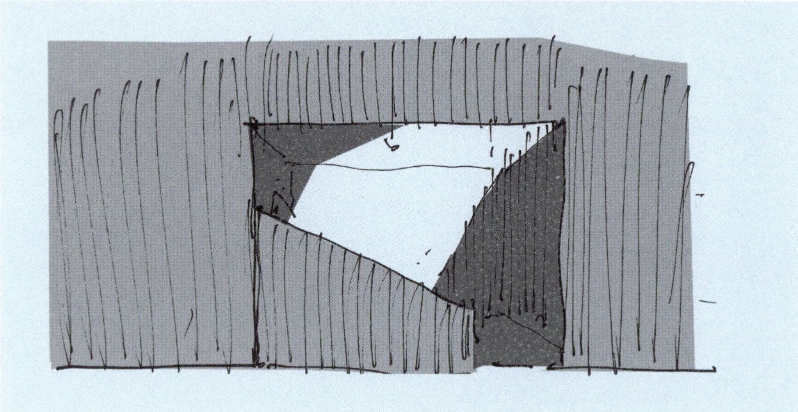

빛과 신호

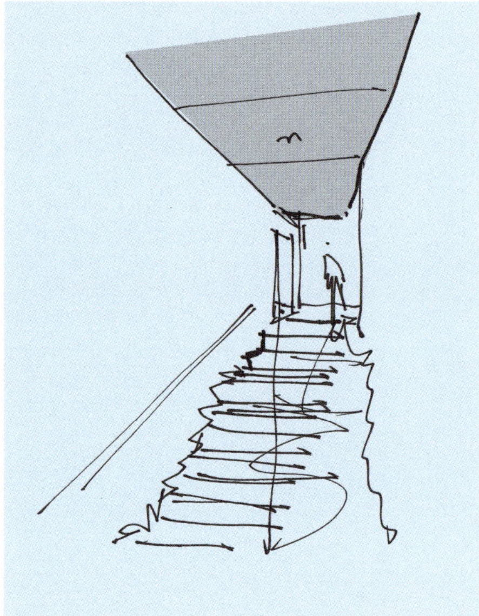

천창

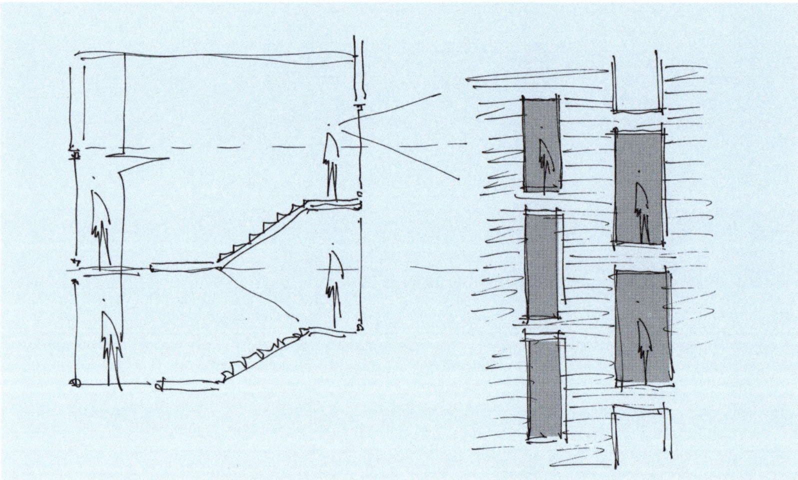

멈춰 서서 보기

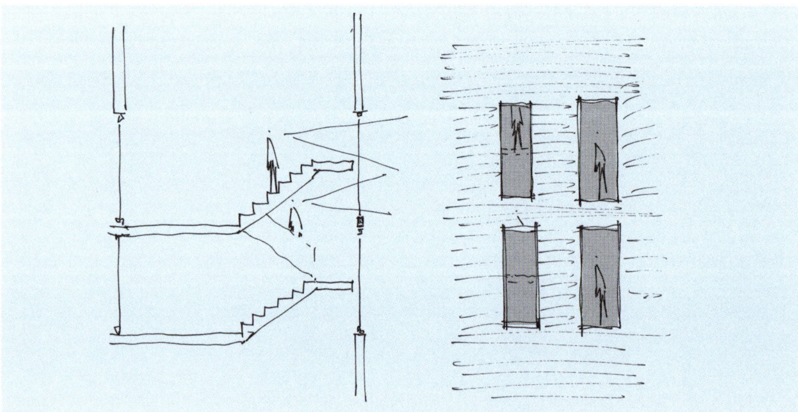

걸으면서 보기

— 멈출 수 있는 면적을 늘리기
계단을 오르내리던 과정에서 이야기하고 싶은 사람을 만난 경우가 얼마나 잦은가? 계단참 부분의 면적을 늘려서 비공식적이고 자발적인 상호작용을 위한 공간을 제공할 것.

— 양단의 폭을 다르게 하기Taper
상승할수록 폭이 좁아지는 계단은 수직성과 집중도를 높인다. 또한 좀 더 사적이고 친밀한 공간에 접근하고 있다는 신호를 전달하게 된다. 반대로, 올라 갈수록 넓어지는 계단은 개방성과 안도의 감각을 가져온다. 이런 계단은 건물 내의 다른 부분을 바라보거나 계단이 어떤 조망을 향해 열려 있을 때 가장 잘 작동한다.

계단과 세부표현
계단의 세부표현은 경험적 특질들에 영향을 미친다.

— 벽체형 난간Solid balustrade
벽체형 난간은 네 가지 장점이 있다.:
- 까다로운 수직 부재와 눈에 보이는 고장장치가 없어도 조각적인 계단을 만들 수 있는 가능성이 크다.
- 수직 부재를 반복하여 생기는 스타카토에 의해 방해받지 않는 만곡형의 연속적인 선을 계획할 수 있다.
- 계단 양끝에 있는 엄지기둥과 난간 사이의 높이 차이에서 생기는 문제를 연속적인 형태를 만드는 난간의 각도를 조정하는 식으로 알아채기 어렵게 해결할 수 있다.
- 조명 및 기타 설비를 계단에 통합할 수 있다.

— 디딤판Treads
계단의 경사stair pitch는 중요한 문제이다. 경사를 결정하는 것에 따라 건물사용자들이 올라가고 싶거나 그렇지 못한 계단이 좌우된다. 피난을 위해서라면 건물 규정이 허용하는 한도 내에서 가파르게 만드는 것이 이동을 쉽게 하는데 도움을 준다. 중심부의 공동 공간이나 조망점에서라면 계단은 낮게 만들어져서 천천히 내려가거나 멈출 수 있는 기회를 더 많이 줘야 한다. 마지막 디딤판은 바닥판에 연결시키지 않을 때도 있다. 떠 있는 느낌을 주기 위해서 일수도 있고, 다른 층의 바닥에 닿았다는 신호를 전달하기 위해서일 수도 있다.

계단과 형태

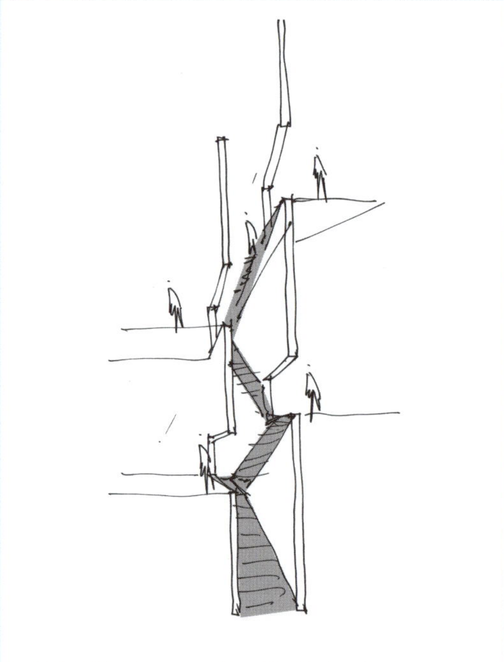

벽 속의 계단

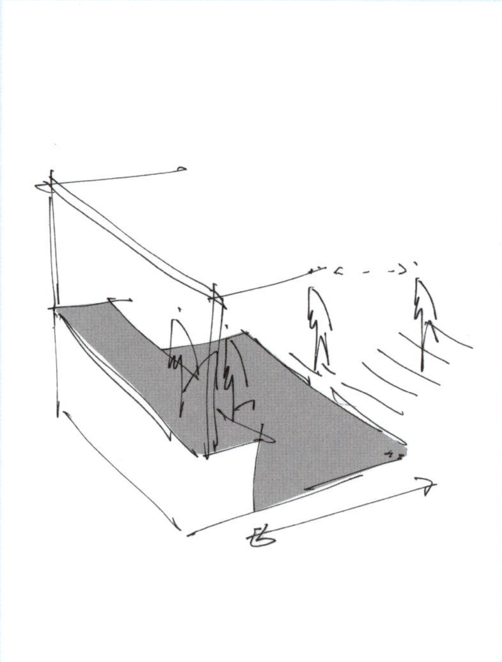

계단참을 확장하여 만남의 장소로 활용

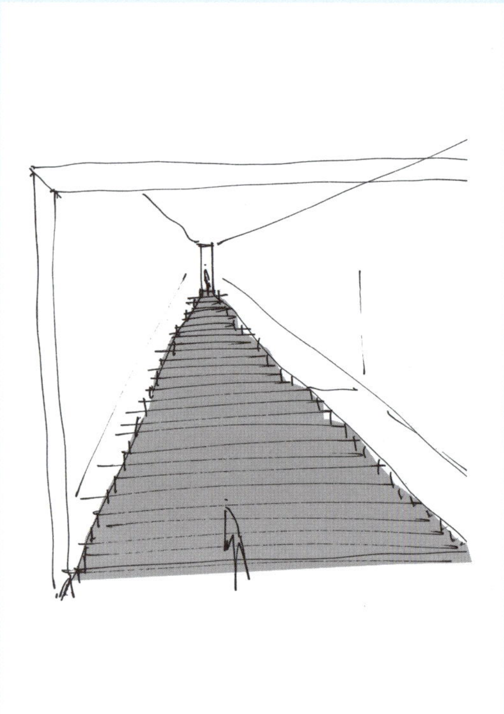

올라갈수록 좁아지는 계단 : 집중도

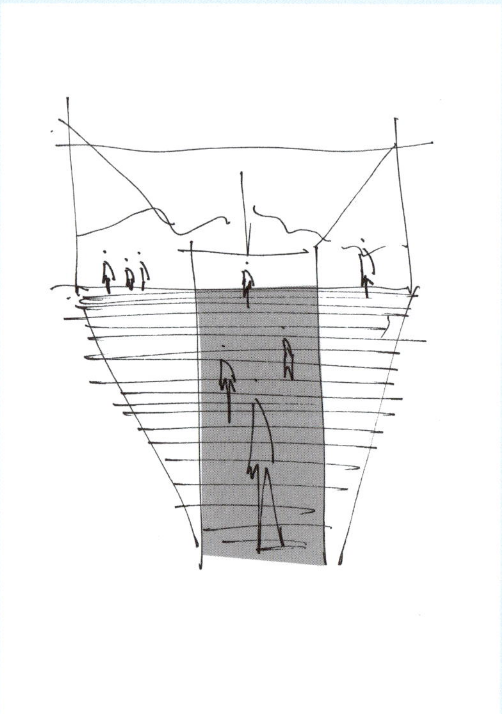

올라갈수록 넓어지는 계단 : 안도감

계단과 세부표현

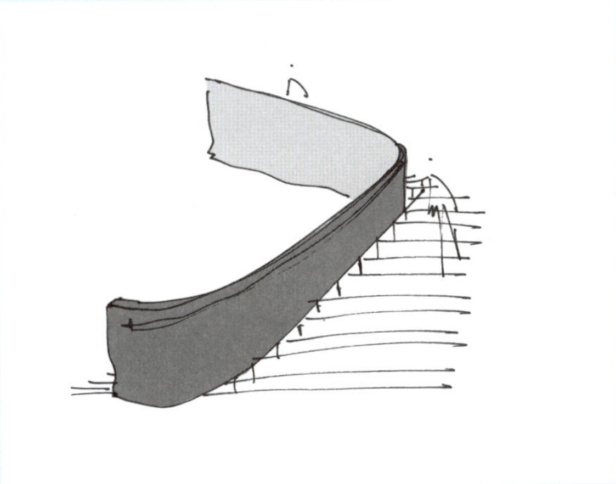

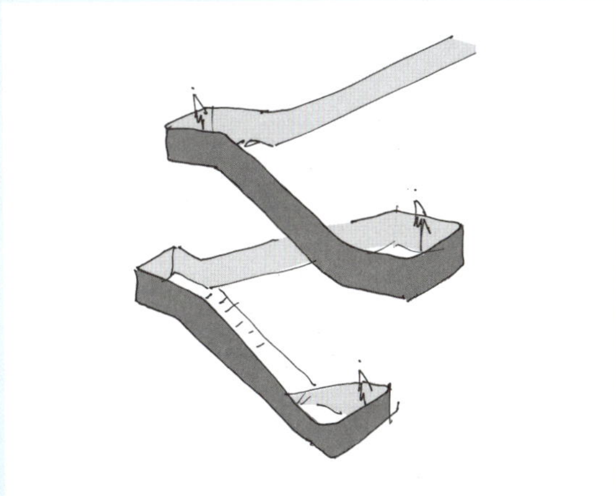

조각적인 형태

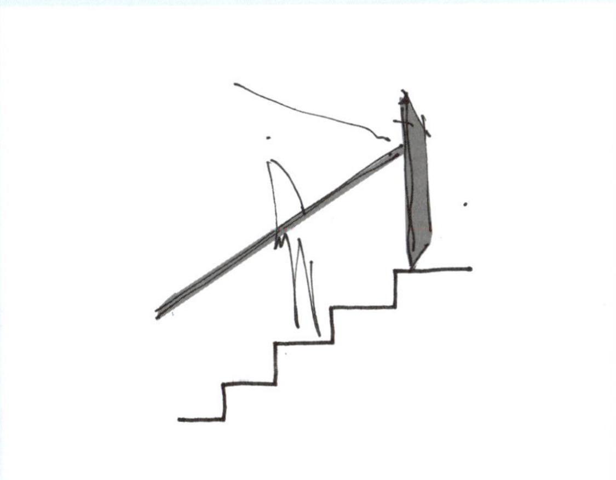

엄지기둥과 난간의 충돌

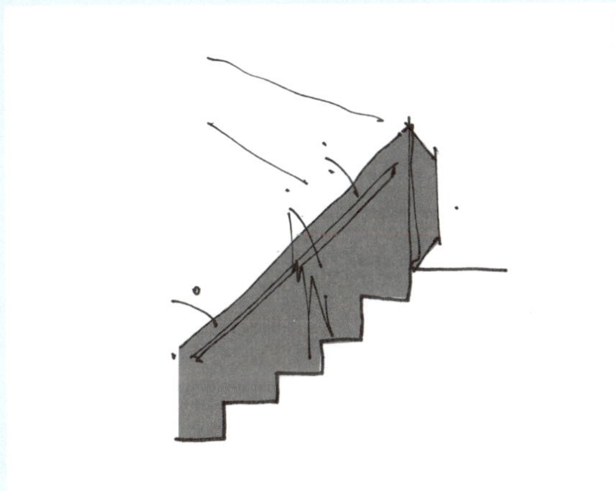

이음매 없는 난간연결

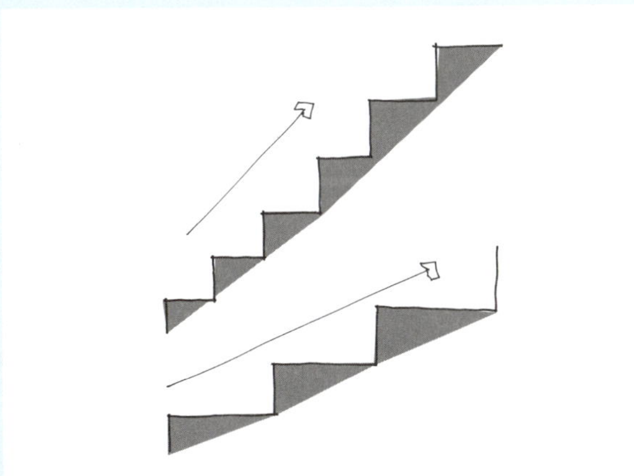

적당한 속도의 발견

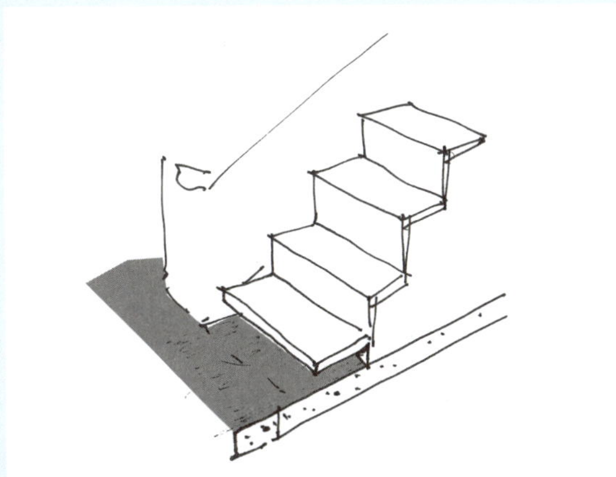

새로운 층에 도착했음을 알림

설비 SERVICES

봉사하는 공간과 봉사 받는 공간

services 설비, 명사
라틴어 –*servus*(노예)에서 기원
1–돕거나 지원하는 행동
2–대가를 받고 수행된 작업
3–건물에 요구되는 전기, 물, 가스, 청소 등을 위한 설비장치의 공급 및 보급

1960년대에 루이스 칸은 건축가들에게 적절한 조치를 요구하면서 다음과 같이 적었다.

'구조는 방과 공간에 필요한 것들을 기계적으로 수용할 수 있는 것으로 고안되어야 합니다...우리가 건물을 지을 때처럼 우리가 그리도록 훈련을 하게 된다면, 즉 바닥에서 위쪽으로 그리면서, 타설을 하거나 부재를 세우는 접합부에 표시를 하기 위해 연필을 멈추는 식으로 그리게 된다면, 장식은 그 방법을 표현하겠다는 애정으로부터 성장하게 될 것입니다...어떻게 그리 되었는가를 표현하려는 열망은 건축과 관련된 모든 사람들을 거쳐 건축가, 엔지니어, 건축업자 그리고 제도사에게까지 전해질 것입니다.' 1)

내 경험상, 칸의 이의제기는 건축가들에게 이어지지 못하고 있다. 실내공간의 질은 건축설비에 의해 절충되고 있다. 공기 조절 유닛air handling units 및 환기 덕트ventilation ducts를 수용하려면, 플라스틱 징두리널과 기본적인 고정 장치를 숨기기 위해 천장고를 낮춰야 한다. 이 와중에 라디에이터는 깨끗하고 산뜻한 벽 앞에 자리한다.(심지어 유리창 앞에 있을 때도 있다) 이러한 문제들은 구조가 노출된 프로젝트에서는 더욱 심각하다. 설비를 숨길만한 달천장suspended ceilings이나 이중벽체fatten walls도 없이 급수 파이프water pipe와 배수 파이프waste pipe는 벽에 노출된 상태로 남아있다. 파이프 사이를 잇는 플라스틱 플랜지와 거친 금속 마감은 공간의 미학과 결합한다(안 좋게 풀리면 변명할 일이 많이 생길 것이다). 설비장치들을 보이도록 하는 정직한 선택을 해서 공간의 질을 떨어뜨리거나, 더 많은 비용을 들여서 선의의 부정직한 행위로 설비를 은폐하려고 시도하는 것 모두 바람직하지 않은 선택이다.

설비장치를 수용하려고 고민하고 있을 때, 나는 이전 건물들을 부러워했다. 스페인 그라나다에 있는 알함브라 궁전Alhambra palace에서 더울 때를 대비하여 설비를 따로 한 게 있었나? 중정에 더위를 피해 쉴 수 있는 공간을 두었을 뿐이다. 머리위에서 재활용된 공기를 펌핑하는 플라스틱 박스 따위는 가지고 있지도 않았다. 로마 사람들은 겨울에 공간을 어떻게 덥혔나? 단순한 바닥 밑 난방 시스템underfloor heating system인 하이퍼코스트hypocaust를 사용했을 따름이다. 여기저기에 라디에이터나 그릴, 히터를 두는 방식은 아니었다. 빅토리아 사람들은 단단한 석조벽체 아래에 흐르는 배수 파이프를 어떻게 다뤘나? 그들은 건물에 걸쳐 부조화스럽게 흐르고 있는 갈색 플라스틱 파이프 대신에, 주문 제작된 주철 배수파이프로 문제를 해결했다.

칸은 이러한 이분법적인 문제를 '봉사하는servant' 공간과 '봉사 받는served' 공간을a) 디자인함으로써 해결하려고 하였다. 봉사하는 공간들(계단실, 엘리베이터, 환기구, 각종 파이프 설비와 덕트들)은 봉사 받는 공간(사용자가 거주하는–업무 공간, 교실, 연구실 등)과 격리되어 있으며, 칸은 이와 같은 실제적인 해법을 건축의 특징의 하나로 끌어올렸다. 그는 설비가 발생하는 경로를 최소화 하거나 경우에 따라 은폐하는 방식으로 접근하면서 건축물에 적합한

a) 본문의 맥락으로 보면 '설비가 있는' 공간과 '설비공간의 지원을 받는' 공간으로 해석해도 무방하다.

b) 실제로는 트렌턴에 소재하지 않았고 대중목욕탕이나 사우나 시설도 아니었다. 애초에는 유대인 커뮤니티 센터의 일부시설로 기획되었다. 이 작업은 1955년 개장하고 나서는 야외 수영장의 입구와 탈의시설로 활용되었다.

c) 난방(Heating), 환기(Ventilating), 공기조화(Air Conditioning)의 머리글자를 모은 단어.

방법으로 분명히 표현될 수 있도록 했다. 이는 뉴저지 소재의 트렌턴 배스 하우스Trenton Bath House 디자인b)에서 명확히 드러난다. 이 작업에서는 설비장치를 수용하기 위해 안이 비어있는, 확대된 크기의 기둥을 격자로 구성하여 적용하였다. 또한 캘리포니아에 있는 그의 대표작 솔크 연구소에서는 덕트와 파이프를 수용할 수 있는 틈이 있는 바닥interstitial floor을 도입하여 슬래브 아래 소피트soffit을 자유롭게 하고 공간의 장애가 최소화되도록 계획하였다. 아마도 가장 성공적인 사례로는 필라델피아에 있는 리처드 의학 연구소 건물Richards Medical Research Laboratories에 적용한 환기탑일 것이다. 칸이 설비공간을 표현하려는 열망은 설비 자체에 대한 애정에서 태어난 것은 아니었다. 그는 다음과 같이 지적했다. '나는 덕트가 싫다. 나는 파이프가 싫다. 나는 그것들은 진정으로 철저히 혐오한다. 그러나 그들을 그토록 철저히 혐오하기 때문에 나는 그들에게 장소가 주어져야 한다는 느낌이 든다. 만약 내가 단순히 혐오만 하고 보살피지 않는다면, 그것들은 건물을 침략하여 완전히 파괴해 버릴 것이다.'2)

우리가 점점 더 엄격한 환경 관련 규정을 적용하고 여러 상충하는 요구사항을 맞추려 하면서, 건물은 파이프와 덕트, 환기구로 고통 받는, 질식직전의 상자가 될 위험에 처해있다. 예를 들면 노출된 유닛으로 된 HVAC 시스템c)을 요구하는 규정을 곧이곧대로 해석하면 바닥 난방보다 경제적이라는 이유로 라디에이터와 벽에 부착하는 히터를 대다수 프로젝트에서 계속 적용하는 것을 의미할 수도 있다. 이와 같은 환경, 기술문제들이 건물 설비에 과부하를 걸고, 디자인을 좌지우지하는 지경에 이르렀다.

이토록 이 문제에 대한 해법이 필요했던 적이 없다. 만약 우리가 이 문제들을 무시한다면, 설비공간은 봉사 받는 공간이 되고, 건축의 공간과 아름다움은 봉사하는 공간이 될 것이다. 이를 방지하기 위해서는 제도사부터 건축업자에 이르기까지 건축가가 나서서 조율하는 프로세스가 요구된다. 지금은 설비와 건축 프로세스가 부지에서 어색한 첫 만남을 하기 전까지 별도로 진행된다. 우리는 설비를 정직하되 건물과 보조를 맞추는 방식으로 표현해야 한다는 칸의 이의제기를 받아들여야 할 필요가 있다. 우리는 확실히 건축이 봉사 받고, 설비가 봉사하는 공간으로 남아있을 수 있도록 해야 한다. 다음의 사항들은 이를 위한 몇 가지 제인들이다.

예방하기—자연 환기, 냉방, 난방을 위한 패시브 디자인

냉방과 난방을 위한 패시브 디자인은 건물을 기후에 맞추면서 보다 에너지 효율적으로 만들어야 함을 의미한다. 궁극적으로는 패시브 디자인을 통해 냉난방과 환기에 요구되는 덕트와 파이프의 수를 줄이게 될 것이다. 예를 들어 뜨겁고 건조한 기후에서는 건물 중심부에 중정을 두어 햇빛을 피하는 음영공간을 제공하는, 비교적 간단한 계획으로 해결이 가능한 반면, 열대지역에서는 건물을 지주위에 올리고 얇고 긴 평면으로 만들어 환기를 최대화함으로써 냉각상의 이점을 취하고, 지붕의 형태 역시 건물 본체와 격리되어 뜨거운 공기가 순환할 수 있도록 하는 제안이 필요하다. 한편 춥고 습한 지역의 건물은 비와 눈을 잘 떨굴 수 있는 일체화된 지붕 디자인이 필요하다. 이와 같이 건물은 반드시 지역의 기후에 대응해야 한다. 이것이 기계설비에 과도하게 의존하는 것을 막을 수 있는 가장 중요한 첫 단계이다.

조직화하기—설비를 위한 공간을 마련하고 구조 격자에 맞춰 정렬할 것

덕트와 파이프 혹은 도관/전선관conduits이 필요한 곳에서는 설비경로를 통합함으로써, 칸의 봉사 받는 공간과 봉사하는 공간 개념에 맞춰 계획을 할 수 있다. 이는 덕트 작업의 양을 줄이는 동시에 우리로 하여금 설비공간을 조율된 방식으로 배열할 수 있게 해준다. 문제는 설비 공간 중, 슬래브 하부가 노출된 곳에서 설비가 평면을 가로질러 구부러져야 할 때, 특히 설비가 벽과 충돌할 때 발생한다. 나머지 중대한 문제는 설비가 일반적으로 구조 격자와 무관하게 위치되면서,

패시브 설비계획
건조한 기후에서의 건물 디자인 제안

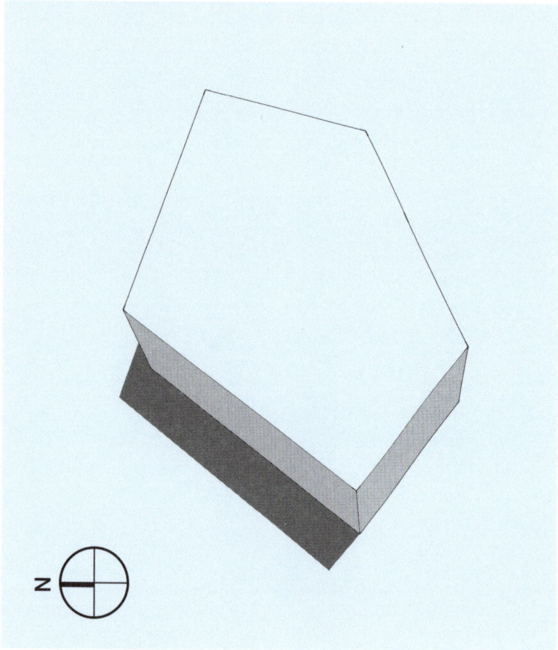

1 건물의 방향결정

평면의 형태는 여름에 가장 높은 강도의 태양 복사를 피할 수 있도록, 동쪽 및 서쪽으로 면하는 벽체들의 각도를 조정하였다.

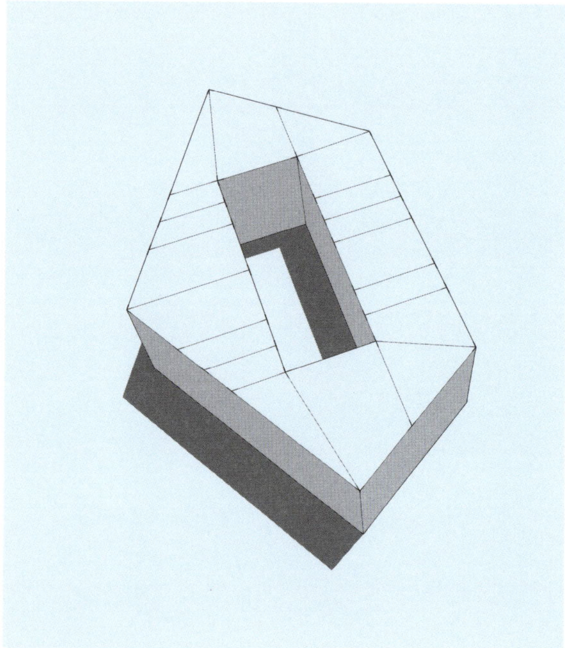

2 맞통풍CROSS-VENTILATION

모든 실이 맞통풍이 되고, 낮은 높이에서 건물로 들어오는 공기가 자연스럽게 냉각될 수 있도록 건물 중앙에 중정을 설치하였다. 중정은 또한 건물 사용자가 쓸 수 있는 음영공간을 제공한다.

혹은 구조 격자와 충돌하면서 발생한다. 이 문제는 다수의 개별적 설비용 수직 공간service risers을 두는 것 보다는, 규모가 있는 '봉사하는 공간'을 집중 조성하는 방식으로 해결할 수 있다. '설비 중추service spine' 개념을 적용할 수도 있다. 이는 구조 격자와 맞지 않고 병렬하는 모든 설비시설을 포괄하는 공간을 의미한다. 설비를 통합하지 않게 되면, 공학자와 도급업자는 가장 경제적인 방식으로 설비시설을 설치하는 경향이 있다. 이렇게 되면 설비가 건축과 반드시 일치하지는 않게 된다.

새로운 모델을 제시하기 — 설비시설을 설치하는 새로운 방법을 제안할 것

일반적으로 건물 설비공간이 매력적이기는 힘들다. 설비는 숨겨지기 위해 디자인되고, 오로지 경제성의 산물로 취급된다. 그러나 아마도 칸의 말을 조금 바꿔보자면, 우리는 우리 스스로 설비시설과 공간을 그려낼 수 있도록 해야 한다. 우리는 라디에이터와 파이프, 천장을 설치하기 위한 유닛들이 건물에 보급된다는 사실을 받아들이지만, 설비공간을 더 멋지게 만들 수 있는 새로운 방법을 제안하려고 노력해야 한다. 현 시점에서 우리는 설비공간을 변명하면서 (석고보드 박스에 넣어) 덮어버리거나, 숨기도록 디자인된 설비들을 노출시키는 방식 중 하나를 선택하여

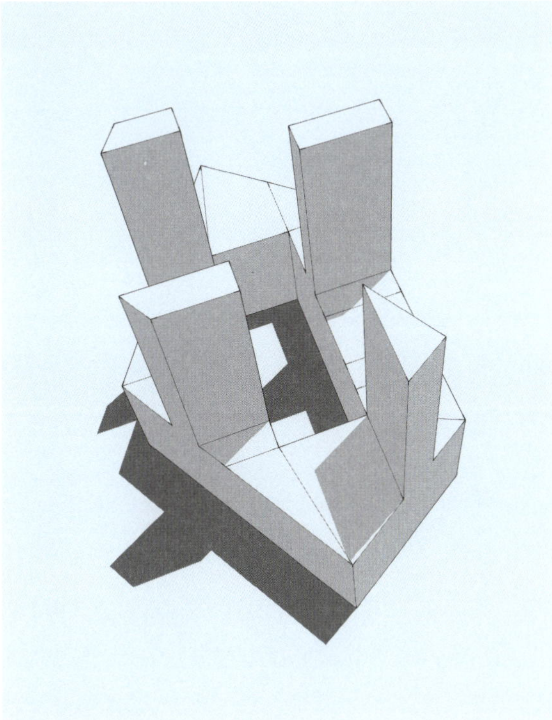

3 환기와 냉각을 위한 수직 공간

윈드 타워와 태양굴뚝solar chimney이 건물 형태와 통합되어, 높은 곳에 있던 청결한 공기가 건물 안으로 유입되면서 건물을 통과하는 바람이 생긴다. 수직 공간은 건물에 수용되어 있는 공간의 두 배정도까지 확대된다.

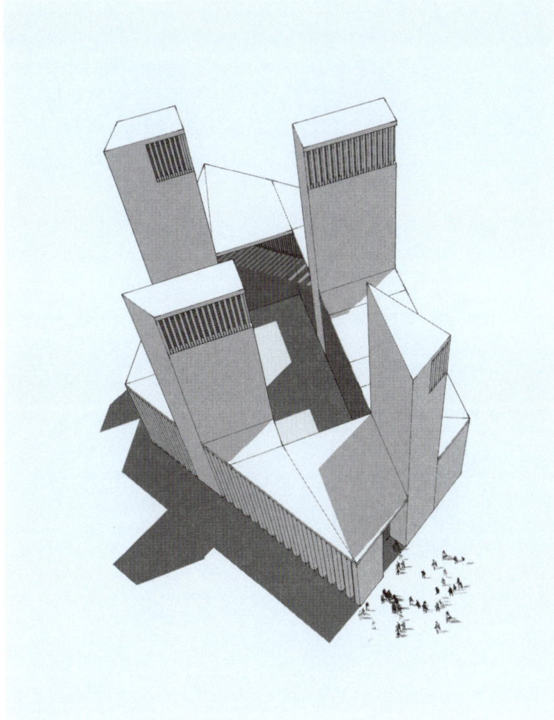

4 재료와 개구부 설정

건물의 실들은 외부의 혹독한 바람과 햇빛을 피하기 위해 내향적으로 계획한다. (북쪽과 남쪽의) 외벽은 일련의 좁은 개구부들로 구성하고, 동쪽과 서쪽 벽은 개구부를 최소화하였다. 모든 면에 유리창 처리를 한 중정은 요구되는 채광과 투명성을 제공한다. 윈드 타워와 태양굴뚝에 있는 개구부는 우세풍을 받기 좋은 남쪽과 서쪽 방향에 있다. 열용량이 높은 두꺼운 벽체가 건물 전반에 걸쳐 사용되었다.

디자인하고 있다. 설비공간을 노출시키되, (그 결과 유지관리가 쉬워지고) 건물에 보다 잘 부합하는—새로운 설비 공간 디자인의 모델을 제시하는 제 3의 길이 있었다면 어땠을까?

여기서 요약된 원칙들을 적용함으로써 우리는 건축과 설비 간의 잠재적인 불균형을 막을 수 있다. 이는 봉사하고 봉사 받는 공간 개념과도 연결된다. 특정한 기후에 대한 요구사항에 대응하고, 우리의 디자인과 일치하는 설비계획을 담보하는 태도로 계획을 배치하고, 설비공간을 수용하는 새로운 모델을 제시하게 될 때, 우리는 건축—공간의 질, 계획과 형태의 명료함—이 건물에서 가장 우선되는 목표로 남아있도록 할 수 있을 것이다.

설비 공간 조직화

기호설명표 □ 수직설비공간 ■ 환기 ■ 전기 ■ 난방

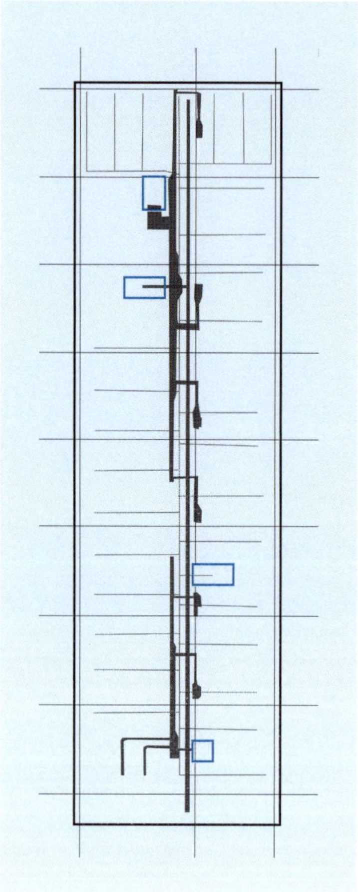

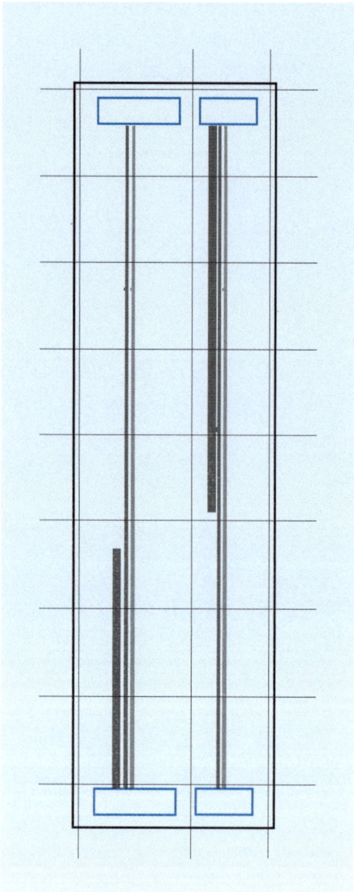

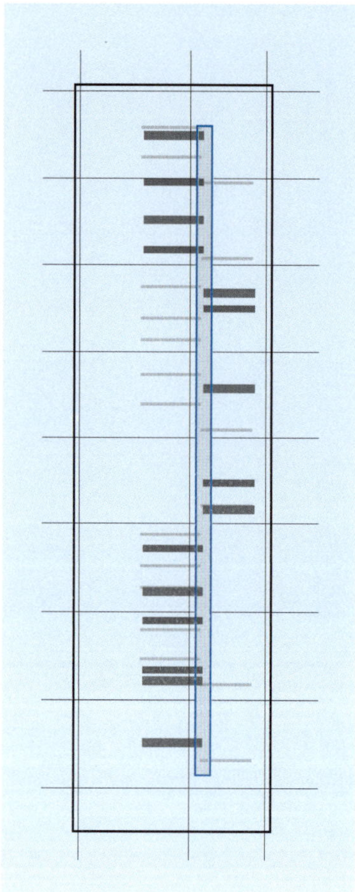

격리된 수직 설비 공간
서로 격리된 수직 설비공간을 무작위적으로 계획한다는 것은 다른 종류의 설비가 서로 교차하고 구조적 격차와 부딪히게 되리라는 것을 의미한다. 이로 인해 슬래브 하부 공간에는 다수의 설비시설이 충돌하면서 시각적 충돌이 발생한다.

제안-수직설비공간의 통합
수직 설비공간을 결합되고, 건물의 양쪽 끝에 수평의 구조 격자와 평행하게 배치한다. 이를 통해 설비시설의 경로가 결합하면서 두개의 일관성 있는 '설비 중추가 생긴다.'

제안-수직설비공간의 통합
수직설비공간은 하나로 결합하여 수직적 구조 격자를 따라 내려온다. 이는 설비공간이 구조 격자 혹은 서로 다른 설비와 충돌하지 않게 계획할 수 있음을 의미한다.

설비공간의 새로운 모델 제시
어떻게 그것이 가능 한가

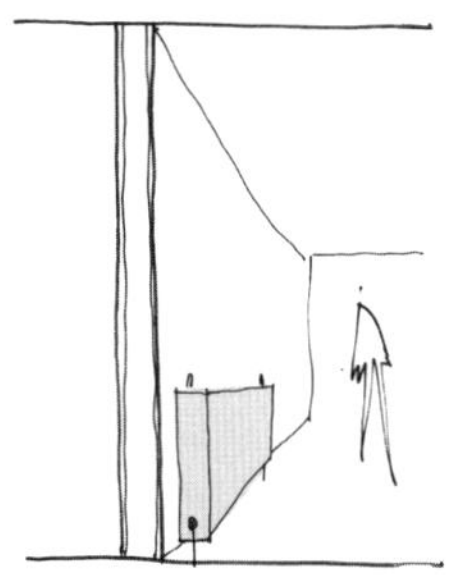

문제
라디에이터가 돌출, 시각적 흐름을 방해하고
추가적인 실내공간을 사용한다.

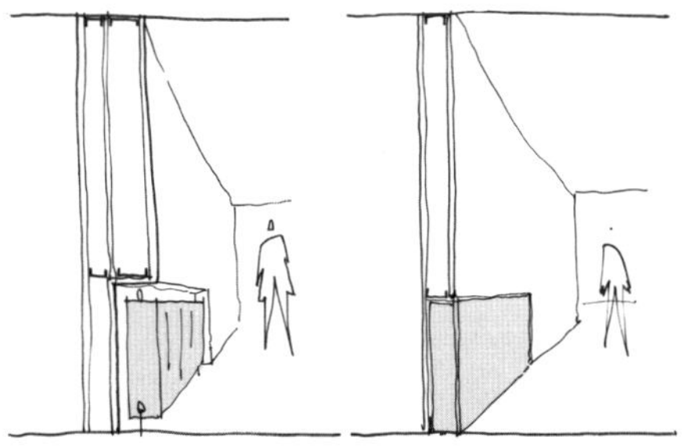

기존 해법
라디에이터를 박스 안에 넣어 시각적 선은
개선되었지만 추가적인 벽의 깊이와 재료를
필요로 한다.

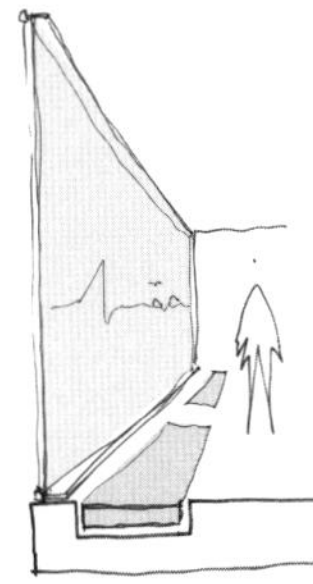

새로운 해법
라디에이터는 밑으로 내려가고 벽이나
바닥과 통합된다. 벽의 깊이는 최소한으로
하는 것이 가능하다.

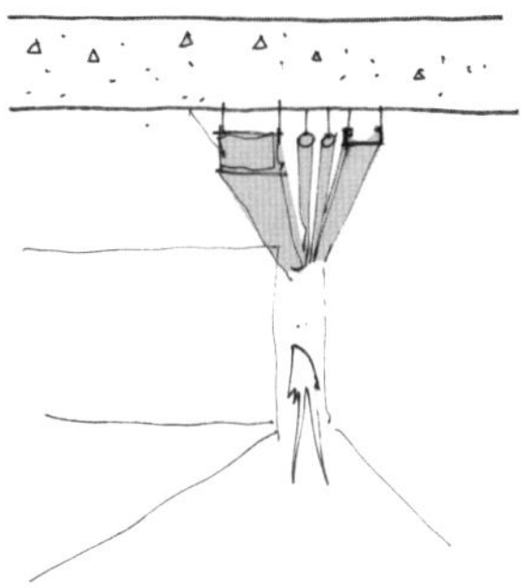

문제
슬래브 하부에 설비공간이 노출되어 있다.

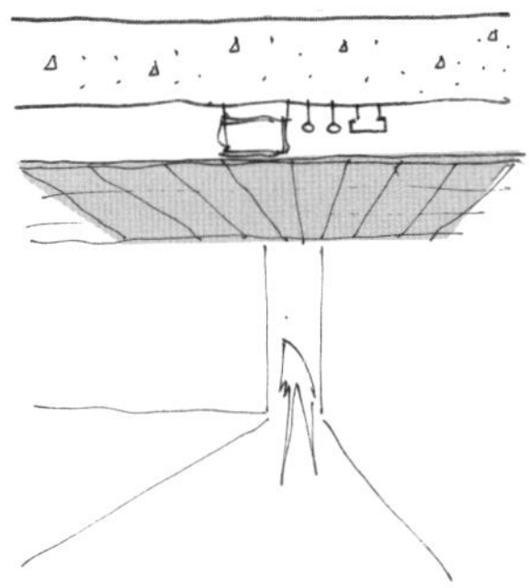

기존 해법
천장고를 낮춰 설비장치들을 가린다.

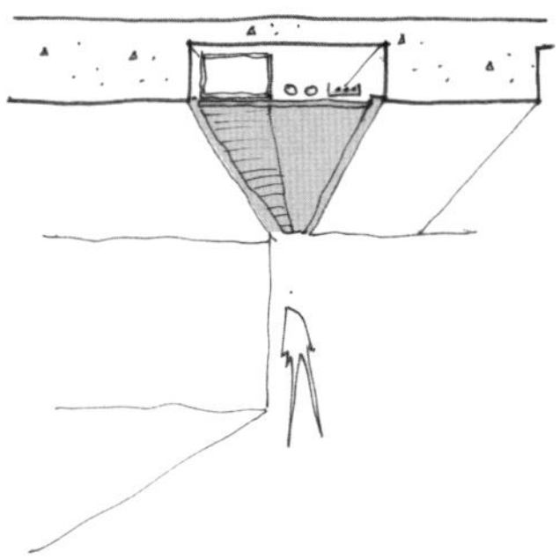

새로운 해법
슬래브 두께를 조절하여 하부에 설비공간이
들어갈 수 있는 빈 공간을 두어 원래의
천장 높이를 유지한다.

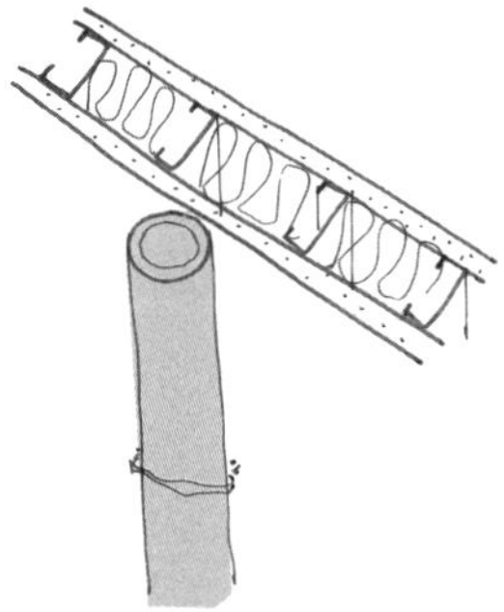

문제
파이프가 벽에 노출되어 있다.

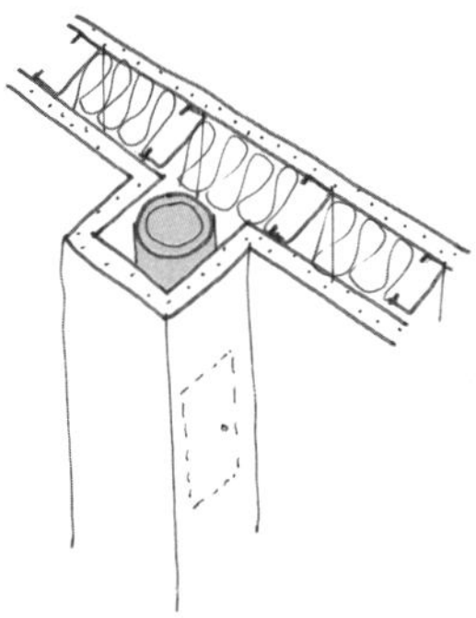

기존 해법
얇고, 변명하는 듯한 박스로 설비공간을
둘러싼다.

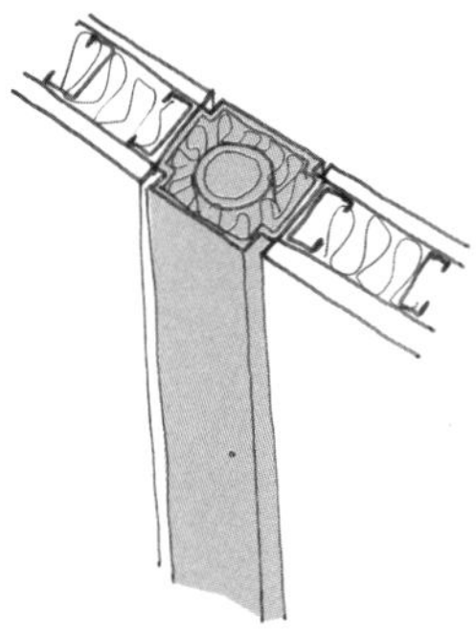

새로운 해법
코팅된 금속으로 된 파이프 '카세트'를
만들었다. 이를 통해 정직하면서도 시각적으로
일관된 방식으로 파이프를 표현하는 것이
가능해졌다. 카세트는 필요한 경우 쉽게 제거와
교체가 가능하다.

그린벨트 전략3 : 지붕과 바닥

지형에 새겨진 테라스가 있는 아파트 단지, 영국, M62, 배치계획, 제임스 테이트

북서부 잉글랜드의 언덕에 제안된 많은 마을과 도시들 가운데, 위의 사례는 1,400 가구로 구성된 공동체를 보여주고 있다. 이 단지는 사용되지 않은 황야 아래 있던 석회암을 파내면서 구성된다. 각각의 집들은 빛우물(어두운 색 해칭)을 넘어가는 다리로 연결되어 있는데, 이 빛 우물은 주변부에 있는 일련의 편의시설에 닿는 수직적 동선으로 작동하고 있다. 아파트 사이의 대형 상호연계 테라스와 사교 공간은 아래쪽에 있는 주거의 지붕을 위쪽에 있는 테라스를 확장한 것처럼 쓰이도록 한다. 이를 통해 여러 높이의 새로운 인공지형을 자연지형에 삽입하고 결합한다. 자세한 도면 및 정보는 www.jtait.com을 참조

4

더 좋게 만들기

버티게 하다

서문에서 언급한 바와 같이 우리 시대를 규정하는 위태로움의 동인을 말하는 것은 거의 진부한 일이 되었다. 그러나 물론 기후 변화와 자연 파괴, 불평등, 전염병 및 전쟁을 가중시키는 또 다른 불안정성이 있으며, 이는 기술과 인공 지능의 부상을 의미한다. 사회학자 리처드 세넷Richard Sennett이 말하는 '우리 시대의 도구tools of our time',[1] 그리고 마지막 부분에서 언급하는 '공들여 만들다Craft'는 이 책이 처음 출간된 이후 약 5년 정도 동안 상당히 진보했다. 지금은 끊임없이 변화하는 머신 러닝Machine learning의 전망과 건축에 대한 도전과 기회가 무엇인지를 따라가기 위해 종말론자와 전도사들이 일제히 하는 말에 더하거나 책을 새롭게 하려고 노력할 때가 아니다. 나는 무엇보다도 건축이 인간적이고 물질적인 수준에서 다른 사람들과 연결하는 능력을 유지해야 한다는 것을 오히려 다시 말하고 싶다.

그러나 급속한 기술 변화에 직면하여 무엇을 해야 하는지에 대한 문제는 건축이 이전에도 여러 번 직면했던 문제이다. 고대와 중세시대 최초의 archi(장(長))과 tekts(시공업자)인 기능장master craftsmen은 그림을 그리는 데 전문적인 기술의 출현[2] 이와 관련된 인쇄기의 능력—그림을 복제하고 복사하는 능력—이 가져올 위험을 두려워했다. 18세기에는 기술, 산업 및 상업의 굉장한 급증으로 인해 그때까지는 거의 영속적으로 느껴지던 후원자, 건축가 및 장인의 삼자 관계가 위협[3]을 받게 되고, '종합 건설업자general contractor'와 같이 개발, 설계, 시공업 분야의 직군이 새로 등장한 수요를 따라 잡기 위해 발명되었다. 그리고 비슷하게, 제도판, 잉크와 끈기 있는 손재주를 가진 20세기 중반의 건축가들은, 작업으로부터 손과 뇌를 분리하고 작업에 필요한 사람들 수를 줄이는 수단으로 등장한 마우스, 픽셀과 키보드의 맹공격을 두려워했다. 그러나 건축은 버티고 있다.

머신 러닝은 인간이 할 수 있는 것보다 더 효율적이고 더 빠른 속도로 설계하기 위해 진화하고 있다. 가상과 증강 현실을 통해 어떤 건축 도면보다 공간과 미래 현실을 표현하는 더 몰입적이고 유익한 방법을 찾고 있다. 그리고 어떤 경우에는 설계자를 설계 과정으로부터 완전히 분리시키기도 한다. 다시 말해, '고객은 앱에 원하는 건물의 종류를 알려주고, 예산, 위치, 크기와 기타 선호도를 설명하며, 몇 초 만에 다양한 옵션을 얻을 수 있다.'[4] 그러나 효율성, 최적화와 가상 표현 수단을 넘어 이러한 '진보' 중 어떤 것이라도 인간의 조건과 물리적 공간, 거주자 사이의 상호 작용의 질적 특징을 향상시킬 수 있는지는 지켜 봐야 한다. '더 좋게 만들기(Augment)' 섹션에서는 사회 속 건축가 역할의 미래가 어떻게 가능한지 검토하고 있다. 반복, 도식화, 선택성, 직관, 기술을 통해 우리 주변 세계와 물리적으로 연결하기 위해 더 모호하고 유기적인 인간 방식의 의사소통을 사용하는 것이다.

우리 시대의 도구 끝없는 벽 취리히연방공과대학교(ETH ZURICH). 2011. 그라마치오 콜러 연구소(GRAMAZIO KOHLER RESEARCH).

리뷰하다REVIEW

멈추지 말고, 계속 해 나갈 것

review 리뷰하다, 동사
프랑스어 -*revoir*(다시 보다)에서 기원
1-(타동사) 조사하거나 다시 검토하다.
2-(타동사) 다시 살펴보다, 반성하다
3-(타동사) 형식을 갖춰서 혹은 공식적으로 점검하다
4-(타동사) 정신을 이용하여 상황을 조사하다
5-(타동사) 비판적인 태도로 (문학작품, 예술작품, 영화 등을) 평가하다.

건축가는 프로젝트의 진보를 일구어 내는 동시에 프로젝트 내부에서 생기는 매개변수의 변화에 지속적으로 대응해야 한다. 디자인 리뷰design review 혹은 '크릿crit'은 프로젝트 매개변수의 이동과 지침에 가장 잘 대응하는 방법을 만들어 냈는지를 평가할 수 있는 메커니즘이다.

(예비) 건축가들은 건축 학교에서 처음으로 크릿-크리틱의 준말이다-과 마주치게 된다. 크릿은 건축을 가르치는 방법pedagogy에 포함되어, 튜터나 동료학생과 같이 경험 있는 작품의 실행자들이 객관적으로 작품의 진척 정도를 평가할 수 있게 해준다. 크릿은 학생의 외연을 확장하는 하나의 방법이다. 크릿은 어깨 너머로 지켜보는 우호적인 동료friendly peer로부터, 일주일마다 진행되는 비공식적인 핀업과 토론, 혹은 개개인과 그들의 작업 하나하나에 완전히 집중한 심사위원에 이르는 광범위한 범위에서, 가벼운 긴장에서 상당한 압박감을 주는 다양한 방식으로 조언과 판정을 미끄러지듯 오간다.

정기적인 크릿은, 디자인 아이디어design idea를a) 개발하거나 건축가의 소양을 발전시키는 문제에 있어서 필수적인 과정이다. 다양한 방식의 디자인 리뷰를 정기적으로 시행하는 것을 통해, 프로젝트의 기회들을 발굴하고 초기 단계에서 자기도 모르게 저지르는 오류를 수정할 수 있다. 가장 중요한 점은 크릿이 학생들로 하여금, 사회적 · 심미적 직관과 연계하여 지침에 있는 부지의 제약사항과 매개변수들에 대응하는 분석기술들을 개선하게 한다는 것이다.

건축 교육기관 입장에서 보면 크릿은 건축가 하는 일의 어떤 상황에 대한 모의훈련과 같은 의미가 있다. 회사 상사가 컴퓨터 모니터를 들여다 보거나, 당신이 동료들 앞에서 하는 핀업을 지나가듯 보게 되는 상황, 혹은 건축주 앞에서 포인터를 들고 전전긍긍하며 프레젠테이션을 하는 상황에 대한 일종의 시뮬레이션인 셈이다. 크릿은 반성과 평가를 위한 기회를 제공하여 건축가가 학생에서 전문가로 성장하도록 돕는다. 실제로 크릿의 목적은 응집력 있는 디자인을 창조하기 위해, 건축주, 지침, 부지와 같은 프로젝트 내의 매개변수들에 대한 정보를 알아내는 일이다.

건축 전공 학생들이 학교에서 수행하는 프로젝트 들은 일반적으로 정적이다. 아카데미라는 안전한 막 속에서 형성되고 실행되기 때문이다. 계획의 지침들은 처음부터 끝날 때 까지 변하지 않고, 건축주의 요구사항이나 예산의 변경으로 작업진행을 방해 받지도 않는다. 부지는 고정적이고, 명확하며, 계획상의 법령legislation이나 재정적 분쟁으로부터도 자유롭다. 실제 짓기 위한 프로젝트가 아니다 보니, 건물 실현과 관련된 기술적이거나 계약상의 문제들로 부터 분리되어 있다. 이렇게 보면 학교보다는 실무에서 정기적인 디자인 리뷰가 훨씬 절박하게 필요하다. 그렇지만, 내 경험상 그런 경우는 드물다.

a) 디자인 아이디어는 개념 전 단계에서 개념 형성과 프로그램에 영향을 미치는 포괄적인 생각들을 의미한다.

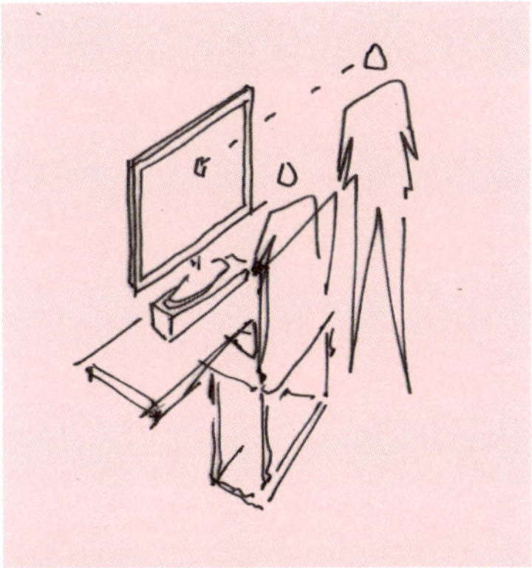

매일
즉각적이고 우연한 방식의 리뷰

주간
비공식적이고 느슨한 리뷰

월간
공식적이고 구조가 갖춰진 리뷰

그럼에도 나는 크릿을 통한 훈육이 실무 수행에 필수적이라고 믿는다. 리뷰를 통해 잠시 멈춰서는 기회가 주어지지 않는다면, 문제를 방지할 수도, 아이디어를 충분히 개발할 수도 없다. 우리는 직위와 시간 및 예산의 제약에 상관없이 정기적으로 디자인 리뷰를 위한 시간을 들여야 한다. 다음 사례들이 보여주듯이 이런 목적으로 만들어진 모형들과 스케치는 결코 헛된 일이 아니다.

사례1－공공 공간의 유지

부지에 있었던 사랑받지 못한 건물이 철거되고 난후 새로운 주택지구residential quarter가 도시 중심부에 위치할 예정이었다. 우리가 제안한 안에는 주변의 지역 공동체와 프로젝트를 통합하기 위해, 새로운 문화센터 및 여가시설을 포함되어 있었다. 민간개발privately funded development 과정에서 발생하는, 민간개발업자에게 지불해야 하는 추가 비용 없이 지역 편의시설을 공급하고, 지방 정부는 토지 취득과 공공 서비스 부문에 대한 비용을 지급하지 않고도 (도서관, 강당 및 수영장을 포함해서)새로운 시설을 만들 수 있으리라 예상했다.

프로젝트의 차별적인 특성을 부여하고 사교의 중심이 되기 위한 목적에서, 공공시설은 디자인의 핵심적 동력이 되었다. 평면, 단면, 모형과 3D 이미지 모두 계획 신청에 대해 허가를 기대하고 작성되었다. 하지만 제출 날짜 몇 주 전에 우리는 지방정부로부터 프로젝트의 핵심적 공공시설에 더 이상 투자할 수 없다는 공지를 받게 되었다.

건축주는 이 뜻밖의 일에도 당황하지 않았다. 명백하게 계획은 제출되어야 했고, 시간 및 수익 손실은 선택사항이 될 수 없었다. 하지만 이 공공 프로그램이 제안의 핵심이었다. 기능적으로는 지역에서 요구하는 편의시설과 문화시설을 제공할 수 있었다. 역사적으로도 도시의 두 핵심축의 교차점에 위치하면서 새로운 초점이 될 수 있을 만한 계획이었다. 조각과 같이 다듬어진 탑상형 요소는 의도적으로 단조롭게 되어 있는 주변 주거 개발의 베이스노트base note에 보기 좋은 대위법(대조)counterpoint를 만들어 낼 것이다. 사회적으로는 이 개발은 도시와 관련을 맺지 못하는 주거지가 되지 않도록 확실히 계획되었다.

우리에게 처한 지역의 변화에 어떻게 대응해야 할까? 건축주가 요구한대로, 신경 쓰지 말고 진행해서 예정대로 제출을 마무리 지어버릴까 하는 유혹이 없지 않았다. 하지만 우리는 그렇게 하는 대신에 프로젝트에 대한 리뷰를 진행하기로 결정했고, 리뷰를 통해 다음의 질문들을 제기했다.

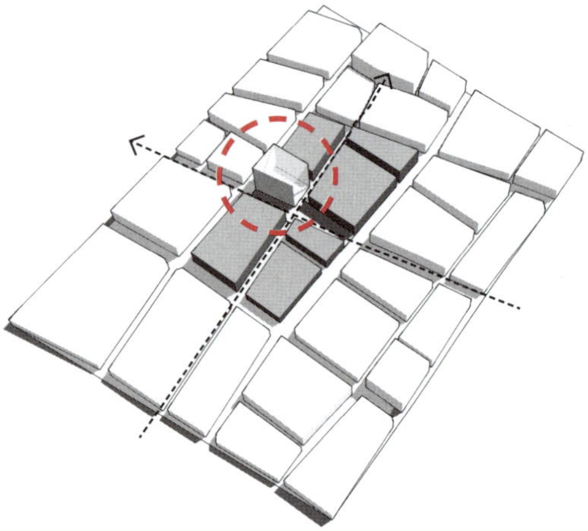

원안

문제점 발생

- 면적과 비용을 추가하지 않고도 어떻게 공공 편의시설을 유지할 수 있을까?
- 역사적인 축을 존중하고 그 의미를 전달하는 방법은 무엇인가?
- 우리는 어떻게 형태적인 대위법을 유지할 수 있을까. 즉 높고 조각적인 형태의 타워로 어떻게 주거 요소를 보완할 수 있을까?
- 우리가 지금의 계획안에서 사교적 삶에 대한 아이디어를 유지할 수 있는 방법은 무엇인가?

각각의 주거 동에는 상부에 지붕이 있는 중앙 아트리움이 있었다. 여기에서 아파트 동 전체에 접근할 수 있도록 되어 있었고, 초기에 건축주가 요구한대로 호텔 분위기를 느낄 수 있도록 계획되었다. 하지만 이 중심 공간은 문제점이 있었다. 이 공간은 아파트 동들에 기술적으로 균일한 면을 만들면서 아트리움에 면한 입면이 내부공간이 되어 버렸다. 바닥면적의 활용도 비효율적이었다. 우리는 이 아트리움을 제거하고 내부공간을 개방하여 주민들을 위한 큰 중정 정원처럼 쓰면 어떨까 제안했다. 이는 아파트의 출입이 거리에서 가능해지고 안쪽과 바깥쪽 모두 외부공간이 되며, 주민들을 위한 그늘이 있는 정원공간이 생기게 되었음을 의미했다. 또한 주거 동으로부터 제거된 아트리움 공간의 면적이 새로운 공공 부문 면적에 투입되면서 개발면적을 증가시키지 않아도 되는 장점이 생겼다. 이 개발을 통해 주민들에게는 도서관, 체육관, 수영장, 이벤트 공간 및 갤러리와 같은 편의시설이 생겼다. 기능이 좀 더 복잡해지면서 비용이 다소 상승하겠지만, 이러한 시설들을 제공함으로써 생기는 향후의 수익은 추가비용을 상회할 수 있었다. 이 안을 들고 건축주는 지방정부에 접근하였다. 건축주는 지방정부에게 여전히 건물에 대한 자본비용capital costs은 투자할 수 없겠지만, 시설 운영에 참여해서 애초에 의도했던 대로 도시 나머지 사람들에게도 새로운 편의시설을 개방하면 어떻겠냐고 건의했다.

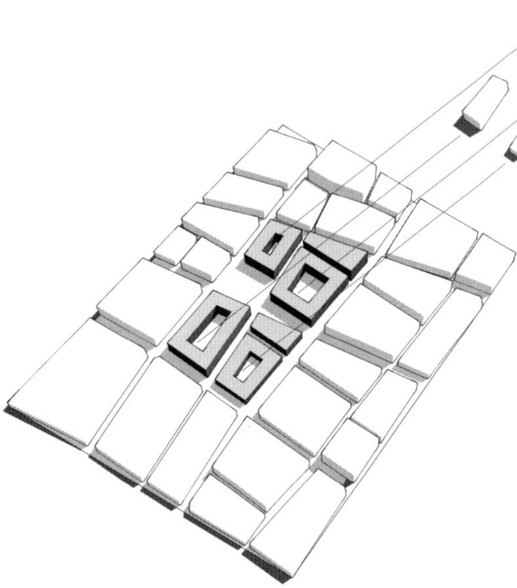

크릿

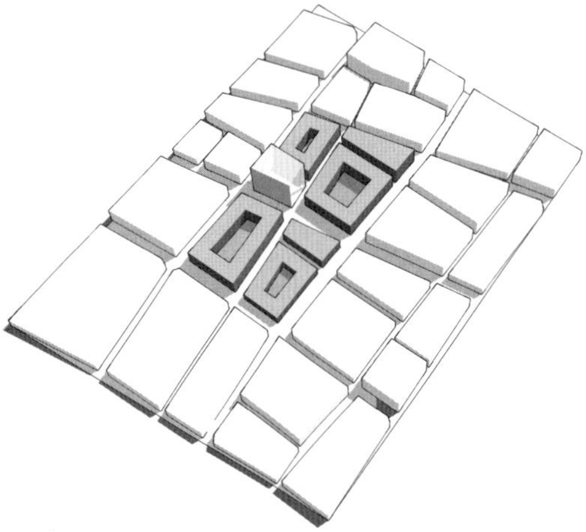

해법

이렇게 협력적인 디자인 리뷰를 통해 우리는 공공 편의시설을 유치하고, 전체적인 형태와 배치를 유지하고, 초기 계획부터 있었던 사교 생활에 대한 비전도 지켜낼 수 있었다. 첨언하자면, 이 아파트는 지금 가치가 상승했다. 양쪽이 외기와 면하면서 환기가 더 잘되고, 주거 동 중심마다 그늘이 있는 녹지공간이 조성되었기 때문이다.

사례2—공장설비 문제의 극복

이메일을 연이어 발송했지만 무시되었다. '우리는 최종적이고 정확한 냉각탑 크기가 필요합니다.' '이제 건물 상부에 부착하는 가림벽이 프로그램 일정을 맞추기 위해 제작에 들어가야 합니다. 6개월 전 협의에 따르면 가림벽 설치높이가 2.3130m이었습니다. 냉각탑이 그 보다 돌출되지 않는 게 확실한지요?' 여전히 답이 없다. 우리가 디자인하고, 시공이 진행되고 있었던 업무시설은 상당히 까다로운 냉난방 요구사항이 있었고, 이에 따라 대형의 냉각탑이 옥상에 있어야 했다. 하지만 건축주는 냉각탑의 크기를 결코 확인해주지 않았다. 건물 최상부에 있는 공장 설비를 시각적으로 숨기기 위해 가림벽을 설치하기로 계획했고, 그 높이는 예상된 냉각탑 높이보다 300mm 높게 잡힌 터였다.

가림벽을 제작하고 제 위치에 설치하자, 공장설비가 결국 부지에 도착했다. 냉각탑은 원래 말했던 것보다 1.3m정도 더 높아서 가림벽 위로 1m는 올라오게 되었다. 단지 공장설비 가려보겠다고 추가한 아이템이 그 일을 못하게 되었다. 잉여가 되어버린 것이다. 더욱 심각한 일이 있었다. 공장설비가 보이는 것은 건축허가planning consent 조건에 배치되는 사항이었다. 이 프로젝트를 담당하는 지방 정부관계자는 현장을 방문하여 원래 승인된 설계에서 있던 높이대로 냉각탑을 교체할 것을 권고했다.

원안
2.3m의 가림벽이 뒤쪽의 냉각탑을 가린다.

문제점 발생
냉각탑이 실제로는 가림벽보다 1m 높다.

건물은 완공되었고, 한 달 이내로 개장할 예정이었다. 설비 엔지니어는 이 설비가 건물 냉난방 요구사항에 맞는 크기라고 설명했다. 이를 제거하고 낮은 높이로 교체하는 것은 선택 가능한 사항이 아니었다. 나머지 잠재적 해법은 가림벽의 높이를 1m 높이는 것이었지만, 비용이 많이 드는데다가, 별도의 구조도 필요하고, 무엇보다도 건물에 허용된 최대 높이를 넘는 일이었다.

우리는 이 난제를 풀기위해 큰 희망을 갖지 않고 사무실 전체에 이 문제를 공개했다. 한 직원이 도널드 저드Donald Judd의 조각품b)을 찍은 사진을 90도 회전시켜 벽에 고정시킬 때까지 우리는 어리둥절한 상태였다. 이윽고 우리 모두는 이미지에 포함되어 있던 해법을 즉시 이해할 수 있었다.

– 잉여가 된 가림벽을 제거할 것.
– 냉각탑의 박스 형태로 건물 상부 공간을 규정할 것.
– 숙고해서 공장 설비를 처리하거나 도장하고, 불필요한 부분을 떼어낼 것

브랜드 명칭과 구조가 건축의 일부가 되었다.
이러한 해법은 쓸모없게 된 공장의 가림벽 문제를 해결하면서 동시에 냉각탑의 외관을 개선하는 효과를 불러왔다. 또한 더 정직한 접근방식으로 기능을 표현하게 되었다. 공장 설비를 공개하겠다는 생각은 무언가 변명하는 듯한 태도의 가림벽 보다는 훨씬 모더니즘의 감각에 호소하고 있다. 새로운 냉각탑을 통해, 평평한 수평의 가림벽에서는 불가능했던, 보다 많은 대화를 주변의 다양한 형태의 지붕과 하게 되었다.

b) 미국의 대표적인 미니멀리즘 예술가. 이 양식의 창시자중 한명이다. 그의 작품에는 공장제작의 산업용 제품에 예술적 가치를 부여하는 경우가 많다.

크릿
냉각탑 크기보다 더 높게 가림벽을 설치하는 것은 선택사항이 아니었다. 심미적으로나 법적으로도.

해법
새로 도장하고 불필요한 부분을 제거한 냉각탑은 건물 상부의 새롭고, 더욱 정직한 형태요소가 되었다.

심지어 냉각탑 사이의 공간을 옥상정원으로 사용할 수도 있게 되었다. 우리가 필요한 거라고는 전용 페인트와 새로운 유리난간이 전부였다.

승인된 부분보다 높았던 건물 부분이 항구적인 것이 아니었고, 건물 너머로의 시각적 투과성을 높이고, 건물 입면으로부터 후퇴되어 있었기 때문에, 지방정부는 변경 사항을 수용하였고, 다시 제출된 제안도 승인하였다. 협력적인 디자인 리뷰를 통해 우리는 재난을 피하고, 원안에서 숨어 있던 가능성을 찾아 낼 수 있었다.

크릿의 힘을 활용하기

디자인 리뷰는 건축가가 마음대로 이용할 수 있는 가장 근본적인 도구의 하나이다. 프로젝트의 진행 단계와 상관없이 협력적·객관적 평가는 성공적인 디자인을 위해 필수적인 것이다. 크릿이 불러오는 일시 멈춤 효과를 통해 사려 깊고 이성적인 태도로 프로젝트에 영향을 미치는 매개변수들의 변화에 대해 객관적으로 대응할 수 있게 된다. 여기에 더해 협력을 필요로 하는 크릿의 속성으로 말미암아 디자인이 처한 문제들에 대한 새로운 시야가 열려 보이지 않는 결함을 식별하게 해줄 뿐만 아니라 잠재된 가능성도 개방할 수 있다. 우리는 디자인을 실행하면서 크릿을 위한 시간을 확보해야 한다. 시간과 돈, 직위에 상관없이 말이다. 그렇게 하지 않으면 우리의 디자인은 고통받게 된다.

도식화하다DIAGRAM

*복잡함*complexity*과 혼동스러움*confusion

diagram 도식화하다, 동사
고대 그리스어 – *diagraphein* **(선을 이용해 만들어 내다)에서 기원**
1–도식적으로 표현하기.
(작동을 설명할 수 있는 개요 혹은 스케치와 같은) 도식으로 보여주기

이론을 탈신비화 하고 주장에 실체를 부여하기 위해서는 명료함clarity과 직접성directness이 반드시 필요하다. ('모호하게 하다/되다' 참조) 하지만 이를 꼭 실제 디자인에 적용할 필요는 없다. 실제로 디자인은 복잡하고 다양하고 풍부할 수 있기 때문이다. 건축적 장치 중 가장 거룩한 것을 다뤄보자. 다이어그램(도식)diagram 말이다.

학생들은 종종 무엇을 하든지 간에 '다이어그램의 명료성'을 확보하라는 교육을 받는다. 이를 정확히 묘사하자면, 건축적 아이디어를 단일한 비전으로 발전시키라는 것이다. 이 작업을 추구하는 것은 가치 있을 수 있지만, 디자인을 하나의 결과, 하나의 형태적 배열, 하나의 기능적 시나리오, 하나의 공간관계들로 한정하기도 한다.

나는 다이어그램이 조금은 더 혼란스러워져서 여러 가지 결과를 가져올 수 있어야 한다고 생각한다. 이런 방법으로 동질성과 불모의 상태 대신 다양성과 긴장을 제공할 수 있다. 헝클어진 도식을 통해 우리의 눈이 볼 수 있고, 우리의 도시가 받아낼 수 있으며, 최종적인 사용자가 거주할 수 있는, 더 풍부하고 더 자유로운 디자인을 만들어 낼 수 있다.

최적화하다OPTIMIZE
속도를 디자인하기

optimize 최적화하다, 동사
라틴어 – *optimus* **(최고의)에서 기원**
1–(타동사) 가능한 한 완벽하고, 유리하며, 효과적으로 만들다
2–(타동사) 업무 및 활동을 최대한 효율적으로 수행하다
3–(타동사)– 격리되고, 종종 상충하는 요구사항들을 결합할 때 가장 좋은 해법을 찾다

많은 건축양식들이 움직임에 대한 포착을 시도했다. 드잡이하는 형태들의 얽히고설킨 집합인 고딕Gothic, 천상을 향한 나른한 진동을 보여주는 바로크Baroque, 통제된 구스스텝goose-step같은a) 신고전주의Neoclassicism, 바위를 강타하는 파도와 같은 브루털리즘Brutalism, 통제 불가의 폭력적 발작 같은 해체주의Deconstructivism. 그러나 그 어떤 양식도 속도를 포착하지는 못했다.

아르데코는 유선형의 곡선streamlined curves과 줄무늬 색선go-faster stripes으로 인해, 종종 속도를 불러일으키는 양식으로 언급된다. 그러나 이는 게으른 사람에게 조끼를 입히고 러닝슈즈를 신겨서 단거리 챔피언이라 칭하는 식으로 속도를 적용한 것과 다름없다.

왜 속도의 건축을 창조하려고 할까? 속도는 진화가 되던지 디자인이 되던지 형태와 기능의 최적화를 통해 얻을 수 있다. 불필요한 구성요소를 거부하고, 잘 재단된 형태를 선택하여 차용하거나 재활용되는 기하학을 대체하며, 경제성과 성능을 고려하여 재료를 선택한다. (공작의 깃털이나 전함의 위장색과 같은 색깔과 패턴은 언제나 유용하다) 다음의 예에서 볼 수 있듯, 건축은 이러한 자질들을 성취하고자 열망해야 한다.

a) 무릎을 굽히지 않고 다리를 높이 들어 걷는 독일 군대식의 걸음걸이

송골매Peregrine falcon
새는 속도를 얻기 위해 엔진이 아닌 자신의 구조적 특성에 의존한다.

–흉골–구조
흉골이 클수록 근육부위가 넓어져서, 더 큰 힘을 생성할 수 있다. 높은 속도를 위해 필요한 부분.
–날개–형태
날개의 폭은 조류의 총 면적의 두 배로 날기 위한 힘을 얻기 위한 크기이다. 나는 동안에는 날개를 접어 유선형으로 유지하면서 비행기 날개와 같이 양력을 일으키는 에어로 포일 효과aerofoil effect를 만들어 낸다.
–깃털–물성materiality
송골매 깃털은 작고 딱딱하여 길고 성긴 깃털에 비해 저항drag을 줄이고 훨씬 빠른 속도를 가능하게 한다.

얽히고설킴 두오모, 이탈리아, 밀라노

고딕 디바 배틀 로열, 미국 텍사스

진동 산타마리아 대성당L'Esglesia de Santa Maria, 스페인 알리칸테

바로크 탱고 무용수

통제 만수대 의사당, 북한 평양

신고전주의 중국의 의장대

강타 니치난 문화센터, 일본

브루털리즘 바위에 몰아치는 파도

발작 디즈니 콘서트홀, 미국, 로스앤젤레스

해체주의 환각증상에 빠진 소녀

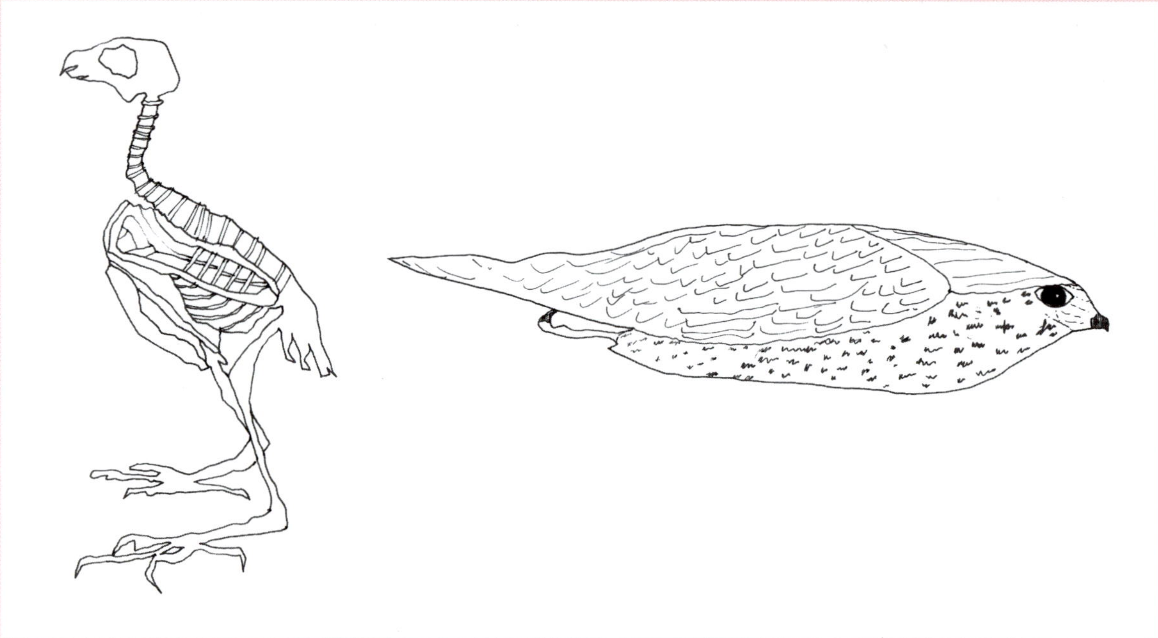

송골매 구조, 형태, 물성

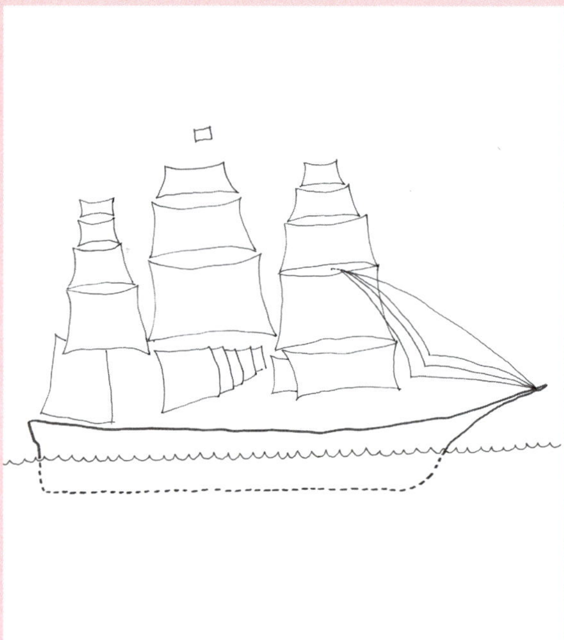

커티삭 구조, 형태, 물성

커티삭Cutty Sark
커티삭은 고속선fast ship 혹은 쾌속 범선clipper의 원조 격인 배이다.

― 뱃머리Bow + 선미stern ― 구조
긴 뱃머리는 선체 위가 물로 뒤덮이는 상황을 방지하고, 사각형의 선미는 부력을 발생하여 선박이 물을 가르고 나갈 수 있게 한다. 무거운 철로 만들어진 선체는 힘을 낼 수 있는 질량을 제공한다.
― 돛Sails ― 형태
돛의 면적은 배의 전체 면적에 4배가 넘는다. 송골매에서처럼 운송되는 부분의 질량은 운반하는 부분의 질량보다 훨씬 적다.
― 선체 피복Hull cladding ― 물성
배의 선체는 놋쇠brass와 아연zinc의 합금으로 되어 있다. 이를 통해 선박의 속도를 낮출 수 있는 따개비의 성장과 녹의 발생을 방지한다.
이 두 가지 사례로부터 건축디자인에 전할 수 있는 교훈은 무엇인가?

구조를 필수적인 것으로만 제한할 것
어떤 것도 부가적이어서는 안 된다. 어떤 것도 잉여가 되어서는 안 된다. 모든 구조 요소가 필수적이어야 한다. 이는 건축에서 구조적인 형태와 장식이 하나가 되고 같은 것이 되는 것으로 해석할 수 있다. 외피가 따로 정해진다고 하면 왜 철골구조를 단열재로 감싸는 것인가? 우리가 송골매나 커티삭호의 예를 따른다면, 외피는 구조의 통합적인 부분이 될 것이고 그 반대도 마찬가지이다. 새나 배의 경우 속도를 내기 위한 힘을 발생시키기 위해 어느 정도의 중량이 필요하다.(송골매의 용골이나 커티삭호의 철 구조물이 그러하다). 이는 건축에서 가벼운 요소에 대한 대위법으로 작동하기 위한 견고한 저층부나 매스를 두는 것으로 해석 가능하다.

형태를 맞춤 재단할 것
역동성의 감각을 유지하기 위해 질량이 전체 형태를 지배해서는 안 된다. 대략적으로 말하자면 가벼운 요소와 무거운 요소를 최소한 3:1 정도의 비율로 적용하라. 형태는 제멋대로 이거나 우연에 의해 결정되어서는 안 된다. 송골매와 커티삭의 모든 요소가 유선형이고 최고속도를 낼 수 있는 딱 맞는 형태를 취하고 있다. 건축에서 이는, 공장 설비를 포함하는 지붕에 둔탁한 상자를 두지 않는 사례와 같이, 맥락에 연관이 없거나 기능적인 형태에 기여하지 않는 양식상의 부가요소를 두지 않는다는 것을 의미한다. 또한 문제가 발생한 프로젝트에서 요구하는 부분과 전혀 상관없는 다른 프로젝트에서 차용해 온 것이 없어야 된다는 것을 뜻하기도 한다.

재료를 적절하게 사용할 것
재료는 중요한 역할을 한다. 송골매의 깃털과 커티삭호의 놋쇠 선체는 건축을 위한 완벽한 모델이다. 둘 다 부정할 수 없이 아름답지만 더 중요한 점은, 그들의 아름다움이 속도를 얻기 위해 중요한 기능을 수행한다는 것이다. 진정한 아름다움은 미학이 아니라 기능에 관련된 것이어야 한다. 건축에서 이는 뜨거운 기후에서 열을 반사하기 위해 건물을 흰색으로만 마무리 하거나, 신중하게 환기를 계획하기 위한 조각적인 형태의 수직 금속판, 혹은 프라이버시와 빛을 동등하게 제공하는 타공 메시 피복의 사용에서 나타난다. 아름다움과 기능은 항상 함께 디자인되어야 한다.

구조적 경제성, 형태의 맞춤 재단, 그리고 적절한 재료의 사용을 통해 우리는 최적화된 속도의 건축을 창조할 수 있다.

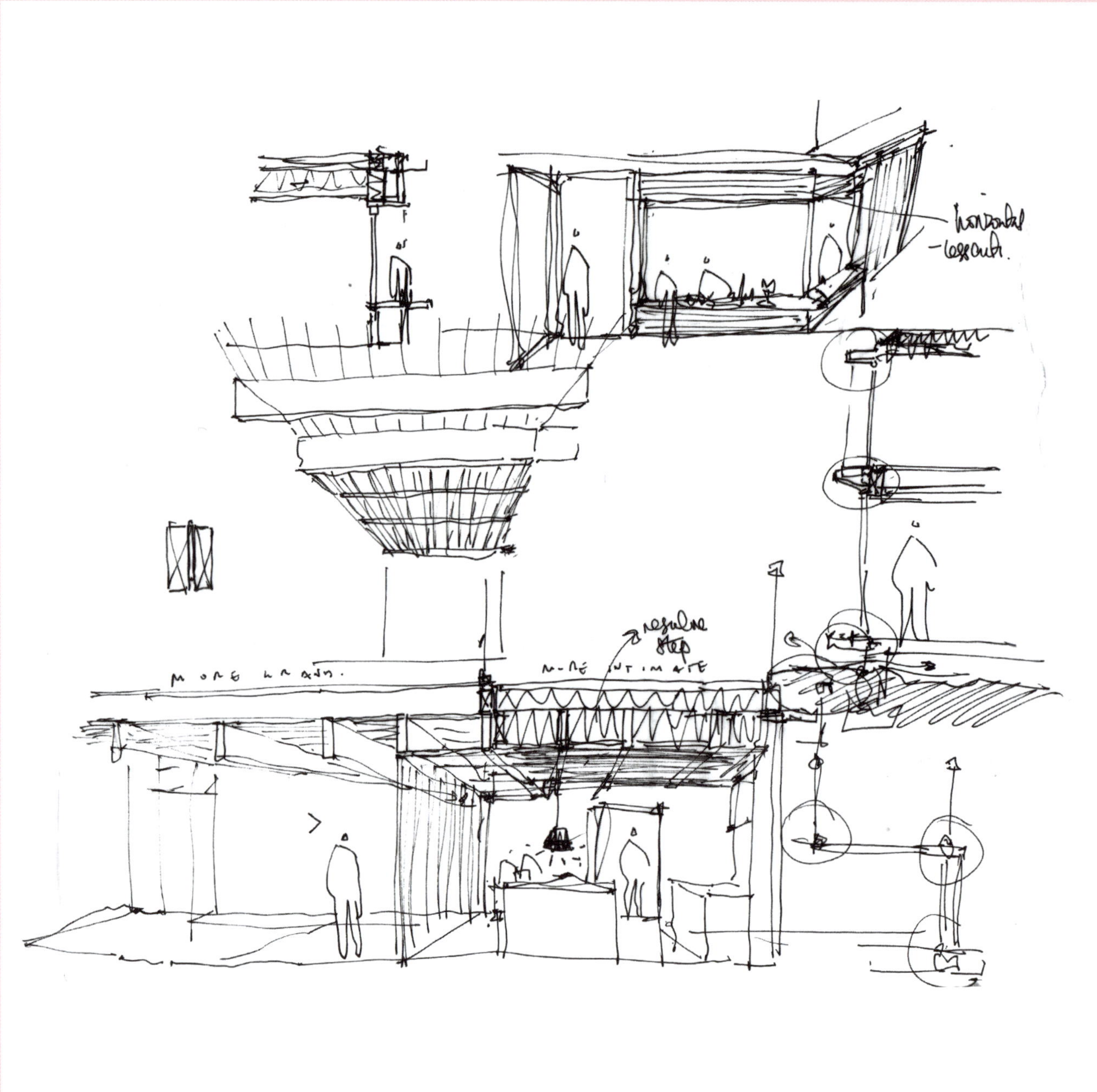

주택 설계

상세를 표현한 디벨롭 스케치. 더럼주(COUNTY DURHAM), 영국. 2019.

공모전 스케치 2018

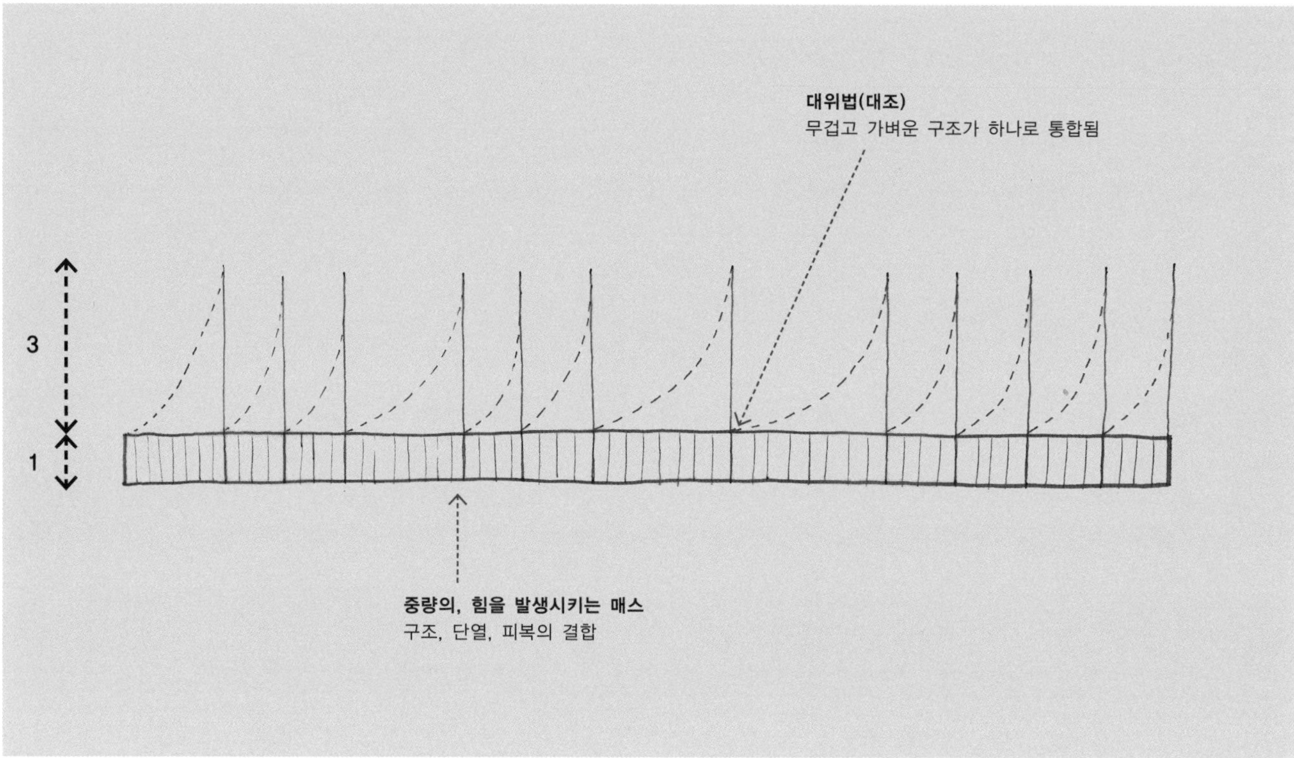

대위법(대조)
무겁고 가벼운 구조가 하나로 통합됨
3
1
중량의, 힘을 발생시키는 매스
구조, 단열, 피복의 결합

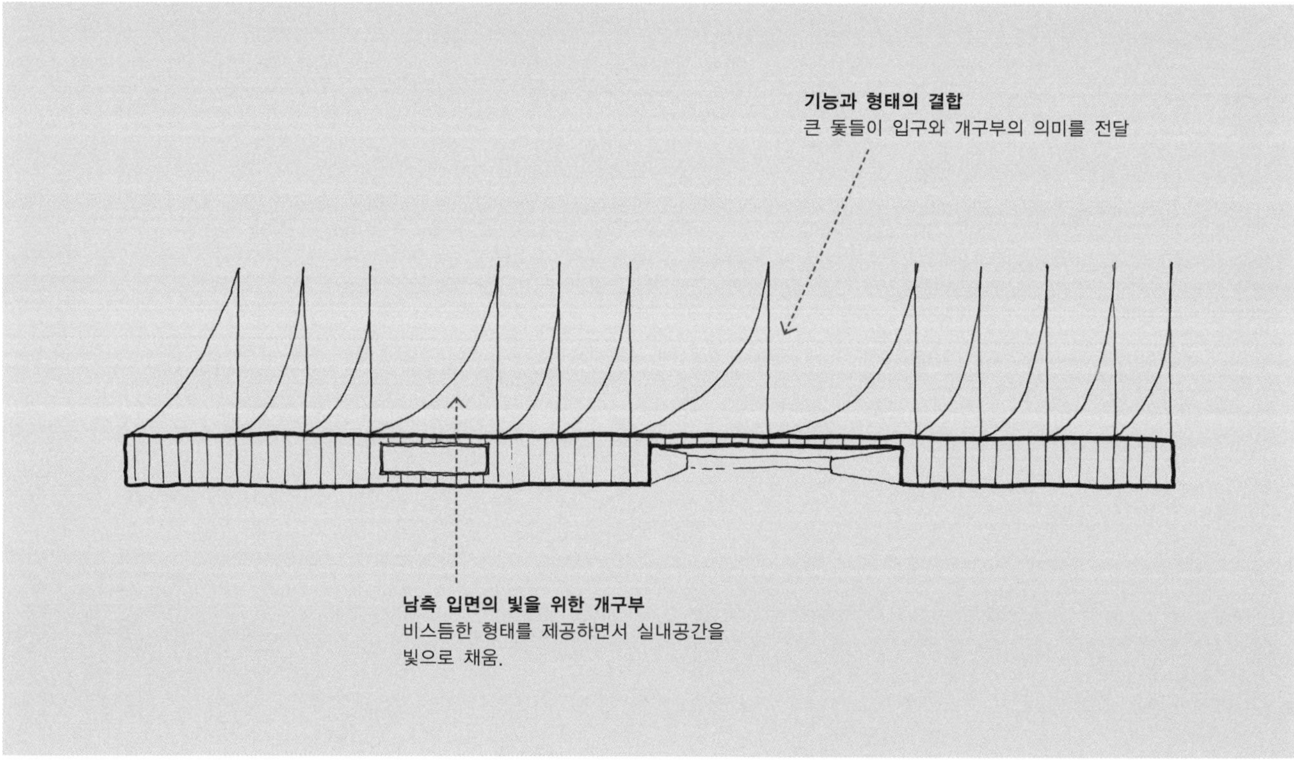

기능과 형태의 결합
큰 돛들이 입구와 개구부의 의미를 전달
남측 입면의 빛을 위한 개구부
비스듬한 형태를 제공하면서 실내공간을
빛으로 채움.

기능적 아름다움
반투명한 표피를 통해 '돛'은 낮에 빛을 수용하고, 밤에는 발산한다.

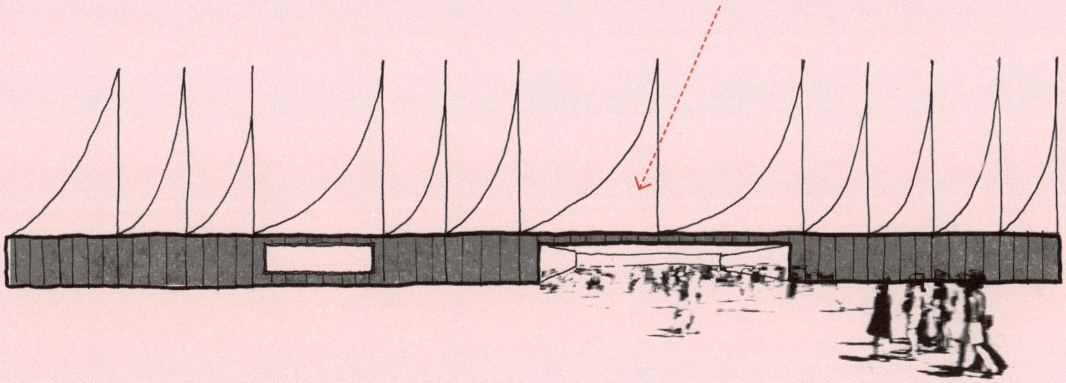

절약하다ECONOMIZE

검약을 통해 솜씨를 드러내라

economize 절약하다, 동사
고대그리스어 – *oiko-nomia*(**집–관리)에서 기원**
1–(자동사) 경제성을 실행하다. 자원을
섬세하게 관리하여 사치나 낭비를 피하다.
2–(타동사) 검약성을 사용하다.

건축은, 요구받지 않을 때에도 사치스러움을 기대할 때가 있다. 건축가와 건축주는 사치스러움을 특정 효과를 위해 쓰는 도구로 쓰곤 한다. 예를 들어 지방 정부는 자신들이 '문화'의 최전선에 있음을 보여줄 수 있는 상징적인 전시관을 원할 수 있다. 호텔은 명품의 느낌을 전달하기 위해 정교하게 다듬어진 실내공간을 추구할 수도 있다. 어떤 집주인은 단지 원하기 때문에 새로운 주방에 금으로 된 수도꼭지를 원할 지도 모른다. 그럼에도 이러한 프로젝트들은 예외적인 것들이다. 99퍼센트의 시간동안 건축주는 단순히 건물이 일정과 예산에 맞춰 건물을 올려주기만 바랄 뿐이다. 예산과 일정이 빠듯한 상황은 일견 창조성을 제한하는 것처럼 보일 수도 있지만, 과도하게 사치스럽지 않으면, 다른 방법으로 솜씨를 보일 수 있다.

참신한 접근방식으로 검약을 성취하는 동시에 솜씨를 드러낼 수 있는 영감을 얻을 수 있다. 우리는 중요한 것을 증류하고, 그렇지 않을 것을 걸러낼 수 있다. 디자인에 집중해야 한다. 건물에 구현하고자 하는 두드러진 특징들을 포괄적이고 통합적으로 드러내기 위해 분투하라. 이러한 방법을 사용하면 추가비용 없이도 평범한 프로젝트를 사려 깊은 건축물로 격상시킬 수 있다.

60년의 간격을 두고 지어진 두 개 사례의 사회적 주택이 이렇게 건축가의 솜씨와 검약을 절묘하게 결합했다. 런던의 할필드 주거단지Hallfield Estate는 텍톤Tecton이 디자인했고, 린제이 드레이크Lindsay Drake와 데니스 레스던 경Sir Denys Lasdun에 의해 1949-1955년 사이에 완성되었다. 글래스고의 로리스턴 1단계 사업은 엘더 앤 캐넌 건축사사무소Elder and Cannon Architects가 디자인 했고, 2015년 완공되었다. 할필드는 2차 대전 전후 긴축경제 시기에 지역자치구 의회의 결정에 따라 사업이 진행되었다. 반면 로리스턴은 주택 조합을 위하여 한 가구당 11만 파운드로 지어졌다.(비교군에서의 평균 비용은 가구당 12만 9천 3백 파운드가 소요되었다)

절약과 창조성을 결합하는 과정에서 중요한 것은, 디자인이라는 전투에서 중요한 것을 지키기 위해 싸우고, 그렇지 않은 부분은 내려 놓는 일이다. 예산이 건축물의 품질에 영향을 미치지 않는다고 생각하는 것은 너무 순진한 생각이다. 품질은 분명히 예산에 영향을 받는 부분이 있다. 하지만 우리는 언제나 주어진 재정적인 제약 속에서 좀 더 영리하게 작업을 할 수 있는 방법을 찾아내어, 디자인의 질과 아름다움을 발휘할 수 있다. 건축가가 예산부족을 탓하면서 디자인을 타협하고 있다면, 그는 자신의 솜씨를 드러낼 영역을 발견하지 못했거나 자기가 발견했던 것들을 유지하기 위해 충분히 치열하게 싸워내지 못한 사람이다. 만약 어떤 건축디자인이 짓기 위한 비용에만 좌우되는 것이라면, 좋은 디자인은 아니니다.

할필드

솜씨
건축가는 거리에서 건물로의 이행을 중요시 하고 이를 확실히 하기 위해 주의를 기울였다. 쓰레기 폐기장의 입구는 각이 틀어진 진입계단을 통해서 접근 가능하다. 계단이라는 수단을 통해 건축가는 단순하고, 보통은 숨겨진 기능에 솜씨를 발휘했다. 이 계단은 형태적으로 표현력이 있으며, 몇몇 각도에서는 마치 떠 있는 것처럼 보인다.

검약
계단실은 콘크리트와 강과 같은 단순하고 저렴한 재료로 제작된다. 하중을 지지하기 위한 목적으로 짙은 파란색의 스태포드셔 벽돌을 신중하게 사용함으로써, 떠 있는 듯한 착시를 일으킨다.

로리스턴

솜씨
문 위에 있는 간단한 캐노피는 문을 열기 위해 열쇠를 더듬는 동안 비를 피할 수 있는 공간일 뿐만 아니라, 섬세하게 재료를 선택하고 형태를 표현함으로써 일종의 기표가 된다. 재료의 선택으로 인해 캐노피는 상부의 인방과 일관성을 가지게 되었고(그래서 나중에 생각나서 따로 설치한 것처럼 보이지 않게 되었다), 전반적인 파사드 구성에서 과장되지만 특색 있는 형태를 더하게 되었다.

검약
캐노피는 즉각적으로 사용할 수 있고 상대적으로 저렴한 비용과 공정을 가지고 있는 현장타설 콘크리트로 제작되었다. 캐노피는 거리에서 직접 접근하는 1층 아파트에만 설치되었다. 이 캐노피는 특정한 아파트 유형에 대한 기표가 되면서 캐노피가 필요한 곳에만 설치하여 전체적인 수를 줄였다. 기능은, 건축의 확장을 통해 만들어진 건축물 입구를 통해 드러난다.

할필드

솜씨

표준화된 평면계획과 건물동의 배치가 건물유형의 측면과 예산상으로 요구되고 있으며, 이에 따라 단순하게 표준화되고 반복적인 파사드가 만들어지게 되리라는 것을 건축가가 잘 이해하고 있다. 텍톤은 모더니즘 건축의 전형을 벗어나 건물동의 기능을 외관과 분리했다. 프리캐스트 콘크리트의 선형 패턴으로 구성된 파사드는 붉은 색과 회색 배색의 체스판으로 만들어진 미술작품으로 다뤄지고 있다. 왼쪽의 이미지에서 보듯, 패널 사이의 난간을 검은 색으로 도색하여 '떠있는' 효과를 냄으로써 세부 표현에도 많은 주의를 기울이고 있음을 알 수 있다. 이로써 입면의 비내력 벽체들은 완벽하게 건물의 구조와 분리된 것처럼 보인다.[1]

검약

미술작품과 같은 파사드의 처리는 최소한의 수단으로 진행되었다. 원하는 효과를 내기 위해 체스판 파사드에서 이뤄진 조치는 패널들 사이에 단순한 색깔변화가 다였지만, 파사드의 수직 수평을 구성하는 콘크리트 비내력벽은 화장품에 그치지는 않으며, 요구되었던 기둥의 위치 지정과 필요한 난간 높이를 확보하고 있다. 파사드는 요소를 통합하고 도출하는 과정에서의 영리한 디자인적 조치를 통해, 하나의 '미술작품'이 될 수 있었다.

로리스턴

솜씨

재료의 물성과 비율에 대한 통일성에도 부구하고 파사드는 다양성을 가지고 있다. 이는 아피드의 기능과 양상에 대한 다양한 접근을 시도하고 있기 때문이다. 동쪽 파사드에 면하고 있는 침실은 주광을 제한하고 프라이버시를 확보하기 위해 좁은 비례를 가진 창문을 가지고 있는데 반해, 서쪽의 파사드는 깊숙한 발코니를 통해 규정된다. 이를 통해 저녁에 조망과 일몰을 즐길 수 있는 외부공간을 제공하는 동시에, 녹지 공간의 독특한 경관을 바라보는 것이 가능하게 되었다. 남쪽 파사드는 넓은 창문과 돌출된 발코니를 두어 일조와 주광을 최대한 활용하고, 거실 영역에 추가적인 외부공간을 제공한다.

검약

동일한 건축술, 공급업체, 도급업체를 사용하면서도 비율과 재료, 건물 구성요소(프리캐스트 콘크리트 상인방, 난간의 수직 금속부재, 손이 닿는 난간의 수평 부재)에서 일관성을 기조로 다양성을 추구하였다. 이 접근법을 통해 건물의 모든 입면이 맥락과 환경에 대응하되, 하나의 전체로 읽힐 수 있는 응집력을 유지하는 것이 가능해졌다. 파사드 디자인에 대한 이와 같은 접근법을 통해 150세대의 집합주거는 시각적 · 건축적 일관성 외에도 규모의 경제성을 확보할 수 있었다.

할필드

솜씨

발코니를 떼놓고 보면 파사드는 밋밋하고 따분해 보인다. 붉은 벽돌로 만들어지고, 강재로 창문은 깊이가 없이 입면과 동일면에 설치되어 있다. 조각적인 형태의 발코니로 인해 파사드에 생기가 돈다. 시각적으로 흥미롭거니와, 거주자에게는 작은 외부 정원과 단지를 관통하는 깊숙한 조망을 제공한다. 표준화된 직선형 발코니를 쓰거나, 발코니를 달지 않았다면, 지금과 같은 장난기 넘치는 파사드는 불가능했을 것이다.

검약

이렇게 표현적인 발코니는 3층과 5층에만 있다. 과도하게 많은 그림자가 생기는 것을 막고, 전체 개수를 제한하기 위한 목적에서이다. 계단과 마찬가지로 표현적인 요소는 상대적으로 저렴한 재료인 콘크리트, 페인트도장, 강재로 만들어진다.

로리스턴

솜씨

북쪽 파사드의 반복성은 건물 매스로부터 돌출하고 있는 떠 있는 듯한 유리 상자에 의해 의도적이고 기술적으로 약화된다. 이를 통해 파사드에 놀라움의 요소를 추가하고, 거주자를 위한 독특한 공간을 만드는 것이 가능해졌다.

검약

유리상자의 섬세한 적용으로 검약을 구현한다. 유리 상자는 주동의 독특한 주거유형인 3개 층 타운하우스라는 것을 전달하기 위한 목적으로 오직 단 한 번만 사용된다. 한 번만 사용하다 보니 지엽적인 길 찾기 장치가 되기도 한다. 뭔가 다른 부분을 표지하기 위해서만 유리 상자를 사용하면서, 건물 용도를 온전히 유지하면서도 추가비용을 산발적으로 흩뿌리지 않아도 되었다. 유리박스가 희소성을 가지게 되면서, 바라보는 사람들에게 호기심을 일으키는 대상이 되었다. 건물 여기저기에 어디든지 있었다면 이런 관심을 받지는 못했을 것이다.

할필드

솜씨

재료는 사용되는 위치, 시인성, 기능에 따라 위계를 가지고 적용된다. 주거 동을 지지하는 모퉁이 기둥은 아래로 갈수록 좁아지는 형태로, 표면에는 플루팅처리를 하고, 신경 쓸 게 많은-그럼으로써 중요한 부분이라는 것을 알 수 있는-현장타설 거푸집 콘크리트poured and shuttered concrete로 만들어졌다. 합각 면이 드러나는 쪽의 파사드는 회색 시멘트 줄눈에 흰색 타일로 피복을 했다. 반면 눈에 거의 뜨이지 않는 후퇴된 저층부 입면은 벽돌로 단순하게 처리했다.

검약

건물의 어떤 요소가 재료의 표현을 통해 중요하게 보여야 하는지를 확인하는 것이 중요하다. 그래야 상대적으로 덜 중요한 요소들을 저렴한 재료들로 만들면서 보완이 되기 때문이다. 재료의 선택을 통해 기둥과 합각 입면을 중요하게 생각하고, 후면의 벽체는 상대적으로 덜 중요하게 처리하고 있음을 알 수 있다. 이 요소들의 기능을 생각해보면 적절한 결정이다.

로리스턴

솜씨

건물 전반에 지배적으로 쓰이는 재료는 상대적으로 고가인 수제 벽돌이다. 이를 통해 건물은 가로에 따뜻하고 질감이 있는 외관을 선사한다. 지붕 역시 가로를 향해 직선형의 측면을 노출한다. 이를 통해, 해당 지역의 클리셰를 거부하면서도 건물에 보다 도회적이고 느낌 있는 형태의-한때 이지역의 주도적인 양식이었던-조지언 이나 빅토리아 양식과 유사한 테라스가 잘 드러나게 되었다.

검약

건축가는 무슨 희생을 치러서라도 질감과 따뜻함을 유지하는 것이 중요하다는 것을 알고 있었다. 그런 이유로, 가로에서 보이지 않는 건물의 뒷면에는 수제가 아닌 기계로 만들어진 벽돌을 사용했다. 일면 비용절감만을 위해서처럼 보이지만, 벽돌이 빛에 반응하는 특징으로 인해 후정과 정원에는 벽돌로 가능한 간접 광이 가득하다. 비슷하게 지붕의 경사면도 거주자가 사용하는 후정에서만 보이는데, 이를 통해 거리에서 건물을 접할 때에 비해 좀 더 가정적인 느낌을 받게 된다.

색을 쓰다COLOUR

붉은 색의 섬세한 사용

colour 색을 쓰다, 동사
라틴어 – ***colour*** **(빛깔, 색조)에서 기원**
1–(타동사) 어떤 것에 색(색조, 기미, 음영)을 적용하다.
2–(타동사) 어떤 것에 차별적인 특질을 부여하다.
3–(타동사) 왜곡된 방식으로 영향을 미치다.

라틴어로 대자석red ochre이나[a] 붉은색 백악red chalk를 의미하는 루브리카rubrica에 기원을 두고 있는 어휘인 주서rubrication는 중세시기 원고에서 붉은 잉크로 핵심적인 문구를 강조하던 것을 의미한다. 주서는 불가해한 글의 두드러진 점들을 짚어 냈고, 동시에 눈을 즐겁게 하는 장식적인 켜를 더했다. 그 결과 대중들이 원고를 쉽게 읽을 수 있게 되면서, 주서는 책이 상업적으로 성공하는데 기여를 했다.[1] 건축에서도 주서와 같은 용례를 만들어 낼 수 있다.

붉은 색의 사용

붉은 색은 감성적인 색깔이다. 붉은 색은 문화권에 따라 열정, 강함, 힘, 사랑, 증오, 분노, 권력, 경고, 성, 로맨스, 피, 혁명...등 다양한 의미를 가지고 있다. 이렇게 많은 개념과 연관된 색은 붉은 색을 빼고는 거의 없다.

스페인에서는 고대 스포츠인 투우에서 황소에게 적대감을 불러일으키기 위해 붉은 색을 사용했다. 프랑스의 공화당 당원에서부터 소비에트 볼셰비키에 이르기까지 붉은 기는 반란의 상징이었다. 영국에서는 시인성을 높이기 위해 우체통을 붉게 칠했다. 미국에서 시작된 패스트푸드 점포는 충동구매를 촉진하고, 식욕을 자극하기 위해 오랜 기간 붉은 색을 사용해 왔다.[2] 전 세계 공통으로 교통흐름을 멈추기 위해, 붉은 색의 '긴급함'이라는 의미를 활용한다.

건축에서도 붉은 색의 사용은 매우 활발하다. 고대 중국 건축에서 붉은 색은 검은 색과 결합하여 행복을 상징했다. 스웨덴에서는 주택에 붉은 색을 칠해 그 지역에서는 사용이 불가능했던 붉은 벽돌 건물의 웅장함을 모방하려 했다. 인도의 많은 전통 건물, 특히 사원과 요새는 현지의 붉은 사암으로 만들어졌다.

현대 건축에서 적색은 정직하게 사용했을 때, 즉 건물의 재료가 본질적으로 붉은 색을 띠고, 붉은 재료가 잘 쓰이지 않는 지역에서 사용되었을 때 성공적이었다. 길레스피, 키드 앤 코이어 건축사무소Gillespie, Kidd and Coia가 디자인한 글래스고의 성녀 브리지다 교회St Bride's Church은[b] 적벽돌을 통해 기념비성과 따뜻함을 전달하고, 회색의 회반죽으로 덮인grey-rendered 건물들이 주도적인 풍경에서 분명한 표식을 형성한다. 헤어초크 앤 드뫼롱이 디자인한 마드리드의 카익사 포럼Caixa Forum은 아래쪽에 있는 기존 건물의 벽돌에 대한 '촉각적이고 활기찬 상호보완'[3]으로서 산화철로 만들어진 옥상 구조물을 올렸다. 소투 드 모라Souto do Moura의 역사의 집Casa das Historias 전시관은 건물이 위치하는 포르투갈 카스카이스의 토착 건축에서 사용되는 심홍색을 콘크리트에 입혀 주변의 녹지공간에 선명한 대조를 만들어 내고 있다.[4] 이 사례들에서 붉은색이, 전반적인 건물디자인과 질감의 전달, 형태의 고양, 맥락과의 관련성 그리고 일조의 효과에서 핵심적인 부분을 설명하고 있음은 명백하다.

a) 잘 부스러져 흙과 같이 되는 어두운 붉은 색의 적철석. 석간주와 같이 물감으로나 연마제, 또는 한방 약재로 쓴다. 붉은 색 때문에 토주(土朱), 혹은 혈사(血沙)라고도 불린다.

b) 이름의 기원은 켈트 신화에서 불과 난로, 시의 여신이었던 브리간티아. 영어의 브리짓, 브라이드 등의 이름이 여기서 유래했다. 성녀 브라이드는 아일랜드의 수녀로 한국 가톨릭에서의 정식 명칭은 성녀 브리지다이다. 성 파트리치오 및 성 골룸바와 함께 아일랜드의 공동 수호성인.

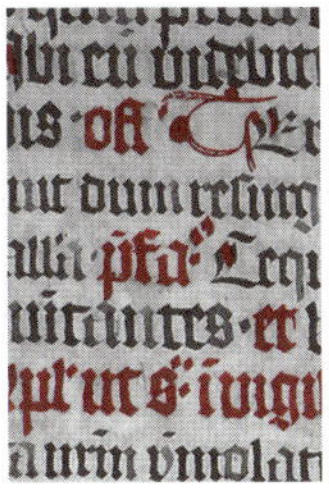

강조

분노

혁명

가독성

배고픔

경고

적벽돌
성녀 브리지다 교회, 영국, 글래스고, 이스트 킬브라이드, G,K+C

적철
카익사 포럼, 마드리드, 헤어초크 앤 드뫼롱

붉은 콘크리트
역사의 집, 카스카이스, 소투 드 모라

그러나 건축의 주서, 즉 건물에서 핵심적인 측면을 강조하기 위해 의례히 밝게 도장된 붉은 색 마감은 어떠한가? 여기서 중요한 것은 붉은 색을 섬세하게 사용해야 한다는 점이다. 너무 많이 사용하게 되면 건물은 한 마디로 된 짤막한 농담one liner이 되고 만다. 우리가 원하는 게 정녕 색깔만으로 규정되는 건물인가? 아니면 건물의 형태와 공간, 맥락에 대한 대응, 그리고 건물이 사용되는 방법으로 기억에 남고 싶은가?

붉은 색을 지배색으로 과도하게 사용하게 되면, 그 건물은 불모의 따분한 건축을 위장하기 위한 목적으로, 붉은 색을 변명조로 사용하는 위험에 처하게 된다. 괴용하게 되면, 붉은 색의 모든 힘을 잃을 수 있다. 이 색이 건물로 부터 제거되었을 경우를 상정해 보라. 더 나아졌나 혹은 나빠졌나? 우리는 신중하고 조심스럽게 붉은 색을 사용해야 한다. 그렇게 해야만 건물의 두드러진 특징을 강조하고, 사람들을 건물의 주요한 원칙들에 주목하게 할 수 있다.

– 에토스의 강화

미국 프린스턴 소재의 PA 기술 연구소에서 리처드 로저스는 자신의 작업에서 지속되는 주제–구조에 대한 찬미–를 강화하는 상징적 장치로 붉은 색을 사용했다. 이러한 에토스를 물리적으로 더욱 강하게 표명하기 위해, 외부의 장력구조물tension structure을 붉게 도장하여, 전체 디자인에서의 중요성을 강조하고 강재로 만든 단순한 창고에 불과했던 의례적인 건물유형을 격상시켰다.

– 가독성의 촉진

베르나르 추미Bernard Tschumi는 자신이 디자인한 파리의 광대한 지역을 차지하는 라빌레트 공원Parc de la Villette을 '지금껏 지어진 가장 큰 건물 중 하나로 불연속적인 건물들임에도 단일한 구조체'5)로 묘사했다. 이 거대한 '건물'의 가독성을 높이기 위해, 추미는 '분산된 지점들dispersed points' 25곳을 지정하고, 이곳에서 공원 이용자가 다양한 문화적 여가시설들을 탐지할 수 있도록 하였다. 이 붉은 색으로 도장된 강철 지점들은 광대한 공원 안에서 표식이 되어, 멀리서도 그 색깔로 인해 뚜렷이 구분된다.

에토스의 강화
PA 기술연구소PA Technology laboratory, 미국, 뉴저지, 프린스턴

만약 색깔이 사용되지 않았다면 디자인의 핵심적 기능요소-케이블 구조-가 시각적으로 표현되지 않았을 것이다.

가독성
라빌레트 공원, 파리, 베르나르 추미

만약 색깔이 사용되지 않았다면 '분산된 지점들'은 읽히지 못했을 것이다.

대화
올림픽 에너지 센터, 런던, 존 맥애슬런

만약 색깔이 사용되지 않았다면 계단은 뒤쪽의 물탱크에 묻히고, 동쪽 단부의 건물 구성은 약화되었을 것이다.

강요된 정체성
GMW 빌딩, 베를린, 자우어브루흐 허튼Sauerbruch Hutton

약한 은유
서펜틴 파빌리온, 런던, 장 누벨

개인적 취향?
위넷 주택Winnett House, 로스앤젤레스, KDA

아래 이미지는 만약 건물 전체에 어떤 색도 쓰이지 않았다면, 건물 디자인에 어떤 영향이 있을지를 보여준다.

– 대화의 조성

존 맥애슬런 앤 파트너스McAslan+Partners가 디자인한 런던소재의 올림픽 에너지 센터Olympic Energy Centre는 45m 높이의 연도 탑flue tower에 의해 건물 구성이 지배된다. 계단을 건물 구성의 균형을 잡기 위한 도구로 사용 한다. 붉게 칠해진 조각적 형태의 강재 계단은 검게 칠해진 물탱크에 인접하여 건물의 '특징적 요소'로 부각된다. 이를 통해 건물의 동쪽 단부는 연도 탑과는 형태적인 대화를, 코르텐 강 메시 파사드의 흙빛 색조hue와는 색채상의 대화chromatic dialogue를 나누게 되었다.

결론

건축에서의 색깔은 건물 재료의 자연스러운 색조의 결과로 사용되어야 한다. 혹은 건축적 주서(색깔로 건축 요소를 강조하는 것)를 쓸 때에는, 매우 섬세하고 신중하게 색을 사용해야 한다. 그렇지 않으면 색의 사용이 임의적이고 제멋대로라는 느낌을 줄 수 있고, 애초에 의도한 메시지는 사라질 위험에 처한다.

대조시키다/되다CONTRAST

차이들로 엮어진 태피스트리

contrast 대조시키다/되다, 동사
라틴어 – *contrastare* **(맞서다)에서 기원**
1–(타동사) 반대되는 형태들이나 속성, 기능 등과 같이 차이를 드러내기 위해 비교하다
2–(자동사) 유사하지 않거나 반대되는 속성들을 비교의 방식으로 드러내다.

'이 세상에서 대조적인 속성이 없는 특질은 없다. 어떤 것도 그 자체로 존재하지 않는다.' 1)
— 허먼 멜빌Herman Melville a)

건축은 대조 속에서 번창한다. 빛/어둠, 직선/곡선, 질서/무질서, 거친/부드러운, 투명한/불투명한, 채워진/비어 있는... 각각의 특질들은 그 반대가 아니면 의미를 잃는다. 위에서 뚫고 내려오는 빛줄기에 대조되었을 때 어둠은 더 어둡게 보인다. 직선요소와 병치되었을 때 곡선은 더 우아하고 더 확연해 보인다. 주변 도시의 혼돈스러움과 병치되었을 때 광장의 비율이 더욱 잘 드러나고, 불투명한 벽체의 설정을 통해 창문의 투명함은 명백해진다.

그러므로 대조에 필요한 것은 균형이다. 충분하지 못한 대조는 아무런 풍미가 없는 건축으로 귀결된다. 하지만 과도한 대조 속에서는 요소들이 충돌하며 서로 경쟁하게 될 것이다. 어느 쪽이든, 개별 건축요소는 구분할 수 없게 될 수 있으며, 전반적 구성에 대한 감각이 사라질 수 있다.

맥락에 대응할 때뿐만 아니라 하나의 개별 건물 안에서도 대조는 일어날 수 있다. 예를 들어, 도시 수준에서 건물이 기존의 격자와 대조되는가? 파사드 디자인이 주변 건물을 모방하는가 아니면 대조적인가? 건물 형태가 지형landform에 순응 하는가 혹은 보란 듯이 다르게 가는가? 건물 평면이 서로를 강조하는 대조적인 공간들의 시퀀스를 수용하는지 아니면 공간을 규칙적이고 정적인 구조로 처리하는지? 건물이 형태에 대한 반란으로 서로 경쟁하는 대조들을 보이고 있나, 그게 아니라면 섬세하게 배치된 대조의 구성을 취하고 있나?

우리는 건축에서 3가지 양상의 대조를 살펴볼 수 있다. 어떻게 주변의 건물에 대응하며 어느 정도로 대조를 설정하는가? 대조의 리듬이 어떠한가–즉 어떻게 건물의 평면이나 형태가 다양한 대조들을 통해 흥미와 감각적 경험을 일으키는가? 마지막으로 대조의 자양분에 대한 질문들–원래 있거나 만들어진 주변 조직에 대한 접근을 통해 건물이 전하는 인상은 무엇인가, 그리고 대조의 결grain이 거친가, 고운가?

a) 허먼 멜빌 저, 강수정 역, 모비 딕 상, 하, 열린책들, 2013 참조

성격을 대조시키기

우디 앨런Woody Allen의 1983년 코미디 영화 젤리그Zelig는 건축에서의 대조에 대한 교육적인 우화로 해석될만하다. 주인공인 레너드 젤리그Leonard Zelig는 사회에 어울리고자 하는 끊임없는 욕구로 주변 사람을 모방한다. 그는 공화당원, 민주당원, 야구선수, 이탈리아 갱, 아프리카계 미국인 트럼펫 연주자 등 다양한 사람들을 흉내 낸다.

건축의 대조

빛과 어둠
던리 요새Fort Dunree, 아일랜드

직선과 곡선
국회의사당, 브라질리아, 오스카르 니에마이에르

질서와 무질서
산마르코 광장, 이탈리아, 베네치아

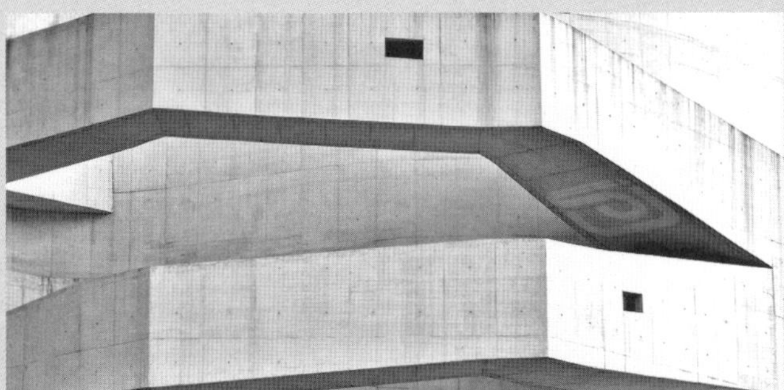

채워짐과 비움
이베레 카마르고 재단Fundação Iberê Camargo, 스페인, 포르투 알레그레, 알바루 시자

투명함과 불투명함
휘트니 미술관whitney museum of modern art, 뉴욕, 마르셀 브로이어

대조 없음

이 건물은 주변 환경을 복사하여 젤리그와 같은 카멜레온이다. 이렇게 만들어진 건물은 약하고, 변명을 늘어놓고, 자신감이 부족하다.

과도한 대조

이러한 건물은 할 수 있는 한 많을 것을 짜내어 부지 안에 부어넣었다. 주변 환경의 모든 측면을 존중하지 않는다. 탐욕스럽고, 이기적이며 공격적인 건물이다.

균형 잡힌 대조

이 건물은 주변 환경의 특정한 핵심적인요소(층고, 지붕형식, 파사드의 리듬)를 존중하되 고유의 방법으로 존중한다. 이러한 건물은 자신감 있고, 확신에 차 있으며, 잘 조정되어 있다.

대조 없음
이 건물은 주변 환경을 복사하여 젤리그와 같은 카멜레온이다. 이렇게 만들어진 건물은 약하고, 변명을 늘어놓고, 자신감이 부족하다.

과도한 대조
이러한 건물은 할 수 있는 한 많을 것을 짜내어 부지 안에 부어넣었다. 주변 환경의 모든 측면을 존중하지 않는다. 탐욕스럽고, 이기적이며 공격적인 건물이다.

균형 잡힌 대조
이 건물은 주변 환경의 지형을 존중하되 고유의 방법으로 존중한다. 이러한 건물은 자신감 있고, 확신에 차 있으며, 잘 조정되어 있다.

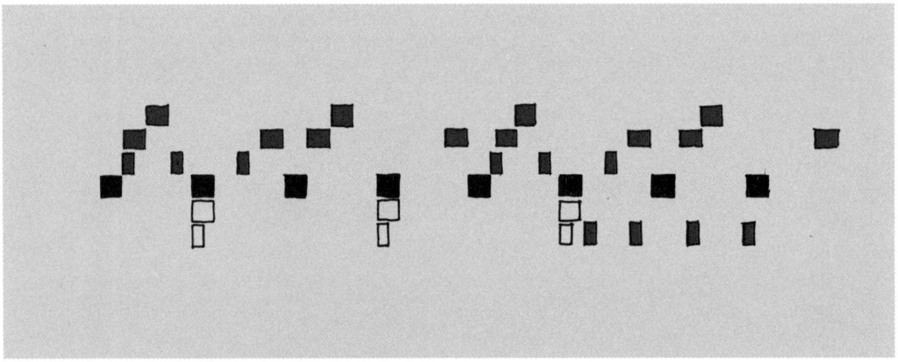

테크노 음악의 전형적인 비트 시퀀스

기호 설명표

싱커페이션이 적용된 백 비트/ 격자로부터 어긋나있는 벽체

싱커페이션이 없는 백 비트 / 격자에 맞춘 벽체

베이스 드럼 / 구조 격자

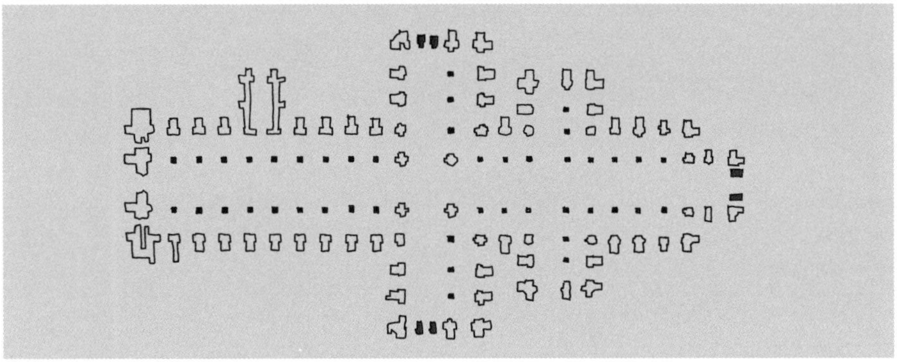

솔즈베리 대성당SALISBURY CATHEDRAL **평면**

충분하지 않은 대조
벽과 개구부는 구조격자에서 발생한다. 이는 끊어지지 않고 지속적이며, 싱커페이션이 없는 리듬을 만든다.

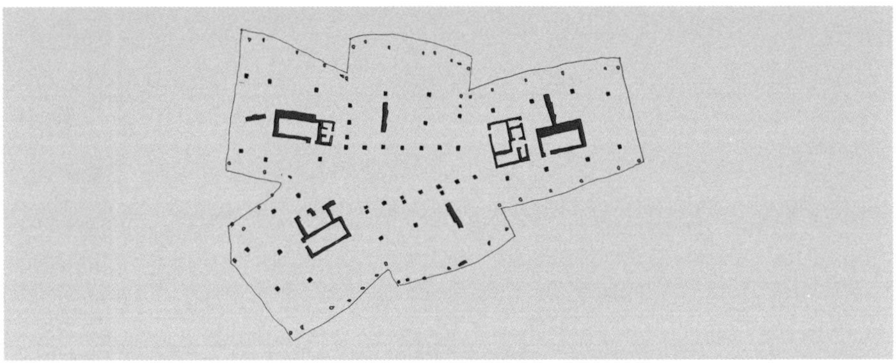

노바티스 캠퍼스
프랭크 게리

과도한 대조
구조격자가 일탈적으로 조성되어, 싱커페이션을 강조할 만한 일관된 베이스라인이 없다. 이 평면은 무작위적이다. 싱커페이션은 소실되었다.

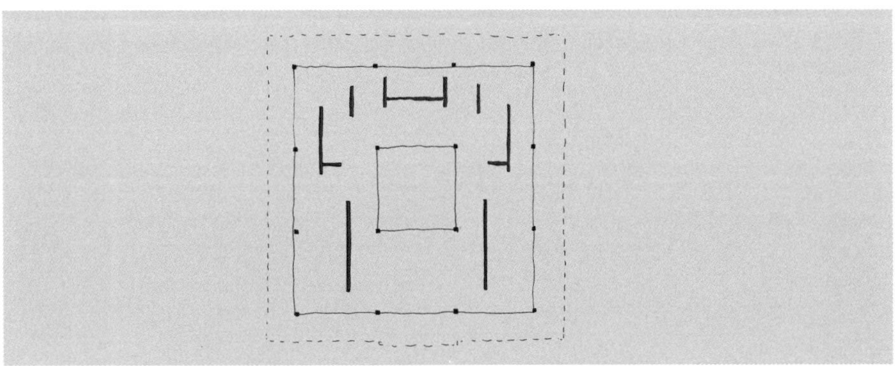

셰퍼 미술관(신국립미술관)
미스 반 데어 로에

균형 잡힌 대조
구조격자는 전체적으로 일정하게 유지되며, 전체 평면 구성을 위한 틀을 제공한다. 싱커페이션은 그리드 사이에 신중하게 위치하면서, 다양성과 놀라움, 움직임의 느낌을 부여한다.

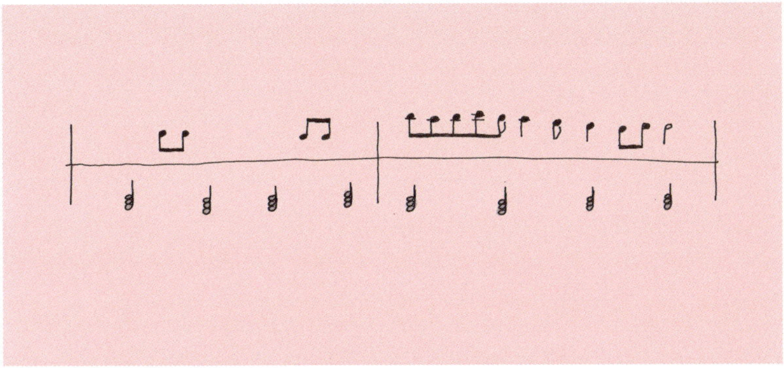

딥 커버DEEP COVER 악보 분석, 닥터 드레

악센트(강세;벌스)

베이스

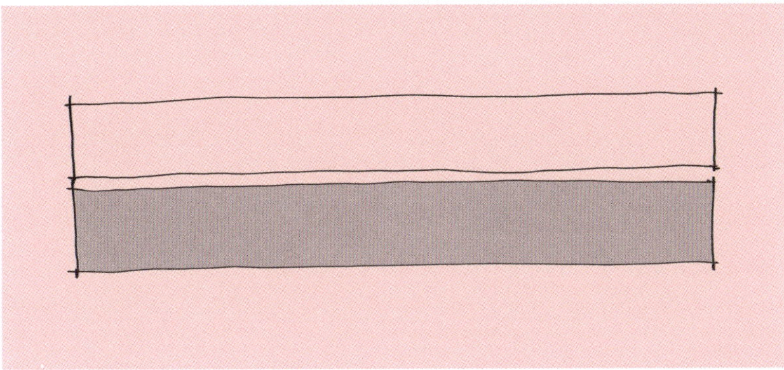

대조 없음
베이스와 악센트가 지루한 형태로 결합되어 있다.

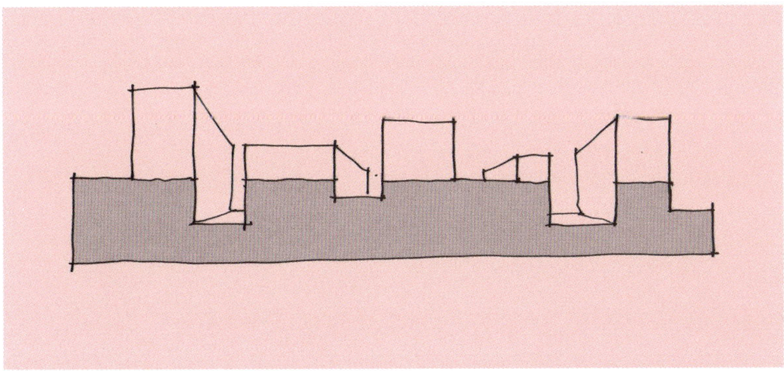

과도한 대조
기준선은 일치하지 않고, 악센트와 베이스가 같은 공간에서 경쟁한다.

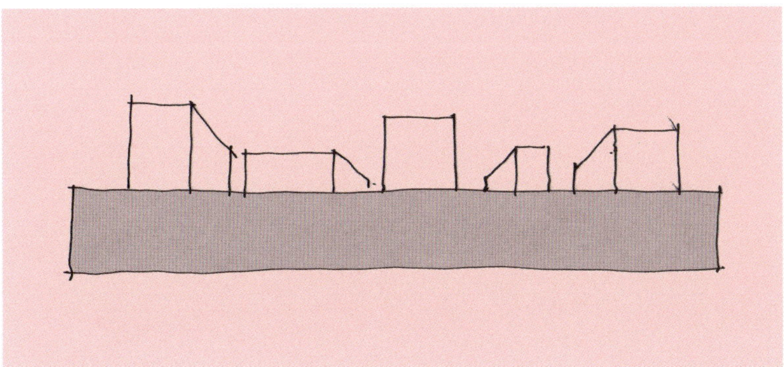

균형 잡힌 대조
일관된 기준선을 사용하면 더욱 표현적인 상부의 형태가 가능해지고, 이를 통해 더욱 더 높은 차별성을 구현할 수 있다.

고운 결 사구

고운 결 요르단, 암만

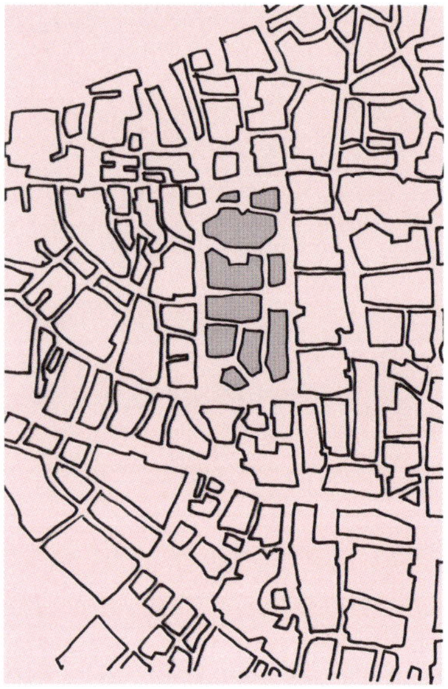

대조 없음
새로운 건물은 도시의 결과 완전히 동화되어 어떤 대조와 겹쳐 놓기도 발생하지 않는다.

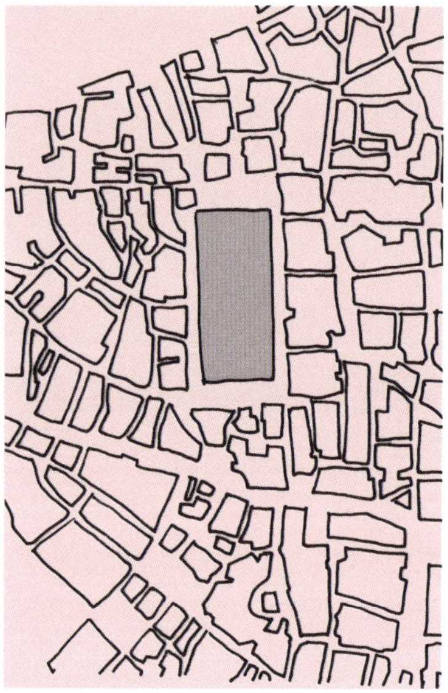

과도한 대조
새로운 건물은 기존의 가로패턴과 건물 규모를 전혀 고려하지 않는다.

균형 잡힌 대조
새로운 건물은 기존의 가로패턴을 고려하되 규모와 형태에서 대조를 보인다.

미아 패로우Mia Farrow가 연기한 유도라 플레처Eudora Fletcher 박사는 마침내 젤리그로 하여금 스스로의 외모에 불만이 있음을 인정하도록 할 수 있는 반 심리학reverse psychology에 접하게 한다. '나는 누구인가, 나는 아무도 아닌가?'[2] 모든 사람들에 부합하는 모든 것이 되고 싶어 하는 그의 욕망은 실제로는 자기 자신이 되기를 거부하려는 욕망이다. 주변을 모방한 건축물에 대해서도 같은 이야기를 할 수 있을 것이다.

도시에서는 주변 환경에 맞춘, 대조를 피하는 '젤리그' 건축물을 만들어야 한다는 압박감이 있다. 이는 기획부서나 문화유산에 관련된 기구를 달래려는 목적에서 종종 일어나기도 하지만, 자신감 부족과 대조를 성공적으로 사용할 수 있는 범위를 탐구하기 꺼려하는 태도에 기인한 것일

거친 결 돌투성이 해변

거친 결 뉴욕, 맨해튼요르단, 암만

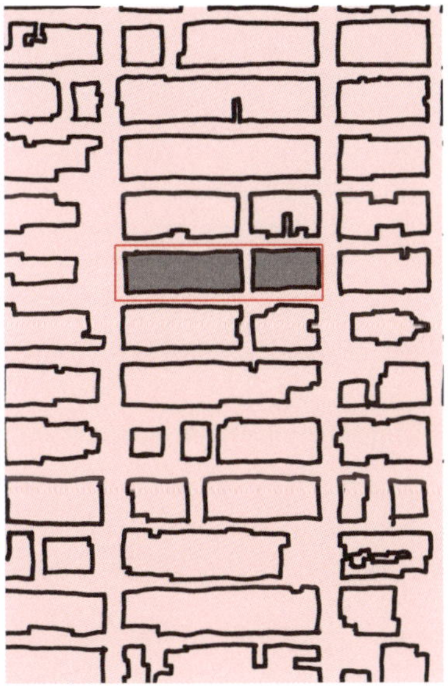

대조 없음
새로운 건물은 도시의 결과 완전히 동화되었다. 도시 블록의 투과성이나 길 찾기 의 용이성은 전혀 늘어나지 않았다.

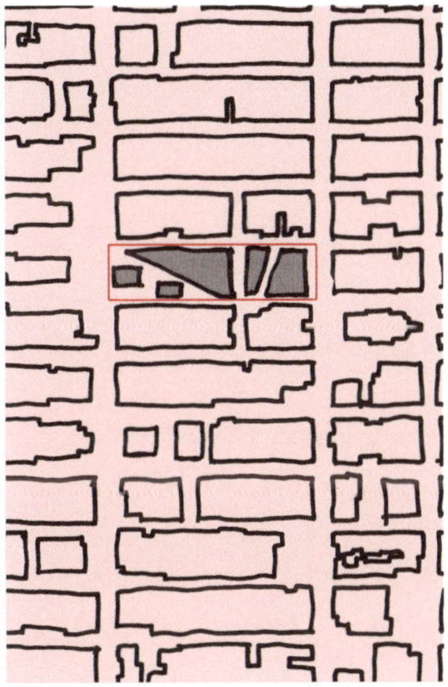

과도한 대조
새로운 건물은 너무 파편화되어, 견고한 도시격자와 충돌하고, 가로의 정면을 무시하고 있다.

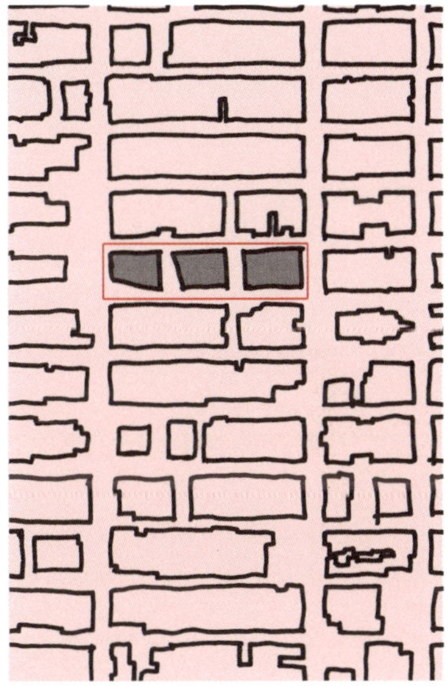

균형 잡힌 대조
새로운 건물은 기존과 유사한 정면성을 보이면서 과도하게 파편화되지는 않았다.

수도 있음을 알아야 한다. 반대로 '반-젤리그anti-Zelig' 건축물—즉 맥락을 고려하지 않고 최대한의 임대공간을 쥐어 짜내어 과도하게 대조를 보이는 건물을 만들어 내야 한다는 상업적인 압력도 상존한다. 건축은 그 시대성을 반영하고, 특정한 관심사에 부합하게 만들어져야 하며, 도시의 기억에 또 다른 켜를 더할 수 있도록 디자인되어야 한다. 이를 위해 균형 잡힌 대조를 유지하는 것이 필수적이다.

같은 문제가 하나의 풍경 속에 있는 동일한 건물들에 영향을 미칠 수 있다. 우리는 디자인하는 건물을 둘러싸고 있는 지형을 모방해서 풍경과 건축이 구분되지 않는, 즉 대조가 부족한 건물을 만들려 할 수도 있다. 혹은 반대로 상업적 압력으로 여기저기 두루 적용할 수 있는 하나의 해법을 가지고 독특한 풍경 속에 부적절한 건물을 세울 수도 있다. 아마도 대답은 알바루 시자Alvaro

Siza가 관찰한 내용에 있지 싶다. '인간이 만든 것은 자연이 아니다…나는 점점 더 자연과 인간이 만든 것들 사이에 어느 정도의 거리가 필요하다는 생각을 하고 있다. 하지만 그 둘 사이에 대화가 있어야 하는 것도 사실이다. 건축은 자연의 형태로부터 유래하지만 자연을 변형시킨다.'[3] 우리가 인공적인 건물과 자연적인 풍경 사이의 대화를 이끌어 내야 그 둘 모두를 찬미할 수 있다.

리듬을 대조시키기

우리는 음악의 구조를 살펴봄으로써 건축 디자인에 대조적인 리듬을 도입하는 방법을 이해할 수 있다.

— 싱커페이션(당김음)Syncopation

테크노 음악은 표준적인 4/4박자 리듬 안에서 당김음을 매우 많이 쓴다. 싱커페이션은 다양성과 놀라움을 주기위해, 기대했던 곳보다 앞이나 뒤에서 박자를 당겨쓰는 음악적 기교이다. 테크노(혹은 하우스) 음악에서 싱커페이션은 기계적인 박자를 더욱 탄력 있게 만들어 주면서, 유기적인 리듬을 증가시킨다. 싱커페이션을 가능하게 해주는 것은 '백 비트backbeat'라는 것인데, 이는 주된 4/4박자의 베이스 드럼의 전후로 서로 대조적인 타악기 소리를 섬세하게 배치하는 것이다. 그 결과 대조에 바탕을 둔, 복잡한 소리의 태피스트리가 만들어진다.

건축계획에서는 구조 격자를 4/4박자처럼 다루는 것으로부터 시작한다. 여기에 백 비트를 만드는데 필요한 다른 건축 요소들을 가지고 싱커페이션을 건축적으로 재현할 수 있다. 서로 평행한 벽은 이동의 감각을 제공하기 위해 구조 격자로부터 살짝 엇갈리게 배치될 수 있다. 더 짧고, 더 날카로운 직각의 벽체를 구조 격자에 딱 맞게 설치하면 일시적인 멈춤을 허용할 수 있다. 서로 다른 요소들을 연달아 결합시키면 형태와 공간에서 이동과 대조의 감각을 전할 수 있다. 만약 모든 벽체가 구조 격자 선상에만 위치한다면 어떤 싱커페이션도 생길 수 없다. 만약 벽들이 모두 임의적으로 배치되면 건물 계획은 전반적인 구조 없이 응집력을 상실한다. 평면 위 싱커페이션의 달인은 미스 반 데어 로에였다. 그는 격자를 규칙적으로 깔아놓고는 벽과 개구부를 격자의 전후에 배치하여 공간 구성의 싱커페이션을 구현했다. 테크노 음악의 프로듀서와 같이 미스 반 데어 로에는 규칙적인 비트(격자)와 보다 표현적인 악센트(벽) 사이의 대조를 균형감 있게 창조했다.

— 베이스 라인Bass line

한편 힙합에서 노래는 거의 언제나 일관적으로 흐르는 베이스라인에 좌우된다. 보컬, 현악기 혹은 관악기 샘플링, 이 외의 이펙터로 낸 다양한 소리들이 토대에 흐르는 베이스 라인 전면에 등장한다. 베이스 라인의 일관성과 경제성(종종 하나 혹은 두개의 음표만으로도 베이스 라인을 구성할 수 있다)은 대조가 생겨나서 고정될 수 있는 앵커를 제공한다.

이런 접근법은 건축 형태를 디자인할 때에도 적용할 수 있다. 건물을 디자인할 때 우리는 종종 측량기준선datum line을[b] 쓴다. 측량기준선은 주변 맥락으로부터 파생된 일관된 높이를 의미하는 것으로, 건물에서 특별한 기능이나 용적proportions을 수용하려고 할 때 사용한다. 이 측량 기준선이 건축가에게는 베이스 라인이다. 이 위에 우리는 보다 표현적인 요소, 즉 조각적인 형태의 건물동이나 위로 갈수록 좁아지는 지붕형식과 같은 것들을 도입하여, 베이스라인과 대조를 이루게 한다. 두 요소사이에 대조와 통합을 오가는 균형이 자리한다. 예를 들어 파리 근교에 있는 르 꼬르뷔제의 빌라 사보아Villa Savoye나, 알바 알토Alvar Aalto의 핀란디아 홀Finlandia Hall을 살펴보자. 두 경우 모두 표현적인 지붕형태는 일관적인 '베이스 라인'을 보여주는 아랫부분에 의해 강조된다. 다시 말하지만 저층부 매스와 상부의 표현적 요소 사이의 균형이 매우 중요하다.

b) 기준선이라고도 한다. 건축 설계도면의 건축 각부의 기준이나 위치 등을 나타내기 위한 기준이 되는 선. 주 기준선과 보조기준선이 있다. 평면적으로는 x, y 방향, 높이로는 z값을 주어 표기한다. 일반적으로 기둥 중심을 기준으로 하는 경우가 많다. 시공 시에 치수를 측정하는 기준이 된다.

결을 대조시키기

모래의 결은 곱다. 작은 입자들은 그 자체로는 중요하지 않지만 그것들의 집합체는 균질한 황금빛 카펫을 형성한다. 고운 모래는 가로지르기 어렵지 않다. 모래사장 위에 대조가 될 요소는 거의 없다. 반면 바위나 돌, 돌무더기는 결이 거칠다. 이것들은 크고 날카로우며, 거칠고 다채롭다. 바위더미에서 방향을 잡아 움직이기란 쉽지 않다. 바위더미에는 과도한 대조가 있다. 곱고 거친 결에 대한 이러한 원칙들은 건축에도 적용될 수 있다.

– 도시의 결

도시 수준에서 '고운 결'은 여러 개의 작은 건물 동들이 서로서로 경쟁하는 도시들에서 잘 드러난다. 건물의 형태가 거의 차이가 없으므로 개별 건물은 눈에 잘 띄지 않는데다가 건물 사이의 간격도 매우 좁아서 거의 한 덩어리로 읽힌다. 이러한 도시에는 암만, 로마, 코펜하겐 등이 포함된다. 이들은 상대적으로 투과성이 있고, 공간적인 상호작용의 기회가 충분하고, 작은 건물동의 규칙적인 배치를 통해 길 찾기에 시간이 많이 걸리지 않는다. 반면 거친 결의 도시는 뉴욕, 글래스고, 부에노스아이레스가 해당된다. 이 도시들은 상대적으로 큰 건물 동으로 구성되어 있고, 개별 건물들은 쉽게 구분된다. 도시의 격자망은 차이가 많지 않은 카펫 대신, 일련의 구분되는 섬들을 만들어 놓는다. 하지만 이런 형식의 도시는 건물들 사이로 지나갈 수 있는 투과성이 높지 않아, 사교적인 상호작용의 기회가 충분하다고 볼 수는 없다.

로마와 같은 고운 결의 도시에 상대적으로 크고 직교하는 요소를 도입하게 되면, 새로운 역사의 켜를 만들어내는 대조도 생기겠지만, 빽빽이 채워 넣은 기존 계획과 섬세하게 대조를 이루는 요소를 제공할 수 있을 것이다. 하지만 이러한 직교성이 지나치게 진면적이고 극단적으로 도입된다면, 대조가 과도해지면서 새로 제안된 부분과 기존의 건물들 사이를 시각적 · 물리적으로 분리할 것이다.

거친 결의 격자 블록은, 정 반대의 문제에 봉착할 것이다. 새로 제안된 부분들에 대비가 충분하지 않게 되면 동일한 대형 건물 동을 복제하는 효과를 불러오고, 더 나아가 기존에도 심했던 대조의 정도가 더욱 증폭될 것이다. 이를 막기 위해서는 도시 블록을 고운 결의 도시를 떠오르게 하는 작은 조각들로 나누고, 주변 도시 블록의 규모와 서로 간의 통합성을 고려해야 한다. 블록을 분해하는 것으로 시작되지만, 균형 잡힌 대조는 맥락의 핵심적 요소들(도시 격자, 시선, 주변 건물들의 높이)을 참조하는 제한적 태도와 부지를 통해 도시의 투과성 높일 수 있는 계획이 있어야 가능하다.

대조는 건축에 필수적인 것이다. 하지만 우리가 대조의 완전한 잠재력을 활용하기 위해서는 매우 섬세하게 접근해야 한다. 대조가 충분하지 않으면, 건물은 역사주의에 매몰된 것처럼 보이거나, 정적이며, 불모의 것이 될 위험을 감수해야 한다. 너무 과도하면, 공격적이고, 스타카토음 같이 짧고 날카롭고, 삐걱거리는 건물처럼 보일 수 있다. 우리는 적절한 균형을 잡고 대조를 사용하는 작업을 통해 건물의 성격과 리듬, 결을 가지고 자신감과, 활기, 다양성이 있는 건물을 생성할 수 있다.

크기를 변경하다SCALE

조작을 통해 새로운 가능성을 드러내다

scale 크기를 변경하다, 동사
라틴어 - *scala* (사다리)에서 기원
1-(타동사) 비례적으로 감소하는 특정한 비율에 맞춰 형태를 갖추고, 만들고, 그리다. (계획안, 모형, 조상(彫像))
2-(타동사) 비례에 맞춰 크기와 규모를 조정하다.

'자리를 잡은 모든 사회적 시스템은 단지 스케치일 뿐이다. "하나 더하기 하나는 둘과 같다." 우리는 이렇게 배웠다. 그러나 하나 더하기 하나가 둘이었던 적은 결코 없다-실제로는 숫자와 글자는 존재하지 않는다. 인간은 스스로의 존재를 코드화 하여 인간의 크기에 맞춰 끌어내리는 방식으로 인간의 존재를 이해하려 하였다. 우리는 척도scale를 하나 만들었지만, 그 때문에 인간의 존재가 가지는 불가해한 규모scale을 망각하게 되었다.' [1)]
-영화 루시Lucy, 주인공 루시의 대사(2014) 중에서

척도는 우리가 어떤 것을 지각할 때 다른 어떤 것과 연관시켜 인식하는 방법이다. 척도는 어떤 대상의 크기를 이해하기 위해 하나의 대상을 다른 대상과 비교하기 위해 인간이 만들어 낸 것human construct이다. 척도는 순수한 상대주의이다. 척도는 지각을 통해 파생된 수학적 측정으로 해석된다.

척도를 이해하기 위한 가장 처음, 그리고 가장 자연스러운 측면은 우리 자신과 연관되어 있다. 인간이 가장 처음으로 개발하는 측정의 척도는-자신에게 가장 유용하고 잘 알려진-그들의 몸이다. 예를 들어 인치는 성인남자의 평균적인 엄지손가락의 너비에서 파생되었다.[2)] 피트는 성인 남자의 발길이에 기원을 두고 있다.[3)] 고대 이집트나 바빌로니아의 측정단위였던 큐빗은 '중지에서부터 팔꿈치까지의 길이에 바탕을 두고 손바닥 가로 폭palm 6배 혹은 두 뼘span과 같은 것으로 간주되었다.'[4)] 영국식 측정단위의 많은 것들이 사람의 몸에 기원을 두고 있으며, 미터법은 20세기 후반기에서나 보편적으로 채택되었다.

'사람이 모든 것의 척도'[5)]라는 인식은 건축에도 적용된다. 난간의 높이나 문고리에 적용된 인체공학에서부터, 주방의 치수, 직선 계단에서 챌판의 높이, 복도의 폭에 이르기까지-모든 것들이 인간의 몸을 척도로 삼아 우리가 이러한 요소들과 공간들이 사용하는 방법과 연관을 맺으면서 디자인된다. 이러한 인체 측정법anthropometry은 기능적이고 길 찾기가 용이하며, 사용성이 좋은 건물을 위해 대단히 중요하다.

또 다른 고려사항은 시각척도visual scale이다. 시각 척도는 실제의 물리적 크기와는 상관이 없고, 그보다는 일반적인 크기 또는 주변의 다른 요소에 비해 특정한 건축 요소가 얼마나 크거나 작게 보이는지[a)]와 관련이 있다.[6)] 그러므로 건축가는 시각척도를 조작하여 큰 건물을 작게 보이게 할 수도 있고, 작은 건물을 크게 보이도록 할 수도 있다. 역사가인 제프리 스콧Geoffrey Scott은 인간의 몸을 모방한 곡선과 기복들이 바로크 시기의 교회에 좀 더 친밀한 척도를 제공한 반면, 바로크 교회에 비해 인간적 속성을 적게 반영한 르네상스시기 로마의 템피에토는 상대적으로 커보이게 되었다고 언급하며 그 기술적 방법들을 설명한다.

a) 프랜시스 칭 저, 황희준 외 2인 공역, 건축의 형태공간, 규범, 국제, 2016 참조

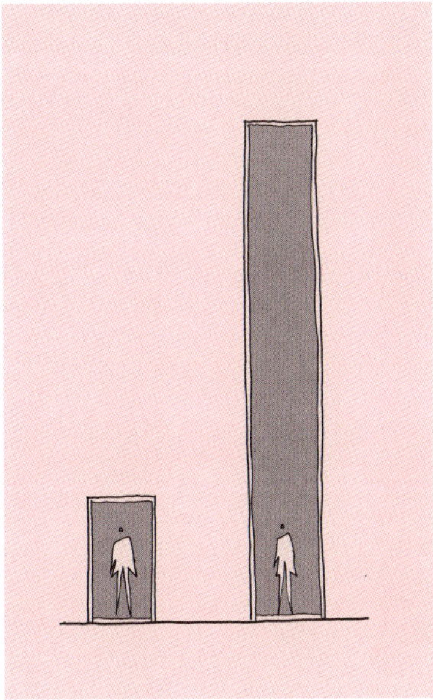

척도
문과 '입구로 쓰이는 틈' 사이의 척도

척도
유리창과 '투명한 벽'사이의 척도

척도
표준형 벽돌과 '기본 건물 블록' 사이의 척도

시각 척도는 거시적macro 수준에서 미시적micro 수준까지 다양한 범위에 걸쳐 형성된다. 예를 들어 우리가 말하는 '도시 스케일urban scale'은 도시 격자와 마스터플랜 정도의 척도에서 다뤄지는 건축이고, 도시스케일에서는 지어진 형태에 대한 개방공간의 척도와, 건물 높이에 대비한 가로의 폭과 같은 척도들이 환경의 질에 영향을 미친다. 우리가 말하는 '가로척도street scale'는, 지상 높이에서 건물 군으로 경험되는 건축으로, 건축군의 다양성과 통합성, 규칙성과 불규칙성을 통해 가로에 대한 척도 감각을 전할 수 있다. 마지막으로 우리가 '건물척도building scale'라고 말할 때, 이것은 전체적인 건물을 구성하는 개별 요소에 관련된 척도이다.

개별적인 건물요소들—문, 창호, 벽체—은 서로가 연관하여 건물에 대한 가독성을 확보한다. 건물요소들에 대한 친근함—벽돌의 치수, 출입구의 높이, 창문의 종횡비—과 같은 것들 역시 우리가 눈으로 공간을 측정하도록 해준다. 건물 디자인의 요소들이 상호간에 연관되는 방법이 바로 우리가 배우리라 기대하는 것이다.

이러한 친근함, 가독성, 예측가능성이 커지면 불모의, 상상력이 부족한 공간이 될 수 있다. 1m × 2m 크기의 문은 항상 문으로 지각된다. 개구부가 바닥 높이 1m에서 시작하여 천장 아래 300mm에서 멈추면 항상 창이 된다. 215mm 길이, 65mm 높이, 100mm 너비의 형태는 언제나 벽돌이다. 하지만 이렇게 표준화된 건축 요소는 건축적 장치가 될 수 있다. 이러한 요소들은 그들이 쓰이는 것만으로 전반적 개념에 기여하고 건축물을 규정하며, 척도에 대한 우리의 인식과, 건물에 대한 고정관념에 도전한다.

문을 잡아당기면 입구로 쓰이는 틈이 된다. 창을 확대하면 여러 층에 걸치고 벽을 나누는 유리벽이 된다. 벽돌의 규격을 키우면 기본적인 건물 블록elemental building block이 된다. 이러한 요소의 척도가 바뀌면, 위계와 중요성, 이 요소들은 개방성과 빛의 증가, 견고함과 굳건함firmness을 표현하거나 건축에서의 정상상태normality라고 시각되는 것들에 대한 도전을 위해 사용될 수 있다.

척도의 진정한 경이로움이 선명하게 드러나는 것은 아마 현미경으로 일상의 대상을 볼 때 일 것이다. 단순하고 가독성이 있는 대상이라도 즉각적으로 복잡하고 가독성이 없으며, 무한하고 추상적인 것이 되어 내부에 있던 숨겨진 세계를 드러낸다. 재료를 바꾸거나, 물질의

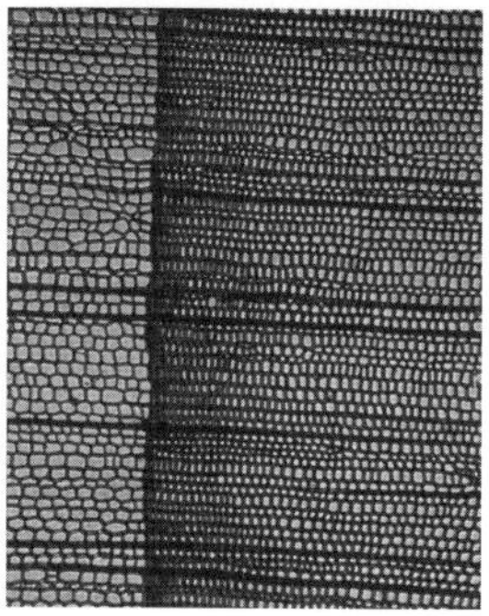

나무

꽃가루

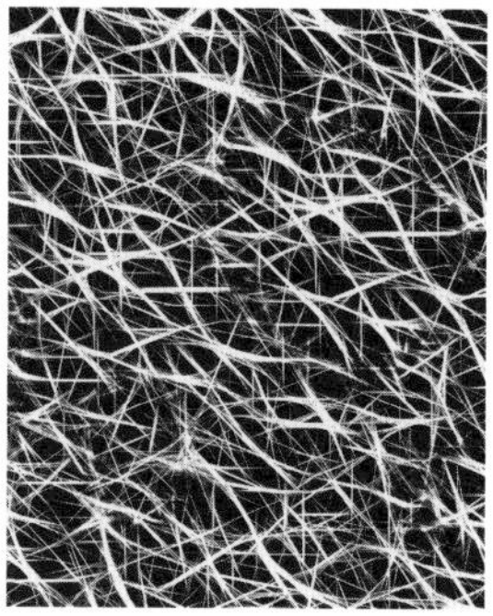

울

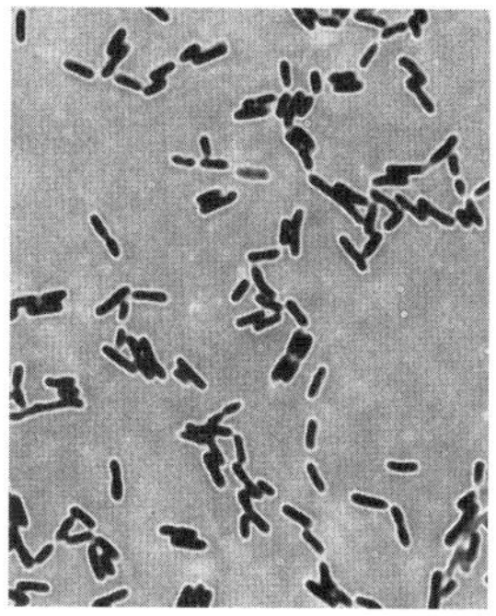

요구르트

재배열rearrangement of matter 없이, 단지 척도에만 변화를 주어도 그렇다. 나무는 라메Lame 천의[b] 뻣뻣한 곡선의 복잡한 망matrix이 되고, 꽃가루는 뾰족뾰족한 구체의 집합이 되며, 울 스웨터는 거친 가닥들로 이뤄진 복잡한 덩어리가 되고, 요구르트는 꼼지락대는 유기체들로 이뤄진 형광물질이 된다. 척도를 변화시키는 것에 의해 친근했던 일상의 대상에 대한 우리의 지각은 도전받게 된다. 수학자 마이클 반즐리Michael Barnsley가 말했듯, '이들에 대한 당신의 해석은 매번 똑같이 되지는 않을 것이다. 결단코.'[7] 우리는 사람의 눈이 가진 한계와 시각척도에 대한 인식으로 인해 대상의 진정한 구성을 보지 못한다.

건축가에게 척도는 공간적, 형태적 효과를 얻기 위한 물리적 도구에만 그치는 것은 아니다. 건축가는 척도를 통해 친근했던 대상들에 대해 다시 생각해 볼 수 있다. 마치 현미경 아래에서 봤던 것들처럼 말이다. 예를 들어 사진합성photomontage 작업을 통해 스케일을 조작함으로써, 우리는 뻔한 현실로부터 새로운 가능성을 볼 수 있을 지도 모른다. 녹슨 금속 벽이 해안가 타워들의 군집이 되고, 콘크리트 벤치가 언덕 꼭대기에서 아래를 조망하는 회랑gallery이 되기도 하며, 환기시설 배기구ventilation outlet는 극지방 연구 기지가 되고, 벽돌 패턴은 러스티케이션이 되어 있는 부르털리즘의 기념비가 될 수도 있다.

척도를 가지고 노는 것에는 목적이 있어야 한다. 이는 서투르게 복사하고 크기를 조정하는 방식을 건축을 생산하기 위함이 아니라, 우리 주변세계에 숨겨져 있던 가능성을 발견하기 위해서이다. 맥락과 척도를 벗어난 요소와 대상들을 취하면서 새로운 형태와 관계를 통해 스스로를 보여주고, 흥미진진한 건축적 가능성을 드러낼 수 있게 된다.

스케일을 조작하는 것을 통해 고정관념에서 벗어나 기존의 뻔한 현실로부터 흥미진진한 새로운 건축적 가능성을 발견할 수 있다.

b) 금실, 은실 따위의 금속 실을 날실로 하고 면사, 인견사 따위를 씨실로 한 수자직 직물. 라메가 나무껍질과 비슷한 패턴을 가지게 되는 것은 수자직이라고 하는 직조방식 때문이다. 수자직은 날실과 씨실을 하나씩 엮혀 짜는 것이 아니라 일정하게 몇 올씩 빼 놓고 짜는 방법으로 새틴 조직 직물이라고도 한다. 날실과 씨실의 엮힘 회수가 적으므로 실자체가 얇을 때에는 매끄럽고 윤이 나지만, 금실, 은실같이 원사가 두께감이 있을 때에는 나무껍질 같은 직조방식이 눈에 잘 드러나게 된다.

녹슨 금속 널말뚝METAL SHEET PILING
현실

재-척도
(복사하기, 붙이기, 자르기, 늘리기)

해안가 타워들?
가능성

콘크리트 벤치
현실

재–척도
(복사하기, 붙이기, 복제하기, 늘리기)

산 위에서의 조망 점?
가능성

환기시설 배기구
현실

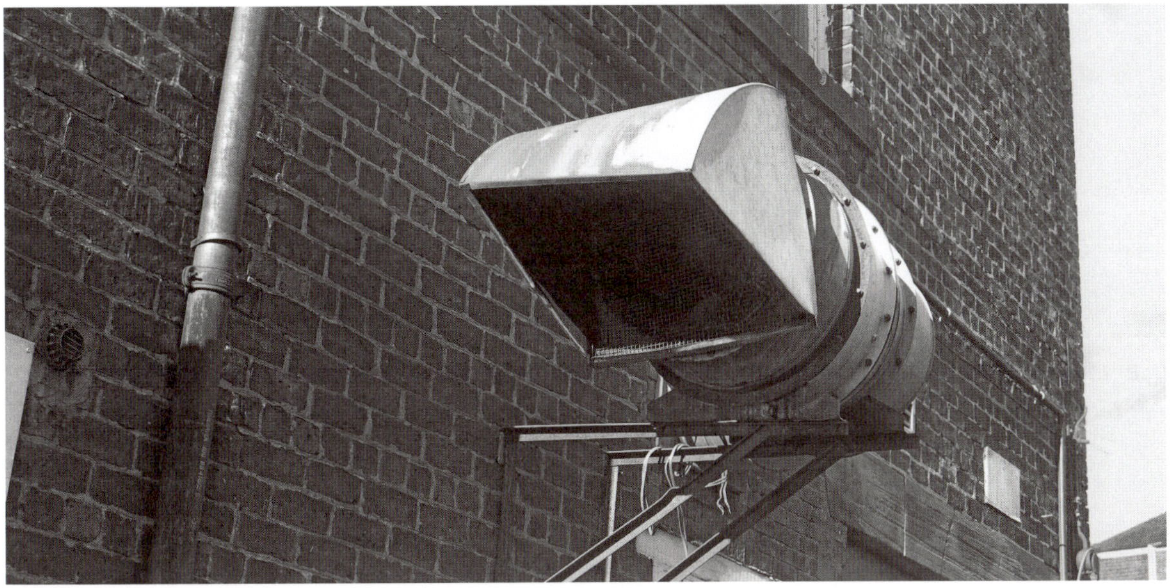

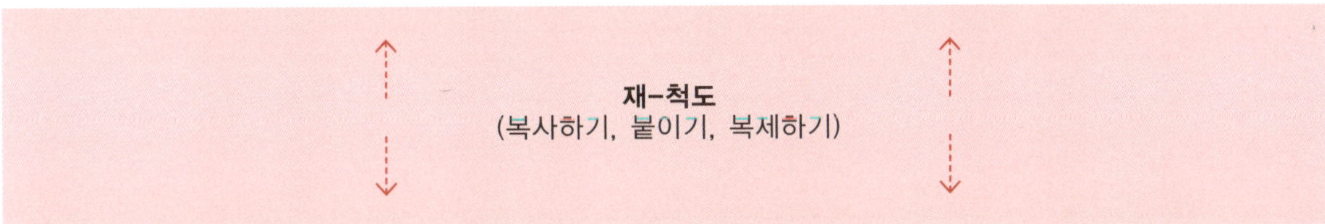

극지방 연구 기지?
가능성

벽돌 벽의 패턴
현실

재-척도
(복사하기, 붙이기,
일그러뜨리기)

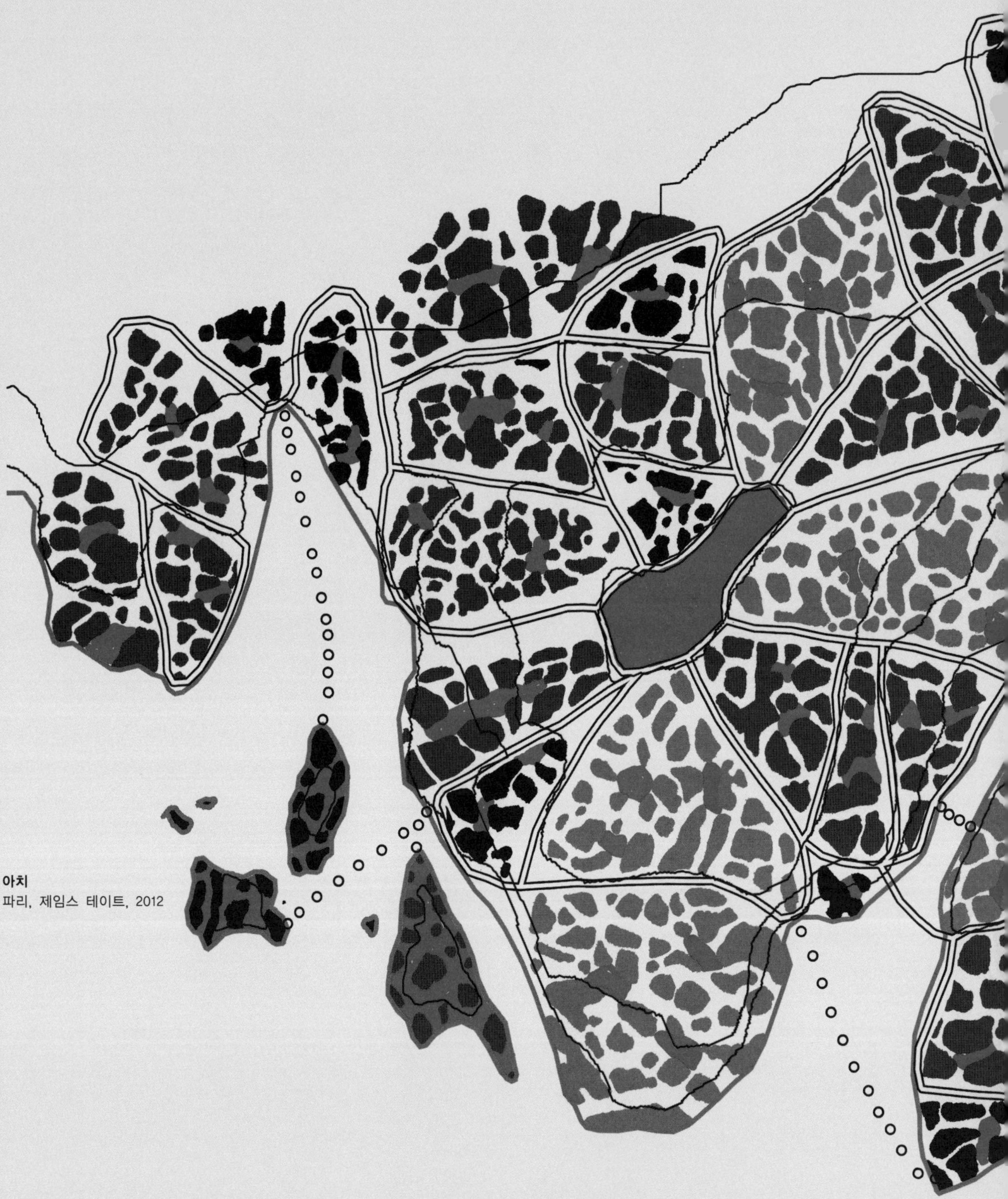

아치
파리, 제임스 테이트, 2012

공들여 만들다CRAFT

새로운 영원성timelessness

craft 공들여 만들다, 동사
게르만어 - *kraft*(강도, 기술)에서 기원
1-(타동사) 특별한 기술과 관심을 기울인
세부표현과 함께 (대상이나 제품, 구성요소
따위를) 만들거나 제작하다.

완벽함을 추구하는 과정에서 우리는 불완전함imperfections을 찾는다. 현대적 기술진보에도 불구하고, 우리는 여전히 수제품handmade과 광택이 흐려진tarnished 제품, 미완성품unfinished, 흠집이 있는blemished 제품을 찾는다. 이 재료들은 출생과 노화의 과정을 보여준다.

이러한 특징은 목재 거푸집이 남긴 흔적이나 시공기간 중 콘크리트 타설시 폼타이form tie를 a)사용하면서 만들어진 구멍에서도 발견된다. 나무의 불완전함은 목재로 구성한 피복/패널에서도 그대로 넘어간다. 그로 인해 목재는 햇빛과 비바람을 거처 갈색에서 채도가 낮은 회색으로 바뀐다. 산화된 금속에 의한 변형—구리는 녹색으로 바뀌고, 철은 회색에서 주황색으로 바뀐다. 돌은 어떻게 지면에서 채굴되고, 지금의 위치에 있기까지 어떤 풍상을 겪었는지를 말해주는 자국들로 인해 시간을 초월한 가치, 영원성을 띠게 된다. 수제 벽돌의 독특함은 반짝임, 질감 외에도 삶의 나날들에 있는 얼룩을 흡수함으로써 생겨난다.

장인정신Craftmanship

제작과정과 재료의 노화ageing에 대한 경의는 우리에게 장인정신에 대한 갈망이 있다는 것을 반영한다. 공예를 필요로 하는 재료는 일반적으로 견고하고 시간이 흘러도 변치 않는다. 금속, 목재, 돌, 또는 콘크리트와 같은 것들은 우아하게 늙어간다. 그것들에 내재하고 있는 불완전함은 끝나지 않는 생애주기를 통해 결정화되고 해결된다. 재료가 형태에 생명을 부여한다면, 장인정신이 재료에—더 나가서 우리의 건물에—인간의 손길과 그에 관련된 복잡성과 불완전함을 가득 채워 넣을 것이다.

그러나 중질 섬유판MDF : medium-density fibreboard,b) 판지paperboard, 고압 라미네이트 목재HPL : high-pressure laminate,c) 폴리염화비닐PVC : polyvinyl chloride, 폴리우레탄polyurethane, 실리콘silicone, 시트락sheetrock,d) 페놀 수지phenolic resin 및 유리섬유fiberglass와 같은 산업기반의 대량 생산 재료들이 현재는 업계 표준이다. 이 재료들은 장인정신을 요구하지 않는다. 이 재료들은 건축가가 보거나 이해할 수 없는, 닫힌 문 뒤에서 조립과 가공을 거친다. 이러한 재료들은 수명이 한정되어 있고, 경량으로 만들어지며, 본질적으로는 복잡하지만 외관은 단순한 경향이 있다. 이들은 완벽하고, 매끈하고 반짝거린다. 불완전하지 않고 질감이 없고 녹슬지 않는다. 나이를 먹지 않고 유지되다가 어린 나이에 죽는다. 이들 중 어떤 재료도 나이 마흔을 넘기지 못할 것이다.1)

이런 재료들이 우리의 현실이 되었다. 저렴하고 신속하게 만들어진다. 그러나 공들여 만들어지는 재료들은 상대적으로 가격이 높고 만드는데 시간이 많이 걸린다.2) 우리는 기간, 예산 그리고 일회성disposability에 대한 선호로 인해 공예를 위한 여지를 남겨놓지 않는다. 그럼에도 우리는 여전히 공예가 체현하는 특질들을 갈망하면서 속임수의 레퍼토리를 수행한다. 우리는 나금속의 단면bare metal section을 양극 산화 처리하여 녹청이 생기거나 윤을 낸 금속의 광택이나 빛깔을 재현하려 한다. 우리는 미리 녹청이 낀 구리를 사용한다. 목재 접합부를 모방하기 위해 기능적으로는 잉여인 그림자 틈shadow gap을 만든다. 나무같이 보이는 비닐 장판을 깔고, 석재 조적조 같이 보이는 레인스크린을 설치하여 돌이라는 고귀한 재료들을 조각으로 나눠서

a) 콘크리트 시공에서 상대하는 거푸집 간격을 일정하게 유지하기 위해 사용하는 볼트
b) 나무의 섬유조직을 분리해서 접착제를 밀어 넣고 강한 압력으로 눌러 만든 목재. 다양한 두께가 가능하고 표면 도장이 용이하지만 제작과정에서 화학성분의 접착제를 사용하는 단점이 있다.
c) 보호지, 모양지, 차폐지 등을 여럿 적층하고 페놀-멜라민 수지에 고압으로 함침 건조한 소재. 내마모성이 우수하고 200도 정도의 고온에도 잘 견딘다.
d) 건물 내부에 쓰는 보드의 일종. 종이와 종이 사이에 석고를 넣어서 만든다. 내벽이나 천장마감재로 주로 쓰인다.
e) 리처드 세넷 저, 김홍식 역, 장인, 21세기북스, 2010 참조

콘크리트 vs **섬유유리**

목재 vs **섬유시멘트 피복**

자연 상태의 구리 vs **미리 노화시킨 구리**

사암 vs **사암으로 만든 레인스크린**

수제 벽돌 vs **벽돌 타일**

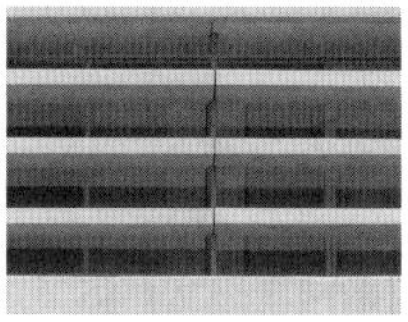

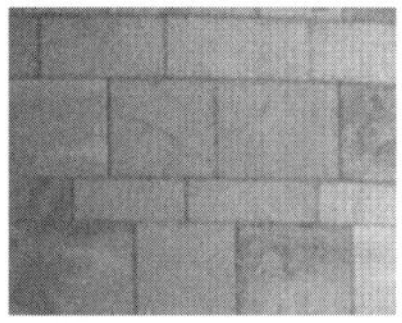

접착제를 발라 돌이 아닌 위치에 부착한다. 또한 우리는 새로운 재료가 적합하지 못하다는 이유로 재생재료들reclaimed materials을 사용하기도 한다.

진짜 목재를 피복하는 목공과 업체, 숙련된 금속공과 석공들은 현대에도 높은 평가를 받으며 작업을 지속하고 있다.[3] 하지만 1970년대 이래 산업화와 프리패브 공법의 확산으로 그 숫자는 감소 일로를 걷고 있다. 스위스 같은 곳에서는 '재료에 대한 의식material consciousness'이[4] 여전히 명백하지만,[e] 이는 예외적인 경우이다. 스위스는 취리히 연방공대Swiss Federal Institute of Technology in Zurich (ETHZ)와 같은 교육기관과 같은 곳에서 육성된 탁월한 공학 및 건축술에 대한 독특한 전통을 유지하고 있다. 이로 인해 지역의 공예를 보호해야 한다는 인식이 강력한 지역적 정체성으로 이어지고 있으며, 건축역시 정확한 실행과 군더더기 없는 개념으로 특성화가 되어 있다.[5] 아마도 가장 중요한 지점은 스위스가 세계에서 가장 부유한 국가라는 점일 것이다. 스위스 건축은 자국의 특산품과 마찬가지로 일상의 것이 아닌 사치품이다.

일회성

건축 재료의 생산과 사용 양상의 변화는 건축가의 잘못만은 아니며, 넓게 생각하면 일회성을 좀 더 선호하게 된 사회 변화에 대한 징후라고 볼 수 있다.[6] 우리의 가장 소중한 자산은 이제 몇 달 지나면 쓸모없게 되는 플라스틱과, 종이 두께의 금속들로 만들어진다. 물질의 실체를 중요시 여기는 문화material culture가 아닌 유물론적 문화Materialist culture가 세상을 지배한다.

지금 우리는 자아에 대한 인식—자신의 시대에 대한 집단적 감각에서 보면, 우리의 유행이나 우리의 관심과 같은 것들을 영원성 보다 앞에 두고 있다. 우리가 설정한 건물의 수명이 종종 우리 스스로의 기대수명보다 짧다는 것은 우연이 아니다. 우리는 더 이상 미래를 위해 건물을 짓지 않는다. '우리는 피라미드를 남기지 않는다.' 대신 우리는 우리 자신을 위해서 건물을 짓는다. 우리 뒤를 이을 사람은 고려 대상에 포함되지 않는다.[7] 그러나 왜 우리가 4년에서 60년에 불과한 수명을 가진 건물[8]을 만들어야 하는 걸까, 400년 전에 지은 건물이 잘 견디고 있음에도 말이다. 영원성이 부족한 것은 대체로 우리가 지금 사용하는 재료 때문일지도 모른다.

형태

세부표현

공간 롤렉스 학습센터, 스위스 로잔, SAANA, 2010

새로운 영원성

이전에 건축가는 장인정신의 산물에서 산업화된 대량생산 재료들로의 이동을 주도했다. 이제 우리는 기술을 통해 장인정신을 다시 도입하고, 디지털 시대를 위한 콘크리트와 나무, 금속과 벽돌, 석재의 잠재력을 충분히 활용할 수 있다. 이는 향수에 젖은, 물신적인 의미에서의 장인정신은 아닐 것이다. 대신 재료의 물성과 공예, 영원성에 대한 새로운 접근법을 만들어 낼 것이다. 사회학자 리처드 세넷Richard Sennett이 언급했듯 이 작업은 '우리시대의 도구와 관련을 맺는 일'[9]이다. 이는 우리로 하여금 자연 재료를 새로운 방법으로 사용케 해서, 공들여 만드는 작업을 대중에게 해방하고 경제성을 갖추도록 할 것이다. 그리하여 대량 생산에 대한 실용적인 대안이 될 수 있을 것이다. 상업적으로도 실용적인, 전면적 디지털 공정에 의한mass-digitized 맞춤형 제품bespoke craft의 대량생산은 이미 자동차, 우주항공, 의료 및 패션 산업 분야에서 진행 중이지만 건설업계에서는 완전히 채택되지는 못하고 있다.

건축에서 디지털 패브리케이션digital fabrication의 사용이 새로운 것은 아니다. 그렉 린Greg Lynn이나 프랭크 게리와 같은 건축가들에 의해 1990년대 개척되어, 21세기 들어와서는 다른 사람들 가운데에서도 자하 하디드에 의해 심층적으로 개발되었다. 하지만 지금까지 건축의 디지털 패브리케이션은 보통 소규모의 실험적 작업이나 독특한 의뢰에 의한 것으로 국한되어 왔다. 결정적으로 디지털 패브리케이션은 종종 유리섬유 강화 플라스틱fiber glass reinforced plastic (FRP), 폴리우레탄, 적층합판laminated plywood, 아크릴 또는 기타 플라스틱과 같은 산업화되고 인공적이며, 일시적인 재료와 함께 사용되곤 한다는 점과 자의식 과잉이 되기 쉬운 디지털 형태(파라메트릭 건축)의 창조를 다른 모든 것보다 우위에 두면서, 개념적인 접근을 한정하는 경향이 있다는 것을 염두에 두어야 한다.

그럼에도 오래된 재료들에 대한 디지털적인 장인정신의 발휘에는 다른 가능성들이 대두되고 있다. SANAA는 스위스 로잔에 있는 롤렉스 학습센터Rolex learning Center에 CNC 라우터를 사용하여 이 콘크리트 건물을 짓기 위해 필요했던 복잡한 쌍곡선 형태의 거푸집을 잘라냈다.[10] 한편

형태

공간

테이트 모던 증축, 런던, 헤어초크 앤 드뫼롱, 2016

세부표현

헤어초크 앤 드뫼롱의 테이트 모던 증축부의 조각적인 벽돌 파사드는 도급업자로 하여금 새로운 3D 벽돌 식재 도구setting out tool를 개발하도록 했다. 이 덕분에 65m가 넘는 높이에서도 2mm 내의 공차를 유지할 수 있었다. 두 사례에서는 (디지털 기술을 통해 공예를 재수용하는)도급업체와 협력하여 디지털 기술을 적용하고, 건축의 가능성을 표현하고 있다. 중요한 것은 디지털 기술의 가능성을 위해 건축을 유용하지 않았다는 점이다.

이 프로젝트들이 길을 인도할 수는 있다. 하지만 이 작업들은 여전히 일상의 건축이 아닌 사치품으로서의 건축이다. 그러나 SAANA와 헤어초크 앤 드뫼롱과 같이 거짓되고 인공적인 표준화된 재료들을 거부하고 충분히 건물을 짓는 이들과 연관을 맺는다면, 우리에겐 디지털 방식으로 만들어진 오래된 재료를 새로운 표준으로 만들 수 있는 기회가 생길 것이다. 새로운 3D출력 도구를 개발하거나 CNC 기계를 사는 도급업체가 많아질수록, 더 많은 경쟁자들이 주목하게 될 것이다. 만약 대다수의 도급업체들이 이것을 업계가 흘러가는 방향이라고 생각하게 된다면, –이미 많은 이들이 BIM 소프트웨어에 투자해서 3D모델에 직접 액세스하고 구축할 수 있게 되었다[11]–'디지털 장인정신'이 세간에 이목을 끄는 프로젝트에만 적용되는 상황을 피할 수 있을 것이다. 이 방법은 현재의 대량생산된 인공 재료들만큼이나 비용-효율이 높을 수 있다.

물론, 디지털 패브리케이션이 좋은 건축의 선결조건은 아니다. 어떻게 보면 한참 거리가 멀다. 하지만 디자인과 시공 사이의 간극을 제어할 수단이 될 수 있다. 그 간극은 우리가 만들어 내고 싶은 건물과 현재 예산과 기간으로 허용되는 건물 사이의 차이이기도 하다. 디지털 패브리케이션은 우리로 하여금 복합재료나 수명이 짧은 재료, 일시적 재료를 회피하는 대신, 시간을 견디며 그들의 시대를 표현하는 재료로 돌아갈 수 있게 해 줄 수 있다. 이는 우리 작품의 일부가 아닌 모든 작품에서 일어나는 현상일 것이다. 그리하여 미래의 세대는 우리의 프로젝트를 즐길 수 있게 될 것이다. 우리는 동시대의 도구들을 이용하여 물질이 건물의 재료가 되기 위해 수행하는 형질변화와 다시 연결되어야 한다. 새로운 영원성을 창조하라. 그 영원성이 유물론이 아닌, 물성의 정확한 판단에 근거하게 하라. 다시 피라미드를 남겨보자.

후문 Postface

초기 작업과 생산의 조건

철학자 테오도르 아도르노Theodor Adorno가 말한 후기 작품 또는 '후기 양식'은 '개인적, 전기적 경험의 회피'를 가져온다.1) 상황의 무게에서 해방되어, 저자와 작품은 분리된다. 전자가 덜 자의식적이고 후자가 좀 더 원시적이고, 좀더 보편적인 진실을 추구하는 경향이 있기 때문이다. 후기 작품이 생산 조건에서 이탈하는 경향이 있는 경우 초기 작업의 성향이 유지되거나 재생산되기도 한다.

건축의 실현은 다른 사람들에게 의존적이며, 작품은 지속적이고 창의적인 협업의 노력을 통해서만 이루어진다. 글쓰기가 차지하는 부분은 그리 많지 않다. 책의 제작과 홍보는 제쳐 두고, 저작물을 창작하는 행위는 대체로 개인의 노력으로 진행된다. 도르노와 동일선상에 있는 T.S. 엘리엇은 자신의 1919년 에세이 '전통과 개인의 재능Tradition and Individual Talent'에서 '예술가의 전진은 잇따른 자기 희생, 잇따른 인격의 소멸'이라고 언급했다.2) 개성과 작품을 분리할 수 없는 것으로 보는 현시대에는, 작가의 인격과 전기적 경험의 렌즈를 통해 작품을 평가하 방식은 유지하기 불가능한 구시대적인 것처럼 보인다. 아마도 초기 작품과 관련하여 이러한 관점을 뒤집으면 더 효과적인 분석을 제공할 수 있을 것이다. 예를 들어, 예술가의 초기 작품은 자기를 바쳐 개성을 선언적으로 표현한 것이다. 이는 음악가의 데뷔앨범에서 잘 드러난다. 개인적인 존재에 가해지는 제약이야말로 애초에 작품을 그토록 매력적으로 만드는 활력과 진정성의 원천이 될 때가 많다. 개인의 경험과 감정의 얽힌 덩어리를 가져다가 실제와 허구가 섞인 소설작품으로 짜내는 소설가의 데뷔작품도 마찬가지이다. 초기 작품은 거의 항상 자신의 선언적 진술이 되기 위한 생산의 조건을 기반으로 나오게 된다.

나는 건축 개념의 네 가지 기둥*(The Architecture Concept Book)*의 초판을 쓰는 데 있어서 나의 생산 조건을 반영하지 않았다. 이 과정은 아마 내가 25살이던 10여 년 전에 시작되어 내가 33살이던 2018년에 출판되어 현재 38살의 나이로 이 두 번째 판을 쓰고 있다. 초판은 젊은 작가의 초기 작품이라기보다는 전혀 알려지지 않은 작가의 작품이었다. 건축 개념의 네 가지 기둥'이 나오기 전까지 나는 (아주 늦은 시간에) 블로그 게시물을 게시하지도 않았고, 심지어 소셜 미디어 게시물을 불쑥 공개하지도 않았으며, 인쇄될 수 있는 내용에 대해 공개하지도 않았고, 사람들에게 현금을 요구할 수도 있었다. 하지만 나의 개인적인 존재의 제약이 없었다면 나는 아무것도 쓰지 않았을

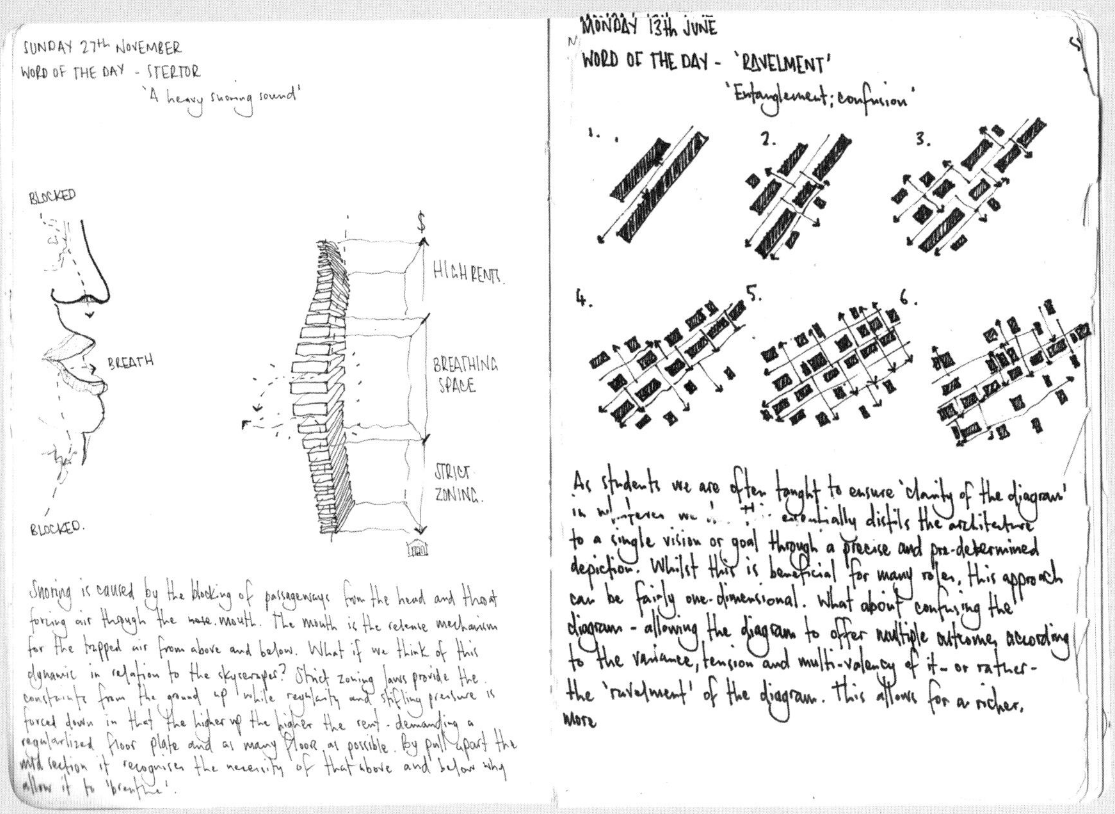

초기의 스케치북 아이디어
건축 개념의 네 가지 기둥*(THE ARCHITECTURE CONCEPT BOOK)*을 구상했던 생각들. 2010–2012

거라고 생각한다.

나는 항상 건축에 대해 쓰는 것을 좋아했지만 에세이, 논문 및 비평 형식으로 작성해야 할 때만 작성했다. 그러다가 졸업 후 급박한 건축실무와 현실에 빠져 더 이상 글을 쓸 필요가 없게 되었다. 모든 시간과 힘은 건물을 짓기 위해 사용되었다. 하지만 2008년이었다. 동료들이 다른 곳으로 이사를 가거나, 재교육을 받거나, 실직했다. 대침체Great Recession가 더 심해지면서 나 역시 1년 정도 실무에서 이탈하여 친구들의 경로를 따라갔다. 이 첫 번째 책의 탄생 조건은 다음과 같다. 지루함, 좌절감, 그리고 부모님 집에서의 생활(엄마, 아빠 고마워요!). 이 때는 지역의 직업소개소에서 두 달마다 실업수당을 받았는데, 어찌나 치안상태가 좋지 않은지 질서를 유지하기 위해 경찰이 상시 대기하고 있었다.

나는 할 일이 필요했다. 무언가 건축적이고, 무언가 내 삶의 마지막 7년을 이해할 수 있게 해줄 일이 필요했다. 그 배출구는 매일 글을 쓰는 것이었다. 처음에는 닥치는 대로 썼지만, 이내 곧 무작위로 선택된 '오늘의 단어'(고맙다, 옥스포드 영어사전)를 시작점으로 하는 글쓰기에 정착했다. 이러한 루틴은 일상 속 두서없는 이야기를 통해 브레인 덤프brain dumps를 진행하는 느슨한 틀을 제공했다.a) 나는 마침내 직장을 얻었고, 더 이상 지루하지 않았지만 글을 쓰고 싶다는 충동이 생겼다. 스케치북을 창의적인 피난처로 사용하고 싶다는 욕구도 피어났다. 건축가의 일은 길고 열광적이었다. 건축가들이 현실에서 보내는 시간의 80%는 창조적인 작업이 아니라 제작과 납품에 할애된다. 기술적 디테일, 무수한 일정, 현장 회의, 회의록 및 이메일 작성, 무수한 이메일 반복. 스케치북은-지금은 세 권, 아마 네 권 정도 되리라-날마다 여전히 채워지고 있었다. 이 때 스케치북은, 다른 사람들에게는 아닐지라도, 건축에서 정말 중요한 게 무엇인지를 알아내기 위한 노력

a) 브레인덤프는 머리속으로 생각하고 있는 모든 것을 종이에 써내는 것을 의미한다. 스트레스를 덜고 생산력을 높일 수 있다고 의견이 있다.

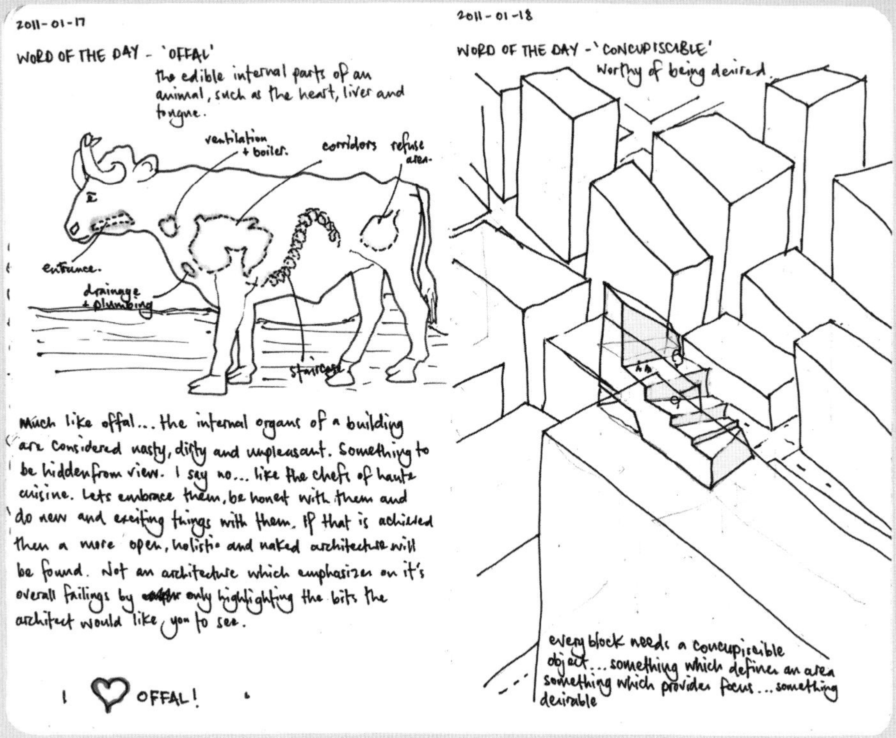

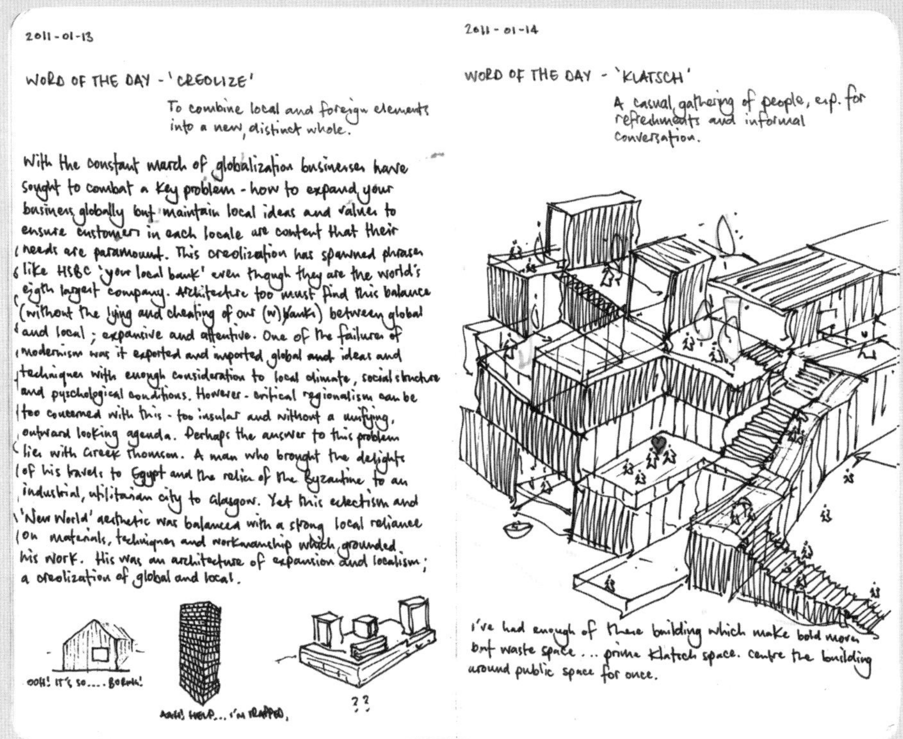

초기의 스케치북 아이디어
건축 개념의 네 가지 기둥
(THE ARCHITECTURE CONCEPT BOOK)을
구상했던 생각들.
2010–2012

의 수단이었다. 실제로는 내게 남겨진 대부분의 시간이 실무로 채워지고 있음에도 말이다. 대침체 후기에 시작되어 2010년부터 2012년까지 현장에서 프로젝트를 진행하면서 계속된 이 스케치 작업들은 결국 건축 개념의 네 가지 기둥이 되었다. 실직 초기의 지루함과 좌절감, 직장을 찾은 뒤에는 창의적인 배출구가 필요하다는 그 당시의 나의 개인적인 존재의 상황과 한계가 없었다면, 이 책은 결코 쓰여지지 않았을 것이다.

전직 교사로부터 약간의 격려를 받은 후(크리스에게 감사드린다), 나는 시험삼아 잠정적이었던 출판계획안을 발전시켰고 나의 개인적인 생각을 세상에 내놓았다. 결국, 반드시 거쳐야 하는 개발과 정리작업(루카스, 고맙습니다) 뒤에, 템즈 & 허드슨은 2018년 3월에 이 책의 초판을 출간했다. 실업자이자 열정적인 젊은 건축가가 이 책을 쓰기 시작한 지 약 8년 후의 일이다.

빈방, 지하철 객차, 대기실에서 쓴 이 책이 별 다른 주목을 끌지 않았음에도 출간되었다. 겸허하고 감사한 마음이다. 이 책은 한국어, 라트비아어와 중국어로 번역되었으며 미국판은 따로 있다. 출간 이후 업계에서 만장일치로 긍정적인 평가를 받았고 세계에서 가장 권위 있는 건축 대학들의 도서관 선반을 차지하고 있다. 만약 2010년에서 2012년 사이에 누군가가 나의 스케치북에 있는 그 기록들이 옥스포드, UCL, 하버드 또는 MIT 도서관 선반에 놓이게 될 거라고 나에게 말했더라면, 나는 그 말을 믿지 않았을 거다. 하지만 내게 가장 의미 있는 것은 학생, 동료, 평론가 등 독자들의 이야기이다. 이 책이 건축적인 의미에서 더 넓은 철학적 개념을 이해하는 데 어떻게 도움이 되었는지, 어떻게 전문용어나 난독증을 일으키는 문장들 없이 설명하고 있는지, 또는 영감을 얻기 위해 고군분투할 때 아이디어를 이끌어내는 과정에서 어떤 도움을 주었는지도 알 수 있었다.

현재, 2판에서는 알려진 나의 개인적인 생각들이 다른 사람들과 어떤 식으로든 연결되어 있다는 사실을 (건축에 관한 책이 아무리 그렇더라도!) 깨닫고 자신감을 갖게 되었다. 책을 생산하기 위한 조건은 내 건축 실무와 엮여 있다는 것을 이제는 알고 있다. 어떤 면에서는 내 책 전체가 바로 그 이야기를 전달하고 있는 듯 싶다.

건축 개념의 네 가지 기둥은 나 자신의 개인적 경험과 성향을 맥락적 차원에서 연결하고 이해하는 것만큼이나 보편적인 아이디어와 원칙을 추구하는 작업이다. 새로운 예기치 못한 건축적 영감의 원천(웨스트코스트 힙합의 테크노 비트 또는 베이스라인)의 싱커페이션을 아는가? '대조시키다/되다'를 참조하라)을 소개하는 것만큼이나 '표준이 되는' 작품과 텍스트(비트루비우스, 르 코르뷔제, 스콧 브라운과 벤츄리)에 대해서도 분석하고 깊이 파고든다. 이 책은 또한 평화적 논의에 대한 작업인 동시에, 논쟁적 비평에 대한 작업이다. 논쟁은 건축에 부과되거나 스스로 뒤집어쓴 한계와 요구에 대한 것을 다루지만, 건축에 의해 왜곡되거나 때로는 파국을 맞이하기도 한다. 이 또한 책에서 다뤄지고 있다. 궁극적으로는 하나의 학문으로서 건축의 보편적인 요구와 나 자신의 경험과 성향에 의해 좌우되는, 구체적인 대응에 집중되어 있다.

부디 즐거우셨기를 바랍니다. 이 책을 읽는 동안 저와 함께 해주셔서 감사합니다.

주석

서문

[1] Price, C., 1966. Life-Conditioning: The Potteries Thinkbelt: A Plan for an Advanced Educational Industry in North Staff ordshire. *Architectural Design*, Issue October, pp 483–97.
[2] Kwinter, S. (2001). Generica. In R. Koolhaas, et al. *Mutations* (1st ed.). Barcelona: Actar, p 526.
[3] Vitruvius. *The Ten Books on Architecture*. New York: Dover Publications, 1960, p 17. (오덕성 역, 건축십서, 기문당, 2006)
[4] Arendt, H., 1998. *The Human Condition*. 2nd ed. Chicago: University of Chicago Press, p 154. (이진우 역, 인간의 조건, 한길사, 2019)
[5] Harper, P. "We're seeing an unprecedented mobilisation of architects in the fight against climate change". *Dezeen*. [Online] Dezeen, June 11, 2019. [Cited: September 2, 2023.] https://www.dezeen.com/2019/06/11/radicalarchitecture-climate-change-opinion-phineas-harper/.
[6] Spector, T. *The Ethical Architect: the dilemma of contemporary practice*. New York : Princeton Architectural Press, 2001, p 179.
[7] Arendt. *The Human Condition*, p 154.
[8] Cornell, S. & Gupta, A., 2020. Is climate change the most important challenge of our times?. In: M. Hulme, ed. *Contemporary Climate Change Debates: A Student Primer*. Abingdon: Routledge, p 12.
[9] Vitruvius, *On Architecture*, Frank Granger, trans., Cambridge: Harvard University Press, 1970 [originally 1st century BCE], pp 26-27.
[10] Hume, D. *Of the Standard of Taste, Essays Moral and Political*,. London: George Routledge and Sons, 1894, (originally 1757), p 136. (김동훈 역, 취미의 기준에 대하여/비극에 대하여 외, 마티, 2019)
[11] *International Design Conference of Aspen* (IDCA). Kahn, L. Aspen : Sci-Arc, 1972.
[12] Markli, P. 'My Profession, The Art of Building'. Cambridge: Harvard Graduate Design School, 2018.

들어가면서

[1] James Williamson, *Kahn at Penn: Transformative Teacher of Architecture* (Abingdon: Routledge, 2016), page 142

1 가늠하기

상호간 의사소통

[1] Price, C., 1966. Life-Conditioning: The Potteries Thinkbelt: A Plan for an Advanced Educational Industry in North Staff ordshire. *Architectural Design*, Issue October, pp 483–97.
[2] Gropius, W. (1937). Architecture at Harvard University. *Architectural Record* (May), p 11

경이

[1] Rudolf Otto, translated by John W. Harvey, *The Idea of the Holy: An inquiry into the non-rational factor in the idea of the devine and its relation to the rational.* (London: Oxford University Press, 1923), page 18.
[2] Immanuel Kant, translated by John T. Goldthwait, *Observations on the Feeling of the Beautiful and* Sublime, (Berkeley: University of California Press, 1965), page 47.
[3] Otto, *The Idea of the Holy*, page 68.
[4] Kant, *Observations on the Feeling of the Beautiful and Sublime*, page 46.
[5] Otto, *The Idea of the Holy*, page 42.
[6] http://www.arup.com/projects/china_central_television_headquarters
[7] Otto, *The Idea of the Holy*, page 43.
[8] Ibid., page 43
[9] Otto, *The Idea of the Holy*, page 43.
[10] Ibid., page 36.
[11] Ibid., page 69.
[12] Ibid., page 71.
[13] Ibid., page 71.
[14] Juhani Pallasmaa, *The Eyes of the Skin: Architecture and the Senses*, (New York: John Wiley & Sons, 2005), page 51.
[15] Pallasmaa, *The Eyes of the Skin*, page 52.
[16] Richard Saul Wurman (ed.), *What Will Be Has Always Been* (New York: Rizzoli, 1986), pages 56–59.
[17] Otto, *The Idea of the Holy*, page 72.
[18] Wurman, *What Will Be Has Always Been*, pages 56–59.

환경

[1] http://engineering.mit.edu/ask/why-does-structural-behavior-change-different-types-soil
[2] Lee D. Jones and Ian Jefferson, *Expansive Soils* (Institution of Civil Engineers, 2012), Chapter 5.
[3] Jancis Robinson (ed.), *The Oxford Companion to Wine*, 3rd edition (Oxford University Press, 2006).

무질서

[1] Le Corbusier, translated by Frederick Etchells, *Towards a New Architecture* (Thousand Oaks: BN Publishing, 2008), page 67.
[2] James Gleick, *Nature's Chaos* (New York: Little, Brown and Company, 2001), page 39.
[3] *Architectural Theory: From the Renaissance to the Present* (Cologne: Taschen, 2006), page 154.
[4] Le Corbusier, *Towards a New Architecture*, page 31.

기억

[1] Gaston Bachelard, translated by Daniel Russell, *The Poetics of Reverie: Childhood, Language, and the Cosmos* (Boston: Beacon Press, 1971), page 104.
[2] Chris Marker (dir.), *La Jetée* (France: Argos Films, 1962).
[3] Marc Augé, translated by John Howe. *Non-Places: Introduction to an Anthropology of Supermodernity* (London: Verso, 1995), pages 77–78.
[4] Italo Calvino, translated by William Weaver, Invisible Cities (Orlando: Harcourt Brace and Com-pany, 1974), pages 10–11.
[5] Calvino, Invisible Cities, pages 10–11.
[6] Ibid.
[7] Gaston Bachelard, translated by Maria Jolas, *The Poetics of Space* (Boston: Beacon Press, 1994), page 4.
[8] Bachelard, *The Poetics of Space*, page 8.
[9] Ibid., page 15.
[10] Ibid., page 146.

[11] Friedrich Nietzsche, *Philosophy in the Tragic Age of the Greeks* (Washington, DC: Gateway Editions, 1996), page 62.
[12] http://www.toyhalloffame.org/toys/alphabet-blocks
[13] George Hersey, *Architecture and Geometry in the Age of the Baroque* (Chicago: University of Chicago Press, 2000). page 205.

기능

[1] Hilde Heynen, *Architecture and Modernity: A Critique* (Cambridge: MIT Press, 1999), page 108.
[2] Michael H. Mitias, *Philosophy and Architecture* (Boston: Brill, 1994), page 96.
[3] Heynen, *Architecture and Modernity*, page 108.
[4] Rem Koolhaas, *Delirious New York: A Retroactive Manifesto for Manhattan* (New York: The Monacelli Press, 1994), page 100.
[5] Kenneth Frampton, *Modern Architecture: A Critical History*, 3rd edition (London: Thames and Hudson, 1992), page 228.
[6] Kenneth Frampton, *Modern Architecture: A Critical History*, 3rd edition (London: Thames and Hudson, 1992), page 190.
[7] http://www.designcurial.com/news/jail-breaker-4403655
[8] http://hosoyaschaefer.com/wp-content/uploads/2013/03/2006_Design-for-Shopping_Print.pdf
[9] Lisa Scharoun, *America at the Mall: The Cultural Role of a Retail Utopia.*, (Jefferson: McFarland & Co, 2012), page 113
[10] http://www.promontorio.net/userfiles/practice/2014_11_11_PROMONTORIO_Retail_LowRes.pdf
[11] http://libeskind.com/work/crystals-at-citycenter/
[12] Heynen, *Architecture and Modernity*, page 123.

형태

[1] *Architectural Theory: From the Renaissance to the Present* (Cologne: Taschen, 2006), page 476.
[2] Kenneth Frampton, *Modern Architecture: A Critical History* (London: Thames and Hudson, 1980), page 248.
[3] Karen Forbes, *Site Specific* (San Francisco: ORO Editions, 2015), page 142.

아이러니

[1] https://www.youtube.com/watch?v=u4RJcNHWu7Y
[2] http://www.tate.org.uk/context-comment/articles/architecture-and-sixties-still-radical-after-all-these-years
[3] Anthony Vidler, *The Architectural Uncanny: Essays in the Modern Unhomely* (Cambridge: MIT Press, 1994), page 193.
[4] http://oma.eu/projects/zeebrugge-sea-terminal
[5] http://oma.eu/projects/irish-prime-minister-residence
[6] Robert Venturi, Denise Scott Brown and Steven Izenour, *Learning from Las Vegas*, revised edition (Cambridge: MIT, 1977), page 3.

정치

[1] David Kilcullen, *Blood Year: Islamic State and the Failures of the War on Terror* (London: Hurst Publishers, 2016), pages 198–199.
[2] Patrik Schumacher, 'Where is the architecture?', ICON, August 2016, page 126.
[3] http://www.wsj.com/articles/tax-breaks-for-twitter-bring-benefits-and-criticism-1461947597
[4] Charlie LeDuff, *Detroit: An American Autopsy* (New York: Penguin, 2013), page 68
[5] CABE, *Design quality and the private finance initiative* (London: CABE, 2005), page 4.
[6] https://www.theguardian.com/money/2009/nov/07/landbanking-investment-scheme
[7] http://www.building.co.uk/architects-and-recession-battered-bruised-and-broke/5012558.article
[8] Communities and Local Government, *Safer Places: A Counter-Terrorism Supplement* (London: Home Office, 2009), page 18.
[9] Anna Minton, *What Kind of World are We Building? The Privatisation of Public Space* (London: RICS, 2006), page 6.
[10] Roy Coleman and Lynn Hancock, 'Culture and Curfew in Fantasy City: Whose Time, Whose Place?', *Nerve*, (14) 2009, pages 12–13.
[11] http://www.jfklibrary.org/Exhibits/Permanent-Exhibits/The-Space-Race.aspx
[12] Edward J. Blakely and Mary Gail Synder, *Fortress America: Gated Communities in the United States* (Washington: Brookings, 1997), page 28.
[13] Oscar Niemeyer, *The Curves of Time: The Memoirs of Oscar Niemeyer* (London: Phaidon, 2000), page 170.
[14] Ibid., page 169.
[15] Ibid., pages 175–176.
[16] http://www.nytimes.com/2016/05/23/t-magazine/pritzker-venice-biennale-chile-architect-alejandro-aravena.html?_r=0
[17] Ibid.
[18] Niemeyer, *The Curves of Time*, page 175.
[19] Bill Berkeley, *The Graves Are Not Yet Full: Race, Tribe and Power in the Heart of Africa* (New York: Basic Books, 2002), pages 239–240.

2 분석하기

방어논리를 구축하다

[1] Koolhaas, R. (2004). Introduction. In R. Koolhaas, Content. Koln: Taschen.
[2] Dolick, P. (2019, May 8). Book Review: The Architecture Concept Book. Retrieved from Canadian Architect: https://www.canadianarchitect.com/book-review-the-architecture-concept-book/

걷다/걷게 하다

[1] Walter Benjamin, *The Arcades Project* (Cambridge, MA: The Belknap Press of Harvard University Press, 1999), page 99.
[2] Rainer Bauböck, *Integration in a Pluralistic Society: Strategies for the Future* (Vienna: Institut für Höhere Studien, 1993), page 12.
[3] Charles Jencks, *Bartlett International Lecture Series: Generic Individualism – The Reigning Style of Our Time – and its Discontents* (2015). Available at: https://vimeo.com/152598975 Accessed: 6 February 2016).
[4] http://www.coop-himmelblau.at/architecture/projects/bmw-welt/
[5] http://www.zaha-hadid.com/architecture/cma-cgm-headquarters/
[6] http://www.rmjm.com/portfolio/capital-gate-adnec-development-phase-3-abu-dhabi/
[7] http://www.hok.com/design/type/commercial/baku-flame-towers/
[8] http://www.civicarts.com/titanic-belfast
[9] http://www.calatrava.com/projects/palau-de-las-artes-valencia.html
[10] Jencks, *Bartlett International Lecture Series*.
[11] http://www.toureiffel.paris/images/PDF/all_you_need_to_know_about_the_eiffel_tower.pdf
[12] Ibid.
[13] Walter Benjamin, *The Arcades Project* (Cambridge, MA: The Belknap Press of Harvard University Press, 1999), page 168.
[14] http://www.lonelyplanet.com/france/paris/introduction
[15] Charles Baudelaire, *The Flowers of Evil* (Oxford: Oxford University Press, 1993), page 207.
[16] Benjamin, *The Arcades Project*, page 422.
[17] Benjamin, *The Arcades Project*, page 417.
[18] Benjamin, *The Arcades Project*, page 422.
[19] Benjamin, *The Arcades Project*, page 423.
[20] Timothy R. Gleason, 'The Communicative Roles of Street and Social Landscape Photography', *Simile* vol. 8, no. 4 (2008), pages 1–13.
[21] Jean-Claude Gautrand, *Robert Doisneau* (Cologne: Taschen, 2003), page 97.
[22] Eleonore Kofman and Elizabeth Lebas, *Writings on Cities: Henri Lefebvre* (Oxford: Blackwell Publishing, 1996), page 214.
[23] Kofman and Lebas, *Writings on Cities: Henri Lefebvre*, page 219
[24] Kofman and Lebas, *Writings on Cities: Henri Lefebvre*, page 221
[25] Kofman and Lebas, *Writings on Cities: Henri Lefebvre*, page 213
[26] Rebecca Solnit, *Wanderlust* (London: Verso, 2001), page 176.
[27] http://www.theguardian.com/cities/2015/feb/24/private-london-exposed-thames-path-riverside-walking-route
[28] Solnit, *Wanderlust*, page 14.

영향을 받다/미치다

[1] Linda A. Henkel, 'Point-and-Shoot Memories: The Influence of Taking Photos on Memory for a Museum Tour', *Psychological Science*, February 2014 (25),

pages 396–402, first published on December 5, 2013.
[2] http://www.scottisharchitects.org.uk/architect_full.php?id=100095
[3] Patrick Nuttgens, *The Story of Architecture* (Oxford: Phaidon, 1983), page 125.
[4] Glasgow City Council, *Walmer Crescent: Conservation Area Appraisal* (Glasgow: DRS, 2006).
[5] http://www.historic-scotland.gov.uk/memorandum-app3.pdf
[6] Ali Davey, *Short Guide: Maintenance and Repair Techniques for Traditional Cast Iron* (Edinburgh: Historic Scotland, 2013).
[7] http://portal.historic-scotland.gov.uk/designation/LB32608

복구하다/되다

[1] http://ngm.nationalgeographic.com/2014/02/il-duomo/mueller-text

존중하다/받다

[1] James W.P. Campbell, *Building St. Paul's* (London: Thames and Hudson, 2007), page 21.
[2] Ibid., page 21.

모호하게 하다/되다

[1] https://www.youtube.com/watch?v=zG2WMVkD5dw
[2] Ibid.
[3] Ibid.
[4] Ibid.
[5] Ibid.
[6] Ibid.
[7] Ibid.
[8] Ibid.
[9] Ibid.
[10] Ibid.
[11] Ibid.

영웅시하다/되다

[1] Aristotle (trans. Anthony Kenny), *Poetics* (Oxford: Oxford University Press, 2013), page 29.
[2] Sophocles, *The Three Theban Plays: Antigone, Oedipus the King, Oedipus at Colonus* (London: Penguin Classics, 1984), page 160.
[3] Le Corbusier (trans. Frederick Etchells), *Towards a New Architecture* (Thousand Oaks: BN Publishing, 1923), page 13.
[4] Ibid., page 3.
[5] Sophocles, *The Three Theban Plays*, page 162.
[6] http://www.econ.nyu.edu/dept/courses/gately/DGS_Vehicle%20 Ownership_2007.pdf
[7] Kenneth Frampton, *Modern Architecture: A Critical History* (London: Thames and Hudson, 1992), page 155.
[8] Stefi Orazi, *Modernist Estates: The Buildings and the People Who Live in Them Today* (London: Frances Lincoln Limited, 2015), page 9.
[9] Ibid., page 10.
[10] Frampton, *Modern Architecture*, page 281.
[11] Oscar Niemeyer, *The Curves of Time: The Memoirs of Oscar Niemeyer* (London: Phaidon, 2000), page xx.
[12] http://www.pritzkerprize.com/2000/bio
[13] Rem Koolhaas and Bruce Mau, *S, M, L, XL* (New York: The Monacelli Press, 1995), page 959.
[14] Rem Koolhaas, 'From Bauhaus to Koolhaas', *Wired*, July 1996: https://www.wired.com/1996/07/koolhaas/ .
[15] Rem Koolhaas, *Content* (Cologne: Taschen, 2004), page 162.
[16] Ibid, page 163.
[17] http://www.smithsonianmag.com/arts-culture/why-is-rem-koolhaas-the-worlds-most-controversial-architect-18254921/?no-ist=
[18] Ibid.
[19] http://www.nytimes.com/2005/04/10/arts/design/rem-koolhaas-learns-not-to-overthink-it.html?_r=0
[20] Ibid.
[21] Koolhaas, *Content*, page 118.
[22] http://oma.eu/projects/universal-headquarters
[23] Koolhaas, *Content*, page 512.

개선하다/되다

[1] Peter Jones, *Ove Arup: Master Builder of the Twentieth* Century (New Haven: Yale University Press, 2006), page xx.
[2] http://www.dezeen.com/2012/10/11/basket-apartments-student-housing-by-ofis-arhitekti/
[3] Oscar Niemeyer, *The Curves of Time: The Memoirs of Oscar Niemeyer* (London: Phaidon, 2000), page 176.

임시변통하다

[1] Ajay Heble and Rebecca Caines, *The Improvisation Studies Reader* (London: Routledge, 2015), page 4.

3 짓기

벽

[1] Francesco Cacciatore, *The Wall as Living Place: Hollow Structural Forms in Louis Kahn's Work* (Siracusa: Lettera Ventidue Edizioni, 2014), page 3.
[2] Gaston Bachelard, *The Poetics of Space* (Boston: Beacon Press, 1994), pages 217–218
[3] Slavoj Žižek, 'Aesthetics and Architecture' (presentation, 2010).
[4] https://en.wikipedia.org/wiki/Border_barrier
[5] Rory Kennedy, *The Fence* (HBO, 2010).
[6] *Fourth report of the Secretary-General on the threat posed by ISIL (Da'esh) to international peace and security and the range of United Nations efforts in support of Member States in countering the threat* (United Nations, 2017), pages 8–12.

구조

[1] Edward R. Ford, *The Architectural Detail* (San Francisco: Chronicle Books, 2012), page 145.
[2] Hanif Kara, Adams Kara Taylor, *Design Engineering AKT* (Barcelona: ACTAR, 2008), page xx.
[3] Rem Koolhaas, *Content* (Cologne: Taschen, 2004), page 164.

문

[1] http://www.etymonline.com/index.php?term=salvo

파사드

[1] Musei Civici Veneziani, *The Doge's Palace in Venice: Guide* (Milan: Mondadori Electa, 2004).

계단

[1] Franz Kafka, (ed. Nahum N. Glatzer), *The Penguin Complete Short Stories of Franz Kafka* (London: Penguin Books, 1983), page 451.

설비

[1] Kenneth Frampton, *Modern Architecture: A Critical History* (London, Thames and Hudson, 1992), page 244.
[2] John Donat, *World Architecture 1* (London: Studio Books, 1964), page 35.

4 더 좋게 만들기

버티게 하다

[1] Sennett, R. (2009). *Craftmanship*. Harold M. Williams Auditorium, Getty Center, Los Angeles. (김홍식 역, 장인, arte, 2022)
[2] Kostof, S. The Architect in the Middle Ages, East and West. *The Architect: Chapters in the History of the Profession*. New York : Oxford University Press, 1977m, p 74. (우동선 역, 아키텍트: 인류의 가장 오래된 직업, 건축가 5천년의 이야기, 효형출판, 2011)
[3] Wilton-Ely, J. The Rise of the Professional Architect in England. [book auth.] S. Kostof. *The Architect: Chapters in the history of the profession*. New York : Oxford

University Press, 1977, p 193.
[4] Fairs, M., 2019. *Rise of artificial intelligence means architects are "doomed" says Sebastian Errazuriz.* [Online]Available at: https://www.dezeen.com/2019/10/22/artificial-intelligence-ai-architects-jobs-sebastian-errazuriz/ [Accessed 18 September 2023].

절약하다

[1] Glasgow City Council, *Glasgow's Affordable Housing Supply Programme: Performance Review* (Glasgow: Glasgow City Council, 2015).
[2] City of Westminster, 2008. *Conservation area audit: Hallfi eld Estate, consultation draft*, March 2008

색을 쓰다

[1] http://www.hrc.utexas.edu/educator/modules/gutenberg/invention/illuminations/
[2] https://udel.edu/~rworley/e412/Psyc_of_color_final_paper.pdf
[3] http://www.iconeye.com/404/item/3368-caixa-forum
[4] http://www.architectural-review.com/today/casa-das-histrias-paula-rego-by-eduardo-souto-de-moura-cascais-portugal/8600562.fullarticle
[5] http://www.tschumi.com/projects/3/

대조시키다/되다

[1] Herman Melville, *Moby-Dick or the White Whale (Eighth Impression, 1922)* (Boston: The St. Botolph Society, 1892), page 55.
[2] Woody Allen, *Zelig* (USA: Warner Bros., Orion Pictures, 1983).
[3] Philip Jodidio, *Alvaro Siza* (Cologne: Taschen, 2003), page 12.

크기를 변경하다

[1] Luc Besson, *Lucy* (USA: Universal Pictures, 2014).
[2] Lord John Swinton, *A Proposal for Uniformity of Weights and Measures in Scotland* (Edinburgh, 1779), page 134.
[3] Oswald Ashton Wentworth Dilke, *Mathematics and Measurement* (Berkeley: University of California Press, 1987) page 23.
[4] https://www.britannica.com/science/cubit
[5] Benjamin Hall Kennedy, *The Theaetetus of Plato* (Cambridge: University Press, 1881), pages 116–117.
[6] Francis D. K. Ching, *Architecture: Form, Space and Order (3rd Edition)* (New Jersey: John Wiley & Sons, 2007), page 330.
[7] Michael F. Barnsley, *Fractals Everywhere (3rd Revised Edition)* (Mineola, New York: Dover Publications, 2012), page 1.

공들여 만들다

[1] AECB, *Typical Life Expectancy of Building Components*, accessed at: https://www.aecb.net.
[2] Richard Sennett, 'Craftsmanship' (Presentation), Harold M. Williams Auditorium, Getty Center, 2009.
[3] Graham J. Ive and Stephen L. Gruneberg, *The Economics of the Modern Construction Sector* (New York: Springer, 2000), page 60.
[4] Richard Sennett, *The Craftsman* (London: Penguin, 2009), pages 119–120.
[5] Steven Spier, *New Architecture from Switzerland* (London: Thames and Hudson, 2003), pages 8–9.
[6] Anna Moran and Sorcha O'Brien, *Love Objects: Emotion, Design and Material Culture* (London: Bloomsbury, 2014), page 140.
[7] Rem Koolhaas, *Content* (Cologne: Taschen, 2004), page 162.
[8] Anderson, J., Shiers, D. 2009. *The Green Guide to Specification*. Oxford: Wiley-Blackwell
[9] Richard Sennett, 'Craftsmanship' (Presentation), Harold M. Williams Auditorium, Getty Center, 2009.
[10] Pedro Felipe Martins *et al.*, *Digital Fabrication Technology in Concrete Architecture Fabrication (Volume 1)* – eCAADe 32.
[11] http://www.sir-robert-mcalpine.com/about-us/our-expertise/expertise_bimexperience/

후문

[1] Adorno, T. W. (1998). Beethoven's Late Style. In R. Tiedemann, *Beethoven: The Philosophy of Music* (p 123). Stanford: Stanford University Press.
[2] Eliot, T.S. (1982). Tradition and the Individual Talent. *Perspecta*, pp 36–42.

더 읽을거리

(국내 번역서 혹은 관련 입문서가 있는 경우 이를 병기한다)

- 건축이 다가 아니다–삶을 살아라.
- 모든 걸 안다고 절대로 생각하지 말 것.
- 모든 건축요소들이 공간과 빛을 찬양해야 함을 기억할 것.

철학책을 읽어라
(철학은 인문학의 기초이고, 건축은 인문학을 구현하기 위한 설정들이다.)

Hannah Arendt, *The Human Condition* (Chicago: University of Chicago Press, 1998)
한나 아렌트 저, 이진우 역, 인간의 조건, 한길, 2019

Gaston Bachelard, translated by Maria Jolas, *The Poetics of Space* (Boston: Beacon Press, 1994)
가스통 바슐라르 저, 곽광수 역, 공간의 시학, 동문선, 2023

bell hooks, *Belonging: A culture of Place* (Abingdon: Routledge, 2008)

Immanuel Kant, translated by John T. Goldthwait, *Observations on the Feeling of the Beautiful and Sublime* (Berkeley: University of California Press, 1965)

Eleonore Kofman and Elizabeth Lebas, *Writings on Cities: Henri Lefebvre* (Oxford: Blackwell Publishing, 1996)

Richard Sennett, *The Craftsman* (London: Penguin, 2009)
리처드 세넷 저, 김홍식 역, 장인, arte, 2022

- 조력자에 그치지 말고 창조하라.
- 항상 질문하라. 안주하지 말 것.
- 디자인에 착수하기 전에 생각하라

아직 건축가가 아니거나 이미 건축가라 할지라도, 건축과 그와 관련된 문화를 공부하라
(좀 더 생태학적으로 초점을 맞춰 미래에 대한 단서를 찾을 수 있음.)

Alan Barnard, *Social Anthropology and Human Origins* (Cambridge: Cambridge University Press, 2011)

Robin Wall Kimmerer, *Braiding Sweetgrass: indigenous wisdom, scientific knowledge and the teachings of plants* (Minneapolis: Milkweed Editions, 2013)

Bernard Rudofsky, *Architecture without architects: a short introduction to non-pedigreed architecture* (New York: Museum of Modern Art, 1965)
버나드 루도프스키 저, 김미선 역, 건축가 없는 건축, 시공문화사, 2006

Paul Oliver, *Encyclopedia of Vernacular Architecture of the World.* Oxford: Oxford Brookes University, 1997)

- 건축주의 돈이 네 것이었으면 어떻게 쓸지를 고려해라.
- 맥락에 대응하는 과정에서 다른 사람이 지은 건물을 이용하지 말 것.
- 버팀대가 노래하게 하라.

과거에 대해 읽어라
(미래에 대한 정보를 준다.)

Brian Dillon, *Ruins* (London: Whitechapel Gallery and Boston: MIT, 2011)

Rem Koolhaas, *Delirious New York: A Retroactive Manifesto for Manhattan* (New York: The Monacelli Press, 1994)
(렘 콜하스 저, 김원갑 역, 정신착란증의 뉴욕, 태림문화사, 1999)

Dana Cuff , *Architecture: The Story of Practice* (Oxford: Phaidon, 1983)

Terence Davies, *Of Time and the City* (UK: British Film Institute, 2008)
테렌스 데이비스, 리버풀의 추억

- 꿈꿔라.
- 풍경과 싸우지 말고 놀아라.
- 말하기 보다는 들어라.

미래에 대해 공부해라(오래지 않아 현실이 된다):

Kate Crawford, *The Atlas of AI: Power, Politics, and the Planetary Costs of Artificial Intelligence.* (New Haven: Yale University Press, 2021)

Gernot Boehme, *Invasive Technification: Critical Essays in the Philosophy of Technology* (London: Bloomsbury Academic, 2012)

Donna Haraway, *The Haraway Reader* (Abingdon: Routledge, 2004)

Sadie Plant, *Zeros and Ones: Digital Women and the New Technoculture* (London: Harper Collins, 1998)

- 발전에 보조를 맞추되 유행을 따르지는 말 것.
- 규모는 상대적일 뿐이다.
- 인내심이 미덕이 아닐 때도 있다.

영화를 봐라
당신의 마음을 날려버리고 디자인에 영향을 미치게 될 것을 고르라.

Thom Andersen, *LA Plays Itself* (USA: Thom Andersen, 2003)
톰 앤더슨, 로스앤젤레스 자화상

Spike Lee, *Do the Right Thing* (USA: Universal Pictures, 1989)
스파이크 리, 옳은 일을 해라

Sofia Coppola, Lost in Translation (USA: Focus Features, 2003)
소피아 코폴라, 사랑도 통역이 되나요?

Chris Marker, *La Jetée* (France: Argos Films, 1962)
크리스 마르케, 활주로
Andrei Tarkovsky, *The Mirror* (Soviet Union: Mos Film, 1975)
안드레이 타르코프스키, 거울

- 데드 스페이스에 사람이 머물 수 있게 하라
- 벽은 공간을 만들기 위해 세우는 것이지, 나누기 위해서 세우는 것이 아님을 기억하라.
- 어디서든지 영감을 얻어라.
- 도시에 너 스스로 만든 기억의 켜를 더해라. 하지만 그 과정에서 다른 기억들을 파괴하지 않도록 하라.

소설을 읽어라
(현실도피를 통해 당신의 건축에 새로운 정보를 제공해라)

J.G. Ballard, *High Rise* (London: Jonathan Cape, 1975)
J.G. 밸러드 저, 공보경 역, 하이라이즈, 문학수첩, 2016

Charles Baudelaire, *The Flowers of Evil* (Oxford: Oxford University Press, 1993)
샤를 보들레르 저, 황현산 역, 난다, 2023

Flannery O'Connor, *The Complete Stories* (London: Faber and Faber, 1990)

W.G. Sebald, *Austerlitz* (London: Penguin, 2001)
W.G. 제발트, 안미현 역, 을유문화사, 2009

Sophocles, *The Three Theban Plays: Antigone, Oedipus the King, Oedipus at Colonus* (London: Penguin Classics, 1984)
(관련서)소포클레스 비극 전집, 소포클레스 저, 천병희 역, 숲, 2017

- 당신이 죽기 전에 못쓰게 되는 재료를 가지고 짓지 마라.
- 색을 두려워하지 말 것. 적절하게 사용하라.
- 아이들과 가능한 많은 시간을 보내라. 그들의 열정과 호기심은 전염성이 강하다.

손으로 그릴 수 있도록 하라
손작업은 우리의 두뇌와 건축이 바로 연결되는 유일한 길이다.

Antonio Angelillo, *Alvaro Siza: Writings on Architecture* (Milan: Skira, 1997)

Miriam Delaney and Anne Gorman, *Principles of Representation: Studio Craft and Technique for Architects* (London: Laurence King, 2015)

Luigi Ficacci, *Giovanni Battista Piranesi* (Cologne: Taschen, 2001)

Atelier Hoko, *Science of the Secondary: Door / Window / Pipe (bundle)*. (Singapore: Atelier Hoko, 2015)

- 공기조절이 필요하다면, 디자인이 뭔가 잘 못 되어가고 있는 것이다. 창문을 뚫어라
- 더 많이 걸어라. 당신만 허락하면 환경은 더욱더 놀라워 진다.
- 자연으로부터 배워라. 인공적인 세계에 비하면 자연은 무한정으로 복잡하고 흥미롭다..

감사의 글

이 책을 내 가족에게 바칩니다. 끊임없는 영감, 힘, 지원의 원천이 되어주셨습니다.

이 책은 대 불황의 깊은 곳에서 시작된 일련의 개인적인 사고와 스케치에서부터 발전된 작업으로, 다음과 같은 분들의 도움을 받아 출판 되었습니다.

저의 아름다운 두 딸, Alexa와 Theia은 제게 독창적인 영감을 주고, 매일매일 이 책을 쓸 수 있게 해주었습니다. 날마다 제게 놀라움과 기쁨을 주었습니다.

내 아내라는 것이 믿기지 않는 Joanne에게도 고마움을 표합니다. 그녀는 이 책의 처음부터 지지와 조언을 매일같이 전해주었습니다. 당신의 믿음이 끊임없는 힘의 원천이 되었습니다.

아버지 Jim과 어머니 Isobel께서는 책을 쓰는 과정에서 귀중한 도움을 주셨습니다. 부모님이 제게 주신 지지와 기회에 영원토록 감사하겠습니다.

Lucas Dietrich는 출판되지도 않고, 전체 분량이 어떻게 될지도 몰랐지만 믿음을 보내주시고, 이 책의 범위와 목적의 정수를 뽑아주셨습니다.

Fleur Jones와 Liz Jones께서는 첫 책이 나오는 과정 내내 인내심을 가지고 성실하게 안내해 주셨습니다.

Strathclyde 대학 건축학과에도 고마움을 표합니다. 15년 동안 전혀 변하지 않았네요!

글래스고의 미첼도서관에 계신 모든 분들께도 감사합니다. 도서관 서고야말로, 끊임없이 지식이 솟는 샘입니다.

이 일에 관심과 지지를 보여준 모든 가족과 친구, 동료에게 감사드립니다.

* www.jtait.com을 방문하시면 작가에 대한 더 많은 정보를 확인하실 수 있습니다.

사진 및 도판 제공

다음 페이지에 있는 이미지의 저작권은 제임스 테이트에게 있습니다.
2–3; 7; 10–11; 12; 16–17; 18; 23; 30BL; 34T; 36; 38–41; 43TR; 43CR; 50–51; 53–55; 58–59; 61; 63BR; 66–67; 69; 74; 76; 79–81; 87–89; 92–93; 96–98; 103–106; 110 (except 110BC); 112–113; 115–116; 118L; 118R; 119L; 119R; 120–121; 122TL–R, BL; 126–127; 140; 142; 145–146; 149–156; 158; 163; 165–166; 168–175; 172T; 176C; 178–179TL–R; 181; 182; 184– 187; 191; 193T; 194–195T; 196–197; 199TR; 199BR; 201; 202–203; 205B; 207; 208–209; 211; 212–214; 216–217; 220– 221; 222–224; 231; 232–235; 237; 240; 242–245; 247B; 249; 250–251B; 258–261; 262–263B; 267; 269–275; 281–282

저작권리스트:
2, 109C (eye): Laitr Keiows; 19,20: Manuelvbotelho; 26TR: Iamdavidtheking; 26BCL: HopeHill; 26BCR: DAVID ILIFF; 26BRR: Wouter Hagens; 27C: Aneta Ribarska; 27CR: Universal Images Group / Getty Images; 27BR: Centre for Scottish Public Policy; 29BL: Lauren Manning; 30BCL: Rossi101; 30BCR: Mari; 30BR: Marc Teer; 31: Alfred Essa; 43FL: Jason Eppink; 43CL: Rory Hyde; 43CR: dany13; 44T: Roy Luck; 44B: Brian McNamara; 45: Justin Elliot; 46R: Gary Denham; 46L: Leon Brocard; 52: Jean-Pierre Dalbéra; 56T: George Rex; 56L: stu_spivack; 61 (house): Glen; 61 (Farnsworth): Victor Grigas; 61 (museum): Joe Ravi; 61 (Guggenheim): Jean-Christophe BENOIST; 61 (Buckminster): Phillip Pessar; 61 (fort): Stefan Czapski; 62TL: Gabriel de Andrade Fernandes; 62TR: seier+seier; 62CL: J-P Kärnä; 62CR: Steve Cadman; 62BL: Rept0n1x; 62BR: Stephen Richards; 63TL: Chris Walker; 63TR: N Chadwick; 63CR: Albert Bridge; 63BL: Identz; 64TL: Rubendene; 64TR: Loz Pycock; 64CL: Elliot Brown; 64CR: Ray-stormxc; 64BL: pablox38; 64BR: Kenneth Medlycott; 65TL: Mariordo; 65TR: Tuxyso; 65CL: Mark B Schlemmer; 65CR: Alan Stanton; 65BR: Garry Knight; 68TL: Thierry Bézecourt; 73TL: Stephen; 73TR: Roger W; 73CL: Niceckhart; 73CR: Jason Thien; 73BL: Matt Buck; 83TL: Albert Duce; 83TR: Ron Cogswell; 83CL: George Allison; 83C: Bernard Gagnon; 83CR: Bwag; 83BC: Gregory Deryckère; 83BR: Benh LIEU SONG; 84–85TC: brew books; 84–85TC: Matt Rocker; 85T: Garry Knight; 84B: Dmitry A. Mottl; 84–85BC: Sean O'Flaherty; 94TL: sv1ambo; 94TR: Michal Maňas; 94BL: Bettmann / Getty Images; 94BC: DVIDSHUB; 94BR: AFP / Stringer / Getty Images; 108: Robert Doisneau / Getty Images; 109: Robert Doisneau / Getty Images; 110BC: Photo eye35. pix / Alamy Stock Photo; 117 (tower): Didier Descouens; 117 (portico): Jorg Zägel; 117 (temple): Marc Ryckaert; 117 (temple): Remih; 118C: Viosan; 122BR: Steve Cadman; 125: Chris73; 129B: Mark Fosh; 130: Dan Kitwood / Getty Images; 131L&R: Colin; 135TL: Sebastian Amlet; 135CFL: chmee2; 135CR: Zairon; 135CFR: Seamus Murray; 135BL: sk4t; 135BC: Death Disco ddxx; 135BR: E. Woodhead; 136T: Vassgergely; 136BR: George Rex; 137TFL: Kevin Zim; 137CFL: Peter Haas; 137CL: Ajzh2074; 137CR: Timothy Brown; 137CFR: Mr a; 137BFL: Absurdicus; 137BL: Lite; 137BR: Gzzz; 137BFR: Forgemind; 139R: Casa Le Roche; 144L: Casa Le Roche; 144R: Strelka Institute; 176T: Mark Nakasone; 176C: Délmagyarország / Schmidt Andrea; 178B: Dan Sorensen; 179B Dan Sorensen; 182BC: MOSSOT; 182BR: Annemariebr; 183TL: Spyrosdrakopoulos; 183R: Hans; 183L: Shaun Tandon / AFP / Getty Images; 192TL: Alan Wylde; 192TR: Alan Wylde; 192CL: Arnold Chao; 192CR: FHKE; 192B: David Machado; 193BL: John Donat; 193BR: John Donat + J. Tait montage; 194BL: Barry Neeson; 194BR: Barry Neeson + J. Tait montage; 195BL: jlggb; 195BR + J. Tait montage: jlggb; 199TL: Steve Cadman; 199BL: seier + seier; 188CCseier + seier + J. Tait montage; 205T: Francois Philip; 206T: Francois Philip; 206B: Francois Philip + J. Tait montage; 239TL: Mummelgrummel; 239TR: Ed Schipul; 239CL: Nicor; 239BCL: Kento Mabuchi; 247T: Steve Cadman; 248TL: Steve Cadman; 248TR: Steve Cadman; 253TCR: Lloyd Morgan; 253TCSR: photoskate; 253BC: Jean-Pierre Dalbera; 253BR: Manuelvbotelho; 254TL: Universal Images Group / Getty Images; 254TR: Universal Images Group / Getty Images; 254CL: Pline; 254CR: Pline; 254BL: Stephen Craven; 254BR: Stephen Craven; 255TL: Emanuele; 255TR: Meara Daly; 255BL: Emanuele; 255BR: Meara Daly; 257TL: Greg Clark; 257TR: Paul Burland; 257CL: Jtesla16; 257BR: Jules Antonio; 257BL: Sadi Junior; 262TR: Edgardo W. Olivera; 268BFR: Ricardoariotti; 268B: Mark Goble; 273 (backdrop): Michael Clarke; 277TFL: George Rex; 277BFL: Ruiperez Cuevas Arquitectas; 277TCL: torangebiz; 277BCL: Oast House Archive; 277TC: Seldom Scene; 277BC: Manfred Buckels; 277BCR: Maccoinich; 277TFR: seier + seier; 278TL: View Pictures / UIG / Getty Images; 278TR: Bloomberg / Getty Images; 278B: Hpschaefer; 279TL: Martin Child / Getty Images; 279BL: Francisco Anzola; 279R: Paulo Gamba

찾아보기